소재 프로세스 분야의 실력 향상과 응용력 배양을 위한 112제 수록

A. Yazawa의 열역학 문제집

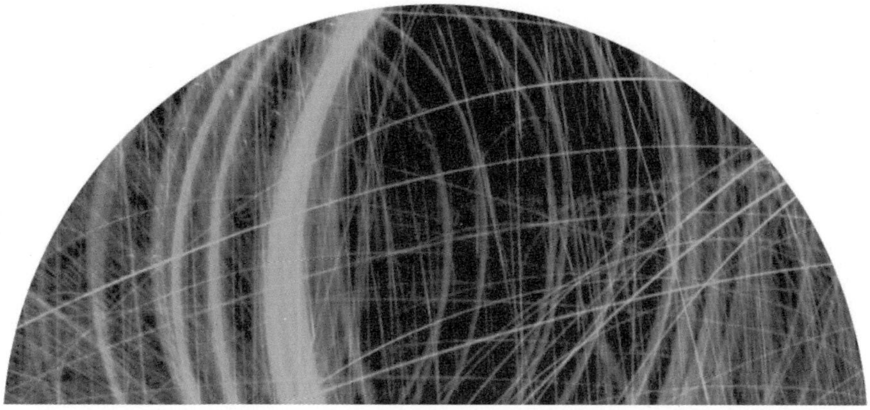

소재 프로세스 분야의 실력 향상과 응용력 배양을 위한 112제 수록

A.Yazawa의 열역학 문제집

矢 澤 彬 の 熱 力 学 問 題 集

와세다 요시오 · 오오쿠라 타카히코 · 모리 요시아키 · 오카베 토오루 · 우다 테쓰야 엮음
손호상 옮김

경북대학교출판부

엮은이

早稲田 嘉夫(와세다 요시오)
東北大学 다원물질과학연구소 교육연구지원자
東北大学 명예교수

大蔵 降彦(오오쿠라 타카히코)
早稲田大学 이공학술원 객원교수
東京大学 생산기술연구소 특임연구원

森 芳秋(모리 요시아키)
住友金属鉱山주식회사 기술본부 기술기획부 담당부장

岡部 徹(오카베 토오루)
東京大学 생산기술연구소 교수

宇田 哲也(우다 테쓰야)
京都大学 대학원공학연구과 준교수

옮긴이 | 손호상

현대자동차 기술연구소
(주)영풍 석포제련소
포스코 기술연구원
현 경북대학교 신소재공학부 교수

A. Yazawa의 열역학 문제집

찍은 날 2017년 10월 17일 | **펴낸 날** 2017년 10월 20일
엮은이 와세다 요시오 · 오오쿠라 타카히코 · 모리 요시아키 · 오카베 토오루 · 우다 테쓰야
옮긴이 손호상 | **펴낸이** 김상동 | **펴낸 곳** 경북대학교출판부
출판등록 1973년 10월 10일 ㉓97호 | **주소** 대구광역시 북구 대학로 80
전화 053-950-6741~3 | **팩스** 053-953-4692 | **E-mail** press@knu.ac.kr
Homepage www.knupress.com
ISBN 978-89-7180-473-5 93550

정가는 뒤표지에 있습니다.
파본은 바꾸어 드립니다.

추억의 열역학 세미나

1948년 봄, 구제도하의 Tohoku東北대학 3년 과정을 마친 저는 '비철건식제련의 이론과 실험'이라는 연구과제를 받아, 대학원 특별 연구생으로서 전문가의 길에 들어서게 되었습니다. 이 무렵, 이미 철강제련 분야에서는 국내외의 많은 연구자에 의해 평형론적인 연구가 전개되고 있었으나, 비철 분야를 대상으로 한 이론 연구는 매우 부족한 상태였습니다. 일을 진행하는 방법은 완전히 자유롭게 맡겨져 있었는데, 연구 대상이 되는 많은 금속과 방대한 프로세스 중 실험 연구로서 일단 동 용융제련의 상평형을 선택하였고, 이론적 실마리로는 화학 열역학적 방법의 채택을 모색하게 되었습니다.

갓 출발한 젊은 연구자이다 보니 처음에는 시행착오를 반복하였으나, 5년이라는 시간이 지나자 용융실험과 열역학 계산의 양면이 연결되어 나름의 성과를 발표할 수 있게 되었습니다. 이때쯤 되니 학부생의 실험, 세미나 수업, 연구실 학생들의 졸업논문 연구 지도까지 하느라 더 바빠졌지만, 입문자에게는 예전부터 해 오던 설명식 비철제련 강의보다 열역학 계산과 연결한 해설이 더 효과가 있다는 것을 확신할 수 있었습니다. 이때 세미나 수업의 대상은 주로 4학년이었고 졸업 후의 취직 분야도 다양했는데, 몇 년 전, 그때 수강했던 학생들이 우리집을 방문해 옛날 이야기를 꽃피우던 중, 좁고 어스름한 연구실에서 했던 세미나가 무엇보다도 기억에 남는다는 말을 듣고 감개무량하였습니다.

1962년에 공학부(공과대학)에서 선광제련연구소의 건식 부분으로 옮겼습니다만, 이때 신제도의 대학원 강의의 충실화라는 미명하에, 저로서는 미지의 분야였던 습식제련의 강의 담당을 명받았습니다. 하는 수 없이 건식 열역학의 경험을 토대로 분석화학의 수용액 평형반응을 벼락치기로 공부를 하여 겨우 수업을 할 수 있게 되었는데, 덕분에 이 과정에서 수용액 열역학 계산의 연습 문제를 더 출제할 수 있었습니다. 연구소로 옮기고 난 뒤 학부생에 대한 강의 부담이 줄어들어 졸업논문을 지도하는 4학년은 2명 정도였지만, 대학원생이 늘어났을 뿐만 아니라, 비철제련 기업들의 요청으로 수탁연구원도 늘어났으며, 해외에서 온 연구 유학생, 연수생도 증가하여 연구실이 떠들썩하였습니다. 전문성이 높고 제련 실무를 잘 아는 참가자가 늘어나니 연구 범위도 환경 관련 문제까지 넓어져, 열역학 세미나 수업은 수강생들에게도 유용한 수업이 되었고, 저 자신에게도 보람 있고 즐거운 공부의 기회가 되었습니다.

발표 논문이나 유학생을 통한 연구실의 평가 때문인지, 해외에서도 초대를 많이 받게 되어 1966년에는 체코슬로바키아에서 한 학기 동안 야금열역학 강의를 위촉받았습니다. 처음 가게 된 해외가 당시의 구소련권인 데다, 영어로 하는 긴 강의도 처음이며, 더욱이 수강 대상인 학생들의 대부분은 러시어가 제1 외국어라는 불안 가득한 출장이었습니다. 걱정했던 것과 달리, 결과적으로는 실용성이 풍부한 열역학 강의였다고 높이 평가되었고, 제 강의 원고는 그 후 상당 기간 동안 계속하여 사용되었다고 들었습니다. 걱정하였던 언어 문제가 통역 덕분에 해결된 것도 있었지만, 연습 문제를 매번 출제하고 그 답에 대해서 토의하는 방식이 학생들에게는 흥미롭고 강의를 이해하는 데 도움이 되었다고 들었습니다. 그 후 칠레나 오스트리아에서 3개월간의 집중 강의에 초빙되었을 때에도, 부분적으로 연습 문제를 추가하여 진행했던 우문현답 방식이 도움이 되었다고 생각합니다.

학술논문은 특히 연구소 생활이 길었던 사람으로서의 의무라고 생각하고 있었으므로, 저 그리고 공저자의 덕분으로 이래저래 400편 정도 써 왔지만, 연습 문제 쪽은 지금까지 거의 빛을 보지 못했습니다. 쓸데없는 말이라고 할 수도 있지만, 이것은 저의 능력 부족이자 태만으로 생긴 일일지도 모르겠습니다. 그래도 앞서 말씀드린 것처럼 열역학 세미나 수업은 저에게 있어서 상당히 오랜 기간 동안 몰두해 온 일이며, 이를 통해 많은 것을 배우고 여러 사람들을 만날 수 있었던, 잊을 수 없는 추억입니다. 대학을 떠나고 열역학 세미나 수업을 했던 것이 20년도 넘은 옛날 일이 되고 나니, 지금 시대에서는 그 가치도 측정하기 어렵고, 이것은 저와 함께 잊히는 게 당연한 것으로 생각하고 있었으나, 와세다早稲田 명예교수의 노력으로 이와 같은 형태의 책으로 만들어진 것에 대해 진심으로 고맙게 생각합니다. 벌써 30~40년 전에 열역학 세미나 수업을 수강하여 지금은 일본의 학계·산업계에서 중심적인 지위를 차지하고 있는 바쁘신 분들을 비롯하여, 이처럼 힘든 정리를 함께 해 주신 모든 분들께 거듭하여 감사 인사를 드립니다.

2010년 5월 13일

矢澤 彬(야자와 아키라)

머리말

1970년대에 대학의 공학부, 야금계·금속계 또는 재료계·물질계 학과에서 당연하게 제공되었던 자원의 채굴, 파쇄·선광 프로세스는 물론, 광석으로부터 유용한 금속을 추출하는 '제련 프로세스' 강의도 일본의 산업구조 변화에 따라 최근에는 거의 사라져 가고 있다. 더욱이 디지털 가전·게임기 등에 파묻혀 성장한 젊은이들은 열역학, 특히 화학 열역학에 대해 '낡았다'는 이미지를 갖고 있는 것 같다. 그러나 열역학은 우리 주변에서 일어나는 에너지나 물질의 변화를 온도나 압력 등의 거시적인 양만을 사용하여 논의할 수 있는 유용한 수단의 한 가지이다. 원자나 분자 수준으로 들어가지 않고, 주목하는 반응이 일어나는지 여부를 예측할 수 있는 것이 장점이기도 하다.

일본의 장기인 '제조업'에서, 열역학은 의외로 유효하고 편리한 수단의 한 가지이다. 또 최근 매스컴에서 일상적으로 사용하고 있는 '도시광산'으로 대표되는 귀중한 금속자원의 유효활용을 검토할 때에도 열역학은 강력한 우군이다. 다시 말하면, 제조업이나 리싸이클 등에 관한 젊은 연구자나 기술자가 열역학의 기초지식이 있으면서 열역학을 능숙하게 구사할 수 있다면, 활용할 수 있는 인재로 간주된다. 이를테면 '도시광산'이라는 것은 고 南條道夫 선광제련연구소 교수가 1987년에 만들어 낸 단어이다.(選研彙報 Vol. 43(1987), p. 239.; 金属 Vol. 57(1987), p. 21.)

열역학은 원래 방대한 실험사실의 축적인 경험적 데이터에 기초하여 생겨난 학문체계의 한 가지로, 예를 들면 금속소재의 제조 프로세스에서 대략적인 조업지침을 얻을 때 도움이 된다. 한 예를 보도록 하자.

동은 일반적으로 황동광($CuFeS_2$)이나 휘동광(Cu_2S)과 같은 황화물로 산출되는 것이 많다. 이러한 광석을 가열하여 산화물로 만들고, 이것을 환원하여 동을 얻는 방법을 수 세기 전까지 사용하여 왔다. 그러나 유황과의 반응이 쉬우므로 우선 황화동을 만들고, 이것으로부터 천천히 동을 채취하면 좋지 않을까 하는 발상이 생겨났고, 이러한 생각에 근거한 제련법이 현재의 동제련의 기본이다. 이 경우, 예를 들어 산화동이 섞여 있어도 동광석은 황화철(FeS)을 반드시 함유하고 있으므로 황화철이 공존하는 한 $Cu_2O + FeS = Cu_2S + FeO$의 반응으로 황화동이 되는 좋은

점도 있다. 사실 이러한 점은 '황화철이 열역학적으로 우선적으로 산화되는 것, 또 산화에 따라 발생하는 에너지를 효율적으로 이용한다.'는 원리에 들어맞는 동 제조 프로세스의 기본과 연관되어 있다.

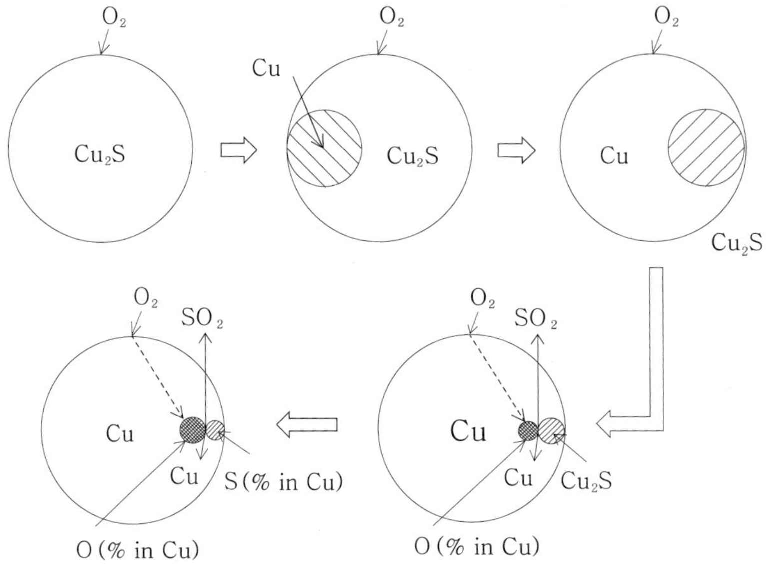

〈그림 1〉 동제련 프로세스에서 예상되는 반응의 모식도

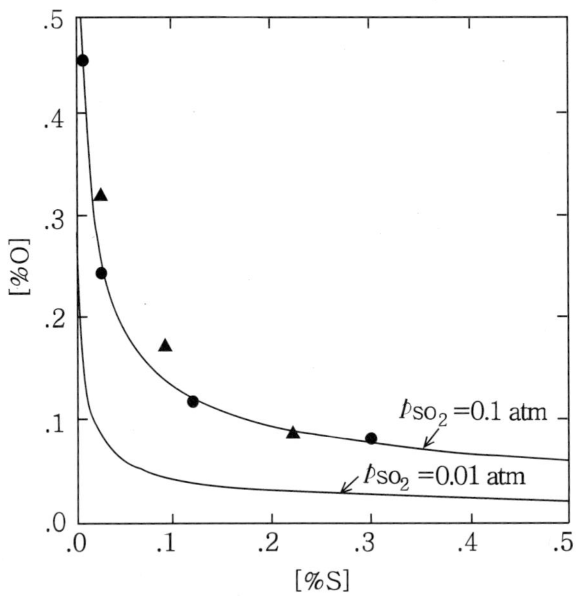

〈그림 2〉 동제련 종료기에서 용융동 중의 산소와 유황의 농도(●, ▲: 실 조업에서의 분석값)
(그림 1, 2: 早稲田嘉夫, 金属 61(1991), アグネ技術センター)

황화동에 산소를 불어넣으면 유황은 SO_2가스로 되어 제거되므로 금속동이 생성되고, 황화동은 감소한다. 이 반응이 진행하면 〈그림 1〉에 모식적으로 나타낸 것과 같이, 결국 금속동 중에 녹아 들어간 황화동이 남는 상태가 된다. 이러한 잔류 황화동은 산소 취입에 의해서 필연적으로 생겨나는 산화동과의 사이에 $Cu_2S + 2Cu_2O = 6Cu + SO_2$의 반응을 일으켜 금속동이 된다. 단, 금속동과 황화동은 서로 소량만 용해하는 성질이 있으므로 제련의 최종단계에서는 동 중의 유황은 감소하지만 산소는 증가하는 것이 예상된다. 용융동 중에 미량 녹아 들어간 산소를 [O(% in Cu)], 마찬가지로 용융동 중에 미량 녹아 들어간 유황을 [S(% in Cu)]로 표시한다. 구체적으로는 동 중에 미량으로 산소나 유황이 녹아 들어가는 반응에 관한 표준 깁스 자유에너지 변화(ΔG^0)에 대하여 지금까지 앞선 연구자들이 노력하여 축적한 열역학 데이터가 있으므로 이를 이용하면 다음과 같은 열역학적 기초정보를 얻을 수가 있다.

$$SO_2(gas) = S(\%\ in\ Cu) + 2O(\%\ in\ Cu), \quad \Delta G^0 = 128,400 + 1.59T\,(J)$$

여기서 T는 절대온도(K), SO_2가스의 압력은 atm(또는 mmHg) 단위로 나타낸 정보를 사용하고 있다. SO_2가스의 분압을 p_{SO2}, 용융동 중의 산소와 유황의 활동도를 농도 [%O]와 [%S]로 근사하고, 반응의 깁스 자유에너지 변화(ΔG^0)는 평형상태에서 제로인 것을 이용하면 열역학은 다음 식의 관계를 알려 준다.

$$\frac{[\%S] \cdot [\%O]^2}{p_{SO2}} = \exp\left[-\frac{\Delta G^0}{RT}\right]$$

여기서 R은 기체상수(8.3144 J/(K·mol))이다. 예를 들면 실제의 조업온도 1,200 ℃ = 1,473 K의 값을 넣어서 계산하면 다음과 같다.

$$\Delta G^0_{1,473} = 130,742\ J$$

$$-\frac{\Delta G^0_{1,473}}{RT} = -\frac{130,742}{8.3144 \times 1,473} = -10.675$$

$$\frac{[\%S] \cdot [\%O]^2}{p_{SO2}} = 2.31 \times 10^{-5}$$

따라서 p_{SO_2}의 값만 설정하면 용융동 중의 산소나 유황 농도를 쉽게 산출할 수 있다. 즉, 열역학은 〈그림 2〉의 예측 값을 제공한다. 이 그림에는 실 조업에서 얻은 조동의 분석값을 ●, ▲로 나타내었으나 양자의 일치는 나쁘지 않다. 상당히 '양호한 선'을 나타내는 것을 쉽게 이해할 수 있다. 즉, 열역학 계산이 실제 조업의 지침이 될 수 있는 좋은 예이다. 물론, 반도체나 세라믹의 프로세싱 이해도 앞선 연구자들이 축적하여 온 많은 열역학 데이터에 근거하여 동일한 수단으로 검토하면 된다. 즉, 열역학은 유효한 수단의 한 가지임에 틀림이 없다.

이와 같이 열역학은 소재 프로세스 분야에서는 강력한 조력자이며, 열역학을 마음대로 사용할 수 있기 위해서는 꾸준한 훈련을 반복하여야만 한다. 열역학을 습득하기 위해 알맞은 지도서의 한 가지로 주로 비철금속제련 분야에서 유포되어 있는 『꿈의 야자와 열역학 문제집』이 있다. 이것은 일본 Tohoku대학 선광제련연구소의 야자와 아키라 선생(Tohoku대학 명예교수)이 1970~1985년 열역학 세미나 당시 주로 기업에서 파견되어 온 연구생의 교육용으로 사용한 열역학 약 100문제이다. 야자와 연구실에 1~2년간 체재한 연구생은 이 열역학 연습 100문제를 야자와 교수의 해설과 함께 익히는 행운을 누렸을 것이다. 많은 사람들이 이 내용을 언젠가는 책으로 만날 수 있으리라 생각했으나, 여러 가지 사정으로 꿈의 상태인 채로 오늘에 이르게 되었다.

2009년에 관계자들이 모였을 때, '야자와 열역학 문제집이 꿈의 상태로 있다가는 언젠가 흩어져서 소멸할 것이므로 너무 안타깝다.' '실용 프로세스에서는 없는 내용도 포함되어 있지만, 프로세스를 검토할 때의 열역학적 접근을 배울 때는 유효하다.' 등의 의견이 대세였다. 그러한 의견교환을 거친 후 야자와 아키라 선생의 허락을 받아 제조업이나 리싸이클 등에 관계하는 젊은 연구자와 기술자의 열역학 실력 향상을 위하여 『야자와 아키라의 열역학 문제집』으로 출판하기로 하였다. 이것이 본서이며, 원래의 원고는 이하의 경위로 작성되었다.

① 1982년 3월: 早稲田嘉夫 선광제련연구소 조교수(당시)에 의한 초판

② 1982년 8월: 露口誠一(1981년 9월~1982년 8월 위탁연구원, 住友金属鉱山), 吾妻伸一(1981년 11월~1982년 2월 위탁연구원, 三井金属鉱業) 두 사람에 의한 제2판

③ 1983년 9월: 森芳秋(1982년 9월~1983년 10월 위탁연구원, 住友金属鉱山) 씨에 의한 제3판

④ 1984년 10월: 松原英一郎 선광제련연구소 조수(당시), 工藤純一, 神田稔, 齋藤武男(東北大学 대학원생), 上埜修司(1984년 4월~1985년 3월, 위탁연구원, 유니티카), 宇都宮公昭(1983년 10월~1985년 3월, 위탁연구원, 住友金属鉱山) 등에 의한 제4판. 이 개정에서 원칙으로 SI 단위계로 통일하였다.

이와 같이 본 서는 편집자 대표인 와세다에 의한 초판으로부터 계산하면 '제5판'에 상당한다. 이 작업에 있어서 아래의 많은 분들의 헌신적인 협력을 받았다(존칭 생략). 野瀨嘉太郎(京大 조수), 松本景子(京大 사무보조원), 栗律萌(京大 사무보조원), 野瀨勝弘(東大 특임교수), 江口紀子(東北大 사무보조원), 奥村友輔(京大 M2), 片上貴文(京大 M2), 田中範之(京大 M2), 藤川皓太(京大 M1), 林彰平(京大 M1), 山本樹(京大 M1), 有澤周平(京大 B4), 大西崇之(京大 B4), 中島孝仁(京大 B4), 村田有弘(京大 B4), 湯川剛(東大 M2), 西出正俊(東大 M1), 山辺博之(東大 M1), 韓東麟(京大 D2), 關本英弘(京大 D2), 畑田直行(京大 D1), 大井秦史(東大 D2), 박사과정 학생인 大井秦史, 韓東麟, 關本英弘, 畑田直行 등 4인은 검산 프로세스에서 리더로서 많은 시간을 할애해 주었기에 특히 감사한다. 더욱이 住友金属鉱山(주)의 高橋純一, 浅野聡, 高津明郎, 工藤万雄, 松本智志, 竹林優 씨, 그리고 많은 젊은 기술자들도 이중으로 검사하는 별도의 검산 프로세스 등을 지원해 주었다. 이 협력에 대해서도 깊은 감사의 뜻을 표한다.

또 본 서의 해답에 사용한 열역학 데이터의 주요 출처는 다음과 같다.

ref. 1 O. Kubaschewski and C. B. Alcock, *Metallurgical Thermochemistry*, 5th edition(1979), Pergamon Press, ISBN: 0-08-020897-5.

ref. 2 日本金属学会編, 講座·現代の金属製錬編 2, 非鉄金属製錬(1980), 日本金属学会.

ref. 3 日本金属学会編, 講座·現代の金属製錬編 4, 冶金物理化学(1982), 日本金属学会.

ref. 4 R. Hultgren, P. D. Desai, D. T. Hawker, G. Gleiser, K. K. Kelley and D. Wagman, *Selected Values of Thermodynamic Properties of the Elements and Selected Values of Thermodynamic Properties of Binary Alloys*, American Society for Metals, Metals Park, Ohio(1973).

ref. 5 矢澤 彬, 江口元徳, 湿式製錬と廃水処理(1975), 共立出版.

본 서에서 필요에 따라 사용한 상태도는 원칙적으로 아래의 문헌에서 인용하였다.

T. B. Massalski, J. L. Murray, L. H. Bennett and H. Baker, *Binary Alloy Phase Diagrams*, American Society for Metals(1986).

단위에 대해서는 원칙적으로 SI 단위로 하였으나, 압력의 atm, mmHg나 밀도의 g/cm^3 등은 실제 프로세스 해석 등의 편의를 고려하여 그대로 사용하였다.

물질·재료의 연구현장, 제조현장에서 활약하고 있는 연구자·기술자, 그리고 물질·재료 분야에

적을 둔 대학원생들이 본 서를 활용하여, 다가올 일에 관한 어떠한 힌트를 얻을 수 있다면 다행으로 생각한다. 부디 열역학을 잘 활용하여 '기존의 물질·재료의 비약적인 발전'과 '자원고갈·환경 문제 해결을 위한 새로운 프로세스 개발' 등에 도움이 되기를 바란다.

본 서의 출판에 대하여 야자와 선생께 허락을 받은 것은 2010년 4월이었다. 그 후 원고의 정리를 시작한 5월에는 야자와 선생으로부터 '추억의 열역학 세미나'라는 원고를 받았다. 편집자들은 이 원고가 야자와 아키라 선생의 절필이 될 것이라고는 상상도 하지 못하였다. 왜냐하면 야자와 선생이 2010년 8월 14일(향년 85세) 돌연 서거하셨기 때문이다. 완성된 본 책자를 보지 못하신 것은 정말 유감스러운 일이다. 본 서를 야자와 아키라 선생의 불전에 바침과 함께 진심으로 명복을 비는 바이다.

2011년 4월
早稲田 嘉夫(와세다 요시오)
大蔵 降彦(오오쿠라 타카히코)
森 芳秋(모리 요시아키)
岡部 徹(오카베 토오루)
宇田 哲也(우다 테쓰야)

옮긴이의 말

열역학은 금속공학이나 재료공학은 물론이고 이공학 분야를 공부하는 학생들에게 학문의 기초가 되는 필수적인 과목이다. 그러나 열역학 교재의 대부분은 열역학의 원리 이해와 개념 파악을 목적으로 하는 것이어서 대학에서 열역학을 열심히 공부하였음에도 불구하고 열역학은 어려운 학문으로 받아들여져 왔다.

금속공학에서는 열역학을 전공으로 하는 것이 아니고, 그 응용이 주된 목적이므로 열역학적 원리를 이해하여 주어진 문제를 해결할 수 있어야 할 것이다. 그러나 대부분은 시간적인 제약 등으로 인하여 열역학적 원리에 중점을 두고 공부를 하여 왔기 때문에 현장에서 사용할 수 없는 '열역학을 위한 열역학'만 공부한 셈이 되고 말았다.

역자는 오랫동안 현장과 연구소 그리고 대학에서 열역학을 응용하여 왔고, 또 강의를 하여 왔으나, 이러한 '열역학을 위한 열역학' 때문에 곤욕을 치르기도 하였다. 그러던 중 야자와 선생의 유작으로 일컬어지는 『矢澤彬の熱力学問題集』이라는 책을 접하게 되었다. 야자와 선생은 금속제련 분야에서 세계적으로 명성이 있는 분이며, 본 책자 또한 그에 걸맞는 내용으로 구성되어 새로운 프로세스를 개발하는 데 매우 유용할 것으로 생각되어 우리나라의 연구자나 기술자들에게도 널리 전파하고 싶은 마음에 번역을 시작하게 되었다.

본 책자는 야자와 선생의 허가를 받아서 제자들이 그동안 배워 왔던 실용적인 열역학 문제를 모아서 풀이한 것이다. 이 번역서가 야자와 선생과 원저자들의 명성에 누가 되지 않을까 두려운 마음이 앞서지만, 실용적인 열역학을 널리 알려서 화학야금 분야의 새로운 도약을 꾀하기 위해 역자 나름의 최선을 다하였다.

본 책자는 열역학의 원리나 공식을 어떻게 활용하여 실제 공정에 응용할 수 있는가에 대한 방향을 제시하고 있다. 따라서 대학이나 대학원의 금속 및 재료공학 분야에서 열역학이나 제련공학의 부교재로 사용하기에 매우 적합하다. 특히 산업현장이나 연구소의 엔지니어 및 연구자들이 현장에서 일어나는 제 현상을 열역학적으로 해석하기 위한 참고서로 사용하기에 안성맞춤인 책으로 생각한다.

비록 열역학이 어려운 학문으로 인식되어 왔으나, 열역학에 관한 기본 서적을 참고하면서 이 책자에 나와 있는 문제들을 이용함으로써 프로세스 개선이나 새로운 프로세스 개발에 도움이 되었으면 한다.

2017. 7.

蘇爺 孫 豪 祥

목차

문제내용별 일람

문제를 건식제련과 습식제련 두 분야로 분류한 다음 목적별로 나누었으며, 또한 대상계·프로세스별로 구분하였다. 후반부는 실제 프로세스에 관한 문제 위주로 되어 있다.

[건식제련]

계산·풀이 목적	대상계·프로세스	문제번호
반응열	Zn 환원	1
반응열	Al 환원	2
반응열/열량수지	Cu 전로반응	3
함열량의 온도 의존식	Ag	4
연소열, 생성열	Al_4C_3의 연소	5
혼합열	Pb－Bi합금의 혼합	6
ΔG^0	Co의 산화	19
ΔG^0	Cu의 산화	21
ΔG^0	SiO_2의 Fe로의 용해	55
ΔG^0, 평형 안정상	흑연과 다이아몬드	44
용융 ΔG^0	Zn의 용융	20
표준상태 변환 ΔG^0	Fe－Mn합금	53
표준상태 변환 ΔG^0	Cu－Bi합금	54
평형상수, ΔH^0, ΔG^0	Cu－Sn합금의 H_2 용해	102
활동도	Cu－Bi합금	37
활동도	Fe－C계	34
활동도, 활동도 계수	Na－Hg합금	101
활동도, 평형안정상	Ca－Mg합금	36
활동도, 활동도 계수, 증발열	Pb－Cu합금	29
활동도, 평형가스분압	FeS	35
활동도, 평형가스분압	$FeO-Fe_3O_4$평형	31
활동도 계수	Fe 중의 S	58
상호작용계수, 활동도 계수	Cu 중의 S	57
용해량	Fe 중의 O	106

계산·풀이 목적	대상계·프로세스	문제번호
용해량	Ag 중의 O	25
증기압	Cu의 진공정제	79
증기압, 활동도	Bi－Cu의 증기압	70
증기압, 활동도	Cu－Zn합금	30
증기압, 해리열, 분해온도	H_2O, Ag_2O, Hg, Pb	24
분해온도	$CaCO_3$의 분해	13
융점, 융해열	Na의 융해	43
$T-P$상태도	H_2O, CO_2	8
엔트로피	Zn의 상변화, 혼합	7
열역학적 제량	Zn－Cd합금(기전력)	69
끓는점	Zn의 증발	27
증류거동	Zn－Cd의 증발	88
증류거동	Zn의 증류	76
반응평형	Ag의 산화	9
평형 안정상	Fe_2O_3의 CO 환원	32
평형 안정상	Ti의 염화반응	105
평형 안정상	$Fe_2(SO_4)_3$, Cu－Ag합금	33
평형가스분압	CO－CuO평형	10
평형가스분압	CO－CO_2평형	12
평형가스분압	CO－CO_2－Fe평형	16
평형가스분압	H_2－O_2평형	28
평형가스분압	CO－CO_2/H_2－H_2O평형	15
평형가스분압	CO_2의 해리	45
평형가스분압	Fe－H_2O평형	14
평형가스분압	가스의 탈산, 탈질(Cu, Mg, Ti)	11
평형가스분압	Si의 질화	18
반응량	$CuSO_4$의 결정수 분해	17
반응량	$AlCl_3$의 불균화반응	73
반응량	CO－H_2O－Co평형	50
반응량	SO_2－O_2평형	47
반응량	CO－N_2	48
반응량	CO－O_2평형	49

계산·풀이 목적	대상계·프로세스	문제번호
반응량	NH_3의 생성	46
반응량	Fe의 CO 환원	23
반응량	Fe의 탈산	56
반응량	Fe－H평형	51
반응량	$MgCl_2$의 H_2 환원	107
반응량	$SiCl_4$의 환원	72
반응량	ZnO의 CO 환원	86
반응량	ZnO의 C 환원	87
반응량	ZnS의 환원휘발	111
반응량	ZnS의 CO 환원	112
반응량, 열량수지	FeS로부터 원소 S의 회수	26
포텐셜도	Fe－S－O계	38
포텐셜도, 상률	Fe－S－O계	41
포텐셜도	Zn, Cu, Ni, Co－S－O계	39
포텐셜도	Cu－S－O계	84
포텐셜도	Cu－S－O계	104
포텐셜도, 황산화 반응	Cu, Fe의 황산염화	40
포텐셜도, 반응량	ZnS의 직접제련	85
제거속도	Fe의 탈탄, 탈수소	52
상률의 해석, 평형실험 조건	Fe－슬래그 평형실험	42
평형 안정상	FeS_2의 분해	103
황산화 반응	ZnO, $ZnO \cdot Fe_2O_3$의 황산염화	68
환원반응, 슬래그로스	Pb 용광로	74
용광로 가스분압	Cu, Pb 용광로의 비교	80
산화·환원반응	Cu 용련에서 마그네타이트	82
불순물 분배	Cu 맷트의 용련	81
Pb의 거동	Cu 전로 조동기	83
평형상수, 활동도, 제거한계	Cu로부터 Fe 산화제거	108
평형상수, 활동도, 제거한계	Pb로부터 탈Cu	109
제거한계	Pb의 softening	75
평형상수, 활동도, 환원반응	Sn의 건식제련	110
산화·환원·황화반응	Ni 건식제련	89

계산·풀이 목적	대상계·프로세스	문제번호
환원반응	페로알로이 제련	90
환원반응	Li 환원	71
산화반응	Fe와 SiO_2의 평형	78
산화반응	진공용해에서의 산화	77

[습식제련]

계산·풀이 목적	대상계·프로세스	문제번호
ΔG^0	$MgCl_2$의 가수분해	22
ΔG^0	$BaSO_4$의 해리	63
pH	HCl용액의 pH	60
pH–용해도	황화물의 황산침출	92
용해도	물, NaCl, $NaNO_3$ 용액 중 AgCl	62
활동도 계수	H_2|HCl|HgCl|Hg 전지	65
이온농도	Cu아민 착체	95
평균이온 활동도	$AgNO_3$, $NiSO_4$, $ZnCl_2$ 용액	59
이온 안정성	NH_3 수용액	66
이온 안정성, 평형상수	Cu 이온	61
부분 몰 용적	NaCl 수용액의 몰 용적	67
전극전위	Fe 이온의 산화환원	64
전위–pH도, 침출반응	FeS, FeS_2의 황산침출	96
전위–pH도, 선택침출반응	복합광의 황산침출	98
전위–pH도, 정액반응	Zn의 정액공정	97
고온전위–pH도, 침출반응	Cd, Co, Cu, Fe, Ni, Zn–H_2O계	99
황산침출반응	ZnO, ZnO·Fe_2O_3의 황산염화	68
전해정제반응	Cu의 전해정제	100
전해석출거동	Zn의 전해채취	94
금속석출 한계	Cu–Ni 전해	93
환원반응의 pH	$NiSO_4$의 가압수소 환원	91

알파벳순 일람

문제내용별 일람을 대상계·프로세스를 중심으로 알파벳순으로 나열하였다.

[건식제련]

대상계·프로세스	계산·풀이 목적	문제번호
Ag	함열량의 온도 의존식	4
Ag의 산화	반응평형	9
Ag 중의 O	용해량	25
Al 환원	반응열	2
Al_4C_3의 연소	연소열, 생성열	5
$AlCl_3$의 불균화반응	반응량	73
Bi－Cu의 증기압	증기압, 활동도	70
$CaCO_3$의 분해	분해온도	13
Ca－Mg합금	활동도, 평형안정상	36
CO_2의 해리	평형가스분압	45
$CO-CO_2$평형	평형가스분압	12
$CO-CO_2/H_2-H_2O$평형	평형가스분압	15
$CO-CO_2-FeO$평형	평형가스분압	16
CO－CuO평형	평형가스분압	10
$CO-H_2O-Co$평형	반응량	50
$CO-N_2$	반응량	48
$CO-O_2$평형	반응량	49
Co의 산화	ΔG^0	19
Cu 맷트의 용련	불순물 분배	81
Cu 용련에서 마그네타이트	산화·환원반응	82
Cu 전로반응	반응열/열량수지	3
Cu 중의 S	상호작용계수, 활동도 계수	57
Cu, Fe의 황산염화	포텐셜도, 황산화 반응	40
Cu, Pb 용광로의 비교	용광로 가스분압	80
Cu－Bi합금	표준상태변화 ΔG^0	54

대상계·프로세스	계산·풀이 목적	문제번호
Cu－Bi합금	활동도	37
Cu－Sn합금의 H_2용해	평형상수, ΔH^0, ΔG^0	102
$CuSO_4$의 결정수 분해	반응량	17
Cu－S－O계	포텐셜도	84
Cu－S－O계	포텐셜도	104
Cu－Zn합금	증기압, 활동도	30
Cu로부터 Fe산화제거	평형상수, 활동도, 제거한계	108
Cu의 산화	ΔG^0	21
Cu의 진공정제	증기압	79
Cu전로 조동기	Pb의 거동	83
Fe 중의 O	용해량	106
Fe 중의 S	활동도 계수	58
$Fe_2(SO_4)_3$, Cu－Ag합금	평형 안정상	33
Fe_2O_3의 CO 환원	평형 안정상	32
Fe－C계	활동도	34
Fe－H평형	반응량	51
Fe－H_2O평형	평형가스분압	14
Fe－Mn합금	표준상태 변환 ΔG^0	53
FeO－Fe_3O_4평형	활동도, 평형가스분압	31
FeS	활동도, 평형가스분압	35
FeS_2의 분해	평형 안정상	103
Fe－S－O계	포텐셜도	38
Fe－S－O계	포텐셜도, 상률	41
FeS로부터 원소 S의 회수	반응량, 열량수지	26
Fe－슬래그 평형실험	상률의 해석, 평형실험 조건	42
Fe와 SiO_2의 평형	산화반응	78
Fe의 CO 환원	반응량	23
Fe의 탈산	반응량	56
Fe의 탈탄, 탈수소	제거속도	52
H_2O, Ag_2O, Hg, Pb	증기압, 해리열, 분해온도	24
H_2O, CO_2	$T-P$상태도	8
H_2-O_2평형	평형가스분압	28

대상계·프로세스	계산·풀이 목적	문제번호
Li환원	환원반응	71
$MgCl_2$의 H_2 환원	반응량	107
Na−Hg합금	활동도, 활동도 계수	101
Na의 융해	융점, 융해열	43
NH_3의 생성	반응량	46
Ni 건식제련	산화·환원·황화반응	89
Pb 용광로	환원반응, 슬래그로스	74
Pb−Bi합금의 혼합	혼합열	6
Pb−Cu합금	활동도, 활동도 계수, 증발열	29
Pb로부터 탈Cu	평형상수, 활동도, 제거한계	109
Pb의 softening	제거한계	75
$SiCl_4$의 환원	반응량	72
SiO_2의 Fe로의 용해	ΔG^0	55
Si의 질화	평형가스분압	18
Sn의 건식제련	평형상수, 활동도, 환원반응	110
SO_2-O_2평형	반응량	47
Ti의 염화반응	평형 안정상	105
Zn 환원	반응열	1
Zn, Cu, Ni, Co−S−O계	포텐셜도	39
Zn−Cd의 증발	증류거동	88
Zn−Cd합금(기전력)	열역학적 제량	69
ZnO, $ZnO \cdot Fe_2O_3$의 황산염화	황산화 반응	68
ZnO의 C 환원	반응량	87
ZnO의 CO 환원	반응량	86
ZnS의 CO 환원	반응량	112
ZnS의 직접제련	포텐셜도, 반응량	85
ZnS의 환원휘발	반응량	111
Zn의 상변화, 혼합	엔트로피	7
Zn의 용융	용융 ΔG^0	20
Zn의 증류	증류거동	76
Zn의 증발	끓는점	27
가스의 탈산, 탈질(Cu, Mg, Ti)	평형가스분압	11

대상계·프로세스	계산·풀이 목적	문제번호
진공용해에서의 산화	산화반응	77
페로알로이 제련	환원반응	90
흑연과 다이아몬드	ΔG^0, 평형 안정상	44

[습식제련]

대상계·프로세스	계산·풀이 목적	문제번호
$AgNO_3$, $NiSO_4$, $ZnCl_2$용액	평균이온 활동도	59
$BaSO_4$의 해리	ΔG^0	63
Cd, Co, Cu, Fe, Ni, Zn－H_2O계	고온전위－pH도, 침출반응	99
Cu 이온	이온 안정성, 평형상수	61
Cu－Ni 전해	금속석출 한계	93
Cu아민 착체	이온농도	95
Cu의 전해정제	전해정제반응	100
Fe 이온의 산화환원	전극전위	64
FeS, FeS_2의 황산침출	전위－pH도, 침출반응	96
HCl용액의 pH	pH	60
$MgCl_2$의 가수분해	ΔG^0	22
NaCl 수용액의 몰 용적	부분 몰 용적	67
NH_3 수용액	이온 안정성	66
$NiSO_4$의 가압수소환원	환원반응의 pH	91
ZnO, ZnO·Fe_2O_3의 황산염화	황산침출반응	68
Zn의 전해채취	전해석출거동	94
Zn의 정액공정	전위－pH도, 정액반응	97
물, NaCl, $NaNO_3$ 용액 중 AgCl	용해도	62
복합광의 황산침출	전위－pH도, 선택침출반응	98
전지	활동도 계수	65
황화물의 황산침출	pH－용해도	92

1 Zn 환원: 반응열 계산

(i) 다음 반응에 대하여 298 K(25 ℃)에서의 반응열을 구하시오.

(a) $ZnO(s)+C(s)=Zn(s)+CO(g)$

(b) $ZnO(s)+CO(g)=Zn(s)+CO_2(g)$

(ii) 또 1,500 K(1,227 ℃)에서 Zn(s)가 Zn(g)인 경우에 대해 반응열을 계산하시오. 단, 아연의 끓는점은 1,181 K, 증발열은 115,311 J/mol이며, 다음 표의 데이터를 이용하여 계산하시오.

[표 1]

	ΔH^0_{298} (kJ/mol)	C_P (J·mol^{-1}·K^{-1})
ZnO(s)	−348.1	$48.99+5.10\times10^{-3}T-9.12\times10^5T^{-2}$
CO(g)	−110.5	$28.41+4.10\times10^{-3}T-0.46\times10^5T^{-2}$
CO_2(g)	−393.5	$44.14+9.04\times10^{-3}T-8.54\times10^5T^{-2}$
C(s)	0	$17.15+4.27\times10^{-3}T-8.79\times10^5T^{-2}$
Zn(s)	0	$22.38+10.04\times10^{-3}T$
Zn(l)	−	31.38
Zn(g)	130.4	20.92

※ Zn의 융점: 693 K, $\Delta H_m=7{,}384.8$ (J/mol)

풀이 [1]

(i) 298 K의 경우

$$\Delta H^0_{298}(a)=(\Delta H^0_{298,Zn(s)}+\Delta H^0_{298,CO(g)})-(\Delta H^0_{298,ZnO(s)}+\Delta H^0_{298,C(s)})$$

$$\therefore \Delta H^0_{298}(a)=(0-110.5)-(-348.1+0)=237.6\ (kJ/mol)$$

---

1 [역주] 화학반응의 반응열은 생성물질의 반응열 합에서 반응물질의 반응열 합을 제하여 구한다.
$\Delta H^0_{298}=\sum\Delta H_{product}-\sum\Delta H_{reactant}$

$$\Delta H^0_{298}(\mathrm{b}) = (\Delta H^0_{298,\mathrm{Zn(s)}} + \Delta H^0_{298,\mathrm{CO_2(g)}}) - (\Delta H^0_{298,\mathrm{ZnO(s)}} + \Delta H^0_{298,\mathrm{CO(g)}})$$

$$\therefore \Delta H^0_{298}(\mathrm{b}) = (0 - 393.5) - (-348.1 - 110.5) = 65.1 \ \ (\mathrm{kJ/mol})$$

(ii) 1,500 K의 경우

(a) $ZnO(s) + C(s) = Zn(g) + CO(g)$

$$\begin{aligned}\Delta H^0_{1,500,\mathrm{ZnO}} &= \Delta H^0_{298,\mathrm{ZnO}} + \int_{298}^{1,500} C_{P,\mathrm{ZnO}}\,dT \\ &= -348,100 + \int_{298}^{1,500} (48.99 + 5.10\times10^{-3}T - 9.12\times10^5 T^{-2})\,dT \\ &= -348,100 + \left[48.99T + \frac{5.10\times10^{-3}T^2}{2} + 9.12\times10^5 T^{-1}\right]_{298}^{1,500} \\ &= -286,155 \ \ (\mathrm{J/mol})\end{aligned}$$

$$\begin{aligned}\Delta H^0_{1,500,\mathrm{C}} &= \Delta H^0_{298,\mathrm{C}} + \int_{298}^{1,500} (17.15 + 4.27\times10^{-3}T - 8.79\times10^5 T^{-2})\,dT \\ &= 0 + \left[17.15T + \frac{4.27\times10^{-3}T^2}{2} + 8.79\times10^5 T^{-1}\right]_{298}^{1,500} \\ &= 22,865 \ \ (\mathrm{J/mol})\end{aligned}$$

$$\begin{aligned}\Delta H^0_{1,500,\mathrm{Zn}} &= \Delta H^0_{298,\mathrm{Zn}} + \int_{298}^{693} C_{P,\mathrm{Zn(s)}}\,dT + \Delta H_{m,\mathrm{Zn}} + \int_{693}^{1,181} C_{P,\mathrm{Zn(l)}}\,dT \\ &\quad + \Delta H_{v,\mathrm{Zn}} + \int_{1,181}^{1,500} C_{P,\mathrm{Zn(g)}}\,dT \\ &= 0 + \int_{298}^{693} (22.38 + 10.04\times10^{-3}T)\,dT + 7,384.8 \\ &\quad + \int_{693}^{1,181} 31.38\,dT + 115,311 + \int_{1,181}^{1,500} 20.92\,dT \\ &= 0 + \left[22.38T + \frac{10.04\times10^{-3}T^2}{2}\right]_{298}^{693} + 7,384.8 + [31.38T]_{693}^{1,181} \\ &\quad + 115,311 + [20.92T]_{1,181}^{1,500} \\ &= 155,488 \ \ (\mathrm{J/mol})\end{aligned}$$

$$\Delta H^0_{1,500,\mathrm{CO}} = \Delta H^0_{298,\mathrm{CO}} + \int_{298}^{1,500} (28.41 + 4.10 \times 10^{-3}T - 0.46 \times 10^5 T^{-2})dT$$

$$= -110,500 + \left[28.41T + \frac{4.10 \times 10^{-3}T^2}{2} + 0.46 \times 10^5 T^{-1}\right]_{298}^{1,500}$$

$$= -72,044 \ (\mathrm{J/mol})$$

$$\therefore \Delta H^0_{1,500,(\mathrm{a})} = 155,488 + (-72,044) - (-286,155) - 22,865$$

$$= 346,734 \ (\mathrm{J/mol})$$

(b) $ZnO(s) + CO(g) = Zn(g) + CO_2(g)$

$$\Delta H^0_{1,500,\mathrm{CO_2}} = \Delta H^0_{298,\mathrm{CO_2}} + \int_{298}^{1,500} (44.14 + 9.04 \times 10^{-3}T - 8.54 \times 10^5 T^{-2})dT$$

$$= -393,500 + \left[44.14T + \frac{9.04 \times 10^{-3}T^2}{2} + 8.54 \times 10^5 T^{-1}\right]_{298}^{1,500}$$

$$= -332,972 \ (\mathrm{J/mol})$$

$$\therefore \Delta H^0_{1,500,(\mathrm{b})} = 155,488 + (-332,972) - (-286,155) - 72,044$$

$$= 180,715 \ (\mathrm{J/mol})$$

[역주 1] 등압비열 C_P는 다음 식과 같이 주어진다.

$$C_P = (\partial H / \partial T)_P$$

$$\therefore \ H_{T2} - H_{T1} = \int_{T1}^{T2} C_P dT$$

T_1에서 T_2까지 온도가 상승하는 사이에 변태점 T_t(변태열 L_t), 융점 T_m(융해열 L_m), 비등점 T_v(증발열 L_v)가 존재하는 경우 다음과 같이 나타낸다.

$$H_{T2} - H_{T1} = \int_{T1}^{Tt} C_{P1} dT + L_t + \int_{Tt}^{Tm} C_{P2} dT + L_m + \int_{Tm}^{Tv} C_{P3} dT + L_v + \int_{Tv}^{T2} C_{P4} dT$$

Kirchhoff의 식은 다음과 같이 나타낸다.

$$\Delta C_P = (\partial \Delta H / \partial T)_P$$

여기서 $mA + nB = qC$의 반응에 대한 ΔC_P는 다음 식과 같이 주어진다.

$$\Delta C_P = qC_C - (mC_A + nC_B)$$

[역주 2] 우리나라에서의 아연제련은 습식제련으로, ZnS를 유동 배소로에서 산화배소하여 ZnO로 만든 후, 황산으로 침출하여 $ZnSO_4$용액을 만들고, 전해채취에 의해서 금속아연을 얻고 있다. 본 문제는 아연의 건식제련에 관한 것으로, ZnS를 산화배소하여 ZnO로 만든 후에 다시 C으로 환원하는 방법이며, 대표적으로 ISP Imperial Smelting Process법이 있다.

2 Al 환원: 반응열 계산

다음 반응에 대하여 반응열을 온도의 함수로 나타내시오.

$$2Al(l) + \frac{3}{2}O_2(g) = Al_2O_3(s)$$

계산을 할 때, Al(l)의 $H_T - H_{298}$의 함수식은 모르는 것으로 두고, 다음의 데이터를 이용하시오.

[표 1]

Al의 융점(K)	932
Al의 융해열(J/mol)	10,750
용융 Al의 비열(J·mol^{-1}·K^{-1})	29.29

■ $H_T - H_{298}$의 함수식

$$Al(s):\ 20.67T + 6.19\times10^{-3}T^2 - 6,715\ (J/mol) \quad (1)$$

$$O_2(g):\ 29.96T + 2.09\times10^{-3}T^2 + 1.67\times10^5T^{-1} - 9,678\ (J/mol) \quad (2)$$

$$Al_2O_3(s):\ 114.77T + 6.40\times10^{-3}T^2 + 35.43\times10^5T^{-1} - 46,673\ (J/mol) \quad (3)$$

■ 계산에 사용하는 데이터

[표 2]

	ΔH^0_{298} (kJ/mol)
Al(l)	329.3
$Al_2O_3(s)$	−1,677.3
$O_2(g)$	0

풀이

Al(l)의 $H_T - H_{298}$ 함수식을 모르기 때문에 다음과 같이 둔다.

$$H_T - H_{298} = C_{P,\mathrm{Al(l)}} T + d = 29.29T + d \ (d: \text{상수})$$

Al의 용융점인 932 K에서의 열함량 변화를 계산하면,

$$\mathrm{Al(s)}:\ H_T - H_{298} = 20.67T + 6.19\times 10^{-3}T^2 - 6{,}715 = 17{,}926 \ (\mathrm{J/mol}) \quad (4)$$

$$\mathrm{Al(l)}:\ H_T - H_{298} = 29.29T + d = 27{,}298 + d \ (\mathrm{J/mol}) \quad (5)$$

식 (5)와 식 (4)의 차이가 Al의 융해열(10,750 J/mol)에 상당하므로

$$(27{,}298 + d) - 17{,}926 = 10{,}750 \ (\mathrm{J/mol})$$

$$\therefore d = 1{,}378 \ (\mathrm{J/mol})$$

따라서

$$\mathrm{Al(l)}:\ H_T - H_{298} = 29.29T + 1{,}378 \ (\mathrm{J/mol}) \quad (6)$$

다음은 식 (2), (3), (6)으로부터 $2\mathrm{Al(l)} + 3/2\mathrm{O_2(g)} = \mathrm{Al_2O_3(s)}$의 반응열을 온도의 함수로서 나타내면

$$H_T - H_{298} = 11.25T + 3.27\times 10^{-3}T^2 + 32.93\times 10^5 T^{-1} - 34{,}912 \ (\mathrm{J/mol})$$

이 반응의 298 K에서의 반응열은

$$\Delta H^0_{298} = \Delta H^0_{298,\mathrm{Al2O3(s)}} - 2\times\Delta H^0_{298,\mathrm{Al(l)}} - \frac{3}{2}\Delta H^0_{298,\mathrm{O2(g)}}$$

$$= -1{,}677.3\times 10^3 - 2\times 329.3\times 10^3 - \frac{3}{2}\times 0$$

$$= -2.3359\times 10^6 \ (\mathrm{J/mol})$$

따라서

$$H_T = 11.25T + 3.27\times 10^{-3}T^2 + 32.93\times 10^5 T^{-1} - 2.3708\times 10^6 \ (\mathrm{J/mol})$$

[comment] 알루미늄의 용광로 환원에 대하여

알루미늄은 환원하기 매우 어려운 금속으로, 탄소로 환원하는 경우 2,000 ℃ 정도까지 상승하는 것으로 가정하여 계산하여도 CO_2가 의미 있는 분압까지 생성하는 열역학 조건에서는 금속으로 환원할 수 없다. 따라서 탄소의 CO_2로의 연소에 의해 용광로에 열을 부여할 수 없다. 또 $\mathrm{Al(l)/Al_2O_3(s)/C(s)}$ 평형

시의 CO 분압은 상당히 낮고, 예를 들면 1,800 K에서도 그 분압은 1.5×10^{-3} atm, 2,000 K에서도 3.0×10^{-2} atm이며, C의 CO로의 연소에 의해서 열을 부여하는 것도 어렵다. 따라서 알루미늄의 용광로 환원은 열수지의 관점에서도 어려운 것이다.

[역주] 알루미늄의 산화반응열을 이용하는 방법으로 금속열환원법metallothermic reduction이 있다. 대표적으로는 고융점 금속의 합금철(Fe－Mo 등)을 만들 때 Al－Si 금속열환원법을 이용하고 있다. 또한 철강재의 용접(철도 레일재의 용접) 등에도 산화철의 금속열환원법을 이용하고 있다.

3 Cu 전로반응: 반응열 계산, Heat balance 평가

전로 조동기copper making stage에서 백피(황화동)는 다음 식에 의해 금속동으로 만들어진다.

$$Cu_2S(l) + O_2(g) = 2Cu(l) + SO_2(g) \qquad (1)$$

(i) 이 반응의 ΔH^0를 온도의 함수로 나타내시오.

(ii) 1,473 K(1,200 ℃)의 장입물(구체적으로는 Cu_2S) 중에 298 K(25 ℃)의 공기($N_2 : O_2 = 79 : 21$ mol%)를 필요한 양만큼 취입한 경우, Cu_2S의 온도는 어떻게 될지 계산하시오. 단, 이 경우 최종 도달온도 T에서의 반응열 중 약 33 %는 복사 등에 의해 손실되는 것으로 가정한다.

(iii) 25 %O_2를 함유하는 산소부화 공기를 필요한 양만큼 사용한 경우, 용탕의 온도에 미치는 영향에 대하여 설명하시오.

(iv) 473 K(200 ℃)로 예열한 공기를 사용한 경우에는 어떻게 될지 설명하시오.

단, 계산에는 다음 데이터를 이용한다.

[표 1]

	ΔH^0_{298} (J/mol)	C_P (J·mol^{-1}·K^{-1})	상변화의 ΔH^0(J/mol)
$Cu_2S(\alpha)$	−79,496	81.59 (298 ~ 376 K)	$\Delta H^0 = 3{,}849$ at 376 K
$Cu_2S(\beta)$	–	97.28 (376 ~ 623 K)	$\Delta H^0 = 837$ at 623 K
$Cu_2S(\gamma)$	–	84.94 (623 ~ 1,403 K)	$\Delta H^0_m = 10{,}878$ at 1,403 K
$Cu_2S(l)$	–	89.66 (1,403 K ~)	
$O_2(g)$	0	$29.96 + 4.184 \times 10^{-3} T - 1.674 \times 10^5 T^{-2}$	
$Cu(s)$	0	$22.64 + 6.276 \times 10^{-3} T$ (298 ~ 1,356 K)	$\Delta H^0_m = 12{,}970$ at 1,356 K
$Cu(l)$	–	31.38 (1,356 K ~)	
$SO_2(g)$	−296,813	$43.43 + 10.63 \times 10^{-3} T - 5.94 \times 10^5 T^{-2}$	
$N_2(g)$	0	$27.87 + 4.268 \times 10^{-3} T$	

풀이

일반적으로 물질의 엔탈피 H_T는 다음 식으로 구한다.

$$H_T^0 - H_{298}^0 = \sum \int_{298}^{T} C_P dT + \sum \Delta H_{trans}^0$$

(i) 298 K에서 이 반응의 ΔH_{298}^0 은

$$\begin{aligned}\Delta H_{298}^0 &= 2H_{298,\mathrm{Cu}}^0 + H_{298,\mathrm{SO2}}^0 - H_{298,\mathrm{Cu2S}}^0 - H_{298,\mathrm{O2}}^0 \\ &= 2\Delta H_{298,\mathrm{Cu}}^0 + \Delta H_{298,\mathrm{SO2}}^0 - \Delta H_{298,\mathrm{Cu2S}}^0 - \Delta H_{298,\mathrm{O2}}^0 \\ &= -217,317 \ (\mathrm{J/mol})\end{aligned}$$

다음은 각 물질의 엔탈피를 구한다.

[Cu_2S]

(a) $298 < T < 376$ K 구간

$$\begin{aligned}H_{T,\mathrm{Cu2S}(\alpha)}^0 - H_{298,\mathrm{Cu2S}(\alpha)}^0 &= \int_{298}^{T} 81.59 dT \\ &= 81.59T - 81.59 \times 298 = 81.59T - 24,314 (\mathrm{J/mol})\end{aligned}$$

(b) $376 < T < 623$ K 구간

$$\begin{aligned}H_{T,\mathrm{Cu2S}(\beta)}^0 - H_{298,\mathrm{Cu2S}(\alpha)}^0 &= \int_{298}^{376} 81.59 dT + \int_{376}^{T} 97.28 dT + 3849 \\ &= 97.28T - 26,364 \ (\mathrm{J/mol})\end{aligned}$$

(c) $623 < T < 1,403$ K 구간

$$\begin{aligned}H_{T,\mathrm{Cu2S}(\gamma)}^0 - H_{298,\mathrm{Cu2S}(\alpha)}^0 &= \int_{298}^{376} 81.59 dT + \int_{376}^{623} 97.28 dT \\ &\quad + \int_{623}^{T} 84.94 dT + 3,849 + 837 \\ &= 84.94T - 17,839 \ (\mathrm{J/mol})\end{aligned}$$

(d) 1,403 K$< T$ 구간

$$\begin{aligned}H_{T,\mathrm{Cu2S}(l)}^0 - H_{298,\mathrm{Cu2S}(\alpha)}^0 &= \int_{298}^{376} 81.59 dT + \int_{376}^{623} 97.28 dT + \int_{623}^{1,403} 84.94 dT \\ &\quad + \int_{1,403}^{T} 89.66 dT + 3,849 + 837 + 10,878 \\ &= 89.66T - 13,584 \ (\mathrm{J/mol})\end{aligned}$$

[O_2]

$$H^0_{T,O2(g)} - H^0_{298,O2(g)} = \int_{298}^{T}(29.96 + 4.184\times10^{-3}T - 1.674\times10^5T^{-2})dT$$

$$= [29.96T + 2.092\times10^{-3}T^2 + 1.674\times10^5T^{-1}]_{298}^{T}$$

$$= 2.092\times10^{-3}T^2 + 29.96T + 1.674\times10^5T^{-1} - 9{,}676\ \ (\mathrm{J/mol})$$

[Cu]

(a) $298 < T < 1{,}356$ K구간

$$H^0_{T,Cu(s)} - H^0_{298,Cu(s)} = \int_{298}^{T}(22.64 + 6.276\times10^{-3}T)dT$$

$$= 3.138\times10^{-2}T^2 + 22.64T - 7{,}025\ \ (\mathrm{J/mol})$$

(b) $1{,}356$ K $< T$ 구간

$$H^0_{T,Cu(l)} - H^0_{298,Cu(s)} = \int_{298}^{1,356}(22.64 + 6.276\times10^{-3}T)dT + \int_{1,356}^{T}31.38dT + 12{,}970$$

$$= [22.64T + 3.138\times10^{-3}T^2]_{298}^{1,356} + 12{,}970 + [31.38T]_{1,356}^{T}$$

$$= 31.38T - 137\ \ (\mathrm{J/mol})$$

[SO_2]

$$H^0_{T,SO2(g)} - H^0_{298,SO2(g)} = \int_{298}^{T}(43.43 + 10.63\times10^{-3}T - 5.94\times10^5T^{-2})dT$$

$$= [43.43T + 5.315\times10^{-3}T^2 + 5.94\times10^5T^{-1}]_{298}^{T} - 15{,}407$$

$$= 5.315\times10^{-3}T^2 + 43.43T + 5.94\times10^5T^{-1} - 15{,}407$$

따라서 반응식 (1)의 ΔH^0_T는 다음과 같이 나타낼 수 있다.

$$\Delta H^0_T = 2\Delta H^0_{T,Cu} + \Delta H^0_{T,SO2} - \Delta H^0_{T,Cu2S} - \Delta H^0_{T,O2}\ (\mathrm{J/mol})$$

$$= 6.598\times10^{-3}T^2 - 22.84T + 4.266\times10^5T^{-1} - 212{,}786\ \ (298 < T < 376\ \mathrm{K})$$

$$= 6.598\times10^{-3}T^2 - 38.53T + 4.266\times10^5T^{-1} - 210{,}735\ \ (376 < T < 623\ \mathrm{K})$$

$$= 6.598\times10^{-3}T^2 - 26.19T + 4.266\times10^5T^{-1} - 219{,}260\ (623 < T < 1{,}356\ \mathrm{K})$$

$$= 3.223\times10^{-3}T^2 - 8.71T + 4.266\times10^5T^{-1} - 205{,}483\ (1{,}356 < T < 1{,}403\ \mathrm{K})$$

$$= 3.223\times10^{-3}T^2 - 13.43T + 4.266\times10^5T^{-1} - 209{,}739\ (1{,}403\ \mathrm{K} < T)$$

(ii) 298 K(25 ℃)인 공기 중의 $O_2(g)$ 1 mol과 1,473 K의 $Cu_2S(l)$ 1 mol이 T(K)로 승온(강온)하여 단열적으로 반응하여 금속동이 생성되었다고 가정하자. 이때 반응 전후에서 계 전체의 엔탈피 변화 $\Delta H_{total} = 0$이다. 이것을

A) 반응물 및 $N_2(g)$가 온도 T로 변화하는 과정에서의 엔탈피 변화 ΔH_A

B) 온도 T에서의 반응 엔탈피 변화 ΔH_B

로 나누어 생각하면

$$\Delta H_{total} = \Delta H_A + \Delta H_B$$

따라서 ΔH_A와 ΔH_B 각각을 계산한다.

$$\Delta H_A = (H^0_{T,\mathrm{Cu2S}} - H^0_{1,473,\mathrm{Cu2S}}) + (H^0_{T,\mathrm{O2}} - H^0_{298,\mathrm{O2}}) + \frac{79}{21}(H^0_{T,\mathrm{N2}} - H^0_{298,\mathrm{N2}})$$

$$H^0_{T,\mathrm{Cu2S}} - H^0_{1,473,\mathrm{Cu2S}(l)} = H^0_{T,\mathrm{Cu2S}} - H^0_{298,\mathrm{Cu2S}(\alpha)} - (H^0_{1,473,\mathrm{Cu2S}(l)} - H^0_{298,\mathrm{Cu2S}(\alpha)})$$

여기서 (i)의 [Cu_2S] (d)로부터

$$H^0_{1,473,\mathrm{Cu2S}(l)} - H^0_{298,\mathrm{Cu2S}(\alpha)} = 89.66T - 13,584 = 118,485 \ (\mathrm{J/mol})$$

$$\therefore \ H^0_{T,\mathrm{Cu2S}} - H^0_{1,473,\mathrm{Cu2S}(l)} = (H^0_{T,\mathrm{Cu2S}} - H^0_{298,\mathrm{Cu2S}(\alpha)}) - 118,485$$

우변 ( ) 내는 각 온도 범위에서 (i)의 (a)~(d)의 값이므로 $H^0_{T,\mathrm{Cu2S}} - H^0_{1,473,\mathrm{Cu2S}}$는

$$H^0_{T,\mathrm{Cu2S}} - H^0_{1,473,\mathrm{Cu2S}} = \begin{cases} 81.59T - 142,799 & (298 < T < 376 \ \mathrm{K}) \\ 97.28T - 144,849 & (376 < T < 623 \ \mathrm{K}) \\ 84.94T - 136,324 & (623 < T < 1,403 \ \mathrm{K}) \\ 89.66T - 132,069 & (1,403 \ \mathrm{K} < T) \end{cases}$$

또 O_2와 N_2는 각각 다음과 같다.

$$H^0_{T,\mathrm{O2}} - H^0_{298,\mathrm{O2}} = 29.96T + 2.092\times10^{-3}T^2 + 1.674\times10^5 T^{-1} - 9,676$$

$$H^0_{T,\mathrm{N2}} - H^0_{298,\mathrm{N2}} = 27.87T + 2.134\times10^{-3}T^2 - 8,495$$

따라서 각각의 값을 각 온도 범위에 따라 대입하면 ΔH_A(J/mol)는 다음과 같다.

$$\Delta H_A = \begin{cases} 1.012\times 10^{-2}T^2 + 216.4T + 1.674\times 10^5 T^{-1} - 184{,}432 \ (298 < T < 376 \text{ K}) \\ 1.012\times 10^{-2}T^2 + 232.1T + 1.674\times 10^5 T^{-1} - 186{,}482 \ (376 < T < 623 \text{ K}) \\ 1.012\times 10^{-2}T^2 + 219.7T + 1.674\times 10^5 T^{-1} - 177{,}957 \ (623 < T < 1{,}403 \text{ K}) \\ 1.012\times 10^{-2}T^2 + 224.5T + 1.674\times 10^5 T^{-1} - 173{,}701 \ (1{,}403 \text{ K} < T) \end{cases}$$

그리고 문제로부터 33 %의 열이 복사에 의해 손실되므로

$$\Delta H_B = \Delta H_T^0 \times 0.67$$

여기서 ΔH_T^0는 (i)에서 구한 값이므로 위에서 구한 ΔH_A와 더해 주면 ΔH_{tot}을 구할 수 있으며, 각 온도 범위에서 다음과 같이 나타낼 수 있다.

$$\Delta H_{tot} = \begin{cases} 1.648\times 10^{-2}T^2 + 201.1T + 4.532\times 10^5 T^{-1} - 326{,}998 \ (298 < T < 376 \text{ K}) \\ 1.648\times 10^{-2}T^2 + 206.3T + 4.532\times 10^5 T^{-1} - 327{,}675 \ (376 < T < 623 \text{ K}) \\ 1.648\times 10^{-2}T^2 + 202.2T + 4.532\times 10^5 T^{-1} - 324{,}861 \ (623 < T < 1{,}356 \text{ K}) \\ 1.228\times 10^{-2}T^2 + 213.9T + 4.532\times 10^5 T^{-1} - 315{,}631 \ (1{,}356 < T < 1{,}403 \text{ K}) \\ 1.228\times 10^{-2}T^2 + 215.5T + 4.532\times 10^5 T^{-1} - 314{,}226 \ (1{,}403 \text{ K} < T) \end{cases}$$

위의 각 식으로부터 $\Delta H_{total} = 0$이 되는 온도를 구하면 1,367 K이며, 따라서 용탕의 온도는 전로온도인 1,473 K보다 낮아진다.

(iii) 25 %O_2를 함유하는 산소부화 공기를 필요한 양만큼 사용한 경우에 ΔH_B는 다음과 같이 동일하게 나타낼 수 있다.

$$\Delta H_B = \Delta H_T^0 \times 0.67$$

그러나 ΔH_A는 25 %O_2이므로

$$\Delta H_A = (H^0_{T,\text{Cu2S}} - H^0_{1,473,\text{Cu2S}}) + (H^0_{T,\text{O2}} - H^0_{298,\text{O2}}) + \frac{75}{25}(H^0_{T,\text{N2}} - H^0_{298,\text{N2}})$$

따라서 ΔH_{tot}(J/mol)은 다음과 같다.

$$\Delta H_{tot} = \begin{cases} 1.486\times 10^{-2}T^2 + 179.9T + 4.532\times 10^5 T^{-1} - 320{,}526 \ (298 < T < 376 \text{ K}) \\ 1.486\times 10^{-2}T^2 + 185.0T + 4.532\times 10^5 T^{-1} - 321{,}202 \ (376 < T < 623 \text{ K}) \\ 1.486\times 10^{-2}T^2 + 181.0T + 4.532\times 10^5 T^{-1} - 318{,}389 \ (623 < T < 1{,}356 \text{ K}) \\ 1.065\times 10^{-2}T^2 + 192.7T + 4.532\times 10^5 T^{-1} - 309{,}159 \ (1{,}356 < T < 1{,}403 \text{ K}) \\ 1.065\times 10^{-2}T^2 + 194.2T + 4.532\times 10^5 T^{-1} - 307{,}754 \ (1{,}403 \text{ K} < T) \end{cases}$$

위의 각 식으로부터 $\Delta H_{tot}=0$이 되는 온도를 구하면 1,465 K 이며, 따라서 용탕의 온도는 전로온도인 1,473 K 와 거의 같아진다.

(iv) 473 K (200 ℃)로 예열한 공기를 이용한 경우에는, 21 % O_2(g)를 사용한 것으로 하면 ΔH_B는 (iii)과 마찬가지로 다음과 같다.

$$\Delta H_B = \Delta H_T^0 \times 0.67$$

ΔH_A는

$$\Delta H_A = (H^0_{T,\mathrm{Cu2S}} - H^0_{1,473,\mathrm{Cu2S}}) + (H^0_{T,\mathrm{O2}} - H^0_{473,\mathrm{O2}}) + \frac{79}{21}(H^0_{T,\mathrm{N2}} - H^0_{473,\mathrm{N2}})$$

$$H^0_{473,\mathrm{O2}} - H^0_{298,\mathrm{O2}} = 5{,}317\ (\mathrm{J}),\quad \frac{79}{21}(H^0_{473,\mathrm{N2}} - H^0_{298,\mathrm{N2}}) = 19{,}431\ (\mathrm{J})$$

따라서 ΔH_{tot}(J/mol)은 다음과 같다.

$$\Delta H_{tot} = \begin{cases} 1.648\times10^{-2}T^2 + 201.1T + 4.532\times10^5 T^{-1} - 351{,}746 & (298 < T < 376\ \mathrm{K}) \\ 1.648\times10^{-2}T^2 + 206.3T + 4.532\times10^5 T^{-1} - 352{,}423 & (376 < T < 623\ \mathrm{K}) \\ 1.648\times10^{-2}T^2 + 202.2T + 4.532\times10^5 T^{-1} - 349{,}610 & (623 < T < 1{,}356\ \mathrm{K}) \\ 1.228\times10^{-2}T^2 + 213.9T + 4.532\times10^5 T^{-1} - 340{,}379 & (1{,}356 < T < 1{,}403\ \mathrm{K}) \\ 1.228\times10^{-2}T^2 + 215.5T + 4.532\times10^5 T^{-1} - 338{,}975 & (1{,}403\ \mathrm{K} < T) \end{cases}$$

$\Delta H_{total}=0$가 되는 온도를 구하면 1,465 K 이며, 따라서 용탕의 온도는 전로온도인 1,473 K 와 유사한 온도가 된다. 또 이 값은 산소 25 %를 부화한 공기를 사용한 경우와 같으며, 동일한 효과가 있는 것을 알 수 있다.

[comment 1] (ii)에서 용탕 온도가 저하하여 열부족으로 되는 것은 33 %라는 열손실이 너무 크기 때문이며, 일반적인 열손실은 10 ~ 20 % 정도로 생각된다. 열손실을 15 %로 가정하여 문제를 풀면 용탕 온도는 1,512 K로 상승한다. 실제의 전로조업에서는 anode scrap 등의 냉재를 투입하여 용탕 온도를 조정하고 있다.

[comment 2] 해답에서는 반응물질이 온도 T에 도달한 후에 반응하는 것으로 가정하여 계산하였다. 원래 열역학적으로는 어떠한 온도에서 반응열을 계산하여도, 그 온도에 도달하는 엔탈피 변화, 또 그 온도에서 온도 T에 도달하는 엔탈피 변화를 고려하면 구하고자 하는 온도는 같아지므로, 일반적으로 반응열은 298 K 기준에서 계산하는 경우가 많다. 이 문제에서는 복사열이 온도 T에서 반응열의 33 %라는 조건이 있으므로 상기한 방법으로 계산하였다.(문제 26의 코멘트 참조)

4 Ag의 열함량: 온도 의존식 도출

은(Ag)의 열역학적 성질에 대하여 연구하여 다음과 같은 값을 얻었다.

$$C_{P,298\mathrm{K}} = 25.52\ (\mathrm{J \cdot mol^{-1} \cdot K^{-1}})$$

$$H^0_{600} - H^0_{298} = 7{,}837\ (\mathrm{J/mol})$$

$$H^0_{1,000} - H^0_{298} = 19{,}188\ (\mathrm{J/mol})$$

$H^0_T - H^0_{298}$ 함수로서, $aT + (b/2)T^2 + cT^{-1} + d$ 형태의 식을 유도하시오.

풀이

$$H^0_T - H^0_{298} = aT + \frac{b}{2}T^2 + cT^{-1} + d \quad (1)$$

$$\therefore\ C_P = a + bT - cT^{-2} \quad (2)$$

식 (1) 및 주어진 조건으로부터

$$\begin{aligned} H^0_{600} - H^0_{298} &= aT + \frac{b}{2}T^2 + cT^{-1} + d \quad (3) \\ &= 600a + 1.80 \times 10^5 b + 1.67 \times 10^{-3} c + d = 7{,}837 \end{aligned}$$

$$H^0_{1,000} - H^0_{298} = 1{,}000a + 5.0 \times 10^5 b + 1.00 \times 10^{-3} c + d = 19{,}188 \quad (4)$$

또한

$$H^0_{298} - H^0_{298} = 298a + 4.44 \times 10^4 b + 3.36 \times 10^{-3} c + d = 0 \quad (5)$$

그리고 식 (2)와 주어진 조건으로부터

$$C_{P,298\mathrm{K}} = a + bT - cT^{-2} = a + 298b - 1.13 \times 10^{-5} c = 25.52 \quad (6)$$

식 (3)~(6)을 연립방정식으로 풀어서 a, b, c, d를 구하면 된다. 이것을 풀면

$$a = 21.2, \quad b = 8.64 \times 10^{-3}, \quad c = -1.54 \times 10^5, \quad d = -6.19 \times 10^3$$

따라서

$$H^0_T - H^0_{298} = 21.2T + 4.32 \times 10^{-3} T^2 - 1.54 \times 10^5 T^{-1} - 6.19 \times 10^3\ (\mathrm{J/mol})$$

5 탄화알루미늄의 연소: 연소열로부터 원 화합물의 생성열 계산

봄베bombe 열량계[2] 중에서 과잉의 산소를 이용하여 탄화알루미늄(Al_4C_3)을 연소시켰을 때, 식 (1) 반응의 내부에너지 변화로서 다음의 값을 얻었다.

$$Al_4C_3(s) + 6O_2(g) = 2Al_2O_3(s) + 3CO_2(g) \quad (1)$$

$$\Delta U(298\,K) = -4{,}366.72\ (kJ)$$

이때 298 K(25 ℃)에서 $\Delta H_{(1)}$을 구하시오. 또, 이 조건하에서 순수한 C(s) 1 mol 및 Al(s) 2 mol의 연소열 ΔH_{298}을 각각 -393.5 kJ, −1,671.9 kJ이라 하면, $Al_4C_3(s)$의 생성열이 얼마인지 계산하시오.

풀이

298 K에서 엔탈피 변화 ΔH는 다음 식으로 나타낼 수 있다.

$$\Delta H = \Delta U + \Delta(PV)$$

$\Delta(PV) = \Delta nRT$이므로

$$\Delta H = \Delta U + \Delta nRT$$

$\Delta U_{(1)} = -4{,}366.72$ kJ, $\Delta n = 3 - 6 = -3$ (mol)이므로 위의 식에 대입하면

$$\Delta H_{(1)} = -4{,}366.72 + (-3) \times 8.314 \times 10^{-3} \times 298 = -4{,}374.15\ (kJ)$$

문제로부터

$$C(s) + O_2(g) = CO_2(g):\ \Delta H_{298} = -393.5\ (kJ) \quad (2)$$

---

2 [주] 廣川吉之助ら編, 金属の化学的測定法 I(1976), 日本金属学会, p. 15 참조.

$$2\mathrm{Al} + \frac{3}{2}\mathrm{O_2(g)} = \mathrm{Al_2O_3(s)}: \quad \Delta H_{298} = -1,671.9 \ \mathrm{(kJ)} \qquad (3)$$

식 (1)~(3)으로부터 $[3\times(2)+2\times(3)-(1)]$에 의해 다음의 반응식이 얻어진다.

$$3\mathrm{C(s)} + 4\mathrm{Al(s)} = \mathrm{Al_4C_3(s)}$$

따라서 $Al_4C_3(s)$의 생성열은

$$\Delta H_{298} = -393.5\times3 - 1,671.9\times2 + 4,374.15 = -150.2 \ \mathrm{(kJ)}$$

6 Pb-Bi합금의 혼합: 열량계 데이터로부터 혼합열 계산

단열식 고온 열량계 중에서 693 K(420 ℃)에서 용융연 10.79 g과 용융 비스무트 3.49 g을 혼합하였을 때, 용기의 온도는 0.440 K 상승하였다. 다음은 같은 조건에서 용기의 내부 히터에 0.191 A, 1.37 V의 전류를 180 초 동안 흘렸더니 0.405 K 상승하였다. 합금 1 mol당 혼합열을 구하시오.

풀이

단열식 열량계는 시료용기와 단열용기의 온도차이가 '0'이 되도록 단열용기의 온도를 제어하고, 시료용기 안에서 발생한 열은 외부로 빠져나가지 못하도록 한 것이다. 따라서 W를 열량계의 온도를 1 K 올리는 데 필요한 열량, 열량계 내에서 반응에 의해서 발생하거나 흡수되는 열 ΔQ, 또는 외부로부터 열량계에 주어지는 전기 에너지 L과, 열량계의 온도변화 $\Delta\theta_C$의 관계는 다음 식으로 주어진다.

$$\Delta Q = L\Delta t = W\Delta\theta_C$$

$$0.191 \times 1.37 \times 180 = W \times 0.405$$

$$\therefore W = 116.3 \ (\mathrm{J/deg})$$

따라서 0.440 K의 온도상승은 $116.3 \times 0.440 = 51.2$ (J)의 열량에 상당한다.

$$\mathrm{Pb} \ \ 10.79 \ \mathrm{g}\text{은} \ \ \frac{10.79}{207.19} = 0.0521 \ \mathrm{mol}$$

$$\mathrm{Bi} \ \ 3.49 \ \mathrm{g}\text{은} \ \ \frac{3.49}{208.98} = 0.0167 \ \mathrm{mol}$$

따라서 합금 1 mol당 혼합열은

$$51.2 \times \frac{1}{\dfrac{10.79}{207.19} + \dfrac{3.49}{208.98}} = 744 \ (\mathrm{J/mol})$$

[comment] Pb－Bi합금은 많은 열량 데이터가 있기 때문에 열량계의 검정에 많이 이용되고 있다.

7 Zn의 상변화, 혼합: 엔트로피 변화 계산

아연에 대하여 다음의 데이터가 주어져 있다.

용융잠열 7,385 J/mol (at 692.5 K)

증발잠열 115,311 J/mol (at 1,180 K)

몰비열 고체 $C_{P(s)} = 22.38 + 10.04 \times 10^{-3} T$ (J·mol^{-1}·K^{-1})

액체 $C_{P(l)} = 31.38$ (J·mol^{-1}·K^{-1})

기체 $C_{P(g)} = 20.79$ (J·mol^{-1}·K^{-1})

(i) 373 K(100 ℃)의 아연 1 mol을 1,273 K(1,000 ℃)로 가열하였을 때의 엔트로피 변화를 구하시오. 단, 아연의 끓는점 이상에서의 분압은 1 atm으로 한다.

(ii) 373 K(100 ℃)의 아연 0.2 mol을 873 K(600 ℃)의 용융아연 0.8 mol과 단열적으로 혼합하였을 때의 엔트로피 변화를 구하시오.

풀이

(i) 구하고자 하는 엔트로피 변화 ΔS는

$$\Delta S = \int_{373}^{692.5} \frac{C_{P(s)}}{T} dT + \frac{\Delta H_m}{T_m} + \int_{692.5}^{1,180} \frac{C_{P(l)}}{T} dT + \frac{\Delta H_v}{T_v} + \int_{1,180}^{1,273} \frac{C_{P(g)}}{T} dT$$

$$= \int_{373}^{692.5} \frac{22.38 + 10.04 \times 10^{-3} T}{T} dT + \frac{7,385}{692.5} + \int_{692.5}^{1,180} \frac{31.38}{T} dT$$

$$+ \frac{115,311}{1,180} + \int_{1,180}^{1,273} \frac{20.79}{T} dT$$

$$= 143.74 \ (\text{J} \cdot \text{mol}^{-1} \cdot \text{K}^{-1})$$

(ii) 단열변화이므로 외부와 열의 출입이 없어 혼합 후의 온도를 T(K)라 하면, 다음 식이 성립한다.

$$\Delta H = \left[\int_{373}^{692.5} C_{P(s)}dT + \Delta H_m + \int_{692.5}^{T} C_{P(l)}dT\right] \times 0.2 + \left[\int_{873}^{T} C_{P(l)}dT\right] \times 0.8$$

$$= \left[\int_{373}^{692.5} (22.38 + 10.04 \times 10^{-3}T)dT + 7,385 + \int_{692.5}^{T} 31.38dT\right] \times 0.2$$

$$+ \left[\int_{873}^{T} 31.38dT\right] \times 0.8 = 0$$

$$\therefore T = 786 \ (\mathrm{K})$$

따라서 엔트로피 변화는

$$\Delta S = \left[\int_{373}^{692.5} \frac{(22.38 + 10.04 \times 10^{-3}T)}{T}dT + \frac{7,385}{692.5} + \int_{692.5}^{786} \frac{31.38}{T}dT\right] \times 0.2$$

$$+ \left[\int_{873}^{786} \frac{31.38}{T}dT\right] \times 0.8$$

$$= 0.46 \ (\mathrm{J \cdot mol^{-1} \cdot K^{-1}})$$

[역주] 열역학 제2법칙에 의해 엔트로피 S는

$$dS \equiv \delta Q / T$$

등압의 조건하에서는

$$dS = dH / T = (C_P / T)dT$$

$$S_{T2} - S_{T1} = \int_{T1}^{T2} (C_P / T)dT$$

여기서 $T_1 = 0$ K의 경우, 열역학 제3법칙에 의해 $S_{0\,\mathrm{K}} = 0$이다.

T_1에서 T_2까지 온도가 상승할 때 변태점 T_t(변태열 L_t), 융점 T_m(융해열 L_m), 비등점 T_v(증발열 L_v)가 존재하는 경우 다음과 같이 나타낸다.

$$S_{T2} - S_{T1} = \int_{T1}^{Tt} C_{P1} / TdT + L_t / T_t + \int_{Tt}^{Tm} C_{P2} / TdT + L_m / T_m$$

$$+ \int_{Tm}^{Tv} C_{P3} / TdT + L_v / T_V + \int_{Tv}^{T2} C_{P4} / TdT$$

8 H_2O, CO_2의 T-P상태도: 상태도를 작성하여 평형관계를 설명

다음의 수치로부터 H_2O와 CO_2에 관한 상태도를 그리고, 평형관계를 설명하시오.

(a) 임계점

H_2O	647 K(374 ℃)	218 atm
CO_2	304 K(31 ℃)	73 atm

(b) 삼중점

H_2O	273.16 K(0.01 ℃)	6.0×10^{-3} atm
CO_2	216 K(−57 ℃)	5.3 atm

(c) 삼중점에서

H_2O : 액체는 고체보다 치밀하다.

CO_2: 고체는 액체보다 치밀하다.

풀이

일성분계의 상률을 상의 수 p, 자유도를 f라 하면 다음 식으로 주어진다.

$$f = 3 - p \tag{1}$$

따라서 3상이 공존하는 경우 $f = 0$이 되어, 온도와 압력을 임의로 바꿀 수 없게 된다. 이 점이 삼중점이다. 또, 2상이 공존하는 경우에는 $f = 1$이 되며, 온도나 압력 중 한 가지만 정해지면 다른 쪽은 자동적으로 결정되어, 상태도상에서는 곡선을 나타낸다.

더욱이 2상 공존의 경우에는 Clausius−Clapeyron 식을 적용한다.

$$\frac{dP}{dT} = \frac{\Delta H}{T\Delta V} \tag{2}$$

여기서 ΔH는 평형 상태도에서의 변태열, ΔV는 부피변화이다.

식 (2)가 성립하고, 식 우변의 ΔH는 승화열, 용융열, 기화열에 의해 평가할 수 있으며, $\Delta H > 0$이므로 ΔV가 상태도 곡선의 기울기를 좌우한다. V_g를 기체의 체적, V_s, V_l을 각각 고체, 액체의 체적이라 하면, $V_g \gg V_s$, V_l이므로 승화와 증기압 곡선의 기울기는

$$\frac{dP}{dT} > 0$$

그러나 용융곡선에 대해서는 (c)에 의해

H_2O의 경우 삼중점에서 $V_s > V_l$에 의해

$$\frac{dP}{dT} < 0 \text{ (at triple point)}$$

CO_2의 경우 삼중점에서 $V_s < V_l$에 의해

$$\frac{dP}{dT} > 0 \text{ (at triple point)}$$

또 임계점이란 액체와 기체의 구별이 없어지는 점이다. 이상을 참고하여 H_2O (그림 1)와 CO_2 (그림 2)에 관한 상태도를 나타내면 다음과 같다.(상세한 것은 참고문헌[3]을 참조하시오.)

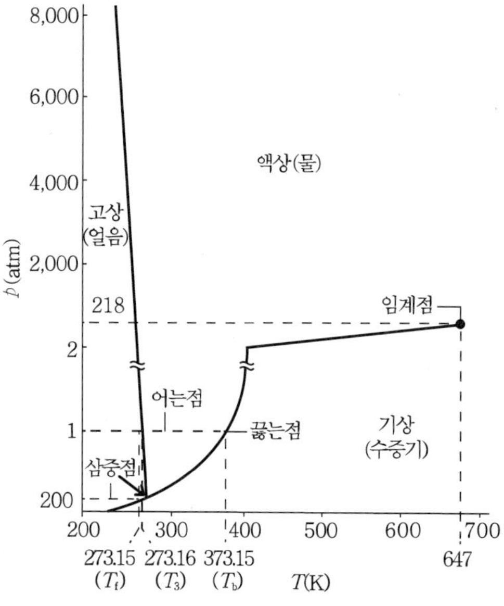

〈그림 1〉 H_2O의 상태도

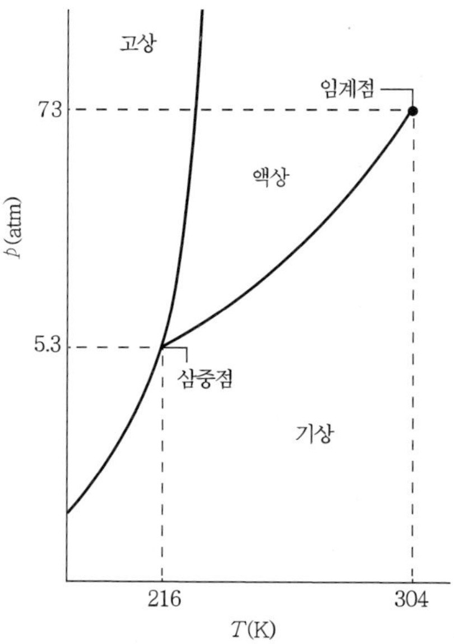

〈그림 2〉 CO_2의 상태도

3 千原秀昭, 中村亘南訳, アトキンス物理化学(2005), 東京化学同人.

9 Ag의 산화: ΔG^0로부터 평형관계를 설명

Ag는 일반적으로 고온으로 가열하여도 산화하지 않는다. 그 이유를 평형계산을 이용해 설명하시오. 또 Ag가 산화 가능한 조건을 계산결과로부터 나타내시오.

풀이

Ag 산화반응은 다음과 같다.

$$4Ag + O_2 = 2Ag_2O : \ \Delta G^0 = -56{,}240 + 121.26T \quad (1)$$

또 ΔG는 다음과 같은 관계에 있다.

$$\Delta G = \Delta G^0 + RT\ln K$$

따라서 Ag 산화반응의 ΔG는 다음과 같다.

$$\Delta G = -56{,}240 + 121.26T + RT\ln\left(\frac{a_{Ag2O}^2}{a_{Ag}^4 \cdot p_{O2}}\right)$$

$$= -56{,}240 + 121.26T - 8.314T\ln p_{O2} \quad (2)$$

여기서 공기 중에서의 산화를 고려한다면 1 atm하에서 $p_{O2} = 0.21$ atm이므로

$$\Delta G = -56{,}240 + 121.26T - 8.314T\ln(0.21) \quad (3)$$

열역학적으로 $\Delta G > 0$에서는 반응이 일어나지 않으므로 식 (3)으로부터 $\Delta G > 0$인 온도 범위를 구하면 다음과 같이 Ag는 146 ℃ 이상에서는 산화하지 않는다.

$$T > 419 \text{ (K)} \quad (146\ ℃)$$

식 (2)로부터 평형상태에서 $\log p_{O2}$와 $1/T$의 관계를 구하면

$$\log p_{O2} = 6.334 - 2{,}938/T \quad (4)$$

식 (4)로부터 각 온도에서의 $\log p_{O2}$를 구하면

[표 1]

온도 K	667	500	400	333	286
$1{,}000/T$	1.5	2.0	2.5	3.0	3.5
$\log p_{O2}$	1.93	0.458	−1.01	−2.48	−3.95

이 관계를 〈그림 1〉에 나타내었으며, Ag는 그림 중 직선의 우상, 즉 각 온도에서 산소 포텐셜이 평형산소 포텐셜보다 높은 분위기에서는 산화되는 것을 알 수 있다.

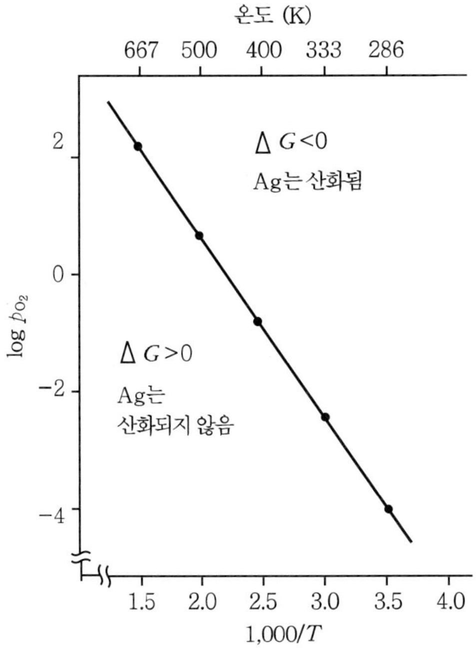

〈그림 1〉 산소분압과 온도의 관계

10 CO-CuO평형: ΔG^0로부터 평형가스분압 계산

CO가스분석법으로서 573 K(300 ℃) 정도에서 CuO에 의해 산화시켜 CO_2로 바꾸고, 흡수제에 흡수시키는 경우가 있다. 산화 후의 CO_2가스가 0.05 atm인 경우, 평형론적으로 남게 되는 CO가스는 어느 정도인지 계산하시오. 또 CO_2 흡수제를 통과한 가스를 CuO상에 재순환시키는 경우가 있다. 이 효능을 정성적으로 설명하시오.

계산에 사용하는 데이터(ref. 2로부터)

$$\mathrm{C(s)+O_2(g)=CO_2(g)}, \quad \Delta G^0=-394{,}380-1.13T \tag{1}$$

$$\mathrm{2C(s)+O_2(g)=2CO(g)}, \quad \Delta G^0=-223{,}920-175.56T \tag{2}$$

$$\mathrm{2Cu(s)+O_2(g)=2CuO(g)}, \quad \Delta G^0=-311{,}700+180.34T \tag{3}$$

풀이

[식 (1) − 식 (2)/2 − 식 (3)/2]의 조작에 의해 다음의 반응식이 얻어진다.

$$\mathrm{CuO(s)+CO(g)=Cu(s)+CO_2(g)} \tag{4}$$

따라서 이 반응의 자유에너지 변화는 다음과 같이 주어진다.

$$\Delta G_T^0=-126{,}570-3.52T$$

$T=573$ K에서의 평형상수 K_{573}은

$$\Delta G_T^0=-RT\ln K_T$$

로부터

$$K_{573}=\exp\left(-\frac{\Delta G_{573}^0}{573R}\right)=5.277\times10^{11}$$

로 된다. 또 식 (4)의 반응식으로부터

$$K_{573} = \frac{a_{Cu} \cdot p_{CO2}}{a_{CuO} \cdot p_{CO}} \cong \frac{p_{CO2}}{p_{CO}} = 5.277 \times 10^{11}$$

여기서 $a_{Cu} \cong 1$, $a_{CuO} \cong 1$로 가정하였다.

$$p_{CO2} = 0.05 \ \text{atm} \text{이므로} \ p_{CO} = 9.48 \times 10^{-14} \ \text{atm}$$

평형에 도달했다면 남은 CO가스는 $p_{CO} \cong 10^{-13}$ atm이며, 분석 정확도로서는 충분하지만, 비교적 저온에서의 고체/기체 반응으로 평형에 도달하지 않을 수 있으므로 가스를 순환시켜 평형에 가까워지도록 할 수 있다.

11 가스의 탈산, 탈질소: ΔG^0로부터 평형가스분압 계산

중성가스의 탈산 등 정제할 때 가열금속으로 통과시킨다.

(i) 중성가스 중 소량의 산소를 제거하기 위하여 가열동선을 이용한다. 573 K(300 ℃), 773 K(500 ℃), 1,073 K(800 ℃)에서 평형론적으로 남게 되는 산소량을 구하시오.

(ii) 실제로는 773 K에서 탈산하는 경우가 많은데 그 이유를 설명하시오.

(iii) 아르곤가스 정제에서 N_2를 제거하고 싶을 때는 Mg, Ti 등을 이용한다. Mg에 대하여 800 K(527 ℃)에서 O_2, N_2의 제거한계를 구하시오. 단,

$$3Mg(s) + N_2(g) = Mg_3N_2(\alpha), \quad \Delta G^0_{800} = -299,600 \text{ (J)}$$

CuO, Cu_2O, MgO에 대해서는 ref. 2를 참고하시오.

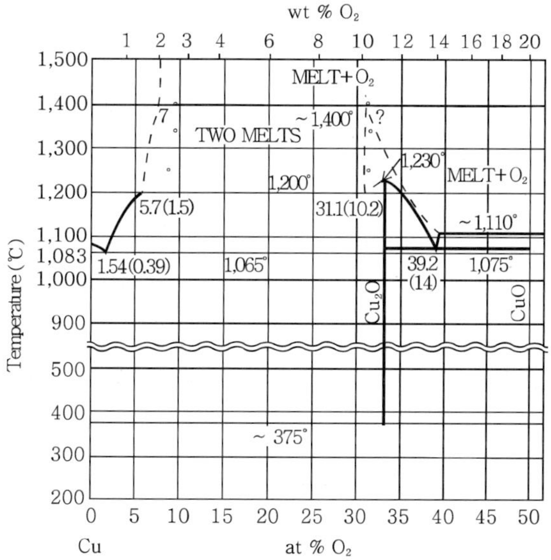

〈그림 1〉 Cu－O계 상태도

풀이

이러한 종류의 문제에서는 항상 안정한 생성상이 무엇인지 주의할 필요가 있기 때문에 반드시 상태도를 확인한다.

(i) M. Hansen의 상태도(*Constitution of Binary Alloys*(1958), p. 605)에 의하면 Cu_2O가 안정한 것은 648 K(375 ℃) 이상이다. 따라서 573 K에서는 다음 식의 반응을 검토한다.

$$Cu(s) + \frac{1}{2}O_2(g) = CuO(s),$$

$$\Delta G^0 = -155{,}850 + 90.17T \ (J)$$

$$\therefore \Delta G^0_{573} = -104{,}183 \ (J)$$

$$K = \exp\left(-\frac{\Delta G^0}{RT}\right) = \frac{1}{p_{O2}^{1/2}}$$

$$\therefore p_{O2} = 1.01 \times 10^{-19} \ (atm)$$

773 K, 1,073 K에서는 다음의 반응에 대해서 고려해야 하므로 마찬가지로

$$2Cu(s) + \frac{1}{2}O_2(g) = Cu_2O(s), \quad \Delta G^0 = -167{,}400 + 71.4T \ (J)$$

따라서

773 K에서는 $p_{O2} = 6.84 \times 10^{-16}$ (atm)

1,073 K에서는 $p_{O2} = 1.45 \times 10^{-9}$ (atm)

(ii) 저온일수록 산소 제거한계가 낮아지지만, 반응속도도 느려지므로 실용적이지 못하다. 경험적으로는 773 K 정도에서 충분한 반응속도가 얻어지는 것으로 알려져 있다. 단, 충분한 탈산이 달성되지 못하는 경우가 있으므로 산소분석을 실시하여 확인하는 것이 바람직하다.

(iii) (a) N_2의 제거한계

Mg은 800 K에서 $P_{N_2} = K^{-1} = 1/\exp(299{,}600/RT) = 2.74 \times 10^{-20}$ (atm)

(b) O_2의 제거한계

$$2Mg(s) + O_2(g) = 2MgO(s), \quad \Delta G^0 = -1{,}202{,}070 + 215.39T \ (J) \ \text{(ref. 2)}$$

따라서 800 K에서 $P_{O_2} = K^{-1} = 1/\exp(-\Delta G^0_{800}/RT) = 5.77\times10^{-68}$ (atm)

Mg은 융점이 낮고, 또한 Ti에서도 충분히 낮은 산소농도를 쉽게 얻을 수 있기 때문에 Ti을 이용하는 경우가 많다.

[comment] Hansen의 Cu－O상태도에 대하여

$CuO + Cu = Cu_2O$ 반응의 ΔG^0로부터 3상 공존온도를 구하면 648 K(375 ℃)로 되지 않으며, 이 점에 대하여 Hansen의 상태도가 반드시 정확하다고 할 수는 없다. 그러나 이 상태도가 정확하다고 가정하면 상기와 같은 해답이 된다.

12 CO-CO_2평형: ΔG^0 계산

Boudouard반응인 $2CO = CO_2 + C$의 973 K(700 ℃)에서 깁스 자유에너지 변화가 가스조성에 의해서 어떻게 변화하는지 가스조성을 횡축으로 잡아 도시하시오. 단, 기상은 $p_{CO2} + p_{CO} = 1$ atm으로 한다.

풀이

대상으로 하는 반응에 대하여 다음과 같이 주어지므로(ref. 2)

$$\Delta G^0 = -170,460 + 174.43\,T \text{ (J)}$$

973 K에서는

$$\Delta G = \Delta G^0 + RT\ln\left(\frac{p_{CO2}\cdot a_C}{p_{CO}^2}\right) = -739.61 + 8,089.52\ln\left(\frac{p_{CO2}\cdot a_C}{p_{CO}^2}\right) \text{ (J)}$$

C가 순수한 고체이면 $a_C = 1$이므로

$$\Delta G = -739.61 + 8,089.52\ln\left(\frac{p_{CO2}}{p_{CO}^2}\right) \text{ (J)}$$

따라서 [표 1]과 〈그림 1〉을 얻는다.

[표 1]

p_{CO2}(atm)	p_{CO}(atm)	ΔG_{973}(J)
0.1	0.9	−17,662
0.2	0.8	−10,149
0.3	0.7	−4,709
0.4	0.6	113
0.5	0.5	4,868
0.6	0.4	9,953
0.7	0.3	15,854
0.8	0.2	23,494
0.9	0.1	35,662

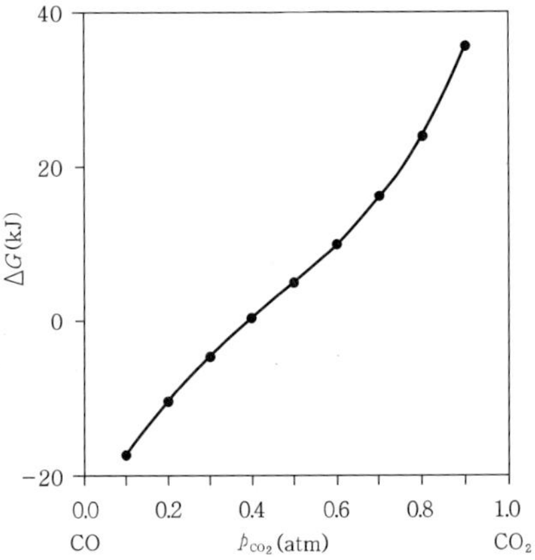

〈그림 1〉 ΔG와 CO_2분압의 관계

13 $CaCO_3$의 분해: ΔG^0로부터 분해온도 계산

(ⅰ) 다음의 데이터를 이용하여 $p_{CO2}=1$ atm에서 $CaCO_3$의 분해온도를 구하시오.

$$CaCO_3(s)=CaO(s)+CO_2(g)$$

$$\Delta G^0=177,820-6.36\,T\log T+9.017\times10^{-3}T^2$$
$$-0.0858\times10^5T^{-1}-144.68\,T\ (J)$$

(ⅱ) 온도와 평형 CO_2 분압의 관계를 그림으로 나타내시오.

(ⅲ) 대기 중에서 가열할 때 1,153 K(880 ℃) 이하에서 분해가 일어나는지 고찰하시오.

(ⅳ) 저온에서 분해할 수 있는 수단이 있는가? 있다면 그 이유를 설명하시오.

(ⅴ) 공존하는 CO_2 분압과 깁스 자유에너지 변화 ΔG(ΔG^0와의 차이에 주의할 것)의 관계를 1,073 K(800 ℃)에서 그림으로 나타내시오.

풀이

(ⅰ) $CaCO_3(s)=CaO(s)+CO_2(g)$ (1)

평형상태에서 식 (1)의 평형상수 K는 $a_{CaCO3}=1$, $a_{CaO}=1$의 경우

$$K=\frac{a_{CaO}\cdot p_{CO2}}{a_{CaCO3}}=p_{CO2} \tag{2}$$

또 평형상태에서는 $\Delta G^0 = -RT\ln K$이므로

$$p_{CO2} = \exp\left(-\frac{\Delta G^0}{RT}\right) \tag{3}$$

평형하는 CO_2 분압이 1 atm이 되는 온도는

$$1.0 = \exp\left(-\frac{\Delta G^0}{RT}\right) \qquad \therefore \Delta G^0 = 0$$

따라서 주어진 ΔG^0의 식으로부터 ΔG^0=0이 되는 온도를 구하면 $T = 1{,}157$ K (884 ℃)이다.

(ii) $\Delta G^0 = -RT\ln K = -RT\ln p_{CO2}$이므로 [표 1]로부터 〈그림 1〉을 그릴 수 있다.

〈그림 1〉로부터 $\ln p_{CO2}$ vs $1/T$는 직선관계에 있으며, 최소자승법을 이용하면 다음 식이 얻어진다.

$$\ln p_{CO2} = -20.930 \times 10^3 \times \frac{1}{T} + 18.144 \tag{4}$$

[표 1]

T (K)	$10^3/T(K^{-1})$	ΔG^0(J)	$\ln p_{CO2}$(atm)	p_{CO2}(atm)
573	1.745	87,812	−18.433	9.90×10^{-9}
673	1.486	72,417	−12.942	2.39×10^{-6}
773	1.294	57,160	−8.894	1.37×10^{-4}
873	1.145	42,047	−5.793	3.05×10^{-2}
973	1.028	27,083	−3.348	3.52×10^{-2}
1,073	0.932	12,270	−1.375	0.253
1,173	0.853	−2,388	0.245	1.278

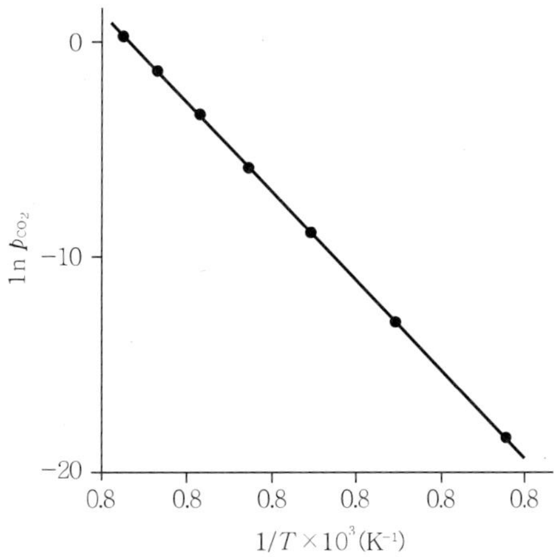

〈그림 1〉 CO_2 분압과 온도

[comment] 〈그림 1〉은 분해반응의 ΔG^0가 T의 일차식으로 근사할 수 있음을 나타내고 있다. 일반적으로 ΔG^0는 $a+bT$의 형태로 나타낼 수 있으나, 할로겐화합물이나 황산염에서는 직선성이 나쁜 경우가 많아 $a+bT\log T+cT$나 $a+bT\log T+cT+cT^2+dT^{-1}+eT$ 형식의 식을 이용한다.

(iii) 대기 중의 p_{CO2}는 3×10^{-4} atm 정도이며, 열역학적으로는 평형 CO_2 분압을 p^e_{CO2}라 하면, 반응식 (1)의 ΔG는 다음 식으로 주어진다.

$$\Delta G = \Delta G^0 + RT\ln K = -RT\ln p^e_{CO2} + RT\ln p_{CO2}$$
$$= RT\ln\left(\frac{p_{CO2}}{p^e_{CO2}}\right)$$

따라서 $\Delta G < 0$이 되어 분해반응이 진행되기 위해서는

$$p_{CO2} < p^e_{CO2}$$

이 되어야 하며, p^e_{CO2}는 식 (4)로 주어지므로 $p_{CO2} = 3\times10^{-4}$ atm에서

$$\ln p_{CO2} = \ln(3\times10^{-4}) < -20.930\times10^3\times\frac{1}{T} + 18.144$$

$$\therefore\ T > 797.2\ (\mathrm{K})$$

따라서 797.2 K 이상의 온도에서는 분해반응이 일어날 수 있다.

[comment] 실제로는 $CaCO_3$ 주위의 가스 경계층 중의 p_{CO2}가 곧바로 평형 p_{CO2}와 같아져서 분해가 중지된다. 분해가 진행되려면 $CaCO_3$ 표면으로부터 CO_2가스가 빠르게 확산되어 빠져나가야 한다.

일반적으로 유동층 등의 강제 송풍하에서의 반응에서 평형압력과 반응속도는 [표 2]와 같은 관계가 있다.

[표 2]

평형압력(atm)	반응속도
0.1	빠름
0.01	느림
0.001	매우 느림
0.0001	거의 진행되지 않음

(iv) 분해가 일어나기 위해서는 $p_{CO2} < p^e_{CO2}$에 의해 $CaCO_3$ 주위의 p_{CO2}를 p^e_{CO2}보다 작게 하여야 하므로

(a) 평형 p_{CO2}를 높인다.

$K = (a_{CaO}\cdot p_{CO2})/a_{CaCO3}$로부터 a_{CaO}를 낮추면 평형 p_{CO2}가 상승한다.(실리카인 SiO_2

등을 첨가한다.)

(b) 주위의 p_{CO2}를 평형 p_{CO2}보다 낮게 유지한다.(불활성기체의 강제기류 중 또는 감압용기 중에서 반응)

(v) 1,073 K에서 ΔG^0는 12,270 J이므로

$$\Delta G = \Delta G^0 + RT\ln p_{CO2} = 12,270 + RT\ln p_{CO2}$$

$R = 8.314$, $T = 1,073$ K를 대입하면

$$\Delta G = 8,921\ln p_{CO2} + 12,270 = 20,541\log p_{CO2} + 12,270 \ (\mathrm{J})$$

이 관계를 〈그림 2〉에 나타내었다.

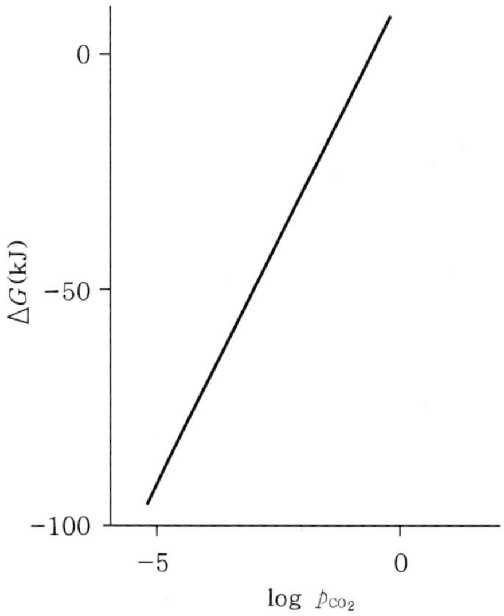

〈그림 2〉 ΔG와 CO_2 분압의 관계

14 Fe-H_2O평형: ΔG^0로부터 평형가스분압 계산

1,000 K (727 ℃)로 가열한 과잉의 순철 위에 1 kg의 수증기를 통과시켰을 때 발생하는 수소의 최대부피를 표준상태에서 계산하시오.

풀이

순철과 수증기에 의한 다음의 반응을 고려한다.(ref. 2)

$$\mathrm{Fe(s)} + \mathrm{H_2O(g)} = \mathrm{FeO(s)} + \mathrm{H_2(g)}:\quad \Delta G^0 = -17{,}990 + 9.92T\ (\mathrm{J}) \tag{1}$$

식 (1)로부터 $\Delta G^0_{1,000}$를 구하면

$$\Delta G^0_{1,000} = -8{,}070\ (\mathrm{J}) \tag{2}$$

식 (1)의 평형상수 K는

$$K = \exp\left(-\frac{\Delta G^0}{RT}\right) = \frac{a_{\mathrm{FeO}} \cdot p_{\mathrm{H2}}}{a_{\mathrm{Fe}} \cdot p_{\mathrm{H2O}}} \tag{3}$$

여기서 $a_{\mathrm{FeO}} = 1$, $a_{\mathrm{Fe}} = 1$이므로 식 (2), (3)으로부터 1,000 K에서의 평형상수 K를 구하면

$$K = \frac{p_{\mathrm{H2}}}{p_{\mathrm{H2O}}} = 2.640 \tag{4}$$

H_2, H_2O의 각각의 몰 수를 n_{H2}, n_{H2O}라 두면 식 (4)는 다음과 같이 된다.

$$K = \frac{p_{\mathrm{H2}}}{p_{\mathrm{H2O}}} = \frac{n_{\mathrm{H2}}}{n_{\mathrm{H2O}}} = 2.640 \tag{5}$$

한편 초기의 수증기가 1 kg이므로

$$n_{\mathrm{H2}} + n_{\mathrm{H2O}} = \frac{1{,}000}{18} = 55.56\ (\mathrm{mol}) \tag{6}$$

식 (5), (6)으로부터

$$n_{H2} + \frac{n_{H2}}{2.640} = 55.56 \ (\mathrm{mol})$$

$$\therefore \ n_{H2} = 40.30 \ (\mathrm{mol})$$

따라서 표준상태에서 발생하는 수소가스의 부피는 다음과 같다.

$$n_{H2} \times V_g = 40.30 \times 22.4 \times 10^{-3} = 0.9027 \ (\mathrm{m}^3)$$

15 $CO-CO_2/H_2-H_2O$평형: ΔG^0로부터 평형가스분압 계산

1,873 K(1,600 ℃), 전체압력 1 atm의 20 %CO_2, 80 %CO의 혼합가스와 동일한 산소 포텐셜을 갖는 전체압력 1 atm의 H_2-H_2O 혼합가스조성을 구하시오.

단, 다음 데이터를 이용하시오.

$$2CO(g)+O_2(g)=2CO_2(g): \ \Delta G_1^0=-564,840+173.30T \ (J) \tag{1}$$

$$2H_2(g)+O_2(g)=2H_2O(g): \ \Delta G_2^0=-492,880+109.62T \ (J) \tag{2}$$

풀이

식 (1)의 평형상수 K_1은 1,873 K에서 다음과 같다.

$$K_1=\frac{p_{CO2}^2}{p_{CO}^2\cdot p_{O2}}=\exp\left(-\frac{\Delta G_1^0}{RT}\right)$$

$$=\exp\left(-\frac{-564,840+173.3\times 1,873}{8.314\times 1,873}\right)=5.016\times 10^6$$

따라서 p_{O2}는

$$p_{O2}=\left(\frac{p_{CO2}}{p_{CO}}\right)^2\cdot\frac{1}{K_1}=\left(\frac{0.2}{0.8}\right)^2\cdot\frac{1}{5.016\times 10^6}=1.246\times 10^{-8}\ (atm)$$

식 (2)의 평형상수 K_2는 1,873 K에서 다음과 같다.

$$K_2=\frac{p_{H2O}^2}{p_{H2}^2\cdot p_{O2}}=\exp\left(-\frac{\Delta G_2^0}{RT}\right)$$

$$=\exp\left(-\frac{-492,880+109.62\times 1,873}{8.314\times 1,873}\right)=1.047\times 10^8$$

따라서 p_{H2O}는

$$p_{H2O} = p_{H2} \cdot (p_{O2} \cdot K_2)^{1/2} = \sqrt{1.246 \times 10^{-8} \times 1.047 \times 10^{8}} \cdot p_{H2}$$

$$= 1.142 \cdot p_{H2} \text{ (atm)}$$

$p_{H2O} + p_{H2} = 1$ atm이므로

$$p_{H2} = 0.4669 \text{ (atm)}, \quad p_{H2O} = 0.5331 \text{ (atm)}$$

즉, $H_2 - H_2O$ 혼합가스조성은

$$H_2 = 46.7\ \%, \quad H_2O = 53.3\ \%$$

16 $CO-CO_2$-FeO평형: ΔG^0로부터 평형가스분압 계산

$CO-CO_2$ 혼합가스에 대하여 다음의 물음에 답하시오.

(i) 1,000 K(727 ℃), 전체압력 1 atm에서 고체탄소와 평형하는 CO, CO_2 가스의 조성을 구하시오. 단, $p_{CO}+p_{CO2}=1$ atm이다.

(ii) 전체압력 1 atm에서 CO 15 %, CO_2 85 %의 혼합가스가 고체탄소와 평형하는 온도를 구하시오.

(iii) 1,500 K(1,227 ℃)에서 CO 10 %, CO_2 90 %의 혼합가스가 나타내는 산소분압을 구하시오.

(iv) 1,000 K(727 ℃)에서 철-우스타이트(FeO)와 평형하는 $CO-CO_2$가스의 조성을 구하시오. 단, 이하의 데이터를 이용하시오.(ref. 2)

$$C(s)+O_2(g)=CO_2(g):\ \ \Delta G^0=-394{,}380-1.13T\ (J) \tag{1}$$

$$2C(s)+O_2(g)=2CO(g):\ \ \Delta G^0=-223{,}920-175.56T\ (J) \tag{2}$$

풀이

(i) $C-CO-CO_2$의 평형에 관한 반응식은 식 (2)-(1)에 의해

$$C(s)+CO_2(g)=2CO(g):\ \ \Delta G_3^0=170{,}460-174.43T\ (J) \tag{3}$$

여기서 평형상수 K_3는 다음과 같이 나타낼 수 있다.

$$K_3 = \frac{p_{CO}^2}{a_C \cdot p_{CO2}} = \exp\left(-\frac{\Delta G_3^0}{RT}\right) \tag{4}$$

$T = 1{,}000$ K, $a_C = 1$에서 식 (4)는

$$\frac{p_{CO}^2}{p_{CO2}} = \exp\left(-\frac{170{,}460 - 174.43 \times 1{,}000}{8.314 \times 1{,}000}\right) = 1.612 \tag{5}$$

식 (5)와 $p_{CO} + p_{CO2} = 1$ atm으로부터

$p_{CO} = 0.698$ (atm): CO 69.8 %, $p_{CO2} = 0.302$ (atm): CO_2 30.2 %

(ii) 식 (4)에 a_C=1, $p_{CO} = 0.85$ (atm), $p_{CO2} = 0.15$ (atm)을 대입하면

$$K_3 = \frac{(0.15)^2}{1 \times 0.85} = \exp\left(-\frac{170{,}460 - 174.43 \times T}{8.314 \times T}\right)$$

$\therefore T = 833$ K

(iii) $O_2 - CO - CO_2$의 평형에 관한 반응식은(ref. 2)

$$2CO(g) + O_2(g) = 2CO_2(g): \Delta G_6^0 = -564{,}840 + 173.30T \text{ (J)} \tag{6}$$

$$K_6 = \frac{p_{CO2}^2}{p_{O2} \cdot p_{CO}^2} = \exp\left(-\frac{\Delta G_6^0}{RT}\right)$$

위의 식에 $T = 1{,}500$ K, $p_{CO} = 0.1$ (atm), $p_{CO2} = 0.9$ (atm)을 대입하면

$$\frac{(0.9)^2}{p_{O2} \cdot (0.1)^2} = \exp\left(-\frac{-564{,}840 + 173.30 \times 1{,}500}{8.314 \times 1{,}500}\right)$$

$\therefore p_{O2} = 1.954 \times 10^{-9}$ (atm)

(iv) $Fe - FeO - CO - CO_2$계의 반응식은(ref. 2)

$$FeO(s) + CO(g) = Fe(s) + CO_2(g): \Delta G_7^0 = -17{,}990 + 21.92T \text{ (J)} \tag{7}$$

$$K_7 = \frac{a_{Fe} \cdot p_{CO2}}{a_{FeO} \cdot p_{CO}} = \exp\left(-\frac{\Delta G_7^0}{RT}\right)$$

앞의 식에 $T=1{,}000$ K, $a_{Fe}=1$, $a_{FeO}=1$을 대입하면

$$\frac{p_{CO2}}{p_{CO}}=\exp\left(-\frac{-17{,}990+21.92\times 1{,}000}{8.314\times 1{,}000}\right)=0.623$$

$p_{CO}+p_{CO2}=1$ atm이라 하면

$p_{CO}=0.616$ (atm), CO 61.6 %

$p_{CO2}=0.384$ (atm), CO_2 38.4 %

17 황산동의 결정수 분해: ΔG^0로부터 분압, 화학양론 계산의 기초

(i) 50 L의 진공용기에 $CuSO_4 \cdot 5H_2O$ 0.01 mol을 넣었다고 가정한다. 다음의 수증기압 수치를 이용해 323 K(50 ℃)에서 도달하는 상태에 대하여 설명하시오.

$CuSO_4 \cdot 3H_2O$와 $CuSO_4 \cdot 5H_2O$가 공존할 때 5.53×10^{-2} atm

$CuSO_4 \cdot H_2O$와 $CuSO_4 \cdot 3H_2O$가 공존할 때 4.34×10^{-2} atm

$CuSO_4$와 $CuSO_4 \cdot H_2O$가 공존할 때 5.92×10^{-3} atm

(ii) 이 용기 내에서 $CuSO_4 \cdot 3H_2O$가 안정되게 존재하려면 $CuSO_4 \cdot 5H_2O$가 몇 mol 필요한지 계산하시오.

풀이

323 K에서 평형 증기압의 값으로부터 수증기압을 P atm이라 하면

$5.53 \times 10^{-2} \leqq P$ $CuSO_4 \cdot 5H_2O$가 안정

$4.34 \times 10^{-2} \leqq P \leqq 5.53 \times 10^{-2}$ $CuSO_4 \cdot 3H_2O$가 안정

$5.92 \times 10^{-3} \leqq P \leqq 4.34 \times 10^{-2}$ $CuSO_4 \cdot H_2O$가 안정

$P \leqq 5.92 \times 10^{-3}$ $CuSO_4$가 안정

(i) 323 K(50 ℃)에서 도달할 수 있는 상태

아래에 나타내는 것처럼 $CuSO_4 \cdot 5H_2O$ 0.01 mol이 (a) 3수염으로, (b) 1수염으로, (c) 무수염으로 해리된 경우에 대하여 수증기압 P의 값을 구한다.

(a) $CuSO_4 \cdot 5H_2O = CuSO_4 \cdot 3H_2O + 2H_2O$

$$P = \frac{nRT}{V} = \frac{0.02 \times 0.0821 \times 323}{50} = 1.06 \times 10^{-2} \ (\text{atm})$$

(b) $CuSO_4 \cdot 5H_2O = CuSO_4 \cdot H_2O + 4H_2O$

$$P = \frac{nRT}{V} = \frac{0.04 \times 0.0821 \times 323}{50} = 2.12 \times 10^{-2} \ (\text{atm})$$

(c) $CuSO_4 \cdot 5H_2O = CuSO_4 + 5H_2O$

$$P = \frac{nRT}{V} = \frac{0.05 \times 0.0821 \times 323}{50} = 2.65 \times 10^{-2} \ (\text{atm})$$

따라서 문제의 조건에서는 $CuSO_4 \cdot H_2O$ 의 상태가 안정하다.

(ii) 이 용기 내에서 $CuSO_4 \cdot 3H_2O$ 가 안정하게 존재하기 위해 필요한 $CuSO_4 \cdot 5H_2O$ 의 몰 수를 구한다. $CuSO_4 \cdot 3H_2O$ 가 안정하게 존재하기 위한 수증기압은

$$4.34 \times 10^{-2} \leqq P \leqq 5.53 \times 10^{-2}$$

의 사이에 있으면 된다.

$$CuSO_4 \cdot 5H_2O = CuSO_4 \cdot 3H_2O + 2H_2O$$

$CuSO_4 \cdot 5H_2O$ 의 몰 수를 x 라 하면 해리 후의 수증기압은

$$P = \frac{nRT}{V} = \frac{2x \times 0.0821 \times 323}{50} = 1.059x \ (\text{atm})$$

$$4.34 \times 10^{-2} \leqq 1.059x \leqq 5.53 \times 10^{-2}$$

$$\therefore \ 4.10 \times 10^{-2} \leqq x \leqq 5.22 \times 10^{-2}$$

즉, $CuSO_4 \cdot 5H_2O$ 의 몰 수는 이 사이에 있으면 된다.

[comment] 화학양론-평형계산을 조합하여 계산하는 간단한 예이다.

18 Si의 질화반응: ΔG^0로부터 평형가스분압 계산

다음의 반응에 대하여 데이터로부터 Si_3N_4가 (i) 1,573 K(1,300 ℃), (ii) 1,773 K(1,500 ℃)로 가열되었을 때의 평형 질소분압을 구하시오. 단, 순수한 Si과 Si_3N_4는 평형하는 것으로 가정하여 계산하시오.

$$3Si(s) + 2N_2(g) = Si_3N_4(s): \quad \Delta G^0 = -740{,}568 - 24.1T\log T + 402.9T \text{ (J)} \quad (1)$$

$$Si(s) = Si(l): \quad \Delta G^0 = 50{,}208 - 30.04T \text{ (J)} \quad (2)$$

풀이

Si의 융점은 1,683 K(1,410 ℃)이다.

(i) 1,573 K(1,300 ℃)에서

$$3Si(s) + 2N_2(g) = Si_3N_4(s): \quad \Delta G^0_{(1),1,573} = -227{,}992 \text{ (J)}$$

식 (1)의 평형상수 K_1은

$$K_1 = \frac{a_{Si3N4}}{a_{Si}^3 \cdot p_{N2}^2} = \frac{1}{p_{N2}^2} \quad (\because a_{Si3N4} = 1,\ a_{Si} = 1)$$

$T = 1{,}573$ K에서 $\Delta G^0 = -RT\ln K$로부터 $K = \exp(-\Delta G^0/(RT))$이므로

$$K_{(1),1,573} = \exp\left(-\frac{\Delta G^0_{(1),1,573}}{RT}\right) = \exp\left(-\frac{-227{,}992}{8.314 \times 1{,}573}\right) = 3.73 \times 10^7$$

따라서

$$p_{N2} = 1.64 \times 10^{-4} \text{ (atm)}$$

(ii) 1,773 K(1,500 ℃)에서 반응은 식 (1)−(2)×3에 의해

$$3Si(l) + 2N_2(g) = Si_3N_4(s) : \Delta G^0 = -891,192 - 24.1\,T\log T + 493.02\,T \text{ (J)} \quad (3)$$

$$\therefore \Delta G^0_{(3),1,773} = -155,883 \text{ (J)}$$

$$K_{(3),1,773} = \exp\left(-\frac{-155,883}{8.314 \times 1,773}\right) = 39,144$$

평형 질소압력은 Si(l)와 $Si_3N_4(s)$의 상호용해도가 무시할 수 있을 만큼 작다는 점을 고려하면 다음과 같이 계산할 수 있다.

$$K_{(3),1,773} = 1/P^2_{N2} = 39,144 \quad (\because a_{Si3N4} = 1,\ a_{Si} = 1)$$

$$p_{N2} = 5.05 \times 10^{-3} \text{ (atm)}$$

19 Co의 산화: 평형상수 K로부터 ΔG^0 계산

다음 식에 대하여 아래의 표와 같은 평형 데이터가 주어져 있다.

$$CoO(s)+CO(g)=Co(s)+CO_2(g)$$

[표 1]

T(K)	923	973	1,023	1,073
K	88.3	66.5	51.5	40.8

(i) ΔH^0와 1,000 K(727 ℃)에서의 K를 그림으로부터 구하시오.

(ii) ΔG^0를 $a+bT$의 형태로 나타내시오.

(iii) CO와 CO_2에 관한 ΔG^0의 데이터를 이용하여 CoO의 생성 ΔG^0를 구하시오.

(iv) 98 %CO_2, 2 %CO 분위기의 973 K(700 ℃)와 1,073 K(800 ℃)에서 코발트가 산화되는지를 구하시오.

풀이

(i) $\log K$와 $1/T$의 관계를 구한다.

[표 2]

T(K)	923	973	1,023	1,073
$1{,}000/T$	1.083	1.028	0.978	0.932
$\log K$	1.946	1.823	1.712	1.611

[표 2]의 관계를 그림으로 나타내면 〈그림 1〉과 같이 직선관계가 얻어진다. 이 관계를 최소자승법으로 정리하면

$$\log K = -0.452 + 2.213 \times 10^3 T^{-1} \tag{1}$$

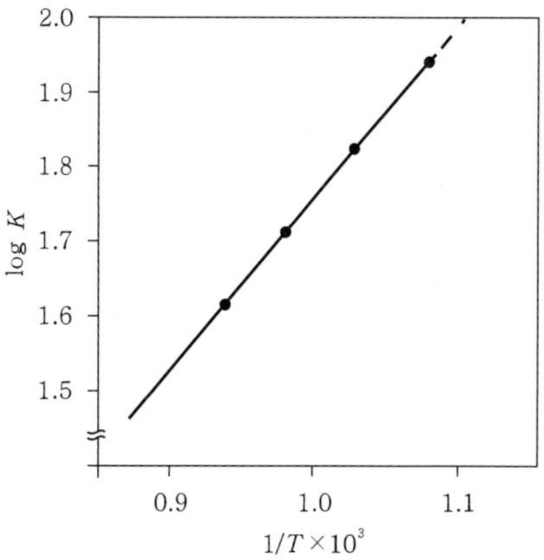

〈그림 1〉 평형상수와 온도의 관계

식 (1)로부터 1,000K 에서의 평형상수 $K_{1,000}$은

$$K_{1,000} = 57.68$$

또 van't Hoff의 식은

$$\left(\frac{d\ln K}{dT}\right)_P = \frac{\Delta H^0}{RT^2} \tag{2}$$

식 (2)로부터

$$\Delta H^0 = RT^2\left(\frac{d\ln K}{dT}\right)_P = -2.303R\left(\frac{d\log K}{d(1/T)}\right)_P \tag{3}$$

식 (1)과 식 (3)으로부터

$$\Delta H^0 = -2.303 \times 8.314 \times 2.213 \times 10^3 = -42{,}373 \text{ (J/mol)}$$

(ii) $\Delta G^0 = -RT\ln K = -2.303RT\log K$ (4)

식 (4)에 식 (1)을 대입하면

$$\Delta G^0 = -2.303 \times 8.314\,T(-0.452 + 2.213 \times 10^3 T^{-1}) \tag{5}$$

$$= -42{,}373 + 8.655\,T \text{ (J/mol)}$$

(iii) ref. 2로부터

$$2CO(g) + O_2(g) = 2CO_2(g): \ \Delta G^0 = -564{,}840 + 173.30\,T \text{ (J/mol)} \tag{6}$$

따라서 식 (6)−식 (5)에 의해 CoO 의 생성자유에너지 ΔG^0는

$$Co(s)+\frac{1}{2}O_2(g)=CoO(s):\ \Delta G^0=-240{,}047+77.995T\ (J/mol)$$

(iv) $CoO(s)+CO(g)=Co(s)+CO_2(g)$

이 반응의 973 K와 1,073 K에서 ΔG^0는 식 (5)로부터

$$\Delta G^0_{973}=-33{,}952\ (J),\ \Delta G^0_{1,073}=-33{,}086\ (J)$$

한편

$$\frac{p_{CO2}}{p_{CO}}=\frac{98}{2}=49,\ a_{CoO}=1,\ a_{Co}=1$$

따라서 각 온도에서의 ΔG를 구하면

$$\Delta G_{973}=\Delta G^0_{973}+RT\ln K=-33{,}956+8.314\times 973\ln(49)=-2{,}473\ (J)$$

$$\Delta G_{1,073}=\Delta G^0_{1,073}+RT\ln K=-33{,}086+8.314\times 1{,}073\times\ln(49)=1{,}633\ (J)$$

따라서 973 K에서는 $\Delta G<0$이므로 정반응이 일어나며, 1,073 K에서는 $\Delta G>0$이므로 역반응이 일어난다. 즉, 1,073 K에서는 Co의 산화가 일어난다.

20 Zn의 용융: 증기압 데이터의 차이로부터 용융 ΔG^0 계산

673 K(400 ℃)에서 고체 아연의 증기압은 8.71×10^{-5} atm이며, 과냉한 용융 아연의 증기압은 9.02×10^{-5} atm이다. 673 K에서 아연 용융의 깁스 자유에너지 변화를 구하시오.

풀이

고체, 액체, 기체상 Zn의 화학퍼텐셜chemical potential을 각각 μ^s_{Zn}, μ^l_{Zn}, μ^g_{Zn}라 하면, 고체상과 평형하는 기체상에 대하여 다음과 같이 나타낼 수 있다.

$$\mu^s_{\text{Zn}} = \mu^g_{\text{Zn}} = \mu^{g,o}_{\text{Zn}} + RT\ln p_1$$

그리고 액체상과 평형하는 기체상에 대해서도 마찬가지로 나타낼 수 있다.

$$\mu^l_{\text{Zn}} = \mu^g_{\text{Zn}} = \mu^{g,o}_{\text{Zn}} + RT\ln p_2$$

따라서 673 K에서 Zn의 용융에 따른 깁스 자유에너지 변화 ΔG는

$$\Delta G = \mu^l_{\text{Zn}} - \mu^s_{\text{Zn}} = RT\ln\left(\frac{p_2}{p_1}\right)$$

따라서 각각의 값을 대입하면 ΔG는 다음과 같다.

$$\Delta G = RT\ln\left(\frac{p_2}{p_1}\right) = 8.314\times673\times\ln\left(\frac{9.02\times10^{-5}}{8.71\times10^{-5}}\right) = 196\ \text{(J/mol)}$$

21 Cu의 산화: 기초 데이터로부터 ΔG^0 계산

다음 반응의 ΔG_T^0를 나타내는 식을 다음 데이터로부터 구하시오.

$$2Cu(l) + \frac{1}{2}O_2(g) = Cu_2O(s) \tag{1}$$

Cu(s) $H_T - H_{298} = 22.64T + 3.14\times10^{-3}T^2 - 7{,}029$ (J/mol)

$S_{298}^0 = 33.30$ (J·mol^{-1}·K^{-1})

Cu(l) $H_T - H_{298} = 31.38T - 83.68$ (J/mol)

$\Delta H_f = 13{,}054$ (J/mol) (at melting point)

O_2(g) $H_T - H_{298} = 29.96T + 2.09\times10^{-3}T^2 + 1.67\times10^5T^{-1} - 9{,}678$ (J/mol)

$S_{298}^0 = 205.02$ (J·mol^{-1}·K^{-1})

Cu_2O(s) $H_T - H_{298} = 62.34T + 11.92\times10^{-3}T^2 - 19{,}648$ (J/mol)

$S_{298}^0 = 100.83$ (J·mol^{-1}·K^{-1})

$2Cu(s) + \frac{1}{2}O_2(g) = Cu_2O(s)$: $\Delta H_{298}^0 = -169{,}034$ (J/mol)

풀이

$\Delta G_T^0 = \Delta H_T^0 - T\cdot\Delta S_T^0$를 이용한다.

우선 ΔH_{298}^0을 구한다. 식 (1)의 $\Delta H_T^0 - \Delta H_{298}^0$은 다음과 같다.

$$\Delta H_T^0 - \Delta H_{298}^0 = (H_T - H_{298})_{Cu2O(s)} - 2\times(H_T - H_{298})_{Cu(l)} - \frac{1}{2}(H_T - H_{298})_{O2(g)}$$

$$= -15.40T + 10.88\times10^{-3}T^2 - 0.84\times10^5T^{-1} - 14{,}642\,(\text{J/mol})$$

여기서 ΔH^0_{298} 은

$$\Delta H^0_{298} = \Delta H^0_{298,\mathrm{Cu2O(s)}} = -169{,}034 \ (\mathrm{J/mol})$$

$$\therefore \Delta H^0_T = -15.40T + 10.88\times10^{-3}T^2 - 0.84\times10^5 T^{-1} - 183{,}676\ (\mathrm{J/mol})$$

다음은 ΔS^0_{298} 을 구한다. Cu의 융점은 1,356 K(1,083 ℃)이다.(ref. 1)

$H_T - H_{298}$을 미분하면 비열의 값은 다음과 같다.

$\mathrm{Cu(s)}$: $C_P = 22.64 + 6.28\times10^{-3}T\ (\mathrm{J\cdot mol^{-1}\cdot K^{-1}})$

$\mathrm{Cu(l)}$: $C_P = 31.38\ (\mathrm{J\cdot mol^{-1}\cdot K^{-1}})$

$\mathrm{O_2(g)}$: $C_P = 29.96 + 4.18\times10^{-3}T - 1.67\times10^5T^{-2}\ (\mathrm{J\cdot mol^{-1}\cdot K^{-1}})$

$\mathrm{Cu_2O(s)}$: $C_P = 62.34 + 23.84\times10^{-3}T\ (\mathrm{J\cdot mol^{-1}\cdot K^{-1}})$

$$S^0_{T,\mathrm{Cu(l)}} = S^0_{298,\mathrm{Cu(s)}} + \int_{298}^{1,356}\left(\frac{C_{P,\mathrm{Cu(s)}}}{T}\right)dT + \frac{\Delta H_f}{1,356} + \int_{1,356}^{T}\left(\frac{C_{P,\mathrm{Cu(l)}}}{T}\right)dT$$

$$= 33.30 + [22.64\ln T + 6.28\times10^{-3}T]^{1,356}_{298} + \frac{13,054}{1,356} + [31.38\ln T]^{T}_{1,356}$$

$$= 31.38\ln T - 142.45\ (\mathrm{J\cdot mol^{-1}\cdot K^{-1}})$$

$$S^0_{T,\mathrm{O2(g)}} = S^0_{298,\mathrm{O2(g)}} + \int_{298}^{T}\left(\frac{C_{P,\mathrm{O2(g)}}}{T}\right)dT$$

$$= 205.02 + \left[29.96\ln T + 4.18\times10^{-3}T + \frac{1.67\times10^5}{2}T^{-2}\right]^{T}_{298}$$

$$= 29.96\ln T + 4.18\times10^{-3}T + 0.84\times10^5T^{-2} + 32.15\ (\mathrm{J\cdot mol^{-1}\cdot K^{-1}})$$

$$S^0_{T,\mathrm{Cu2O(s)}} = S^0_{298,\mathrm{Cu2O(s)}} + \int_{298}^{T}\left(\frac{C_{P,\mathrm{Cu2O(s)}}}{T}\right)dT$$

$$= 100.83 + [62.34\ln T + 23.84\times10^{-3}T]^{T}_{198}$$

$$= 62.34\ln T + 23.84\times10^{-3}T - 261.43\ (\mathrm{J\cdot mol^{-1}\cdot K^{-1}})$$

$$\Delta S^0_T = S^0_{T,\mathrm{Cu2O(s)}} - 2S^0_{T,\mathrm{Cu(l)}} - \frac{1}{2}S^0_{T,\mathrm{O2(g)})}$$

$$= -15.36\ln T + 21.75\times10^{-3}T - 0.42\times10^5T^{-2} + 7.40\ (\mathrm{J\cdot mol^{-1}\cdot K^{-1}})$$

$$\therefore \Delta G^0_T = \Delta H^0_T - T\cdot\Delta S^0_T$$

$$= 15.36T\ln T - 10.87\times10^{-3}T^2 - 22.8T - 0.42\times10^5T^{-1} - 183{,}673\ (\mathrm{J/mol})$$

22 염화 Mg의 가수분해: 분해압, C_P로부터 ΔG^0 계산

$MgCl_2 \cdot H_2O$를 가열하여 탈수할 때 다음 식과 같이 가수분해가 일어나며, HCl의 증기압 p_{HCl}에 대하여 아래 [표 1]과 같은 데이터가 있다.

$$MgCl_2 \cdot H_2O(s) = Mg(OH)Cl(s) + HCl(g)$$

[표 1]

T (K)	483.2	503.2	523.2	543.2
p_{HCl} (atm)	0.066	0.13	0.26	0.47

그리고 $\Delta C_P = -6.90 - 17.32 \times 10^{-3} T$ ($J \cdot mol^{-1} \cdot K^{-1}$)의 식이 주어져 있으나, Mg(OH)Cl의 생성열과 엔트로피 데이터는 없다. 이때

(i) 시그마 함수의 정의를 이용하여 ΔG^0의 식을 구하시오.

(ii) 298 K(25 ℃)와 600 K(327 ℃)에서 가수분해 반응의 ΔH_T^0를 구하시오.

(iii) 503.2 K(230.2 ℃)와 523.3 K(250.2 ℃)에서 0.2 atm의 HCl이 존재할 때, 가수분해 반응이 억제될 수 있는지와, 600 K(327 ℃)에서는 어느 정도의 압력이 필요한지 계산하시오.

풀이

(i) 우선 ΔC_P로부터 ΔH_T^0를 온도 함수로 나타내면

$$\Delta H_T^0 = \Delta H_0^0 + \int_0^T \Delta C_P dT$$

$$= \Delta H_0^0 - 6.90T - 8.66 \times 10^{-3} T^2 \text{ (J/mol)} \quad (1)$$

다음은 아래의 van't Hoff의 식을 이용한다.

$$\left(\frac{d\ln K}{dT}\right)_P = \frac{\Delta H}{RT^2}$$

$$\therefore \left(\frac{d\ln K}{dT}\right)_P = \frac{1}{R}\left(\frac{\Delta H_0^0}{T^2} - \frac{6.90}{T} - 8.66\times10^{-3}\right)$$

양변을 적분하면 다음과 같이 나타낼 수 있다.

$$R\ln K = -\frac{\Delta H_0^0}{T} - 6.90\ln T - 8.66\times10^{-3}T + I \quad (I\text{: 적분상수})$$

$$\therefore \frac{\Delta H_0^0}{T} - I = -R\ln K - 6.90\ln T - 8.66\times10^{-3}T \tag{2}$$

식 (2)의 좌변은 시그마(Σ) 함수로 불리는 것으로, $1/T$의 일차함수이므로 K에 실험값을 대입하여 직선으로 근사하면 ΔH_0^0와 I를 구할 수 있다.

가수분해반응인 $MgCl_2 \cdot H_2O(s) = Mg(OH)Cl(s) + HCl(g)$에 대하여 K는

$$K = \frac{a_{Mg(OH)Cl} \cdot p_{HCl}}{a_{MgCl2 \cdot H2O}}$$

여기서 고체의 경우 순수하고 상호용해도를 갖지 않는다고 가정하면, $a_{Mg(OH)Cl} = 1$, $a_{MgCl2 \cdot H2O} = 1$로 둘 수 있으므로 $K = p_{HCl}$이 된다.

따라서 주어진 데이터로부터 $\sum = \Delta H_0^0/T - I$를 구하면 [표 2]와 같이 되며, 직선으로 근사하여 ΔH_0^0와 I를 구할 수 있다.

[표 2]

$1/T$ (K^{-1})	p_{HCl} (atm)	$\Delta H_0^0/T - I$ ($J \cdot mol^{-1} \cdot K^{-1}$)
2.070×10^{-3}	0.066	−24.23
1.987×10^{-3}	0.13	−30.33
1.911×10^{-3}	0.26	−36.54
1.841×10^{-3}	0.47	−41.88

이것을 최소자승법으로 정리면 다음의 결과가 얻어진다.

$$\Delta H_0^0 = 77{,}630 \text{ (J/mol)}, \quad I = -184.79$$

이 값과 식 (2)로부터

$$\begin{aligned}\Delta G_T^0 &= -RT\ln K\\ &= \Delta H_0^0 + 6.90\ln T + 8.66\times10^{-3}T^2 - 184.79T\\ &= 77{,}630 + 6.90\ln T + 8.66\times10^{-3}T^2 - 184.79T\ \text{(J/mol)}\end{aligned}$$

(ii) (i)에서 구한 ΔH_0^0를 식 (1)에 대입하여 ΔH_T^0를 구하면

$$\Delta H_T^0 = 77{,}630 - 6.90T - 8.66\times10^{-3}T^2\ \text{(J/mol)}$$

이 식에 $T = 298$ K, 600 K를 대입하여 ΔH_{298}^0, ΔH_{600}^0을 구하면 다음과 같다.

$$\Delta H_{298}^0 = 74{,}805\ \text{(J/mol)},\ \Delta H_{600}^0 = 70{,}372\ \text{(J/mol)}$$

[comment] ΔH_T^0는 온도에 따라서 그다지 크게 변하지 않지만, 이것은 비교적 크게 변화하는 예이다.

(iii) $\Delta G = \Delta G^0 + RT\ln K$의 관계와 (i)에서 구한 ΔG_T^0로부터 $p_{\mathrm{HCl}} = 0.2$ atm일 때의 ΔG_T는 각각

$$\Delta G_{503.2} = 8{,}436 + 8.314\times503.2\ln0.2 = 1{,}703\ \text{(J/mol)}$$

$$\Delta G_{523.2} = 5{,}917 + 8.314\times523.2\ln0.2 = -1{,}084\ \text{(J/mol)}$$

따라서 523.2 K에서는 가수분해가 일어나고, 503.2 K에서는 가수분해가 억제된다.

이상과 같이 $MgCl_2 \cdot H_2O$의 탈수는 가수분해를 일으키기 쉬워서 곤란하다. 따라서 탈수는 다음과 같은 방법을 이용한다.

① $MgCl_2 \cdot H_2O + NH_4Cl = MgCl_2 \cdot NH_4Cl + aq.$

② Hot plate에서 건조한 후, 진공 중에서 가열하면 473 K(200 ℃)에서 H_2O가 완전하게 없어지고, 673 ~ 773 K(400 ~ 500 ℃)에서 NH_4Cl이 휘발한다.

③ 얻어진 $MgCl_2$에 1,073 K(800 ℃)에서 HCl가스를 흘리면 순수한 무수 $MgCl_2$가 얻어진다.

23 Fe의 CO 환원: 화학양론 계산의 기초

용광로의 한 부분에서 1,173 K(900 ℃)에서 $FeO+CO=Fe+CO_2$의 반응이 일어나고 있다. 이 부분에 도달한 가스가 5 %CO_2, 38 %CO를 함유하고 있다고 할 때, 가스와 광석(FeO)은 반응하여 평형에 있다고 가정하고, 이 부분에서 철 55.85 kg을 환원하는 데 필요한 노 하부의 연소 탄소량을 구하시오.

주어진 반응의 ΔG^0는 다음과 같다.(ref. 2)

$$C(s)+\frac{1}{2}O_2(g)=CO(g):\ \Delta G^0=-111,960-87.78T\ (J)$$

$$C(s)+O_2(g)=CO_2(g):\ \Delta G^0=-394,380-1.13T\ (J)$$

$$Fe(s)+\frac{1}{2}O_2(g)=FeO(s):\ \Delta G^0=-264,430+64.73T\ (J)$$

$$\therefore\ FeO(s)+CO(g)=Fe(s)+CO_2(g):\ \Delta G^0_{(1)}=-17,990+21.92T\ (J) \quad (1)$$

풀이

문제의 철 55.85 kg은 Fe 1 kmol이다.

지금 가스 x kmol이 도달하였다고 하면 CO_2는 $0.05x$ kmol, CO는 $0.38x$ kmol을 함유하고 있다. 이 가스에 의해 Fe 1 kmol을 환원하면 반응 후에는

$$CO_2:\ 0.05x+1\ (kmol),\qquad CO:\ 0.38x-1\ (kmol)$$

여기서 1,173 K에서 평형에 도달해 있으므로 평형상수 $K_{(1)}$은

$$\Delta G_{(1),1,173}=-RT\ln K_{(1)} \quad (2)$$

$$K_{(1)}=\frac{a_{Fe}\cdot p_{CO2}}{a_{FeO}\cdot p_{CO}} \quad (3)$$

식 (2), (3)으로부터 $\Delta G_{(1),1,173} = 7{,}722$ (J)이므로 $a_{Fe} = a_{FeO} = 1$로 두면

$$\frac{p_{CO2}}{p_{CO}} = \exp\left(-\frac{\Delta G^0_{(1),1,173}}{RT}\right) = 0.453$$

따라서 반응 후에는

$$\frac{p_{CO2}}{p_{CO}} = \frac{0.05x+1}{0.38x-1} = 0.453, \quad \therefore\ x = 11.9\ \text{(kmol)}$$

따라서 구하고자 하는 탄소의 양은

$$(11.9\times0.05+11.9\times0.38)\times12 = 61.4\ \text{(kg)}$$

24 물, Ag_2O, Hg, Pb: 증기압과 해리온도(Clausius-Clapeyron 식)

증발에 관하여 다음의 문제를 계산하시오.

(i) 1 atm하에서 물의 비등점을 373 K(100 ℃), 물의 증발열을 2,260 J/g이라고 할 때, 353 K(80 ℃)에서 수증기의 압력을 구하시오.

(ii) Ag_2O의 해리압은 450 K(177 ℃), 460 K(187 ℃)에서 각각 0.639 atm, 0.887 atm이다. Ag_2O의 해리열과 해리압이 1 atm이 되는 온도(분해온도)를 구하시오.

(iii) 수은의 비등점은 630 K(357 ℃)이며, 573 K(300 ℃)에서 0.326 atm의 증기압을 나타낸다. 0.1 atm으로 감압한 경우의 비등온도를 구하시오.

(iv) Pb에 관하여 다음의 증기압 측정값으로부터 증발열과 비등점을 구하시오.

[표 1]

T(K)	1,000	1,088	1,200	1,229	1,400
P(atm)	1.671×10^{-5}	1.000×10^{-4}	6.605×10^{-4}	1.000×10^{-3}	8.974×10^{-3}

풀이

모든 문제는 식 (1)의 Clausius−Clapeyron 식을 사용한다.

$$\frac{dP}{dT}=\frac{\Delta H}{T\Delta V} \tag{1}$$

기−액 평형에서는 $\Delta V = V_{gas} - V_{liq} \approx V_{gas}$로 둘 수 있으므로 $PV_{gas} = RT$를 이용하면 식 (1)은 다음과 같이 된다.

$$\frac{dP}{dT} = \frac{\Delta H}{RT^2} \cdot P$$

$$\left(\frac{1}{P}\right)\frac{dP}{dT} = \frac{d(\ln P)}{dT} = \frac{\Delta H}{RT^2} \qquad \therefore\ \ln P = -\frac{\Delta H}{RT} + C \ (C\text{는 상수})$$

(i) 수증기압은 373 K(100 ℃)에서 1 atm이 된다. 증발열 2,260 J/g = 40,680 J/mol이 353 ~ 373 K의 온도 범위에서는 일정하다고 하면

$$\ln\left(\frac{P_1}{P_2}\right) = \frac{\Delta H}{R}\left(\frac{1}{T_2} - \frac{1}{T_1}\right) \tag{2}$$

$$\ln\left(\frac{1}{P_2}\right) = \frac{40,680}{8.314}\left(\frac{1}{353} - \frac{1}{373}\right) \qquad \therefore\ P = 0.4756\ (\text{atm})$$

(ii) 우선 Ag_2O의 해리열을 구한다. 450 K, 460 K의 각 온도에서의 해리압이 주어져 있으므로 식 (2)로부터

$$\ln\left(\frac{0.639}{0.887}\right) = \frac{\Delta H}{8.314}\left(\frac{1}{460} - \frac{1}{450}\right) \qquad \therefore\ \Delta H = 56,440\ (\text{J/mol})$$

다음으로 해리압이 1 atm이 되는 온도는 마찬가지로 식 (2)로부터

$$\ln\left(\frac{1}{0.887}\right) = \frac{56,440}{8.314}\left(\frac{1}{460} - \frac{1}{T}\right) \qquad \therefore\ T = 463.8\ (\text{K})$$

(iii) 우선 증발열을 구한다. 비등점에서는 $P = 1$ atm이므로 식 (2)로부터

$$\ln\left(\frac{1}{0.326}\right) = \frac{\Delta H}{8.314}\left(\frac{1}{573} - \frac{1}{630}\right) \qquad \therefore\ \Delta H = 59,020\ (\text{J/mol})$$

다음으로 0.1 atm에서 비등상태에 도달하는 온도는 식 (2)로부터

$$\ln\left(\frac{0.1}{1}\right) = \frac{59,020}{8.314}\left(\frac{1}{630} - \frac{1}{T}\right) \qquad \therefore\ T = 523.1\ (\text{K})$$

(iv) 식 (2)로부터 아래와 같은 관계에 있으므로 $\ln P$와 $(1/T)$의 관계를 구한다.

$$\ln P = -\frac{\Delta H}{R}\left(\frac{1}{T}\right) + C$$

[표 2]

T(K)	$10^4/T$(K^{-1})	$\ln P$
1,000	10.00	−11.00
1,088	9.191	−9.210
1,200	8.333	−7.323
1,229	8.137	−6.908
1,400	7.143	−4.713

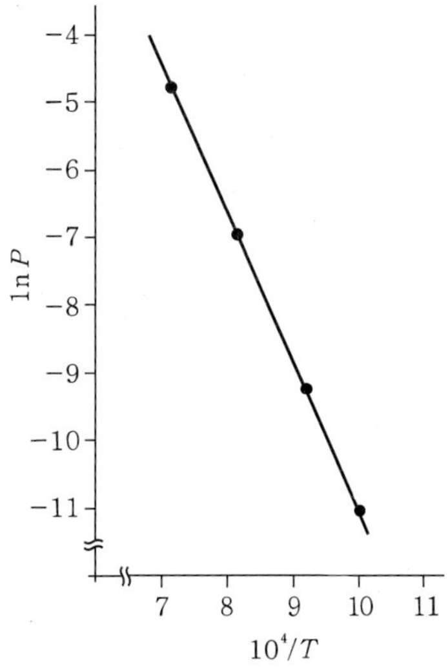

〈그림 1〉 증기압과 온도의 관계

이 [표 2]의 관계를 나타낸 것이 〈그림 1〉이다. 이것으로부터 이 관계를 최소자승법으로 정리하면

$$\ln P = -2.199 \times 10^4 \frac{1}{T} + 10.99 \tag{3}$$

따라서

$$-\frac{\Delta H}{R} = -2.199 \times 10^4 \qquad \therefore \Delta H = 182{,}800 \ \text{(J/mol)}$$

또 비등점에서는 $P = 1$ atm이므로 식 (3)으로부터

$$T = 2{,}001 \ \text{(K)} \quad (1{,}728 \ ℃)$$

[주] 식 (2)로부터 데이터는 최소 2점만 있으면 ΔH_v와 비등점을 구할 수 있으나, 데이터가 많은 경우에는 그래프를 이용하는 것이 정확하다. 단, 이 문제에서는 그래프의 직선성이 양호하기 때문에 2점으로 구한 값에서도 거의 동일한 값이 된다.

또, ΔH^0_{298}을 구하는 경우, 제3법칙 처리가 자주 이용된다. 이 결과를 [표 3]에 나타내었다. 이것으로부터 ΔH^0_{298}의 평균값은 $\Delta H^0_{298} = 195{,}000$ J/mol이 된다. 이 값과 데이터북으로부터 $\Delta H^0_T - \Delta H^0_{298}$을 이용하여 ΔH^0_T의 값을 2,001 K(비등점)에서 구하면

$$\Delta H^0_T = 195{,}000 + 36{,}650 - 54{,}140 = 177{,}500 \ \text{(J/mol)}$$

제3법칙 처리라는 것은

$$\Delta H^0_T = \Delta H^0_{298} + (H^0_T - H^0_{298})_g - (H^0_T - H^0_{298})_l$$

$Pb(l) \rightarrow Pb(g)$로부터

$$\Delta G = \Delta G_T^0 + RT\ln p_{Pb}$$

평형상태에서는

$$\Delta G_T^0 = -RT\ln p_{Pb}$$

또

$$\Delta G_T^0 = \Delta H_T^0 - T\Delta S_T^0 = \Delta H_T^0 + \int_{298}^{T} \Delta C_P^0 dT - T\left(\Delta S_{298}^0 + \int_{298}^{T} \frac{\Delta C_P^0}{T} dT\right)$$

$$\therefore \frac{\Delta G_T^0 - \Delta H_T^0}{T} = \frac{1}{T}\int_{298}^{T} \Delta C_P^0 dT - \left(\Delta S_{298}^0 + \int_{298}^{T} \frac{\Delta C_P^0}{T} dT\right)$$

우변의 함수를 $-f$라 하면

$$\Delta G_T^0 = \Delta H_T^0 - Tf$$

$$\therefore \Delta H_T^0 = \Delta G_T^0 + Tf = Tf - RT\ln p_{Pb}$$

$$= T\left[\left(\frac{G_T^0 - H_{298}^0}{T}\right)_l - \left(\frac{G_T^0 - H_{298}^0}{T}\right)_g\right] - RT\ln p_{Pb}$$

[표 3]

T(K)	$\left(\frac{G_T^0 - H_{298}^0}{T}\right)_l$	$\left(\frac{G_T^0 - H_{298}^0}{T}\right)_g$	$\ln P$(표 1)	ΔH_{298}^0 (J/mol)
1,000	−82.34	−185.9	−11.00	195,000
1,088	−84.48	−187.1	−9.210	195,000
1,200	−87.03	−188.6	−7.323	194,900
1,229	−87.62	−189.0	−6.908	195,200
1,400	−91.00	−191.1	−4.713	195,000

25 용융 Ag로의 산소 용해: Sieverts의 법칙

1,353 K(1,080 ℃)에서 100 g의 용융 Ag에 대한 산소의 용해도는 다음과 같다.

[표 1]

p_{O2} (atm)	0.168	0.642	1.00	1.583
용해산소량 V_{O2}(cm^3/100 g Ag)	81.5	156.9	193.6	247.8

(i) Sieverts의 법칙을 따르는지를 나타내시오.

(ii) 이 온도에서 1 기압의 공기 중 100 g의 Ag에 용해되는 산소량을 구하시오.

(iii) 이 경우, 산소 1 atm은 공기로 환산하면 몇 기압에 상당하는지, 또 Sieverts의 계수는 온도나 용융금속에 의해 어떻게 변하는지를 설명하시오.

풀이

(i) Sieverts의 법칙은 용융금속 중의 2원자 분자기체의 평형 용해도가 그 기체의 제곱근에 비례한다는 것이다. 따라서 이 문제의 경우 측정된 산소압의 제곱근과 용융 Ag 중의 산소용해량을 플롯한다.

〈그림 1〉로부터 산소용해량 V_{O2}는 Sieverts의 법칙을 따르는 것을 알 수 있다. 즉,

$$V_{O2} = K \cdot \sqrt{p_{O2}}$$

$$K = 195.84\ (cm^3 \cdot (100\ g\ Ag)^{-1} \cdot atm^{-1/2})$$

(ii) 평형상태에 있는 100 g의 용융 Ag 중 산소량은 다음과 같다.

$$V_{O2} = 195.84 \times \sqrt{0.209} = 89.53 \ (\mathrm{cm}^3)$$

(iii) Ag 중의 산소용해량은 산소분압의 제곱근에 비례한다. 따라서 1 기압의 산소압력하에서 얻어진 산소의 용해량을 얻기 위한 공기압력은 공기 중의 산소가 20.9 %이므로 다음과 같다.

$$1/0.209 = 4.785 \ (\mathrm{atm})$$

Sieverts 법칙은 2원자 분자기체와 용융금속 중에 단원자로서 용해되는 기체원자와의 평형관계로부터 구한다. 즉, 이 문제에서는 다음과 같은 관계가 성립한다.

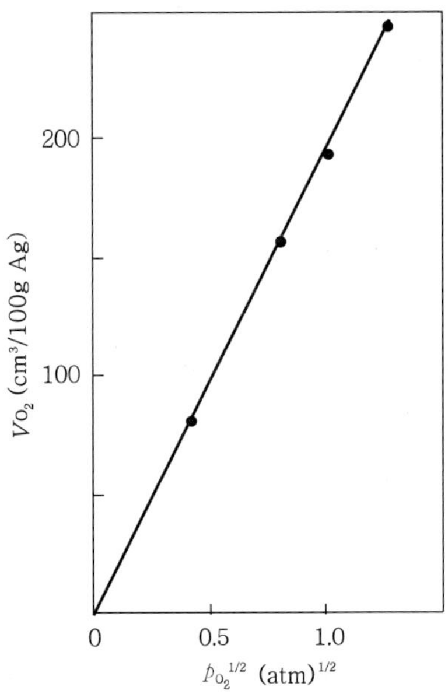

〈그림 1〉 산소용해량과 산소분압

$$\frac{1}{2}O_2(g) = \underline{O} \ (\mathrm{in\ melt})$$

$$\Delta G^0 = -RT\ln K = -RT\ln\left(\frac{a_{\underline{O}}}{\sqrt{p_{O2}}}\right) \ (\mathrm{J/mol})$$

$$\therefore \ \frac{a_{\underline{O}}}{\sqrt{p_{O2}}} = \exp\left(-\frac{\Delta G^0}{RT}\right)$$

용해된 산소는 소량이므로 이 산소의 활동도는 Henry의 법칙을 따른다고 가정한다. 즉,

$$a_{\underline{O}} \cong [\mathrm{wt}\%\underline{O}]$$

따라서

$$\frac{[\mathrm{wt}\%O]}{\sqrt{p_{O2}}} = \exp\left(-\frac{\Delta G^0}{RT}\right)$$

여기서 Sieverts의 계수는 $\exp(-\Delta G^0/RT)$에 상당하는 것을 알 수 있다. 그 결과 당연하지만 이 계수는 온도에 따라, 그리고 금속의 종류에 따라 변한다.

수소가스의 용해도에 대한 예로서, 온도가 높아지면 용해도가 커지는 용융금속으로는 Ni, Te, Co, Cr, Cu, Al, Ag, Mo, W 등이 있고, 용해도가 작아지는 금속으로는 Ti, V, Zr, Nb, La, Ce, Ta 등이 있다.

[comment] [%$\underline{O}$]는 이상기체로 가정하여 V_{O2}로부터 계산할 수 있다.

26 FeS로부터 원소 S의 회수: 화학양론 계산과 열수지 계산에 의한 평가

FeS로부터 산화철과 원소 유황을 얻기 위해서 다음과 같은 반응을 생각할 수 있다.

$$3FeS(s) + 2SO_2(g) = Fe_3O_4(s) + \frac{5}{2}S_2(g)$$

이 반응에 대하여 1,173 K(900 ℃)에서 ΔG^0를 계산하고, 실용성에 대하여 논하시오. 단, 위 반응식의 ΔG^0는 다음과 같이 주어져 있다.(ref. 2)

$$\Delta G^0 = 95,280 - 22.92T \ \text{(J/mol)}$$

풀이

1,173 K에서 ΔG^0는

$$\Delta G^0_{1,173} = 68,395 \ \text{(J/mol)}$$

또

$$K = \frac{a_{Fe3O4} \cdot p_{S2}^{5/2}}{a_{FeS}^3 \cdot p_{SO2}^2} = \exp\left(-\frac{\Delta G^0}{RT}\right)$$

여기서 $a_{Fe3O4} = a_{FeS} = 1$로 둘 수 있으므로 1,173 K에서는

$$K_{1,173} = \frac{p_{S2}^{5/2}}{p_{SO2}^2} = 9.00 \times 10^{-4}$$

따라서 각 p_{SO2}에서 p_{S2}는 [표 1]과 같이 계산할 수 있다.

[표 1]

p_{SO2}	0.01	0.1	0.2	0.5	1.0
p_{S2}	1.52×10^{-3}	9.59×10^{-3}	1.67×10^{-2}	3.47×10^{-2}	6.05×10^{-2}

$p_{SO2}=0.1$ 정도의 실용적인 값에서 1 % 정도의 S_2가 얻어진다.

다음은 화학양론 계산을 해 보자. 도입가스로서 다음 4종류의 혼합가스, 즉 O_2 100 %, O_2 60 %－SO_2 40 %, O_2 40 %－SO_2 60 %, SO_2 100 %를 고려한다.

여기서 반응물의 몰 수를 n_i^0(i는 물질명)라 둔다.

반응물: FeS n_{FeS}^0 mol, O_2 n_{O2}^0 mol, SO_2 n_{SO2}^0 mol

생성물의 몰 수를 n_i라 두면

생성물: Fe_3O_4 n_{Fe3O4} mol, SO_2 n_{SO2} mol, S_2 n_{S2} mol

물질수지는

$$\text{Fe}:\ n_{FeS}^0 = 3n_{Fe3O4}$$

$$\text{S}:\ n_{FeS}^0 + n_{SO2}^0 = n_{SO2} + 2n_{S2}$$

$$\text{O}:\ 2n_{O2}^0 + 2n_{SO2}^0 = 4n_{Fe3O4} + 2n_{SO2}$$

따라서 평형상수는

$$K_{1,173} = 9.0\times10^{-4} = \frac{p_{S2}^{5/2}}{p_{SO2}^2} = \frac{(n_{S2}/n_{tot})^{5/2}}{(n_{SO2}/n_{tot})^2} = \frac{n_{S2}^{5/2}}{n_{SO2}\cdot n_{tot}^{1/2}}$$

$$n_{tot} = n_{SO2} + n_{S2}$$

도입가스 전체를 1 mol로 두고 위의 식을 풀면 [표 2]와 같은 결과가 얻어진다.

[표 2]

		(1)	(2)	(3)	(4)
도입가스	O_2(mol)	1.0	0.6	0.4	0
	SO_2(mol)	0	0.4	0.6	1.0
반응하는	FeS(mol)	0.646	0.414	0.299	0.071
배출가스	S_2(mol)	0.0351	0.0444	0.0491	0.0585
	SO_2(mol)	0.572	0.724	0.801	0.953

다음은 열수지에 대해 알아본다. 573 K(300 ℃)의 순 SO_2가스를 순환하는 경우를 가정하여 (조건 (4)), FeS 1,000 kg당 열수지를 298 K 기준에서 알아본다.

[표 3]

반응물	FeS	1,000 kg	11.383 kmol	298 K
	SO_2	3,590 m^3	160.3 kmol	573 K
생성물	Fe_3O_4	876 kg	3.794 kmol	1,173 K
	SO_2	3,420 m^3	152.8 kmol	1,173 K
	S_2	210 m^3	9.379 kmol	1,173 K

【사용하는 데이터】

SO_2: $C_P = 43.43 + 10.63 \times 10^{-3} T - 5.94 \times 10^5 T^{-2}$ $(J \cdot mol^{-1} \cdot K^{-1})$ (ref. 1)

Fe_3O_4: $C_P = 91.55 + 201.67 \times 10^{-3} T$ $(J \cdot mol^{-1} \cdot K^{-1})$, $(298 \sim 900\ K)$ (ref. 1)

$C_P = 200.83$ $(J \cdot mol^{-1} \cdot K^{-1})$, $(900 \sim 1,800\ K)$ (ref. 1)

S_2: $C_P = 36.5 + 0.67 \times 10^{-3} T - 3.8 \times 10^5 T^{-2}$ $(J \cdot mol^{-1} \cdot K^{-1})$ (ref. 3)

$$3FeS(s) + 2SO_2(g) = Fe_3O_4 + \frac{5}{2}S_2(g) \qquad \Delta H^0_{298} = 99.77\ (J/mol)$$ (ref. 3)

이러한 데이터로부터 열수지를 알아본다.

[표 4]

kJ/mol		MJ (FeS 1,000 kg당)
입열	SO_2 : $H_{573} - H_{298} = 12.260$	1,965
출열	SO_2 : $H_{1,173} - H_{298} = 43.355$	6,625
	Fe_3O_4 : $H_{1,173} - H_{298} = 182.66$	693
	S_2 : $H_{1,173} - H_{298} = 31.418$	295
	반응열: 99.77 (kJ/Fe_3O_4 mol)	379
		출열 합계 7,992 J+(heat loss)

[표 3]과 같이 SO_2에 대하여 반응하는 FeS는 적고, SO_2의 배가스량이 많으며, 더욱이 가스가 가지고 나가는 열이 많아지는 등, 상당한 흡열반응을 나타내므로 다량의 에너지를 외부에서 부가할 필요가 있다.

이전의 실험에서는 열수지를 잡지 않았고, 또 마그네타이트 중에 S가 남아 철원으로 이용할 수 없게 되어 실험에 실패하였다.

따라서 제련 프로세스로서는 효율 좋은 FeS의 산화, 열량수지를 계산하고, 배가스량의 저감 등을 고려하여야 프로세스로서 성립 가능하다. FeS에 1 atm의 SO_2를 평형시키면(반드시 1 atm의 SO_2를 도입해야 하는 것은 아님) 상당한 S_2가스가 얻어지는 것으로 계산결과가 나타나므로 과잉의 FeS에 O_2를 도입하여 평형에 도달시키면 목적을 달성할 수 있다. 단, 이렇게 하면 열 과잉이 되어 일반적인 제련 프로세스는 O_2를 부화한 공기로 열량수지를 맞추는 가스를 도입하지만, N_2에 의해 SO_2 분압이 내려간다. 따라서 S_2 회수에는 적절하지 않다. 공기 중의 N_2를 H_2O로 바꾸어 H_2O-O_2가스로 산화시키면 생성하는 H_2, H_2S 등이 SO_2의 일부 환원제로 작용하기 때문에 유황원소의 회수라는 점에서는 흥미롭지만, 다량의 수증기가 관여하는 것은 실용상 어려운 점이 있다. 따라서 순 O_2를 도입하고, 평형에 도달한 후의 배출 SO_2의 일부를 리싸이클하여 열량수지를 맞추는 정도로 O_2와 혼합하여 SO_2-O_2가스를 도입하면 어떻게 되는지 그 결과가 [표 2]에 해당한다. 어디까지나 조건 (1)~(4) 모두 배가스 중의 S_2는 4 ~ 6 % 정도로 일정하지만, 이 S_2를 응축 회수한 후의 SO_2가스를 리싸이클하면 다시 S_2가 나오므로 유황원소의 회수율은 결국 리싸이클 양을 많이 하여 SO_2-O_2가스로 산화함으로써 향상된다.(표의 결과를 간과하여 O_2 혼입을 부적합한 것으로 생각하는 결론을 내지 않도록 할 것.) 단, SO_2 리싸이클 양이 너무 많아지면 열부족이 되므로 적절한 O_2/SO_2 비를 유지하거나, 전력비가 싸다면 전기열로 가열하여 보충하면서 SO_2 리싸이클 양을 증가시킨다.

해외에서는 유황원소의 회수에 흥미를 가지고 여러 가지 방법이 시도되고 있다. 오토쿰푸에서는 자용로를 이용하여 파이라이트pyrite로부터 유황원소를 회수한 실적이 있다. 보쯔우나, 히타르고에서도 시도하였으나, 모두 다 케로신이나 기타의 환원제를 이용하였다.

모든 경우에서 기상에 N_2 등이 존재하면 평형 S_2 압력이 내려가는 것 외에, 열량수지상 SO_2를 리싸이클할 수 없게 되므로 FeS 산화용으로는 O_2 이용이 전제된다. 전력비가 싸다면 채산성이 있을 수 있다. 이 발상을 동제련에 응용한 것이 SO_2 리싸이클법이다. 가스를 순환하여 사용하고, 고온에서 저온으로 가져오는 2가지 장점은 신프로세스를 고려하는 데 중요한 발상이다.

제련열역학으로서는 ΔG^0의 연산만으로는 충분하지 못하다. 열과 물질수지를 동시에 고려하고,

부산물인 유황 문제나 제련 비용 등도 이해하는 것이 바람직하다.

【입열과 출열의 사고방법】

열수지 계산에서는 반응온도와 무관하게 반응의 엔탈피 변화는 관례적으로 298 K 에서 고려한다. 어떤 온도에서의 반응을 생각할 때 초기상태와 최종상태가 같다면 최종적인 답은 같으며, 298 K 에서의 데이터가 충실하기 때문이다. 따라서 반응물질이 298 K 보다 높은 온도에 있으면 '입열'이 있으며, 반응온도가 298 K 보다 높다면 생성물에 대하여 '출열'이 있는 것으로 간주한다.

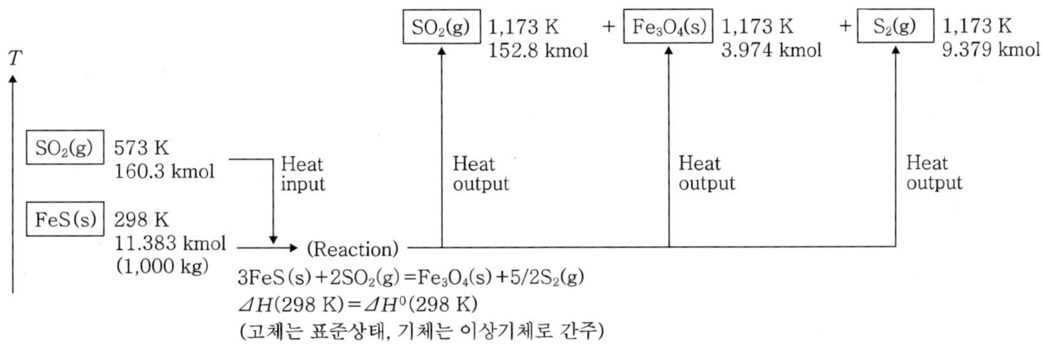

27 Zn의 증발: ΔG^0로부터 비등점 계산

용융아연의 증기압에 대하여 다음 식이 주어져 있다.

$$Zn(l) = Zn(g): \quad \Delta G^0 = 127{,}280 + 24.39\,T\log T - 182.76\,T \ (J/mol)$$

(i) 1 atm에서의 비등점을 구하시오.

(ii) 1,073 K(800 ℃)에서 비등상태에 도달하였다면, 어떤 경우인가?

(iii) 1,273 K(1,000 ℃)에서 드디어 비등을 시작하였다면, 어떤 경우인가?

풀이

(i) 주어진 식의 반응이 평형상태에 있다고 하면

$$\Delta G^0 = -RT\ln\frac{p_{Zn}}{a_{Zn(l)}} = 127{,}280 + 24.39\,T\log T - 182.76\,T \quad (1)$$

Zn(l)가 순수상태에 있다면 $a_{Zn(l)} = 1$로 둘 수 있으며, 비등점에서 $p_{Zn} = 1$이므로 식 (1)로부터 $\Delta G^0 = 0$이 된다. 따라서 아래의 식을 T에 대하여 풀면 된다.

$$127{,}280 + 24.39\,T\log T - 182.76\,T = 0$$

$$\therefore \ T = 1{,}180.3 \ (K)$$

(ii) 식 (1)에서 $T = 1{,}073$ K, $a_{Zn(l)} = 1$이라 하면

$$p_{Zn} = 0.31 \ (atm)$$

으로 되어 전체압력이 0.31 atm에 있는 것을 알 수 있다.

(iii) 식 (1)에서 $T=1,273$ K, $a_{Zn(l)}=1$이라 하면

$$p_{Zn}=2.33 \ (\mathrm{atm})$$

이 되어 전체압력이 2.33 atm인 것을 알 수 있다.

[주] (iii)에서 Zn이 합금을 만들어서 $a_{Zn(l)}$가 1 이하인 경우, $p_{Zn}=1$ atm에서도 1,273 K에서 비등한다. 이때는 다음과 같이 된다.

$$\frac{p_{Zn(g)}}{a_{Zn(l)}}=2.33, \ p_{Zn(g)}=1\text{이라면}, \ a_{Zn(l)}=0.43$$

28 H_2-O_2의 평형: 화학양론 계산

1 기압으로 유지된 용기 중에서 $H_2 + 1/2O_2 = H_2O$ 의 반응이 완전하게 진행되었다고 하자. 도입하는 H_2, O_2의 몰 분율을 횡축으로 두고 이것을 변화시킨 경우 반응 후에 도달하는 각 성분의 분압을 종축에 두고 그리시오.

풀이

도입한 H_2, O_2가스의 몰 분율을 x^0_{H2}, x^0_{O2}로 두면

$$x^0_{H2} + x^0_{O2} = 1 \tag{1}$$

반응이 완전히 진행된 후의 H_2, O_2의 몰 분율을 x_{H2}, x_{O2}, x_{H2O}로 둔다.(반응은 373 K (100 ℃) 이상에서 일어나는 것으로 가정한다.)

$$H_2(g) + \frac{1}{2}O_2(g) = H_2O(g) \tag{2}$$

의 반응에 대하여

(i) $x^0_{H2} > 2x^0_{O2}$일 때 반응 후에 $H_2(g)$가 남는다. 이것은 식 (1)에 의해 $x^0_{H2} > 0.67$일 때에 상당한다.

$$x_{H2} = x^0_{H2} - 2x^0_{O2}, \quad x_{O2} = 0, \quad x_{H2O} = 2x^0_{O2}$$

따라서 전체압력 1 atm에서 반응 후 각각의 분압은

$$p_{H2} = \frac{x_{H2}}{x_{H2} + x_{H2O}} = \frac{x^0_{H2} - 2x^0_{O2}}{x^0_{H2}} = \frac{3x^0_{H2} - 2}{x^0_{H2}} \ \text{(atm)}$$

$$p_{H2O} = \frac{x_{H2O}}{x_{H2} + x_{H2O}} = 1 - p_{H2}\ (\text{atm})$$

$$p_{O2} = 0\ (\text{atm})$$

(ii) $x^0_{H2} = 2x^0_{O2}$일 때 $x^0_{H2} = 2x^0_{O2} = 0.67$이므로

$$x_{H2} = x_{O2} = 0,\ x_{H2O} = x^0_{H2} = 2x^0_{O2}$$

$$\therefore\ p_{H2O} = 1\ (\text{atm}),\ p_{H2} = p_{O2} = 0\ (\text{atm})$$

(iii) $x^0_{H2} < 2x^0_{O2}$일 때 반응 후에 $O_2(g)$가 남는다. 이것은 식 (1)로부터 $x^0_{H2} < 0.67$일 때에 상당한다.

$$x_{H2} = 0,\ x_{O2} = x^0_{O2} - \frac{1}{2}x^0_{H2},\ x_{H2O} = x^0_{H2}$$

따라서

$$p_{O2} = \frac{x_{O2}}{x_{O2} + x_{H2O}} = \frac{x^0_{O2} - \frac{1}{2}x^0_{H2}}{x^0_{O2} + \frac{1}{2}x^0_{H2}} = \frac{2 - 3x^0_{H2}}{2 - x^0_{H2}}\ (\text{atm})$$

$$p_{H2O} = \frac{x_{H2O}}{x_{O2} + x_{H2O}} = 1 - p_{O2}\ (\text{atm})$$

$$p_{H2} = 0\ (\text{atm})$$

이 결과로부터 [표 1]의 값을 얻고, 이를 그림으로 나타내면 〈그림 1〉과 같다.(문제 49 참조)

[표 1]

x^0_{H2}	0	0.1	0.2	0.3	0.4	0.5	0.6	0.67	0.7	0.8	0.9	1.0
p_{H2}	0	0	0	0	0	0	0	0	0.14	0.5	0.78	1.0
p_{O2}	1	0.89	0.78	0.65	0.5	0.33	0.14	0	0	0	0	0
p_{H2O}	0	0.11	0.22	0.35	0.5	0.67	0.86	1	0.86	0.5	0.22	0

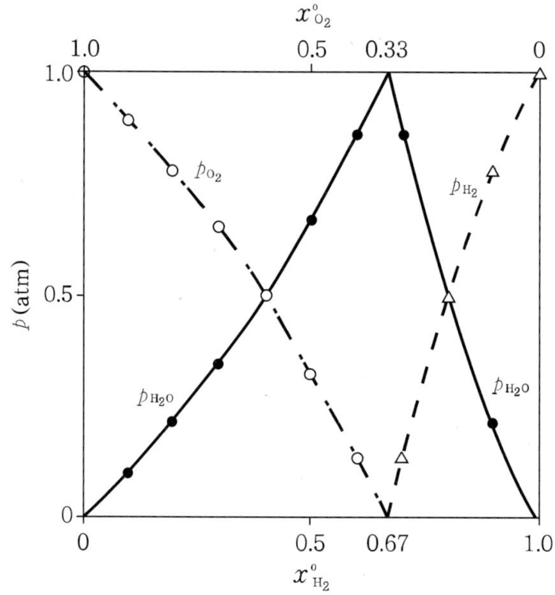

〈그림 1〉 분압과 도입가스 분율의 관계

29 Pb합금의 증기압과 활동도: 증기압 데이터로부터 증발열, 활동도 계산

Pb나 Pb합금이 들어 있는 보트boat를 일정 온도로 유지하고, 그 위에 Ar가스를 Pb증기가 포화되는 조건에서 흘리면서 증기압을 측정하였다.

(i) 우선 1,373 K(1,100 ℃)로 유지한 순수 Pb 위에 2.5×10^{-3} m^3(293 K, 1 atm에서 측정)의 Ar가스를 흘렸더니 가스는 0.134 g의 Pb를 함유하고 있었다. Pb의 증기압을 계산하시오.

(ii) 각 온도에서의 Pb 증기압 측정결과는 다음 표와 같다.

[표 1]

T (K)	1,173	1,273	1,373	1,473
p_{Pb} (atm)	3.91×10^{-4}	1.82×10^{-3}	6.16×10^{-3}	1.79×10^{-2}

이 값으로부터 Pb의 증발열과 비등점을 구하시오.

(iii) 다음으로 몰 분율 0.811의 동을 함유하는 Pb 합금 위에 1,373 K에서 전체압력을 1 atm으로 유지하면서 2.8×10^{-3} m^3 (298 K, 1 atm에서 측정)의 Ar가스를 흘렸더니 가스는 0.095 g의 Pb를 함유하고 있었다. 순 Pb를 표준으로 하여 이 합금 중 Pb의 활동도와 활동도 계수를 구하시오.

풀이

(i) 293 K, 1 atm의 Ar가스 2.5×10^{-3} m^3의 몰 수는 $PV=nRT$로부터

$$n_{\mathrm{Ar}}=\frac{PV}{RT}=\frac{1\times 101{,}325\times 2.5\times 10^{-3}}{8.314\times 293}=0.1040\ \ (\mathrm{mol})$$ [4]

또 Pb 0.134 g의 몰 수는 (Pb의 원자량: 207.19 g/mol)

$$n_{\mathrm{Pb}}=\frac{0.134}{207.19}=6.467\times 10^{-4}\ (\mathrm{mol})$$

그리고 전체압력 $P_{tot}=1$ atm이므로 Pb의 증기압 p_{Pb}는

$$p_{\mathrm{Pb}}=\frac{n_{\mathrm{Pb}}RT}{V},\quad p_{\mathrm{Ar}}=\frac{n_{\mathrm{Ar}}RT}{V}$$

로부터

$$\frac{p_{\mathrm{Pb}}}{n_{\mathrm{Pb}}}=\frac{p_{\mathrm{Ar}}}{n_{\mathrm{Ar}}},\quad p_{\mathrm{Pb}}+p_{\mathrm{Ar}}=P_{tot}$$

따라서

$$p_{\mathrm{Pb}}=\frac{n_{\mathrm{Pb}}}{n_{\mathrm{Ar}}+n_{\mathrm{Pb}}}P_{tot}=\frac{6.467\times 10^{-4}}{0.1040+6.467\times 10^{-4}}=6.180\times 10^{-3}\ (\mathrm{atm})$$

(ii) Clausius-Clapeyron 식으로부터

$$\ln p_{\mathrm{Pb}}=-\frac{\Delta H}{RT}+C \tag{1}$$

에 의해 $\ln p_{\mathrm{Pb}}$와 $1/T$의 관계를 구하면 [표 2]와 같다.

[표 2]

T (K)	1,173	1,273	1,373	1,473
p_{Pb} (atm)	3.91×10^{-4}	1.82×10^{-3}	6.16×10^{-3}	1.79×10^{-2}
$1/T\times 10^4$	8.525	7.855	7.283	6.789
$\ln p_{\mathrm{Pb}}$	−7.847	−6.309	−5.090	−4.023

4 [역주] $n_{\mathrm{Ar}}=\frac{PV}{RT}=\frac{1\times 2.5\times 10^{-3}}{82.054\times 10^{-6}\times 293}=0.1040\ (\mathrm{mol})$

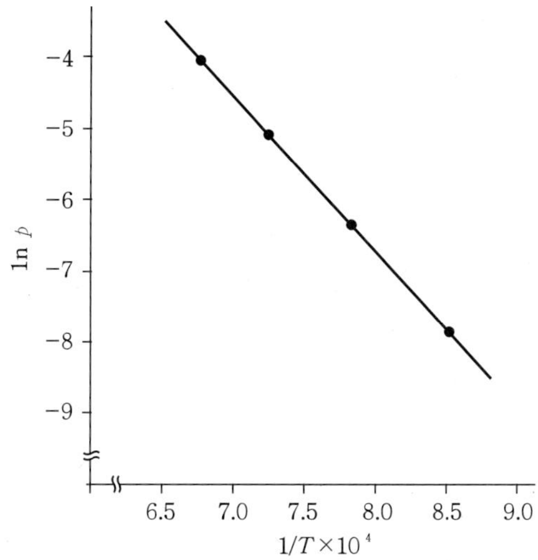

〈그림 1〉 Pb 분압과 온도의 관계

이것을 〈그림 1〉과 같이 나타내고 $\ln p_{Pb}$와 $1/T$의 관계를 최소자승법으로 정리하면

$$\ln p_{Pb} = -2.198 \times 10^4 \times \frac{1}{T} + 10.91 \tag{2}$$

식 (1), (2)로부터

$$\Delta H = 2.198 \times 10^4 \times 8.314 = 1.827 \times 10^5 \ (\mathrm{J})$$

또 비등점은 식 (2)에서 $p_{Pb} = 1$ atm이므로

$$T = \frac{2.198 \times 10^4}{10.91} = 2{,}015 \ (\mathrm{K})$$

[comment] 이 방법은 식 (1)에서 ΔH가 온도에 의존하지 않고 일정한 것으로 가정하여 Clausius-Clapeyron 식을 적분한 식이지만, 실제로는 ΔH가 온도에 의해서 변화하므로 넓은 온도 범위에서 이 식을 연장하는 것은 정확하지 않다. 이러한 경우에는 제3법칙 처리를 적용한다.

【제3법칙 처리에서의 해법】

$$\Delta H^0_{298} = H^0_{298,(g)} - H^0_{298,(l)}$$

여기서 (g)는 가스상, (l)은 액체상을 나타낸다.

$$\Delta H^0_T = \Delta H^0_{298} + (H^0_T - H^0_{298})_g - (H^0_T - H^0_{298})_l \tag{3}$$

$$\Delta G_T^0 = \Delta G_T^0 - \Delta H_{298}^0 + \Delta H_{298}^0$$

$$= (G_{T,(g)}^0 - G_{T,(l)}^0) - (H_{298,(g)}^0 - H_{298,(l)}^0) + \Delta H_{298}^0$$

$$= (G_T^0 - H_{298}^0)_g - (G_T^0 - H_{298}^0)_l + \Delta H_{298}^0 \quad (4)$$

또

$$\Delta G_T^0 = - RT \ln p_{\mathrm{Pb}} \quad (5)$$

식 (4)와 (5)로부터

$$\ln p_{\mathrm{Pb}} = \frac{1}{R}\left[\left(\frac{G_T^0 - H_{298}^0}{T}\right)_l - \left(\frac{G_T^0 - H_{298}^0}{T}\right)_g - \frac{\Delta H_{298}^0}{T}\right]$$

$$\Delta H_T^0 = T\left[\left(\frac{G_T^0 - H_{298}^0}{T}\right)_l - \left(\frac{G_T^0 - H_{298}^0}{T}\right)_g\right] - RT \ln p_{\mathrm{Pb}} \quad (6)$$

여기서 $(G_T^0 - H_{298}^0)/T$의 데이터를 Hultgren의 데이터집(ref. 4)으로부터 인용하여 주어진 각 온도에서의 p_{Pb}로부터 ΔH_{298}^0를 구한다.(표 3)

[표 3]

T(K)	$\left(\frac{G_T^0 - H_{298}^0}{T}\right)_l$	$\left(\frac{G_T^0 - H_{298}^0}{T}\right)_g$	$\ln p_{\mathrm{Pb}}$	ΔH_{298}^0 (J/mol)
1,173	−86.42	−188.3	−7.847	196,032
1,273	−88.52	−189.6	−6.309	195,448
1,373	−90.48	−190.8	−5.090	195,842
1,473	−92.32	−191.9	−4.023	195,949

이것으로부터 ΔH_{298}^0의 평균값을 구하면

$$\Delta H_{298}^0 = 195,818 \text{ (J)}$$

이 ΔH_{298}^0의 값과 ref. 4의 $H_T^0 - H_{298}^0$의 값을 이용하여 식 (3)으로부터 ΔH_T^0의 값을 Pb의 비등점(앞의 해답에서 구한 2,015 K를 사용)을 이용하여 구하면

$$\Delta H_{2,015}^0 = 195,818 + 36,820 - 54,600 = 1.780 \times 10^{-5} \text{ (J)}$$

(iii) 273 K에서 Pb와 Ar가스의 부피를 구한다.

$V = V_{\mathrm{Pb}} + V_{\mathrm{Ar}}$이며, Pb를 이상기체로 간주하면

$$V_{\mathrm{Pb}} = n_{\mathrm{Pb}} \times V_{1\mathrm{mol}} = \frac{0.095}{207.19} \times 22.414 \times 10^{-3} = 1.0277 \times 10^{-5}\ (\mathrm{m}^3)$$

PV_{Ar}/T는 일정하므로 온도에 따라 보정하면

$$V_{\mathrm{Ar}} = 2.8 \times 10^{-3} \times \frac{273}{298} \times \frac{1.013}{1} = 2.5984 \times 10^{-3}\ (\mathrm{m}^3)$$

따라서 전체압력 1 atm에서 Pb의 분압 p_{Pb}는

$$p_{\mathrm{Pb}} = \frac{V_{\mathrm{Pb}}}{V_{\mathrm{Pb}} + V_{\mathrm{Ar}}} \times P_{tot} = \frac{1.0277 \times 10^{-5}}{1.0277 \times 10^{-5} + 2.5984 \times 10^{-3}} = 3.9395 \times 10^{-3}$$

또 순 Pb의 1,373 K에서의 증기압은 (i)로부터 6.180×10^{-3} atm이므로 Pb의 활동도는

$$a_{\mathrm{Pb}} = \frac{p_{\mathrm{Pb}}}{p_{\mathrm{Pb}}^0} = \frac{3.3935 \times 10^{-3}}{6.180 \times 10^{-3}} = 0.6375$$

그리고 활동도 계수는 $a = \gamma \cdot x$이므로

$$\gamma_{\mathrm{Pb}} = \frac{a_{\mathrm{Pb}}}{x_{\mathrm{Pb}}} = \frac{0.6375}{1 - 0.811} = 3.373$$

따라서 Pb－Cu계에서 활동도는 양으로 편기하고 있다.

30 Cu-Zn합금의 활동도: 과잉부분 몰 깁스 자유에너지로부터 증기압, 활동도 계산

용융 동-아연 합금에서 Zn의 과잉부분 몰 깁스 자유에너지가 $\Delta G_{Zn}^{ex} = -21,548x_{Cu}^2$로 주어져 있다. 1,473 K(1,200 ℃)에서 다음을 계산하시오.

(i) Cu : Zn = 60 : 40(원자분율) 합금에서 Zn의 평형분압을 구하시오. 단 Zn 증발의 ΔG^0는 다음과 같다.

$$\Delta G^0 = 127,277 + 24.393T\log T - 182.76T$$

(ii) x_{Cu}가 0과 1일 때의 γ_{Zn}을 구하시오.

(iii) Cu의 활동도 계수를 나타내는 식을 구하시오.

풀이

(i) Zn(l) = Zn(g)의 깁스 자유에너지 변화는 다음 식으로 주어진다.

$$\Delta G = \Delta G^0 + RT\ln\left(\frac{p_{Zn}}{a_{Zn}}\right)$$

따라서 Zn의 평형분압 p_{Zn}은 $\Delta G = 0$으로부터

$$p_{Zn} = a_{Zn}\exp\left(-\frac{\Delta G^0}{RT}\right)$$

아연의 과잉부분 몰 깁스 자유에너지는 다음과 같이 주어진다.

$$\Delta G_{Zn}^{ex} = -21,548x_{Cu}^2 = RT\ln\gamma_{Zn}$$

그리고

$$a_{\mathrm{Zn}} = x_{\mathrm{Zn}} \cdot \gamma_{\mathrm{Zn}} = x_{\mathrm{Zn}} \exp\left(-\frac{21,548 x_{\mathrm{Cu}}^2}{RT}\right)$$

$$= 0.4 \exp\left(-\frac{21,548 \times 0.6^2}{8.314 \times 1,473}\right) = 0.2123$$

따라서

$$p_{\mathrm{Zn}} = 0.2123 \exp\left(-\frac{127,277 + 24.393 \times 1,473 \log 1,473 - 182.76 \times 1,473}{8.314 \times 1,473}\right)$$

$$= 2.105 \ (\mathrm{atm})$$

(ii) $\gamma_{\mathrm{Zn}} = \exp(-21,548 x_{\mathrm{Cu}}^2 / (RT))$로부터

$x_{\mathrm{Cu}} = 0$일 때 $\gamma_{\mathrm{Zn}} = 1$

$x_{\mathrm{Cu}} = 1$일 때 $\gamma_{\mathrm{Zn}} = \exp\left(-\frac{21,548 \times 1^2}{8.314 \times 1,473}\right) = 0.172$

(iii) Gibbs-Duhem의 식으로부터 $\mathrm{Cu} - \mathrm{Zn}$ 2원계에서

$$x_{\mathrm{Cu}} d(\Delta G_{\mathrm{Cu}}^{ex}) + x_{\mathrm{Zn}} d(\Delta G_{\mathrm{Zn}}^{ex}) = 0$$

따라서

$$x_{\mathrm{Cu}} d(\ln \gamma_{\mathrm{Cu}}) + x_{\mathrm{Zn}} d(\ln \gamma_{\mathrm{Zn}}) = 0$$

$$\therefore \ d(\ln \gamma_{\mathrm{Cu}}) = -\frac{x_{\mathrm{Zn}}}{x_{\mathrm{Cu}}} d(\ln \gamma_{\mathrm{Zn}})$$

Raoult의 법칙으로부터 $x_{\mathrm{Cu}} = 1$일 때 $\gamma_{\mathrm{Cu}} = 1$, 즉 $\ln \gamma_{\mathrm{Cu}} = 0$이다. 따라서 양변을 적분하여

$$\ln \gamma_{\mathrm{Cu}} = -\int_1^{x_{\mathrm{Cu}}} \frac{x_{\mathrm{Zn}}}{x_{\mathrm{Cu}}} d(\ln \gamma_{\mathrm{Zn}}) = -\int_1^{x_{\mathrm{Cu}}} \frac{x_{\mathrm{Zn}}}{x_{\mathrm{Cu}}} d\left(-\frac{21,548 \cdot x_{\mathrm{Cu}}^2}{RT}\right)$$

$$= \frac{43,096}{RT} \int_1^{x_{\mathrm{Cu}}} \frac{x_{\mathrm{Zn}}}{x_{\mathrm{Cu}}} \cdot x_{\mathrm{Cu}} d(x_{\mathrm{Cu}}) = \frac{43,096}{RT} \left[x_{\mathrm{Cu}} - \frac{1}{2} x_{\mathrm{Cu}}^2\right]_1^{x_{\mathrm{Cu}}}$$

$$= \frac{43,096}{RT} \left(x_{\mathrm{Cu}} - \frac{1}{2} x_{\mathrm{Cu}}^2 - \frac{1}{2}\right) = -\frac{21,548}{RT} (x_{\mathrm{Cu}} - 1)^2$$

$$= -\frac{21,548}{RT} x_{\mathrm{Zn}}^2$$

31 Wustite-Magnetite 평형: ΔG^0로부터 활동도 계산

1,173 K(900 ℃)에서 우스타이트(FeO)-마그네타이트(Fe_3O_4)가 공존평형할 때, p_{O2}, a_{Fe}, a_{FeO}, a_{Fe3O4}, a_{Fe2O3}의 값을 구하시오. 단, 양상이 공존하는 경우 다음의 데이터를 저온측으로 외삽하여 사용할 수 있는 것으로 한다.

[표 1]

온도(K)	1,373	1,473	1,573	1,673
$-\log a_{FeO}$	0.1249	0.1492	0.1771	0.2109

계산에 사용하는 데이터

$$2Fe(s)+O_2(g)=2FeO(s): \ \Delta G^0_{(1)}=-528,860+129.46T \ (J) \quad (1)$$

$$\frac{3}{2}Fe(s,l)+O_2(g)=\frac{1}{2}Fe_3O_4(s): \ \Delta G^0_{(2)}=-547,830+151.17T \ (J) \quad (2)$$

$$\frac{4}{3}Fe(s)+O_2(g)=\frac{2}{3}Fe_2O_3(s): \ \Delta G^0_{(3)}=-542,530+167.36T \ (J) \quad (3)$$

풀이

833 K(560 ℃)에서 $a_{FeO}=1$이 되므로 주어진 데이터를 저온으로 외삽할 때 이것도 고려하여 1,173 K에서의 a_{FeO}를 추정한다.

〈그림 1〉의 추세선으로부터 1,173 K에서

$$-\log a_{FeO}=0.078$$

$$\therefore \ a_{FeO}=0.836$$

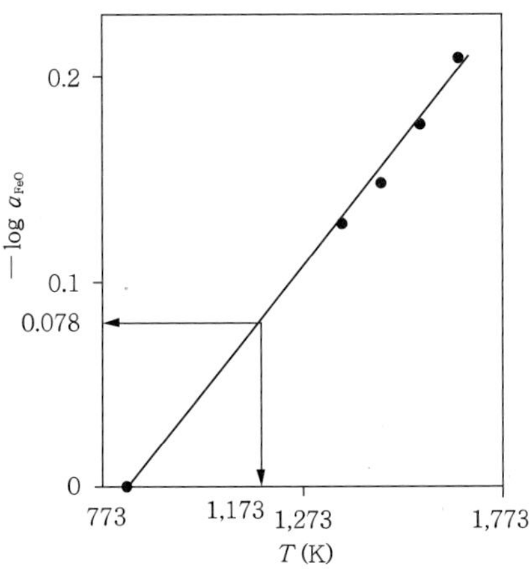

〈그림 1〉 FeO 활동도와 온도의 관계

또 상태도로부터 마그네타이트는 우스타이트에 고용하

지 않으므로

$$a_{Fe3O4} = 1$$

따라서 식 (2)×4−(1)×3에 의해

$$6FeO(s) + O_2(g) = 2Fe_3O_4(s)$$

$$\Delta G^0_{(4)} = -604,740 + 216.30T \text{ (J)} \tag{4}$$

$$K_4 = \exp\left(-\frac{\Delta G^0_{(4)}}{RT}\right) = \frac{a^2_{Fe3O4}}{a^6_{FeO} \cdot p_{O2}}$$

따라서 $T = 1,173$ K에서 p_{O2}는

$$\exp\left(-\frac{-604,740 + 216.30 \times 1,173}{8.314 \times 1,173}\right) = \frac{1^2}{(0.836)^6 \cdot p_{O2}}$$

$$\therefore p_{O2} = 6.84 \times 10^{-16} \text{ (atm)}$$

또 식 (1)로부터

$$K_1 = \exp\left(-\frac{\Delta G^0_{(1)}}{RT}\right) = \frac{a^2_{FeO}}{a^2_{Fe} \cdot p_{O2}}$$

$$\exp\left(-\frac{-528,860 + 129.46 \times 1,173}{8.314 \times 1,173}\right) = \frac{(0.836)^2}{a^2_{Fe} \cdot 5.811 \times 10^{-16}}$$

$$\therefore a_{Fe} = 0.129$$

식 (3)으로부터

$$K_3 = \exp\left(-\frac{\Delta G^0_{(3)}}{RT}\right) = \frac{a^{2/3}_{Fe2O3}}{a^{4/3}_{Fe} \cdot p_{O2}} = 2.617 \times 10^{15}$$

$$\exp\left(-\frac{-542,540 + 167.36 \times 1,173}{8.314 \times 1,173}\right) = \frac{a^{2/3}_{Fe2O3}}{(0.129)^{4/3} \times 5.811 \times 10^{-16}}$$ [5]

$$\therefore a_{Fe2O3} = 0.0399$$

5 [역주] $a^{2/3}_{Fe2O3} = a^{4/3}_{Fe} \cdot p_{O2} \cdot K_3 = (0.144)^{4/3} \times 5.811 \times 10^{-16} \times 2.617 \times 10^{15} = 0.115$

32 Hematite의 CO 환원: ΔG^0로부터 안정상 도출

Fe_2O_3를 1,373 K(1,100 ℃)에서 다음의 조성을 갖는 $CO-CO_2$가스를 흘려서 평형시켰다.

(i) $CO = 15.43$ %, $CO_2 = 84.57$ %

(ii) $CO = 45.0$ %, $CO_2 = 55.0$ %

(iii) $CO = 75.0$ %, $CO_2 = 25.0$ %

이하의 ΔG^0 데이터를 이용하여 각 가스조성에서 안정한 고상을 나타내시오. 단, Fe_3O_4와 평형하는 우스타이트상 내의 FeO 활동도는 0.75로 가정한다.

$$2Fe(s) + O_2(g) = 2FeO(s): \quad \Delta G^0_{(1)} = -528,860 + 129.46T \ (J) \tag{1}$$

$$\frac{3}{2}Fe(s,l) + O_2(g) = \frac{1}{2}Fe_3O_4(s): \quad \Delta G^0_{(2)} = -547,830 + 151.17T \ (J) \tag{2}$$

$$\frac{4}{3}Fe(s) + O_2(g) = \frac{2}{3}Fe_2O_3(s): \quad \Delta G^0_{(3)} = -542,530 + 167.36T \ (J) \tag{3}$$

$$2CO(g) + O_2(g) = 2CO_2(g): \quad \Delta G^0_{(4)} = -564,840 + 173.30T \ (J) \tag{4}$$

풀이

초기에 존재한 Fe_2O_3는 가스조성 변화에 의한 p_{O2}의 변화에 따라 Fe, FeO, Fe_3O_4, Fe_2O_3 중의 한 상태 또는 2상 공존의 상태에서 안정하게 된다.

따라서 우선 각 상이 공존하는 p_{O2}를 구한다.

(a) Fe − FeO

식 (1)로부터 1,373 K에서

$$\Delta G^0_{(1)} = -528,860 + 129.46T = -351,111 \ (J)$$

$$K_{(1)} = \frac{a_{FeO}^2}{a_{Fe}^2 \cdot p_{O2}} = 2.28 \times 10^{13}$$

여기서 $a_{Fe} = a_{FeO} = 1$이므로 $p_{O2} = 4.38 \times 10^{-14}$ (atm)

(b) $FeO - Fe_3O_4$

식 (2)×4－식 (1)×3에 의해 $FeO - Fe_3O_4$가 공존하는 식을 구한다.

$$6FeO + O_2 = 2Fe_3O_4 : \ \Delta G^0_{(5)} = -604,740 + 216.30T \ (J) \quad (5)$$

$$\therefore \ \Delta G^0_{1,373} = -307,760 \ (J)$$

$$K_{(5)} = \frac{a_{Fe3O4}^2}{a_{FeO}^6 \cdot p_{O2}} = 5.12 \times 10^{11}$$

여기서 $a_{FeO} = 0.75$, $a_{Fe3O4} = 1$이므로 $p_{O2} = 1.10 \times 10^{-11}$ (atm)

(c) $Fe_3O_4 - Fe_2O_3$

식 (3)×9－(2)×8에 의해

$$4Fe_3O_4 + O_2 = 6Fe_2O_3 : \ \Delta G^0_{(6)} = -500,130 + 296.88T \ (J) \quad (6)$$

$$\therefore \ \Delta G^0_{1,373} = -92,514 \ (J)$$

$$K_{(6)} = \frac{a_{Fe2O3}^6}{a_{Fe3O4}^4 \cdot p_{O2}} = 3.31 \times 10^3$$

여기서 $a_{Fe3O4} = a_{Fe2O3} = 1$이므로 $p_{O2} = 3.02 \times 10^{-4}$ (atm)

이상의 결과로부터 안정한 고상과 p_{O2}의 관계는 다음과 같다.

$p_{O2} \leq 4.38 \times 10^{-14}$ (atm)	Fe
$4.38 \times 10^{-14} \leq p_{O2} \leq 1.10 \times 10^{-11}$ (atm)	FeO
$1.10 \times 10^{-11} \leq p_{O2} \leq 3.02 \times 10^{-4}$ (atm)	Fe_3O_4
$p_{O2} \geq 3.02 \times 10^{-4}$ (atm)	Fe_2O_3

다음은 각 가스조성에서의 p_{O2}의 관계를 구하고, 어떤 상이 안정한가를 조사한다. 식 (4)로부터 1,373 K 에서

$$2CO(g) + O_2(g) = 2CO_2(g) : \ \Delta G^0_{1,373} = -326,899 \ (J)$$

$$\therefore\ K_{(4)} = \frac{p^2_{CO2}}{p^2_{CO} \cdot p_{O2}} = 2.74 \times 10^{12} \qquad \therefore\ p_{O2} = 3.66 \times 10^{-13} \cdot \frac{p^2_{CO2}}{p^2_{CO}}\ (\text{atm})$$

(i) $CO = 15.43\ \%$, $CO_2 = 84.57\ \%$

$p_{O2} = 1.10 \times 10^{-11}$ (atm) $FeO - Fe_3O_4$ 공존

(ii) $CO = 45.0\ \%$, $CO_2 = 55.0\ \%$

$p_{O2} = 5.47 \times 10^{-13}$ (atm) FeO가 안정

(iii) $CO = 75.0\ \%$, $CO_2 = 25.0\ \%$

$p_{O2} = 4.07 \times 10^{-14}$ (atm) Fe가 안정

33 황산철의 안정성, Ag-Cu-O평형: ΔG^0의 음양(+, -)만으로 안정상을 평가할 수 없는 예

다음 (i), (ii) 반응의 ΔG^0는 큰 (−)값을 갖고 있다.

(i) $2Fe(\alpha)+\frac{3}{2}S_2+6O_2 \rightarrow Fe_2(SO_4)_3$: $\Delta G^0_{1,100}=-1,346,090$ (J)

$Fe_2(SO_4)_3$가 1,100 K(827 ℃)에서 안정하다고 할 수 있는지에 대하여 아래 반응의 ΔG^0로부터 고찰하시오.

$$2Fe(s)+\frac{3}{2}O_2(g)=Fe_2O_3(s):$$

$$\Delta G^0=-813,795+251.04T \text{ (J)}, \quad \Delta G^0_{1,100}=-537,651 \text{ (J)} \tag{1}$$

$$\frac{3}{2}S_2(g)+3O_2(g)=3SO_2(g):$$

$$\Delta G^0=-1,086,210+220.23T \text{ (J)}, \quad \Delta G^0_{1,100}=-843,957 \text{ (J)} \tag{2}$$

$$3SO_2(g)+\frac{3}{2}O_2(g)=3SO_3(g):$$

$$\Delta G^0=-284,715+265.14T \text{ (J)}, \quad \Delta G^0_{1,100}=6,939 \text{ (J)} \tag{3}$$

$$Fe_2O_3(s)+3SO_3=Fe_2(SO_4)_3(s):$$

$$\Delta G^0=-609,900-102.3T\log T+891.57T \text{ (J)}, \quad \Delta G^0_{1,100}=28,579 \text{ (J)} \tag{4}$$

(ii) $Cu(s)+2Ag(s)+O_2(g) \rightarrow CuO(s)+Ag_2O(s)$: $\Delta G^0_{600}=-93,500$ (J)

Cu−Ag 합금이 600 K(327 ℃)의 공기 중에서 산화되었을 때, Ag_2O의 생성에 대하여 고찰하시오. 단, 계산에 사용하는 데이터는 다음과 같다.

$$2Ag(s) + \frac{1}{2}O_2(g) = Ag_2O(s): \quad \Delta G^0 = -28,120 + 60.63T \text{ (J)} \tag{5}$$

$$Cu(s) + \frac{1}{2}O_2(g) = CuO(s): \quad \Delta G^0 = -155,850 + 90.17T \text{ (J)} \tag{6}$$

풀이

(i) 주어진 반응을 식 (1)~(4)의 반응으로 분해하여 생각해 보자. 식 (1)~(4)를 더하면

$$2Fe(s) + \frac{3}{2}S_2(g) + 6O_2(g) \rightarrow Fe_2(SO_4)_3:$$

$$\Delta G^0 = -2,794,620 - 102.3T\log T + 1,627.98T \text{ (J)},$$

$$\Delta G^0_{1,100} = -1,346,090 \text{ (J)} \tag{7}$$

따라서 식 (7)의 반응은 $\Delta G^0 \leq 0$이므로, 외견상 우측으로 진행하는 것이 되지만, 식 (3), (4)의 $\Delta G^0 \geq 0$이므로 반응 (4)에서는 Fe_2O_3로부터 $Fe_2(SO_4)_3$는 생성되지 않으며, $Fe_2(SO_4)_3$는 안정하지 못하다.

또 식 (1), (4)로부터 평형하는 p_{O2}와 p_{SO3}를 구하면 각각 다음과 같다.

$$p_{O2} = 9.52 \times 10^{-18} \text{ (atm)}, \quad p_{SO3} = 2.834 \text{ (atm)}$$

식 (3)으로부터 이 값과 평형하는 p_{SO2}는 다음과 같다.

$$p_{SO2} = 1.18 \times 10^9 \text{ (atm)}$$

따라서 일반적인 조건에서 $Fe_2(SO_4)_3$는 안정하게 존재할 수 없을 것으로 생각된다.

다음은 Fe－S－O 계의 potential diagram에 대해서 알아보자. $T = 1,100$ K에서 $FeSO_4$의 생성을 고려하지 않는 경우를 생각하면, 〈그림 1〉과 같다.($FeSO_4$를 고려하는 경우 등의 상세한 내용은 문제 38을 참조)

Fe와 $Fe_2(SO_4)_3$가 공존하는 p_{O2}와 p_{S2}는 존재하지 않으며, $Fe_2(SO_4)_3$는 안정하지 않다.

[comment] 이와 같이 한 가지 반응을 고려할 때, 단순하게 ΔG^0의 음, 양으로만 판단하지 않고, 기본적인 반응으로 분해하여 생각하거나, potential diagram을 그려 보는 것이 중요하다. 또 〈그림 1〉에서는 가스상 화학종의 안정영역은 나타내지 않은 것에 주의하여야 한다.

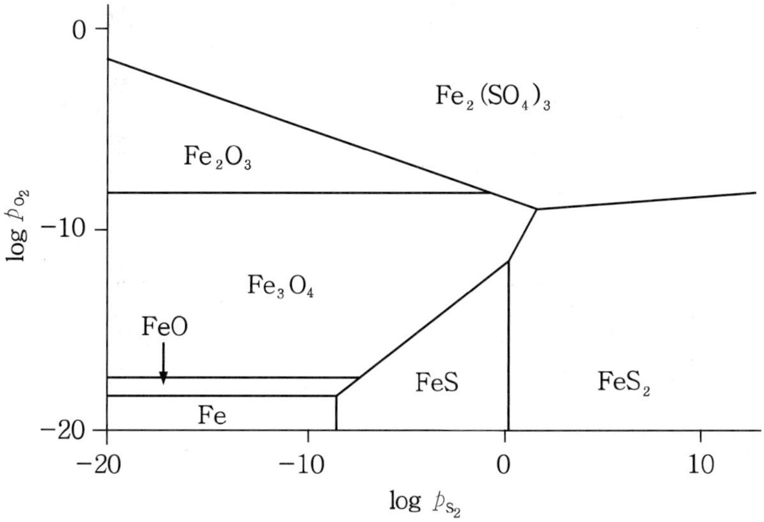

〈그림 1〉 Fe−S−O계 potential diagram(T=1,100 K)

(ii) (i)과 마찬가지로 식 (5), (6)의 두 가지 반응으로 나누어 생각해 본다. 각각의 평형상수를 $K_{(5)}$, $K_{(6)}$로 나타내면 $\Delta G^0 = -RT\ln K$에 의해

$$\Delta G^0_{(5),600} = 8,258 \ (\mathrm{J})$$

$$\therefore \ K_{(5)} = \frac{a_{Ag2O}}{a_{Ag}^2 \cdot p_{O2}^{1/2}} = 0.191$$

공기 중에서 $p_{O2} = 0.21$ (atm)이므로

$$\frac{a_{Ag2O}}{a_{Ag}^2} = 8.75 \times 10^{-2} \tag{8}$$

또

$$\Delta G^0_{(6),600} = -101,748 \ (\mathrm{J})$$

$$\therefore \ K_{(6)} = \frac{a_{CuO}}{a_{Cu}^2 \cdot p_{O2}^{1/2}} = 7.22 \times 10^8$$

$p_{O2} = 0.21$ (atm)이므로

$$\frac{a_{CuO}}{a_{Cu}^2} = 3.31 \times 10^8 \tag{9}$$

식 (8), (9)로부터 600 K에서 안정한 것은 Ag, CuO이며, Ag_2O, Cu는 안정하지 않다.

즉, Ag－Cu합금은 이 조건에서는 Cu가 우선적으로 산화되어 Ag가 많은 Ag－Cu합금이 남을 것으로 생각된다.

$$\begin{array}{c} CuO - Ag_2O \\ \Uparrow \quad \Downarrow \\ Cu - Ag \end{array} \Rightarrow \frac{CuO\,(Ag_2O)}{Ag(Cu)}$$

Ag_2O는 $a_{Ag2O} = 8.75 \times 10^{-2}$ 정도까지는 CuO에 고용하여 존재할 수 있으며, Cu는 $a_{Cu} = 3.02 \times 10^{-9}$ 정도까지는 Ag에 고용하여 존재할 수 있다.

34 Fe-C계에서 C의 활동도: ΔG^0로부터 활동도의 계산

Fe－C 이원계의 오스테나이트를 1,273 K(1,000 ℃)에서 1 atm의 $CO-CO_2$ 혼합가스와 평형시켰을 때, CO_2가 10.9 %, 3.4 %, 1.38 %인 3종류의 가스에 대하여 오스테나이트 중의 탄소량은 각각 0.13, 0.45, 0.96 wt%가 되었다. 이하의 ΔG^0값을 이용하여 1,273 K에서 오스테나이트 중의 포화탄소량을 구하시오.

$$C + CO_2(g) = 2CO(g): \quad \Delta G^0 = 170{,}460 - 174.43T \ (J) \tag{1}$$

풀이

식 (1)의 반응식으로부터 평형상수 K는

$$K = \frac{p_{CO}^2}{a_C \cdot p_{CO2}} = \exp\left(-\frac{\Delta G^0}{RT}\right) \tag{2}$$

식 (1)로부터

$$\Delta G^0_{1,273} = -51{,}589 \ (J)$$

따라서

$$K = \frac{p_{CO}^2}{a_C \cdot p_{CO2}} = 130.9 \quad \therefore a_C = \frac{1}{130.9} \cdot \frac{p_{CO}^2}{p_{CO2}} \tag{3}$$

식 (3)의 p_{CO2}－[%C]의 관계로부터 [표 1]의 결과를 얻을 수 있다.

[표 1]

p_{CO2}	p_{CO}	[%C]	a_C
0.1090	0.8910	0.13	0.0556
0.0340	0.9660	0.45	0.2097
0.0138	0.9862	0.96	0.5384

이상의 결과를 a_C −[%C]의 관계로 그리면 〈그림 1〉과 같다.

오스테나이트 중의 포화탄소량은 a_C =1일 때를 생각하면 이 그림으로부터 a_C =1에서 [%C]는 1.3 ~ 1.4 wt%가 된다.

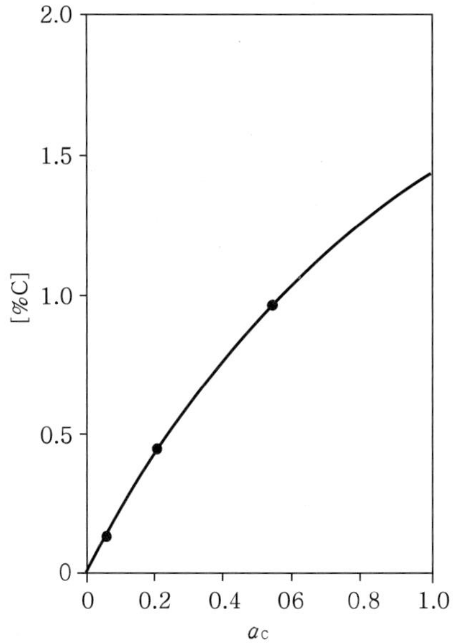

〈그림 1〉 a_C −[%C]의 관계

35 황화철의 활동도: ΔG^0로부터 활동도의 계산

피로타이트(pyrrhotite, $Fe_{(1-x)}S$, $0 \leq x \leq$약 0.2(온도에 따라), 옛 문헌에는 'FeS'로도 기재되어 있음.)와 파이라이트(pyrite, FeS_2)에 대하여 고찰한다. 〈그림 1〉에 나타낸 상태도로부터 알 수 있는 것처럼, 파이라이트 쪽은 부정비성이 작고 고용체 범위를 무시할 수 있지만, 피로타이트는 고용체 영역이 상당히 넓다. 아래의 열역학 데이터로부터 물음에 답하시오.

$$2Fe(s) + S_2(g) = 2FeS(s): \ \Delta G^0 = -311,200 + 118.96T \ (J) \quad (1)$$

$$2FeS(s) + S_2(g) = 2FeS_2(s): \ \Delta G^0 = -307,940 + 284.51T \ (J) \quad (2)$$

$$S_2(g) = \frac{1}{4}S_8(g): \ \Delta G^0 = -103,763 + 118.37T \ (J) \quad (3)$$

$$S_2(g) = \frac{1}{3}S_6(g): \ \Delta G^0 = -92,676 + 102.84T \ (J) \quad (4)$$

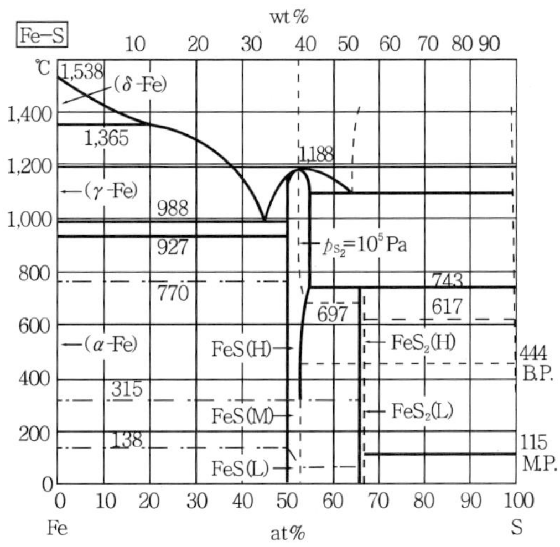

〈그림 1〉Fe–s계 상태도

(참고) 長崎誠三·平林 真 編著, 二元合金状態図集(2001), アグネ技術センター

황화철로서 중요한 계이며, 흥미로운 물성을 나타낸다. FeS상은 육방, NiAs($B8_1$)형을 기본으로 하는 부정비 화합물이며, S의 과잉 조성에서는 Fe의 점유위치가 공격자점(구조공공)이 된다. Fe_7S_8이나 Fe_3S_4의 조성에서 구조공공은 규칙적으로 배열. FeS상에는 2가지 자기변태가 있으며, T_n~315 ℃ 이하(M)에서는 반강자성, T_a~138 ℃(L)에서 스핀의 방향이 변화한다. FeS_2의 고온(H)상은 입방, pyrite(황철광, C2)형, 저온상(L)은 사방, 마르카사이트(백철광, C18)형, 자황철광(pyrrhotite)은 FeS 근방의 광물명, 그림의 우상 부분(점선 내)은 S_2의 가압하.

(i) 970 K(697 ℃)에서, Fe와 $Fe_{(1-x)}S(x=0)$가 평형할 때의 S_2 분압을 구하시오.

(ii) 파이라이트는 가열하면 유황가스를 방출하며 분해된다. 따라서 파이라이트가 관여한 평형을 고려할 때는 S_2 분압에 주의해야 한다. 〈그림 1〉의 상태도에는 $p_{S2} = 10^5$ Pa의 등 유황분압선이 그려져 있다. 그림으로부터 970 K에서 $Fe_{(1-x)}S$와 FeS_2는 $p_{S2} = 10^5$ Pa의 조건에서 평형하는 것을 알 수 있다. 이때 Fe의 활동도를 계산하시오. 또, 970 K의 Fe－FeS_2계에서 Fe의 활동도, S_2의 분압변화 형태를 그림으로 나타내시오. 단, 피로타이트 중에서 양자의 활동도는 조성에 대하여 직선적으로 변화하는 것으로 가정하시오.

(iii) 또 기상에는 S_2 외에 S_6와 S_8 분자가 존재할 것으로 예상되는데, 970 K에서 이러한 것의 분압을 계산하시오.

풀이

(i) 식 (1)로부터 평형상태에서는 다음과 같이 나타낼 수 있다.

$$\Delta G^0_{(1)} = -RT\ln\left(\frac{a^2_{FeS(s)}}{a^2_{Fe(s)}\cdot p_{S2(g)}}\right) \tag{5}$$

970 K에서 $\Delta G^0_{(1),970} = -195,809$ (J)이며, $a_{Fe(s)} = a_{FeS(s)} = 1$이므로

$$p_{S2(g)} = \exp\left(\frac{\Delta G^0_{(1)}}{RT}\right) = 2.853\times 10^{-11}\ (\text{atm})$$

(ii) 식 (1), (2)로부터

$$Fe(s) + S_2(g) = FeS_2(s) : \Delta G^0_{(6)} = -309,570 + 201.74T\ (J) \tag{6}$$

$$\Delta G^0_{(6)} = -RT\ln\left(\frac{a_{FeS2(s)}}{a_{Fe(s)}\cdot p_{S2(g)}}\right)$$

970 K에서 $p_{S2(g)} = 10^5$ Pa(≒1 atm)이므로

$$a_{Fe} = \exp\left(\frac{\Delta G^0_{(6)}}{RT}\right) = 7.366\times 10^{-7}\ (\text{atm})$$

위의 상태도에서 $Fe(s)$와 $Fe_{(1-x)}S$가 평형하는 경우는 x=0이며, $Fe_{(1-x)}S$와 $FeS_2(s)$가 평형하는 경우는 x=0.2 정도이다. $Fe-FeS_2$의 의이원계를 고려하면 활동도 변화는 〈그림 2〉와 같다.

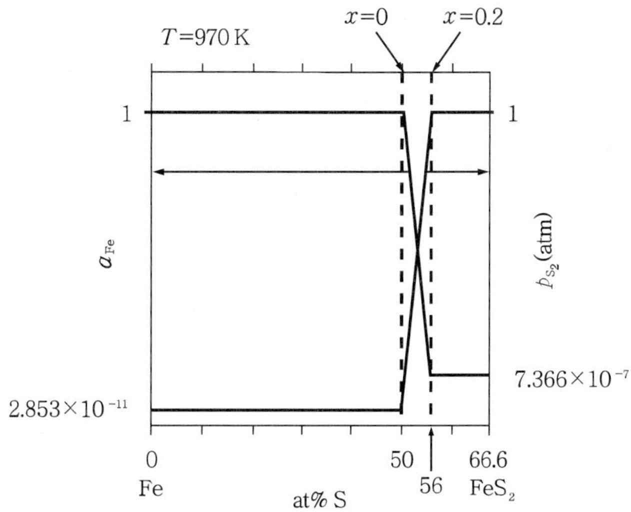

〈그림 2〉 활동도 변화

(iii) 식 (3), (4)로부터

$$\Delta G^0_{(3)} = -RT\ln\left(\frac{p^{1/4}_{S8(g)}}{p_{S2(g)}}\right) \tag{7}$$

$$\Delta G^0_{(4)} = -RT\ln\left(\frac{p^{1/3}_{S6(g)}}{p_{S2(g)}}\right) \tag{8}$$

따라서 970 K, $p_{S2(g)} = 10^5$ Pa(≒1 atm)에서

$$p_{S8(g)} = \exp\left(-\frac{4\Delta G^0_{(3)}}{RT}\right) = 4.154\times10^{-3}\ (\text{atm})$$

$$p_{S6(g)} = \exp\left(-\frac{3\Delta G^0_{(4)}}{RT}\right) = 7.184\times10^{-2}\ (\text{atm})$$

[comment] 저온에서는 S_6, S_8이 더욱더 증가한다. S의 가스종으로는 이 외에 S_4, S_5, S_7 등도 있으며, 온도에 따라서 어떤 가스종이 지배적인지 고려할 필요가 있다.

36 Ca-Mg합금: 증기압으로부터 활동도 등의 계산

〈그림 1〉의 상태도에 나타내는 Ca−Mg계 합금에서 증기압을 측정하여 〈그림 2〉의 결과를 얻었다. 이를 이용해 다음 문제에 답하시오. 순 Ca에는 고상의 상변태가 알려져 있으나, 편의상 상변태를 무시하고, 모두 γ상인 것으로 가정하여 답하시오.

(i) 순 Mg와 21 at%Ca 합금의 측정점이 측정범위의 전체 영역에서 동일선상에 있는 이유를 설명하시오.

(ii) 만약 측정 온도 범위를 고온으로 넓힐 경우, 위 2개의 측정점이 동일선상에 있지 않게 되는 조건이 있다면 설명하시오.

(iii) 40, 70, 84 at%Ca 합금의 측정점이 718 K(445 ℃) 이하에서는 동일선상에 있고, 718 K 이상에서는 2개로 나누어져 있다. 그 이유를 설명하시오.
이어서 여러 가지 열역학 측정의 결과 본계의 증기압은 〈그림 3〉과 같이 되었다.

(iv) 순 Mg을 표준으로 하는 경우 $CaMg_2$와 γ−Ca가 평형하는 경우 Mg의 활동도 값을 718 K에서 〈그림 3〉으로부터 읽어서 산출하시오.

(v) 834 K(561 ℃)에서 84 at%Ca 합금 중 Mg의 활동도 값을 구하시오.

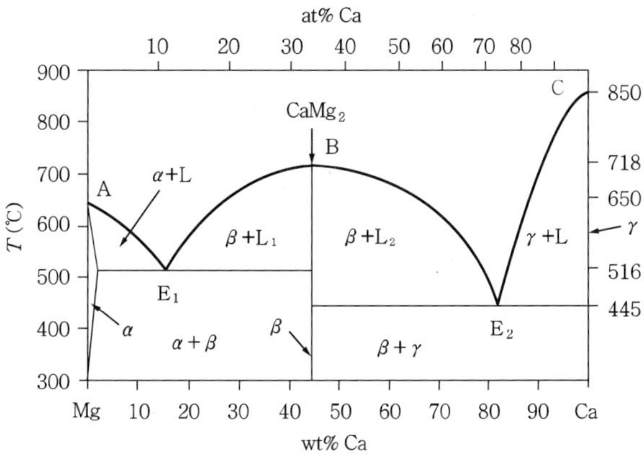

〈그림 1〉 Ca−Mg계 상태도

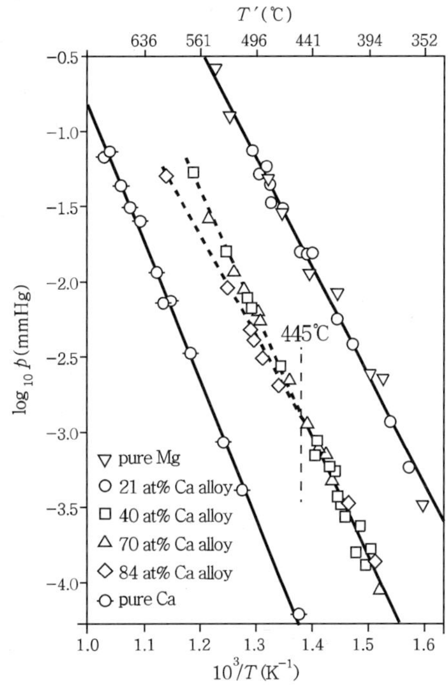

〈그림 2〉 증기압 측정값

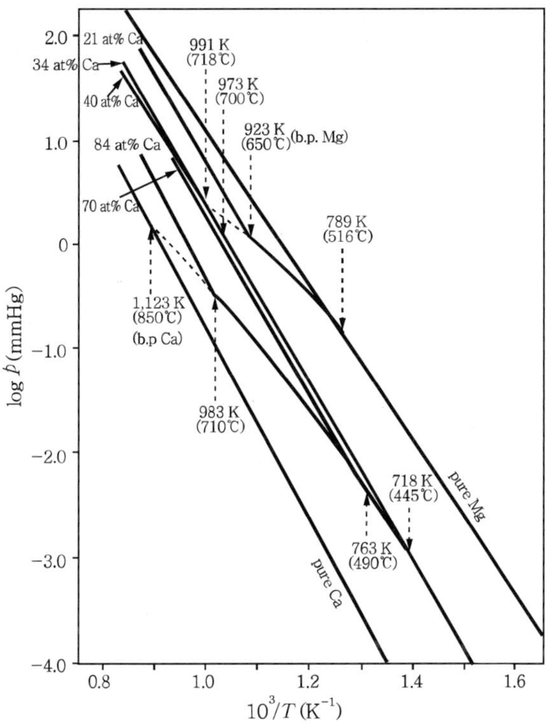

〈그림 3〉 Ca−Mg 합금의 증기압과 온도의 관계

(vi) 834 K에서 Mg－Ca계 전체 영역에서 Mg의 활동도 변화의 개략을 조성에 대하여 그림으로 나타내시오. 단, 활동도 값을 〈그림 3〉으로부터 계산할 수 있는 조성에서는 그 값을 나타내시오.

(vii) 1,123 K(850 ℃)에서 Mg의 활동도를 〈그림 3〉의 각 조성에서 구하시오.

(viii) Ca와 $CaMg_2$의 활동도 변화의 형태를 조성에 대하여 그림으로 나타내시오.

(ix) 〈그림 1〉의 순 Mg의 증기압 측정선과 40 at%Ca의 증기압을 나타내는 측정선의 간격은 일반적으로 고온일수록 가까워지는지 멀어지는지 설명하시오.

풀이

본 문제의 해답은 Ca의 융점을 1,123 K(850 ℃)로 두고 계산하였다.

(i) 상태도로부터 약 789 K(516 ℃) 이하에서 21 at%Ca합금은 α－Mg와 $CaMg_2$의 2상 공존이 된다. α－Mg의 조성이 순 Mg에 가깝고, $a_{Mg}=1$로 간주할 수 있으며, Ca 등의 증기압이 순 Mg에 비하여 무시할 수 있을 정도로 작을 경우 $p_{21at\%Ca\ alloy} \cong p_{pure\ Mg}$가 된다.

(ii) 상태도로부터 21 at%Ca 합금은 789 K(516 ℃)~930 K(657 ℃)의 온도 범위에서는 $CaMg_2$ 고상과 L_1 액상이 공존하고, 또 930 K 이상에서는 단일 액상이 된다. 따라서 789 K 이상에서는 순 Mg에 비하여 a_{Mg}가 작아져 p_{Mg}도 작아진다.

(iii) 718 K(445 ℃) 이하에서는 40, 70, 84 at%Ca와 β상, γ상이 공존하므로 증기압은 같다. 718 K 이상에서는 40, 70 at%Ca 합금은 $\beta+L_2$, 84 at%Ca 합금은 $\gamma+L$이 되므로 증기압은 다르다. 따라서 2개의 선으로 나누어진다.

(iv) $p_{CaMg2}=a_{Ca}\cdot p^0_{Ca}+a_{Mg}\cdot p^0_{Mg}$로부터

$$a_{Mg} = \frac{p_{CaMg2} - a_{Ca} \cdot p^0_{Ca}}{p^0_{Mg}}$$

$CaMg_2$가 $\delta-Ca$와 평형할 때 $a_{Ca} \cong 1$이 된다.

또 〈그림 3〉으로부터 718 K에서 34 at%Ca 합금의 값을 읽으면

$$\log p_{CaMg2} = -2.95 \quad \therefore p_{CaMg2} = 1.122 \times 10^{-3} \text{ (mmHg)}$$

$$\log p^0_{Mg} = -1.85 \quad \therefore p^0_{Mg} = 1.413 \times 10^{-2} \text{ (mmHg)}$$

$$\log p^0_{Ca} = -4.39 \quad \therefore p^0_{Ca} = 4.074 \times 10^{-5} \text{ (mmHg)}$$

위의 식에 이러한 값을 대입하면

$$a_{Mg} = \frac{1.122 \times 10^{-3} - 4.074 \times 10^{-5}}{1.413 \times 10^{-2}} = 0.0765$$

(v) (iv)와 마찬가지로 〈그림 3〉으로부터 834 K에서 84 at%Ca 합금의 값을 읽으면

$$\log p_{alloy} = -1.676 \quad \therefore p_{alloy} = 2.109 \times 10^{-2} \text{ (mmHg)}$$

$$\log p^0_{Mg} = -0.392 \quad \therefore p^0_{Mg} = 4.055 \times 10^{-1} \text{ (mmHg)}$$

$$\log p^0_{Ca} = -2.632 \quad \therefore p^0_{Ca} = 2.333 \times 10^{-3} \text{ (mmHg)}$$

또 $\gamma-Ca$와 공존하므로 $a_{Ca} = 1$로 둘 수 있다.

$$\therefore a_{Mg} = \frac{2.109 \times 10^{-2} - 2.333 \times 10^{-3}}{4.055 \times 10^{-1}} = 0.046$$

(vi) ① α상과 $\alpha+L$상 공존영역: α상에서는 Ca의 증가에 의해 a_{Mg}는 감소하고, $\alpha+L$상 영역에서는 일정하지만, 모두 다 거의 $a_{Mg} = 1$로 볼 수 있다.

② L상 영역: a_{Mg}는 Ca의 증가와 함께 감소한다.(반드시 직선적이지는 않다.)

③ $\beta+L_1$상 영역: 2상 공존영역에서는 일정한 활동도 값을 나타낸다. (iv)와 마찬가지 방법으로 a_{Mg}를 구한다. 〈그림 3〉으로부터(21 at%Ca 합금)

$$\log p_{alloy} = -0.480 \quad \therefore p_{alloy} = 3.311 \times 10^{-1} \text{ (mmHg)}$$

$$\log p^0_{Mg} = -0.392 \quad \therefore p^0_{Mg} = 4.055 \times 10^{-1} \text{ (mmHg)}$$

$\log p^0_{Ca} = -2.632 \quad \therefore p^0_{Ca} = 2.333 \times 10^{-3}$ (mmHg)

$$\therefore a_{Mg} = \frac{p_{alloy} - a_{Ca} \cdot p^0_{Ca}}{p^0_{Mg}}$$

여기서 $a_{Ca} \ll 1$이며, 또 p^0_{Ca}도 작으므로 $a_{Ca} \cdot p^0_{Ca}$를 무시할 수 있다고 하면

$a_{Mg} = 0.817$

④ $\beta + L_2$상 영역: 2상 공존영역에서는 일정한 활동도 값을 나타낸다. 마찬가지로 a_{Mg}를 구한다. 〈그림 3〉으로부터(40 at%Ca 합금)

$\log p_{alloy} = -1.325 \quad \therefore p_{alloy} = 4.732 \times 10^{-2}$ (mmHg)

여기서 a_{Ca}는 알지 못하지만, p^0_{Ca}가 작으므로 $a_{Ca} \cdot p^0_{Ca}$항을 무시하면

$a_{Mg} = p_{alloy}/p^0_{Mg} = 0.117$

⑤ L상 영역: a_{Mg}는 Ca의 증가와 함께 감소한다.(반드시 직선적이지는 않다.)

⑥ $\gamma + L$상 영역: (v)로부터 $a_{Mg} = 0.046$[6]

(vii)~(viii) 〈그림 3〉으로부터 1,123 K에서 p^0_{Mg}, p_{alloy}의 값을 읽는다.

여기서 $p_{alloy} = a_{Ca} \cdot p^0_{Ca} + a_{Mg} \cdot p^0_{Mg}$에서 $p^0_{Ca} \ll p^0_{Mg}$이므로 $a_{Ca} \cdot p^0_{Ca}$를 무시할 수 있다. 따라서 다음 식에 의해서 a_{Mg}를 결정한다.

$a_{Mg} = p_{alloy}/p^0_{Mg}$

Gibbs−Duhem의 식에 의해($x_{Mg} \leq 0.16$이므로 Henry의 법칙이 성립)

$$\ln\gamma_{Ca} = \int_{x_{Ca}=1}^{x_{Ca}} \left(\frac{\ln\gamma_{Mg}}{x^2_{Ca}}\right) dx_{Mg} - \left[\frac{x_{Mg}}{x_{Ca}} \ln\gamma_{Mg}\right]_{x_{Ca}=1}^{x_{Ca}=x_{Ca}}$$

6 고상의 $CaMg_2$가 존재하는 온도에서 Mg의 활동도는 $CaMg_2$의 조성에서 크게 변화한다.

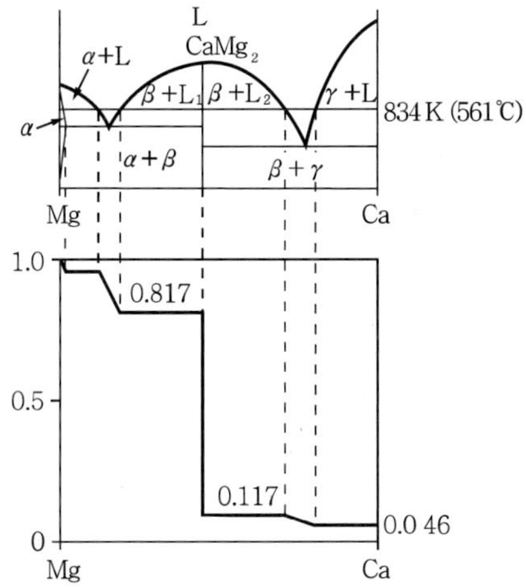

〈그림 4〉 상태도와 활동도

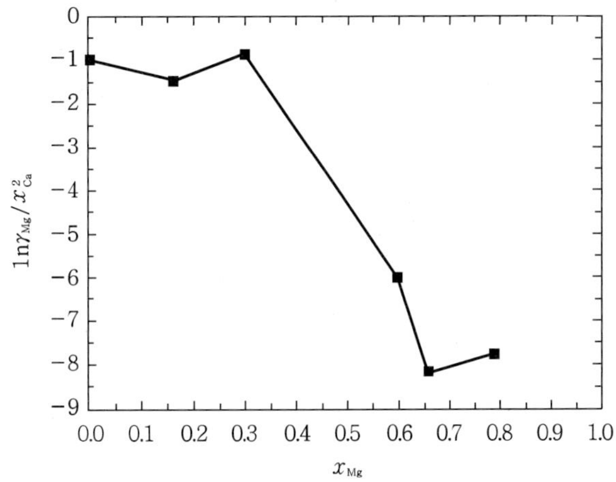

〈그림 5〉 Gibbs-Duhem 식의 응용

[표 1]

x_{Mg}	x_{Ca}	$\log P$	P	a_{Mg}	γ_{Mg}	$\ln\gamma_{Mg}/x_{Ca}^2$
1.0	0	1.90	79.43	1.0	1.0	–
0.79	0.21	1.65	44.67	0.562	0.711	−7.734
0.66	0.31	1.31	20.42	0.257	0.390	−8.156
0.60	0.40	1.26	18.20	0.229	0.382	−6.015
0.30	0.70	1.19	15.49	0.195	0.650	−0.879
0.16	0.84	0.65	4.467	0.056	0.350	−1.488
0	1.0	–	–	0	0.351	−1.047

[표 2]

x_{Ca}	$\int\left(\frac{\ln\gamma_{Mg}}{x_{Ca}^2}\right)dx_{Mg}$	$\left[\frac{x_{Mg}}{x_{Ca}}\ln\gamma_{Mg}\right]$	$\ln\gamma_{Ca}$	γ_{Ca}	a_{Ca}
1.0	0	0	0	1.0	1.0
0.84	−0.20	−0.200	0	1.0	0.84
0.70	−0.36	−0.185	−0.175	0.84	0.59
0.40	−1.40	−1.444	0.044	1.04	0.42
0.33	−1.83	−1.828	0.002	1.00	0.34
0.21	−2.86	−1.283	−1.577	0.21	0.043
0	–	–	–	–	0

〈그림 5〉로부터 도상 적분에 의해 γ_{Ca}를 구한다.(표 2) 이것으로부터 〈그림 6〉을 그릴 수 있다.

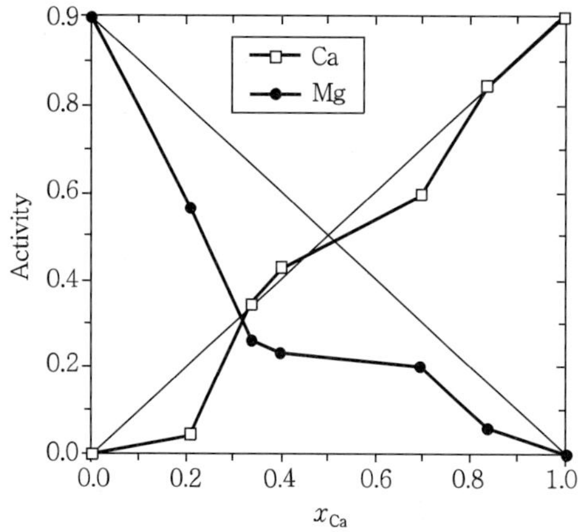

〈그림 6〉 Cu－Mg합금의 활동도

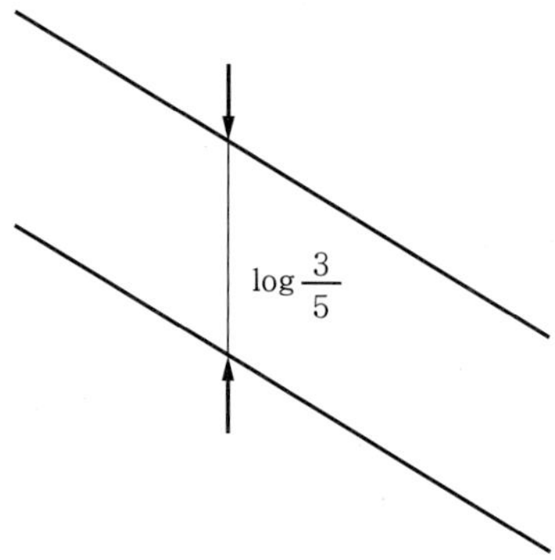

〈그림 7〉 증기압의 온도 의존성(모식도)

(ix) 40 at%Ca 합금 조성에서도 고온이 되면 이상용액에 가까워지므로

$$p_{40at\%Ca} = a_{Ca} \cdot p^0_{Ca} + a_{Mg} \cdot p^0_{Mg}\text{에서 } a_{Mg} = 3/5\text{이 된다.}$$

$a_{Ca} \cdot p^0_{Ca}$를 무시하면

$$p_{40at\%Ca} = \frac{3}{5}p^0_{Mg}\text{로 되어 } \log p_{40at\%Ca} = \log\frac{3}{5} + \log p^0_{Mg}$$

따라서 고온이 됨에 따라 간격이 log(3/5)에 가까워져서 그 이상의 온도에서는 평행이 된다.

[comment] 〈그림 1〉을 참고로 〈그림 3〉을 정성적으로 구축하는 경우, 다음의 순서에 따른다.

① 순 Mg, 순 Ca의 직선을 긋는다.

② $CaMg_2$와 L_1상이 평형하는 경우의 증기압 곡선을 공정온도인 789 K(516 ℃) 이상에서 정성적으로 긋는다.

③ 마찬가지로 $CaMg_2$와 L_2상이 평형하는 경우의 증기압 곡선을 공정온도인 718 K(445 ℃) 이상에서 정성적으로 긋는다.

④ 공정온도인 718 K 이상에서, γ－Ca상과 L상이 평형하는 경우의 증기압 곡선을 긋는다. 이 곡선은 온도가 718 K에 가까울 때는 ③의 곡선과 거의 겹친다. γ－Ca의 융점인 1,123 K(850 ℃)에서 순 Ca의 증기압선과 교차하는 것에 주의한다.

상기한 평형에서 증기압 곡선이 $10^3/T$에 대하여 곡선을 나타내는 것은 액상의 조성이 온도와 함께 변화하기 때문이다.

⑤ 각각의 조성에서 2상 공존영역으로부터 단일 액상영역으로 변화하는 온도(예를 들면 21 at%Ca 합금이라면 923 K(650 ℃))를 상태도로부터 읽어 들인다. 이 온도 이상에서 증기압선은 직선이 된다.

37 Cu-Bi합금: ΔG^0와 액상선 조성으로부터 활동도 계산

다음의 수치를 이용하여 1,473 K(1,200 ℃)에서 용융 Cu－Bi 합금 중 Cu의 활동도를 구하시오.

$$Cu(s) = Cu(l):\ \ \Delta G^0 = 6{,}996 - 20.13\,T\log T + 3.14\times10^{-3}T^2 + 53.64\,T\ (J)$$

액상선의 조성은

[표 1]

T(K)	873	973	1,073	1,173	1,273
x_{Cu}	0.120	0.227	0.403	0.751	0.916

Cu－Bi의 상태도는 하나의 공정반응을 포함하며, 공정조성은 99.5 at%Bi이다.

$T\log\gamma = const.$의 관계를 이용할 수 있고, [표 1]에 주어진 액상선의 조성에서 액상은 활동도 1의 고체 Cu와 평형하는 것으로 가정한다.

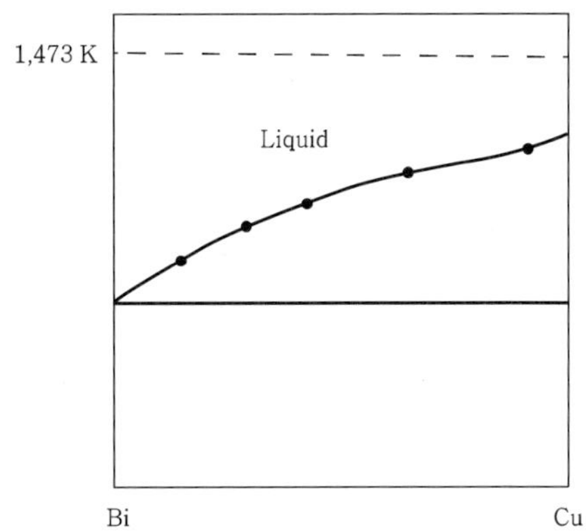

〈그림 1〉 Bi－Cu계 상태도

풀이

각 조성에서의 융점을 알고 있으므로 각 조성과 온도에서의 $a_{Cu(l)}$를 구한다.

각 조성에서 $a_{Cu(s)} = 1$로 둘 수 있으므로 평형상태에서

$$\Delta G^0 = -RT\ln\left(\frac{a_{Cu(l)}}{a_{Cu(s)}}\right) = -RT\ln a_{Cu(l)}$$

$$\therefore\ a_{Cu(l)} = \exp\left(-\frac{\Delta G^0}{RT}\right),\ \ \gamma_{Cu} = \frac{a_{Cu(l)}}{x_{Cu}}$$

다음은 $T\log\gamma = const.$의 관계로부터 1,473 K에서의 활동도 계수 γ'_{Cu}을 구하면 a_{Cu}(at 1,473 K)$= x_{Cu} \cdot \gamma'_{Cu}$에 의해 1,473 K에서 Cu의 활동도가 구해진다.[7]

이것을 [표 2]에, 그리고 얻어진 1,473 K에서 Cu의 활동도를 〈그림 2〉에 나타내었다.

[표 2] 각 조성 및 온도에서의 제 수치

T(K)	873	973	1,073	1,173	1,273
x_{Cu}	0.12	0.227	0.403	0.751	0.916
ΔG^0	4,503	3,604	2,677	1,732	775
$a_{Cu(l)}$	0.538	0.641	0.741	0.837	0.929
$\gamma_{Cu(l)}$	4.481	2.822	1.838	1.115	1.015
γ'_{Cu}(1,473 K)	2.433	1.984	1.558	1.090	1.013
a_{Cu}(1,473 K)	0.292	0.450	0.628	0.819	0.928

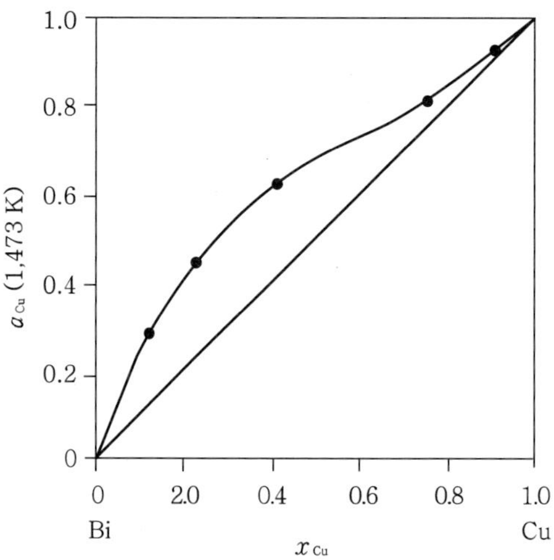

〈그림 2〉 1,473 K에서 Cu−Bi합금 중 Cu의 활동도

7 [역주] 873 K에서는 다음 식과 같이 $const. = 568.650$이다.

$$T\log\gamma_{Cu(l)} = 873 \times \log(4.481) = 568.650$$

$$\therefore \gamma'_{Cu}(\text{at } 1,473\text{K}) = 10^{const/1,473} = 10^{(568.650/1,473)} = 2.433$$

38 Fe-S-O계: Potential diagram 작성

황화철을 배소roasting할 때의 제 반응을 평형론적으로 계산하여 이하의 물음에 따라 검토하시오. 계산에 필요한 정보는 데이터집으로부터 선택하시오.

(i) 953 K(680 ℃)에서의 계산결과를 토대로 $\log p_{S2}$, $\log p_{O2}$를 각각 횡축, 종축으로 하는 그림을 그리고, 각 성분의 안정존재 영역을 나타내시오.

(ii) 473 K(200 ℃)에서 같은 그림을 그리시오.

(iii) 위의 결과로부터 FeO, Fe_3O_4, Fe_2O_3, $Fe_2(SO_4)_3$ 등 배소 생성물의 안정성에 대하여 설명하시오.

풀이

(i) 기본이 되는 반응의 표준 깁스 자유에너지 변화는 다음과 같다.

$$2Fe(s)+O_2(g)=2FeO(s):\ \Delta G^0=-528{,}860+129.46T\ (J) \tag{1}$$

$$\frac{3}{2}Fe(s)+O_2(g)=\frac{1}{2}Fe_3O_4(s):\ \Delta G^0=-547{,}830+151.17T\ (J) \tag{2}$$

$$\frac{4}{3}Fe(s)+O_2(g)=\frac{2}{3}Fe_2O_3(s):\ \Delta G^0=-542{,}530+167.36T\ (J) \tag{3}$$

$$2Fe(s)+S_2(g)=2FeS(s):\ \Delta G^0=-311{,}200+118.96T\ (J) \tag{4}$$

$$2FeS(s)+S_2(g)=2FeS_2(s):\ \Delta G^0=-307{,}940+284.51T\ (J) \tag{5}$$

$$FeO(s)+SO_3(g)=FeSO_4(s):\Delta G^0=-266{,}060-31.0T\log T+290.03T\ (J) \tag{6}$$

$$\frac{1}{3}Fe_2O_3(s)+SO_3(g)=\frac{1}{3}Fe_2(SO_4)_3(s):\ \Delta G^0=-203,300-34.10T\log T+297.19T\,(J) \quad (7)$$

$$\frac{1}{3}S_2(g)+O_2(g)=\frac{2}{3}SO_3(g):\ \Delta G^0=-304,650+107.86T\ (J) \quad (8)$$

$$\frac{1}{2}S_2(g)+O_2(g)=SO_2(g):\ \Delta G^0=-362,070+73.41T\ (J) \quad (9)$$

식 (1)~(9)로부터 각 물질의 평형관계를 구한다. 여기서 FeO와 FeS가 평형하다는 의미로 FeO/FeS로 나타내면 다음과 같이 주어진다.

(a) $Fe_2(SO_4)_3/FeSO_4$

$$2FeSO_4(s)+\frac{1}{2}S_2(g)+2O_2(g)=Fe_2(SO_4)_3(s): \quad (10)$$

$$\Delta G^0=-819,690-40.30T\log T+594.88T\ (J)$$

(b) $Fe_2(SO_4)_3/Fe_2O_3$

$$Fe_2O_3(s)+\frac{3}{2}S_2(g)+\frac{9}{2}O_2(g)=Fe_2(SO_4)_3(s):$$

$$\Delta G^0=-1,980,825-102.30T\log T+1,376.94T\ (J) \quad (11)$$

(c) $Fe_2(SO_4)_3/FeS_2$

$$2FeS_2(s)+6O_2(g)=Fe_2(SO_4)_3(s)+\frac{1}{2}S_2(g):$$

$$\Delta G^0=-2,175,480-102.30T\log T+1,224.51T\ (J) \quad (12)$$

(d) $Fe_2O_3/FeSO_4$

$$Fe_2O_3(s)+S_2(g)+\frac{5}{2}O_2(g)=2FeSO_4(s):$$

$$\Delta G^0=-1,161,135-62.00T\log T+782.06T\ (J) \quad (13)$$

(e) $Fe_3O_4/FeSO_4$

$$Fe_3O_4(s)+\frac{3}{2}S_2(g)+4O_2(g)=3FeSO_4(s):$$

$$\Delta G^0=-1,866,735-93.0T\log T+1,247.31T\ (J) \quad (14)$$

(f) $FeS_2/FeSO_4$

$$FeS_2(s)+2O_2(g)=FeSO_4(s)+\frac{1}{2}S_2(g):$$

$$\Delta G^0=-677,895-31.0T\log T+314.815T\ (J) \quad (15)$$

(g) $Fe_2(SO_4)_3/Fe_3O_4$

$$2Fe_3O_4(s)+\frac{9}{2}S_2(g)+14O_2(g)=3Fe_2(SO_4)_3(s):$$

$$\Delta G^0=-6,192,540-306.90T\log T+4,279.26T\ (J) \tag{16}$$

(h) $FeS/FeSO_4$

$$2FeS(s)+4O_2(g)=2FeSO_4(s):$$

$$\Delta G^0=-1,663,730-62.0T\log T+914.14T\ (J) \tag{17}$$

(i) Fe_3O_4/FeS_2

$$3FeS_2(s)+2O_2(g)=Fe_3O_4(s)+3S_2(g):$$

$$\Delta G^0=-166,950-302.865T\ (J) \tag{18}$$

(j) Fe_3O_4/FeS

$$6FeS(s)+4O_2(g)=2Fe_3O_4(s)+3S_2(g):$$

$$\Delta G^0=-1,257,720+247.80T\ (J) \tag{19}$$

(k) FeO/FeS

$$2FeS(s)+O_2(g)=2FeO(s)+S_2(g):$$

$$\Delta G^0=-217,660+10.50T\ (J) \tag{20}$$

(l) FeO/Fe_3O_4

$$6FeO(s)+O_2(g)=2Fe_3O_4(s):$$

$$\Delta G^0=-604,740+216.30T\ (J) \tag{21}$$

(m) Fe_3O_4/Fe_2O_3

$$4Fe_3O_4(s)+O_2(g)=6Fe_2O_3(s):$$

$$\Delta G^0=-500,130+296.88T\ (J) \tag{22}$$

(n) Fe_2O_3/FeS_2

$$2FeS_2(s)+\frac{3}{2}O_2(g)=Fe_2O_3(s)+2S_2(g):$$

$$\Delta G^0=-194,655-152.43T\ (J) \tag{23}$$

이상의 데이터를 이용해 953 K에서 potential diagram을 작성한다.

(a) $FeSO_4$의 생성을 고려하는 경우와, (b) 고려하지 않는 경우에 대하여

$Fe_2(SO_4)_3/FeSO_4$	$\log p_{O2} = -\frac{1}{4}\log p_{S2} - 10.06$
$Fe_2(SO_4)_3/Fe_2O_3$	$\log p_{O2} = -\frac{1}{3}\log p_{S2} - 11.68$
$Fe_2(SO_4)_3/FeS_2$	$\log p_{O2} = \frac{1}{12}\log p_{S2} - 11.87$
$Fe_2O_3/FeSO_4$	$\log p_{O2} = -\frac{2}{5}\log p_{S2} - 12.98$
$Fe_3O_4/FeSO_4$	$\log p_{O2} = -\frac{3}{8}\log p_{S2} - 12.91$
$FeS_2/FeSO_4$	$\log p_{O2} = \frac{1}{4}\log p_{S2} - 12.77$
$Fe_2(SO_4)_3/Fe_3O_4$	$\log p_{O2} = -\frac{9}{28}\log p_{S2} - 11.69$
Fe_3O_4/FeS_2	$\log p_{O2} = \frac{3}{2}\log p_{S2} - 12.49$
Fe_3O_4/FeS	$\log p_{O2} = \frac{3}{4}\log p_{S2} - 14.00$
FeO/FeS	$\log p_{O2} = \log p_{S2} - 11.38$
FeO/Fe_3O_4	$\log p_{O2} = -21.85$
Fe_3O_4/Fe_2O_3	$\log p_{O2} = -11.91$
Fe/FeO	$\log p_{O2} = -22.23$
Fe/FeS	$\log p_{S2} = -10.84$
FeS/FeS_2	$\log p_{S2} = -2.02$

이상의 결과로부터 potential diagram을 그리면 〈그림 1〉의 (a), (b)와 같다.

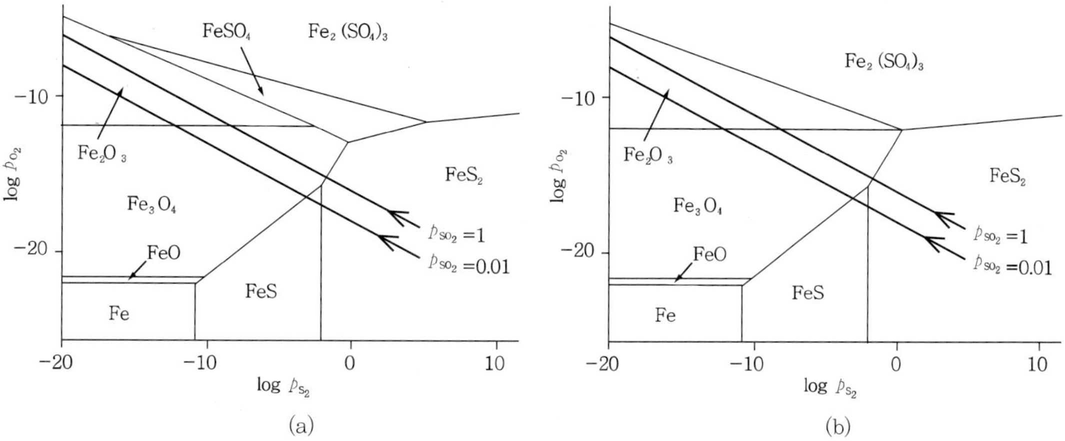

〈그림 1〉 T=953 K에서의 potential diagram((a) $FeSO_4$를 생성하는 경우, (b) $FeSO_4$를 생성하지 않는 경우)
(단, 모든 그림에서 기체상 화학종의 안정영역은 나타내지 않았음.)

(ii) (i)과 동일한 방법으로 473 K(200 ℃)에서의 potential diagram은 〈그림 2〉와 같다.

$Fe_2(SO_4)_3/FeSO_4$	$\log p_{O_2} = -\frac{1}{4}\log p_{S_2} - 32.54$
$Fe_2(SO_4)_3/Fe_2O_3$	$\log p_{O_2} = -\frac{1}{3}\log p_{S_2} - 35.81$
$Fe_2(SO_4)_3/FeS_2$	$\log p_{O_2} = \frac{1}{12}\log p_{S_2} - 31.76$
$Fe_2O_3/FeSO_4$	$\log p_{O_2} = -\frac{2}{5}\log p_{S_2} - 38.41$
$Fe_3O_4/FeSO_4$	$\log p_{O_2} = -\frac{3}{8}\log p_{S_2} - 38.50$
$FeS_2/FeSO_4$	$\log p_{O_2} = \frac{1}{4}\log p_{S_2} - 31.38$
Fe_3O_4/FeS_2	$\log p_{O_2} = \frac{3}{2}\log p_{S_2} - 17.13$
Fe_3O_4/FeS	$\log p_{O_2} = \frac{3}{4}\log p_{S_2} - 31.49$
Fe_2O_3/FeS_2	$\log p_{O_2} = \frac{4}{3}\log p_{S_2} - 19.66$
Fe_3O_4/Fe_2O_3	$\log p_{O_2} = -39.72$
Fe/Fe_3O_4	$\log p_{O_2} = -52.60$
Fe/FeS	$\log p_{S_2} = -28.15$
FeS/FeS_2	$\log p_{S_2} = -19.15$

473 K의 계산에서 반응식 (2), (4), (5), (7)의 표준 깁스 자유에너지 변화는 문헌값의 피팅 온도 범위 외에 있는 것에 주의할 필요가 있다.

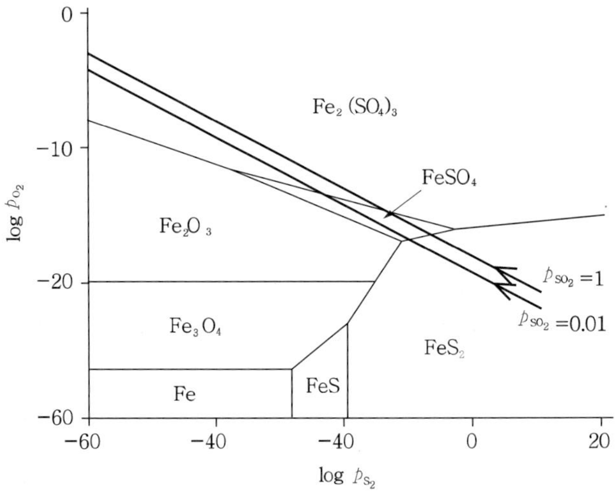

〈그림 2〉 T= 473 K에서의 potential diagram

(iii) FeS의 산화배소에 대하여 고찰해 본다. 공기를 이용하여 산화하는 경우의 p_{SO2}는 0.1 ~ 0.2 정도로 생각되지만, 여기서는 $p_{SO2} = 0.01 \sim 1$의 범위에서 고찰한다.

(i), (ii)의 potential diagram에 식 (9)를 이용해 구한 $p_{SO2} = 0.01$과 $p_{SO2} = 1$의 선을 나타내었다. $T = 953$ K일 때 식 (9)로부터

$$\frac{1}{2}S_2(g) + O_2(g) = SO_2(g) : \ \log K_{953} = 16.01$$

$$p_{SO2} = 0.01\text{이면} \ \log p_{O2} = -\frac{1}{2}\log p_{S2} - 18.01$$

$$p_{SO2} = 1\text{이면} \ \log p_{O2} = -\frac{1}{2}\log p_{S2} - 16.01$$

$T = 473$ K일 때도 마찬가지로

$$\log K_{473} = 36.15$$

$$p_{SO2} = 0.01\text{이면} \ \log p_{O2} = -\frac{1}{2}\log p_{S2} - 38.15$$

$$p_{SO2} = 1\text{이면} \ \log p_{O2} = -\frac{1}{2}\log p_{S2} - 36.15$$

여기서 각각의 potential diagram으로부터 산화배소의 과정은 p_{SO_2}가 일정한 선상을 p_{O_2}가 증가하는 방향으로 진행한다고 생각할 수 있으므로

a) $T = 953$ K에서의 산화

$p_{SO_2} = 0.01 \sim 1$에서 FeS를 산화배소하면

$$FeS \rightarrow Fe_3O_4 \rightarrow Fe_2O_3$$

가 되어 $Fe_2(SO_4)_3$는 생성되지 않으며 FeO도 생성될 수 없다.

b) $T = 473$ K에서의 산화

FeS는 $p_{SO_2} = 0.01 \sim 1$에서 공존할 수 없다.

FeS_2를 산화배소하면

$$FeS_2 \rightarrow FeSO_4 \rightarrow Fe_2(SO_4)_3$$

가 되어 FeO, Fe_3O_4, Fe_2O_3 모두 다 생성될 수 없다.

[참고문헌]

953 K(680 ℃)에서의 potential diagram과 그 해설은 다음 문헌에 기재되어 있다.

① ref. 2, pp. 25~34.

② 東北大学選鉱製錬研究所彙報 **22**(1966), p. 127.

39 Zn, Cu, Ni, Co: Potential diagram 작성

문제 38과 마찬가지의 계산으로 953 K(680 ℃)에서 (i) 황화아연, (ii) 황화동, (iii) 황화니켈, (iv) 황화코발트에 대하여 potential diagram을 그리시오.

풀이

(i) 황화아연(사용하는 데이터: ref. 2로부터)

$$2Zn(l)+O_2(g)=2ZnO(s):\ \Delta G^0=-706,260+213.96T\ (J) \tag{1}$$

$$2Zn(l)+S_2(g)=2ZnS(s):\ \Delta G^0=-502,920+183.26T\ (J) \tag{2}$$

$$\frac{3}{2}ZnO(s)+SO_3(g)=\frac{1}{2}(ZnO\cdot 2ZnSO_4)(s):$$

$$\Delta G^0=-239,280-31.80T\log T+274.60T\ (J) \tag{3}$$

$$ZnO\cdot 2ZnSO_4+SO_3(g)=3ZnSO_4(\alpha):\ \Delta G^0=-224,810+189.16T\ (J) \tag{4}$$

$$\frac{1}{3}S_2(g)+O_2(g)=\frac{2}{3}SO_3(g):\ \Delta G^0=-304,650+107.86T\ (J) \tag{5}$$

식 (1)~(5)로부터 황화아연의 O_2-S_2 potential diagram을 작성한다.

우선 식 (1)로부터[8]

$$2Zn(l)+O_2(g)=2ZnO(s):\ \Delta G^0_{953}=-502,360\ (J)$$

$$\log K_{(1)}=27.5$$

$$\log p_{O2}=-27.5$$

---

8 [역주] $K_{(1),953}=\exp\left(-\frac{\Delta G^0_{(1),953}}{RT}\right)=\frac{a^2_{ZnO}}{a^2_{Zn}\cdot p_{O2}}=3.43\times 10^{27}$

여기서 a_{ZnO}와 a_{Zn}은 1로 둘 수 있으므로 양변에 대수를 취하여 정리하면

$\log p_{O2}=-\log K_{(1)}=-27.5$

식 (2)의 경우

$$2Zn(l)+S_2(g)=2ZnS(s): \ \Delta G^0_{953}=-328,270 \ (J)$$

$$\log K_{(2)}=18.0$$

$$\log p_{O2}=-18.0$$

식 (1)−(2)에 의해

$$2ZnS(s)+O_2(g)=2ZnO(s)+S_2(g): \ \Delta G^0=-203,340+30.7T \ (J) \qquad (6)$$

$$\Delta G^0_{953}=-174,080 \ (J)$$

$$\log K_{(6)}=9.5$$

$$\log p_{S2}-\log p_{O2}=9.5$$

식 (3)×2+(5)×3에 의해

$$3ZnO(s)+S_2(g)+3O_2(g)=ZnO\cdot 2ZnSO_4:$$

$$\Delta G^0=-1,392,510-63.6T\log T+872.78T \ (J) \qquad (7)$$

$$\Delta G^0_{953}=-741,320 \ (J)$$

$$\log K_{(7)}=40.6$$

$$\log p_{S2}+3\log p_{O2}=-40.6$$

식 (4)×2+(5)×3에 의해

$$2(ZnO\cdot 2ZnSO_4)+S_2(g)+3O_2(g)=6ZnSO_4(s):$$

$$\Delta G^0=-1,363,570+701.90T \ (J) \qquad (8)$$

$$\Delta G^0_{953}=-694,660 \ (J)$$

$$\log K_{(8)}=38.1$$

$$\log p_{S2}+3\log p_{O2}=-38.1$$

식 (3)×2/3+(4)/3+(5)×3/2+(6)/2에 의해

$$ZnS(s)+2O_2(g)=ZnSO_4(s):$$

$$\Delta G^0=-793,102-21.2T\log T+423.26T \ (J) \qquad (9)$$

$$\Delta G^0_{953}=-449,920 \ (J)$$

$$\log K_{(9)}=24.7$$

$$\log p_{O2}=-12.3$$

식 (9)×6−(8)에 의해

$$6ZnS(s) + 9O_2(g) = 2(ZnO \cdot 2ZnSO_4) + S_2(g):$$

$$\Delta G^0 = -3{,}395{,}042 - 127.2T\log T + 1837.66T \text{ (J)} \quad (10)$$

$$\Delta G^0_{953} = -2{,}004{,}880 \text{ (J)}$$

$$\log K_{(9)} = 109.9$$

$$\log p_{S2} - 9\log p_{O2} = 109.9$$

이상의 결과를 그림으로 나타내면 〈그림 1〉과 같다.

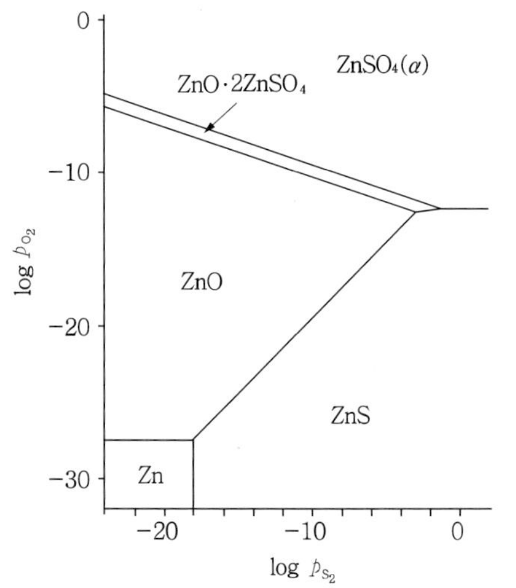

〈그림 1〉 Zn−S−O계 potential diagram(953 K)
(본 문제의 모든 potential diagram에서는 기체상 화학종의 안정영역은 나타내지 않았음.)

(ii) 황화동의 경우

$$4Cu(s) + O_2(g) = 2Cu_2O(s): \ \Delta G^0 = -334{,}800 + 144.80T \text{ (J)} \quad (11)$$

$$2Cu(s) + O_2(g) = 2CuO(s): \ \Delta G^0 = -311{,}700 + 180.34T \text{ (J)} \quad (12)$$

$$4Cu(s) + S_2(g) = 2Cu_2S(s): \ \Delta G^0 = -262{,}400 + 61.0T \text{ (J)} \quad (13)$$

$$2CuO(s) + SO_3(g) = CuO \cdot CuSO_4(s):$$

$$\Delta G^0 = -217{,}690 - 21.59T\log T + 240.96T \text{ (J)} \quad (14)$$

$$CuO \cdot CuSO_4(s) + SO_3(g) = 2CuSO_4(s):$$

$$\Delta G^0 = -216{,}650 - 21.59T\log T + 253.55T \text{ (J)} \quad (15)$$

$$\frac{1}{3}S_2(g)+O_2(g)=\frac{2}{3}SO_3(g): \ \Delta G^0=-304,650+107.86T \ (J) \quad (5)$$

위의 데이터를 이용하여 황화아연의 경우와 마찬가지로 계산하면 다음과 같다.

① $4Cu(s)+O_2(g)=2Cu_2O(s), \quad \log p_{O2}=-10.8$

② $4Cu(s)+S_2(g)=2Cu_2S(s), \quad \log p_{S2}=-11.2$

③ $2Cu_2S(s)+O_2(g)=2Cu_2O(s)+S_2(g), \quad \log p_{S2}-\log p_{O2}=-0.4$

④ $2Cu_2O(s)+O_2(g)=4CuO(s), \quad \log p_{O2}=-4.5$

⑤ $4CuO(s)+S_2(g)+3O_2(g)=2(CuO \cdot CuSO_4)(s), \quad \log p_{S2}+3\log p_{O2}=-38.6$

⑥ $2(CuO \cdot CuSO_4)(s)+S_2(g)+3O_2(g)=4CuSO_4(s), \quad \log p_{S2}+3\log p_{O2}=-37.2$

⑦ $2Cu_2O(s)+S_2(g)+4O_2(g)=2(CuO \cdot CuSO_4)(s), \quad \log p_{S2}+4\log p_{O2}=-43.1$

⑧ $2Cu_2O(s)+2S_2(g)+7O_2(g)=4CuSO_4(s), \quad 2\log p_{S2}+7\log p_{O2}=-80.3$

⑨ $2Cu_2S(s)+S_2(g)+8O_2(g)=4CuSO_4(s), \quad \log p_{S2}+8\log p_{O2}=-79.9$

이상의 결과로부터 953 K에서의 potential diagram을 〈그림 2〉에 나타내었다.

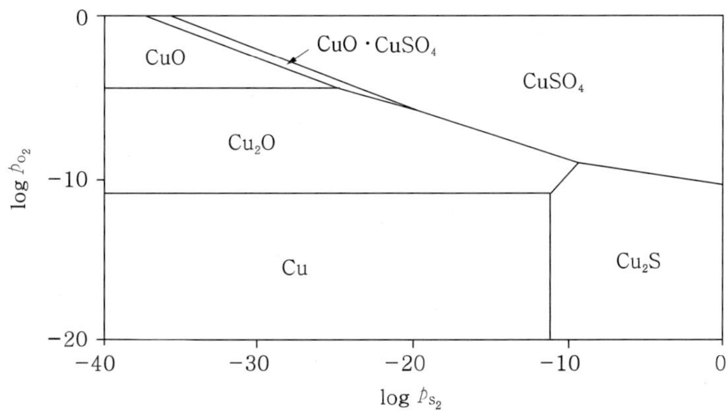

〈그림 2〉 Cu−S−O계 potential diagram(953 K)

(iii) 황화니켈: 사용하는 데이터(ref. 2)

$$2Ni(s)+O_2(g)=2NiO(s): \ \Delta G^0=-469,800+169.36T \ (J) \quad (16)$$

$$3Ni(s)+S_2(g)=Ni_3S_2(s): \ \Delta G^0=-281,160+102.72T \ (J) \quad (17)$$

$$NiO(s)+SO_3(g)=NiSO_4(s): \ \Delta G^0=-248,070+198.82T \ (J) \quad (18)$$

$$2Ni(s)+S_2(g)=2NiS(s): \ \Delta G^0=-292,710+143.97T \ (J) \quad (19)$$

$$\frac{1}{3}S_2(g)+O_2(g)=\frac{2}{3}SO_3(g): \ \Delta G^0=-304,650+107.86T \ (J) \quad (5)$$

위의 데이터를 이용하여 황산아연의 경우와 마찬가지로 계산하면 다음과 같다.

① $2Ni(s)+O_2(g)=2NiO(s)$, $\log p_{O2}=-16.9$

② $3Ni(s)+S_2(g)=Ni_3S_2(s)$, $\log p_{S2}=-10.0$

③ $2Ni_3S_2(s)+3O_2(g)=6NiO(s)+2S_2(g)$, $2\log p_{S2}-3\log p_{O2}=30.6$

④ $2NiO(s)+S_2(g)+3O_2(g)=2NiSO_4(s)$, $\log p_{S2}+3\log p_{O2}=-39.6$

⑤ $2Ni_3S_2(s)+S_2(g)+12O_2(g)=6NiSO_4(s)$, $\log p_{S2}+12\log p_{O2}=-149.5$

⑥ $2Ni_3S_2(s)+S_2(g)=6NiS(s)$, $\log p_{S2}=-5.5$ *[9]

⑦ $2NiO(s)+S_2(g)=2NiS(s)+O_2(g)$, $\log p_{S2}-\log p_{O2}=8.4$ *

⑧ $2NiS(s)+4O_2(g)=2NiSO_4(s)$, $\log p_{O2}=-12.0$ *

이상의 결과로부터 NiS의 고려 여부에 따른 potential diagram을 〈그림 3〉에 나타내었다.

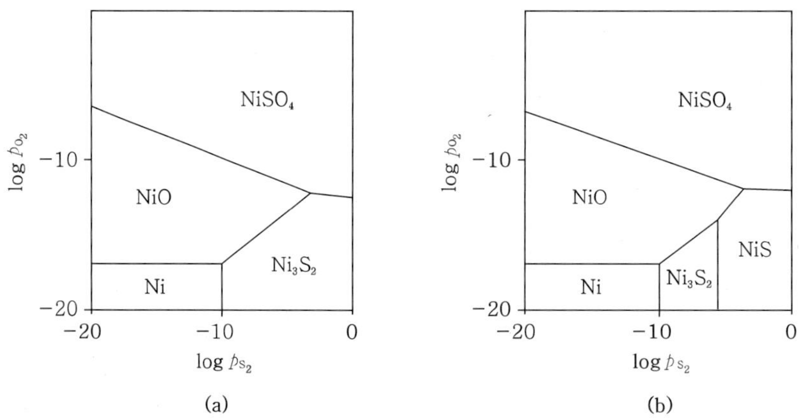

〈그림 3〉 Ni−S−O계 potential diagram(953 K)
(a) NiS를 고려하지 않은 경우, (b) NiS를 고려한 경우

(iv) 황화코발트: 사용하는 데이터(ref. 2)

$$2Co(s)+O_2(g)=2CoO(s): \ \Delta G^0=-470,960+143.10T \ (J) \quad (20)$$

9 *는 850 K까지의 데이터를 953 K까지 외삽하여 사용하였다.

$$Co(s) + S_2(g) = CoS_2(s):\quad \Delta G^0 = -611{,}200 + 344.64T\ (J) \tag{21}$$

$$CoO(s) + SO_3(g) = CoSO_4(s):$$

$$\Delta G^0 = -289{,}660 - 115.60T\log T + 573.96T\ (J) \tag{22}$$

$$\frac{1}{3}S_2(g) + O_2(g) = \frac{2}{3}SO_3(g):\quad \Delta G^0 = -304{,}650 + 107.86T\ (J) \tag{5}$$

위의 데이터를 이용하여 황산아연의 경우와 마찬가지로 계산하면 다음과 같다.

① $2Co(s) + O_2(g) = 2CoO(s), \quad \log p_{O2} = -18.3$

② $Co(s) + S_2(g) = CoS_2(s), \quad \log p_{S2} = -15.5$

③ $2CoS_2(s) + O_2(g) = 2CoO(s) + 2S_2(g), \quad 2\log p_{S2} - \log p_{O2} = -12.7$

④ $2CoO(s) + S_2(g) + 3O_2(g) = 2CoSO_4(s), \quad \log p_{S2} + 3\log p_{O2} = -41.0$

⑤ $2CoS_2(s) + 4O_2(g) = 2CoSO_4(s) + S_2(g), \quad \log p_{S2} - 4\log p_{O2} = 28.3$

953 K에서 Co－S－O계 potential diagram을 〈그림 4〉에 나타내었다.

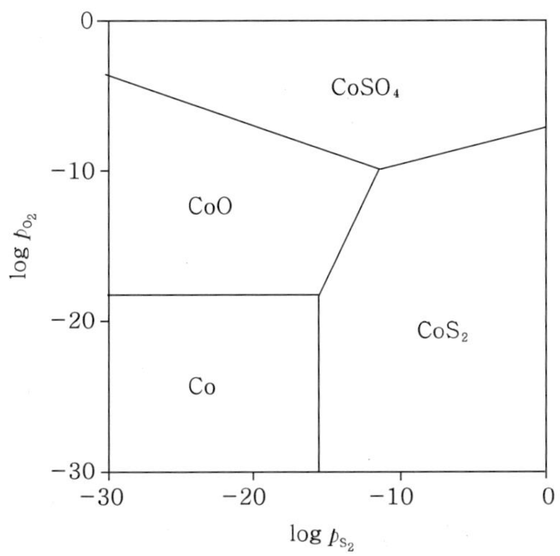

〈그림 4〉 Co－S－O계 potential diagram(953 K)

[참고문헌]

① A. Yazawa, *Met. Trans. B*, ***10B***(1979), p. 307.

② 矢澤 彬, 硫酸と工業(1970), p. 277.

40 Cu, Fe의 황산화: Potential diagram 작성

앞 문제의 결과로부터 특히 황산화 반응에 대하여 검토하시오.

(i) $\log p_{SO_2}$를 횡축, $\log p_{O_2}$를 종축으로 하는 그림 위에 아래의 각 산화물과 황산염의 평형을 나타내는 선을 나타내시오.

(ii) 평형가스조성이 $p_{\Sigma O} = p_{O_2} + p_{SO_2} + p_{SO_3} = 0.1$과 0.2 atm인 경우의 선을 같은 그림 중에 그리고, 선택 황산화 배소의 골자에 대하여 설명하시오.

(iii) 철의 황산화에 대하여 913 K(640 ℃)에서, 동의 황산화에 대하여 983 K(710 ℃)에서 설명하시오.

풀이

계산에 사용하는 데이터(ref. 2)

$$\frac{1}{2}S_2(g) + O_2(g) = SO_2(g): \quad \Delta G^0 = -362,070 + 73.41\,T \text{ (J)} \tag{1}$$

$$\frac{1}{3}S_2(g) + O_2(g) = \frac{2}{3}SO_3(g): \quad \Delta G^0 = -304,650 + 107.86\,T \text{ (J)} \tag{2}$$

$$\frac{1}{3}Fe_2O_3(s) + SO_3(g) = \frac{1}{3}Fe_2(SO_4)_3(s):$$
$$\Delta G^0 = -203,300 - 34.10\,T\log T + 297.19\,T \text{ (J)} \tag{3}$$

$$2CuO(s) + SO_3(g) = CuO \cdot CuSO_4(s):$$
$$\Delta G^0 = -217,690 - 21.59\,T\log T + 240.96\,T \text{ (J)} \tag{4}$$

$$CuO \cdot CuSO_4(s) + SO_3(g) = 2CuSO_4(s):$$

$$\Delta G^0 = -216,650 - 21.59\,T\log T + 253.55\,T \ (J) \qquad (5)$$

$$\frac{3}{2}ZnO(s) + SO_3(g) = \frac{1}{2}(ZnO \cdot 2ZnSO_4)(s):$$

$$\Delta G^0 = -239,280 - 31.80\,T\log T + 274.60\,T \ (J) \qquad (6)$$

$$ZnO \cdot 2ZnSO_4(s) + SO_3(g) = 3ZnSO_4(s):$$

$$\Delta G^0 = -224,810 + 189.16\,T \ (J) \qquad (7)$$

$$NiO(s) + SO_3(g) = NiSO_4(s): \ \Delta G^0 = -248,070 + 198.82\,T \ (J) \qquad (8)$$

$$CoO(s) + SO_3(g) = CoSO_4(s):$$

$$\Delta G^0 = -289,660 - 115.60\,T\log T + 573.96\,T \ (J) \qquad (9)$$

식 (2)×3/2－(1)에 의해

$$\frac{1}{2}O_2(g) + SO_2(g) = SO_3(g): \ \Delta G^0 = -94,905 + 88.38\,T \ (J) \qquad (10)$$

식 (3)＋(10)에 의해

$$\frac{1}{3}Fe_2O_3(s) + \frac{1}{2}O_2(g) + SO_2(g) = \frac{1}{3}Fe_2(SO_4)_3(s):$$

$$\Delta G^0 = -298,205 - 34.10\,T\log T + 385.57\,T \ (J)$$

또

$$\Delta G^0 = -RT\ln\left(\frac{1}{p_{O2}^{1/2} \cdot p_{SO2}}\right)$$

따라서 위의 두 식으로부터

$$\log p_{O2} + 2\log p_{SO2} = -31,154.4/T - 3.5625\log T + 40.2817 \ (J) \qquad (11)$$

식 (4)＋(10)에 의해

$$2CuO(s) + \frac{1}{2}O_2 + SO_2(g) = CuO \cdot CuSO_4(s):$$

$$\Delta G^0 = -312,595 - 21.59\,T\log T + 329.34\,T \ (J)$$

마찬가지로

$$\log p_{O2} + 2\log p_{SO2} = -32,657.8/T - 2.2556\log T + 34.4072 \qquad (12)$$

식 (5)＋(10)에 의해

$$CuO \cdot CuSO_4(s) + \frac{1}{2}O_2(g) + SO_2(g) = 2CuSO_4(s):$$

$$\Delta G^0 = -311,555 - 21.59\,T\log T + 341.93\,T\ (J)$$

$$\log p_{O2} + 2\log p_{SO2} = -32,549.1/T - 2.2556\log T + 35.7225 \quad (13)$$

식 (6)+(10)에 의해

$$\frac{3}{2}ZnO(s) + \frac{1}{2}O_2(g) + SO_2(g) = \frac{1}{2}(ZnO \cdot 2ZnSO_4)(s):$$

$$\Delta G^0 = -334,185 - 31.80\,T\log T + 362.98\,T\ (J)$$

$$\log p_{O2} + 2\log p_{SO2} = -34,913.3/T - 3.3222\log T + 37.9216 \quad (14)$$

식 (7)+(10)에 의해

$$ZnO \cdot 2ZnSO_4(s) + \frac{1}{2}O_2(g) + SO_2(g) = 3ZnSO_4(s, \alpha):$$

$$\Delta G^0 = -319,715 + 277.54\,T\ (J)$$

$$\log p_{O2} + 2\log p_{SO2} = -33,401.6/T + 28.9955 \quad (15)$$

식 (8)+(10)에 의해

$$NiO(s) + \frac{1}{2}O_2 + SO_2(g) = NiSO_4(s):$$

$$\Delta G^0 = -342,975 + 287.20\,T\ (J)$$

$$\log p_{O2} + 2\log p_{SO2} = -35,831.6/T + 30.0047 \quad (16)$$

식 (9)+(10)에 의해

$$CoO(s) + \frac{1}{2}O_2(g) + SO_2(g) = CoSO_4(s):$$

$$\Delta G^0 = -384,565 - 115.60\,T\log T + 662.34\,T\ (J)$$

$$\log p_{O2} + 2\log p_{SO2} = -40,176.7/T - 12.0771\log T + 69.1967 \quad (17)$$

(i) 953 K에서 계산한다.

$Fe_2O_3 - Fe_2(SO_4)_3$의 반응: 식 (11)로부터

$$\log p_{O2} = -2\log p_{SO2} - 3.0223$$

$CuO - CuO \cdot CuSO_4$의 반응: 식 (12)로부터

$$\log p_{O2} = -2\log p_{SO2} - 6.5808$$

$CuO \cdot CuSO_4 - CuSO_4$의 반응: 식 (13)으로부터

$$\log p_{O_2} = -2\log p_{SO_2} - 5.1514$$

$ZnO - ZnO \cdot 2ZnSO_4$의 반응: 식 (14)로부터

$$\log p_{O_2} = -2\log p_{SO_2} - 8.6108$$

$ZnO \cdot 2ZnSO_4 - ZnSO_4$의 반응: 식 (15)로부터

$$\log p_{O_2} = -2\log p_{SO_2} - 6.0534$$

$NiO - NiSO_4$의 반응: 식 (16)으로부터

$$\log p_{O_2} = -2\log p_{SO_2} - 7.5941$$

$CoO - CoSO_4$의 반응: 식 (17)로부터

$$\log p_{O_2} = -2\log p_{SO_2} - 8.9402$$

이러한 결과를 〈그림 1〉에 종합하여 나타내었다.

(ii) 식 (10)으로부터

$$\frac{1}{2}O_2(g) + SO_2(g) = SO_3(g): \quad \Delta G^0 = -94{,}905 + 88.38T \text{ (J)} \tag{10}$$

$$\Delta G^0_{(10)} = -RT\ln\left(\frac{p_{SO_3}}{p_{SO_2} \cdot p_{O_2}^{1/2}}\right)$$

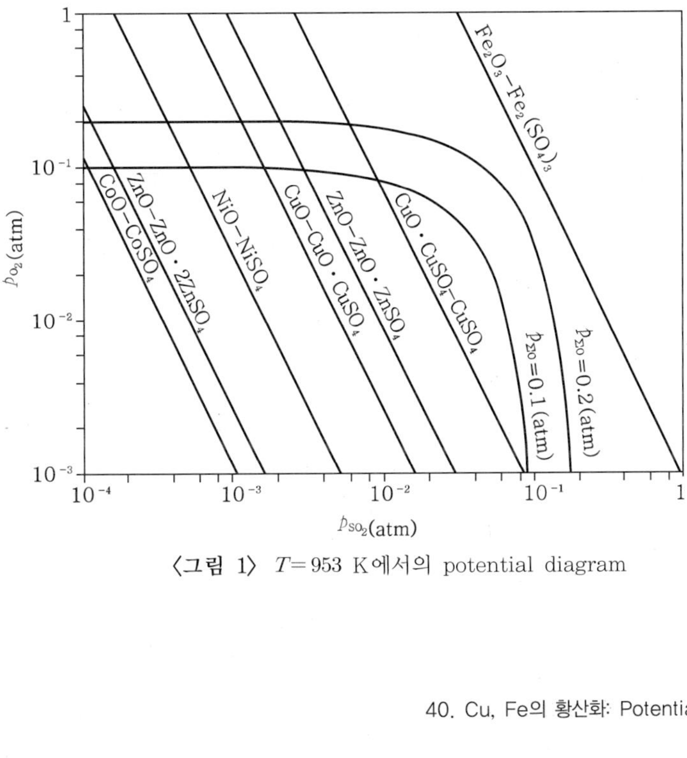

〈그림 1〉 T=953 K에서의 potential diagram

따라서

$$K_{(10)} = \left(\frac{p_{SO3}}{p_{SO2} \cdot p_{O2}^{1/2}}\right) = \exp\left(\frac{11,415.1}{T} - 10.630\right) = C(T) \tag{18}$$

위의 식에서 우변은 온도 함수이므로 $C(T)$로 두고, $p_{\Sigma O} = p_{O2} + p_{SO2} + p_{SO3}$와 조합하면

$$\frac{p_{\Sigma O} - p_{O2} - p_{SO2}}{p_{SO2} \cdot p_{O2}^{1/2}} = C(T)$$

$$\therefore\ p_{SO2} = \frac{p_{\Sigma O} - p_{O2}}{1 + C(T)p_{O2}^{1/2}} \tag{19}$$

$T = 953$ K이므로 식 (18)로부터 $C(953) = 3.85$이며, 식 (19)에 대입하면

$$p_{SO2} = \frac{p_{\Sigma O} - p_{O2}}{1 + 3.8500 \cdot p_{O2}^{1/2}}$$

결과를 〈그림 1〉에 나타내었다.

〈그림 1〉로부터 953 K 부근에서는 $p_{\Sigma O} = 0.1 \sim 0.2$ atm에서 황산화 반응을 일으키려고 하면, Fe_2O_3의 경우 이 상태에서는 황산염이 되지 않는 것을 알 수 있다. 따라서 Fe, Cu, Zn, Ni, Co 등을 함유하는 것에서 Fe만을 산화물로 두고 나머지 원소를 황산염으로 만드는 선택 황산화가 953 K 부근에서 가능하다는 것을 알 수 있다.

(iii) (a) 913 K에서 철의 황산화에 대하여 고찰한다.

식 (18)로부터 $T = 913$ K에서 $C(T)$의 값을 구하면 다음과 같다.

$$C(913) = 6.5068$$

식 (19)에 대입하여 다음 식을 얻는다. 즉,

$$p_{SO2} = \frac{p_{\Sigma O} - p_{O2}}{1 + 6.5068 p_{O2}^{1/2}}$$

계산결과를 [표 1]에 나타내었다.

식 (11)로부터

$$\log p_{O2} = -2\log p_{SO2} - 4.3882$$

이러한 결과는 〈그림 2〉와 같다. 이 그림으로부터 913 K에서는 Fe_2O_3와 $Fe_2(SO_4)_3$가 공존할 때 $p_{\Sigma O}$가 감소하고, Fe에서도 $Fe_2(SO_4)_3$가 안정하게 되어 황산염을 만든다.

[표 1]

$p_{\Sigma O}$=0.1일 때		$p_{\Sigma O}$=0.2일 때	
p_{O2}(atm)	p_{SO2}(atm)	p_{O2}(atm)	p_{SO2}(atm)
0.001	0.0883	0.001	0.177
0.002	0.0836	0.002	0.169
0.004	0.0772	0.004	0.158
0.006	0.0724	0.006	0.149
0.008	0.0684	0.008	0.143
0.010	0.0650	0.010	0.137
0.020	0.0518	0.020	0.117
0.040	0.0339	0.040	0.090
0.060	0.0206	0.060	0.072
0.080	0.0960	0.080	0.057
0.090	0.0460	0.100	0.045
0.094	0.0280	0.120	0.034
0.096	0.018	0.140	0.025
0.098	0.009	0.160	0.016
		0.180	0.0076
		0.190	0.0037

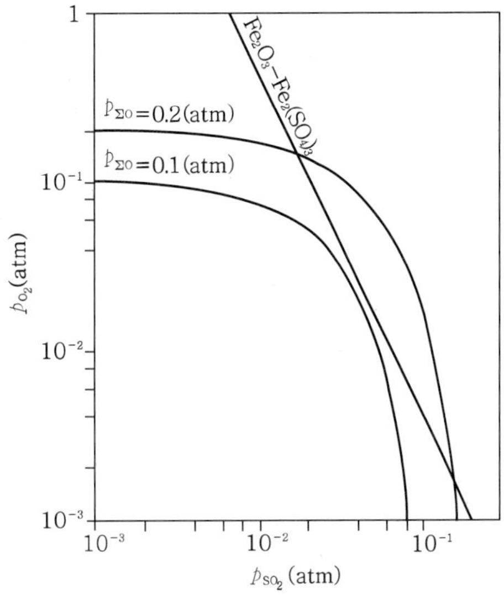

〈그림 2〉 T=913에서의 potential diagram

(b) 983 K에서 동의 황산화에 대하여 고찰한다.

(a)와 동일한 방법으로 $T = 983$ K에서 $C(T)$값은 식 (18)로부터

$$C(983) = 2.6712$$

식 (19)에 대입하여

$$p_{SO2} = \frac{p_{\Sigma O} - p_{O2}}{1 + 2.6712\, p_{O2}^{1/2}}$$

또 식 (12), (13)으로부터

$CuO - CuO \cdot CuSO_4$의 반응: $\log p_{O2} = -2\log p_{SO2} - 5.5653$

$CuO \cdot CuSO_4 - CuSO_4$의 반응: $\log p_{O2} = -2\log p_{SO2} - 4.1395$

이러한 계산결과인 [표 2]로부터 〈그림 3〉을 얻을 수 있다. 이 그림에 따르면 983 K에서 $CuO \cdot CuSO_4$와 $CuSO_4$가 공존할 때 $p_{\Sigma O}$가 상승하고, $p_{\Sigma O} = 0.1 \sim 0.2$ atm에서는 $CuO \cdot CuSO_4$가 안정하게 된다. $CuO \cdot CuSO_4$와 같이 염기성 황산염은 물에 용해되기 어렵기 때문에 가능한 한 생성되지 않도록 하여야 한다.

[표 2]

$p_{\Sigma O}$=0.1일 때		$p_{\Sigma O}$=0.2일 때	
p_{O2}(atm)	p_{SO2}(atm)	p_{O2}(atm)	p_{SO2}(atm)
0.001	0.0821	0.001	0.1650
0.002	0.0759	0.002	0.1534
0.004	0.0680	0.004	0.1389
0.006	0.0625	0.006	0.1290
0.008	0.0582	0.008	0.1214
0.010	0.0545	0.010	0.1151
0.020	0.0417	0.020	0.0937
0.040	0.0261	0.040	0.0695
0.060	0.0154	0.060	0.0540
0.080	0.0070	0.080	0.0422
0.090	0.0034	0.100	0.0327
0.094	0.0020	0.140	0.0175
0.096	0.0013	0.160	0.0111
		0.180	0.0053
		0.190	0.0026

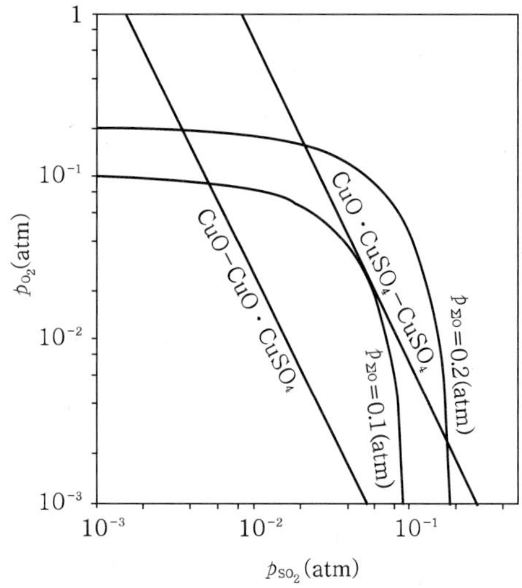

〈그림 3〉 T=983에서의 potential diagram

41 Fe-S-O계: Potential diagram의 해석

문제 38에서 취급한 Fe－S－O 계의 유황–산소 potential diagram을 참고하여 다음 문제에 답하시오.

(i) 이 계에 상률을 적용하여 고상이 한 개일 때와 두 개일 때를 가정하여 설명하시오.

(ii) 이 계에서 고상은 최대 몇 개까지 안정하게 공존할 수 있을까?

(iii) FeS_2, Fe_2O_3, Fe_3O_4, $FeSO_4$의 4 고상이 안정하게 공존할 수 있는 조건이 있으면 나타내시오.

풀이

(i) $f = c + 2 - p$

여기서 c: 성분의 수(이 문제에서는 Fe, S, O 3성분), p: 상의 수

(a) 1 고상일 경우

$p = 2$ (고상+기상) $c = 3$ (Fe, S, O)

$\therefore f = 3 + 2 - 2 = 3$

따라서 온도가 결정되어도 자유도는 2가 남아 potential diagram으로부터 $p_{S2} - p_{O2}$의 면으로 표시된다.

(b) 2 고상일 경우

$p = 3$ (고상 2+기상 1)

$\therefore f = 3 + 2 - 3 = 2$

따라서 온도가 일정한 조건에서 자유도는 1이 되어 potential diagram상에서 선으로 표시된다.

(ii) 공존하는 고상의 수를 x라 하면

$$\therefore f = c + 2 - p = 3 + 2 - (x + 1) \geqq 0$$

따라서 최대 4개의 고상까지 공존할 수 있다.

(iii) Fe, S_2, O_2를 함유하지 않으며, 문제의 4가지 물질을 포함하는 반응식은 식 (1)과 같이 나타낼 수 있다.

$$20Fe_2O_3(s) + FeS_2(s) = 13Fe_3O_4(s) + 2FeSO_4(s) \qquad (1)$$

계산에 사용하는 데이터는 다음과 같다.(ref. 2)

$$2Fe(s) + O_2(g) = 2FeO(s): \ \Delta G^0_{(1)} = -528,860 + 129.46T \ (J) \qquad (2)$$

$$\frac{3}{2}Fe(s) + O_2(g) = \frac{1}{2}Fe_3O_4(s): \ \Delta G^0_{(2)} = -547,830 + 151.17T \ (J) \qquad (3)$$

$$\frac{4}{3}Fe(s) + O_2(g) = \frac{2}{3}Fe_2O_3(s): \ \Delta G^0_{(3)} = -542,530 + 167.36T \ (J) \qquad (4)$$

$$2Fe(s) + S_2(g) = 2FeS(s): \ \Delta G^0 = -311,200 + 118.96T \ (J) \qquad (5)$$

$$2FeS(s) + S_2(g) = 2FeS_2(s): \ \Delta G^0 = -307,940 + 284.51T \ (J) \qquad (6)$$

$$FeO(s) + SO_3(g) = FeSO_4(s):$$

$$\Delta G^0 = -266,060 - 31.0T\log T + 290.03T \ (J) \qquad (7)$$

$$\frac{1}{3}Fe_2O_3(s) + SO_3 = \frac{1}{3}Fe_2(SO_4)_3(s):$$

$$\Delta G^0 = -203,300 - 34.10T\log T + 297.19T \ (J) \qquad (8)$$

$$\frac{1}{3}S_2(g) + O_2(g) = \frac{2}{3}SO_3(g): \ \Delta G^0 = -304,650 + 107.86T \ (J) \qquad (9)$$

식 (1)의 깁스 자유에너지 변화는 (2)+(3)×26−(4)×30−(5)/2−(6)/2+(7)×2+(9)×3으로 구해진다. 즉

$$\Delta G^0_{(1)} = 366,960 - 62.0T\log T - 259.02T \ (J)$$

4개의 상이 공존한다고 가정하면 그 온도는 $\Delta G^0_{(1)} = 0$인 온도, 즉 $T = 834$ K(561 ℃)가

된다. 다음은 이러한 4개의 상이 공존하는지 조사하기 위하여 834 K에서 Fe－S－O계 potential diagram을 작성하여 〈그림 1〉에 나타내었다.

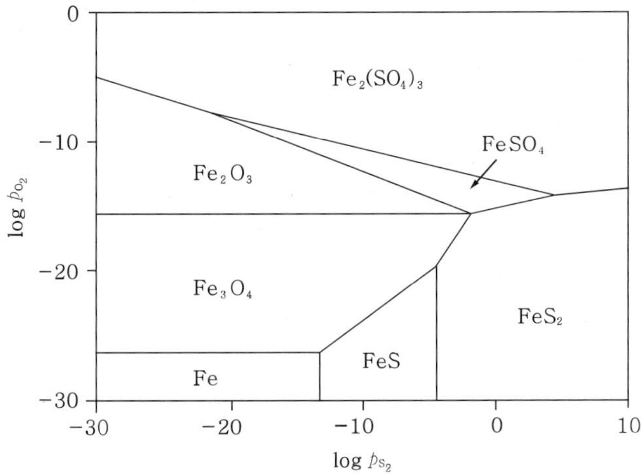

〈그림 1〉 T=834 K에서의 potential diagram

〈그림 1〉의 potential diagram으로부터 FeS_2, Fe_2O_3, Fe_3O_4, $FeSO_4$는 안정하게 공존할 수 있다. 마지막으로 4개의 상이 공존할 수 있는 p_{S2}와 p_{O2}를 구한다.

$4Fe_3O_4(s)+O_2(g)=6Fe_2O_3(s)$:

$$\Delta G^0=-500,130+296.88T=-RT\ln\left(\frac{1}{p_{O2}}\right)\ (\mathrm{J}) \tag{10}$$

$\therefore\ p_{O2}=1.524\times10^{-16}\ (\mathrm{atm})$

$2FeS_2(s)+4O_2(g)=2FeSO_4(s)+S_2(g)$:

$$\Delta G^0=-1,355,790-62.00T\log T+629.63T=-RT\ln\left(\frac{p_{S2}}{p_{O2}^4}\right)\ (\mathrm{J}) \tag{11}$$

$\therefore\ p_{S2}=1.664\times10^{-2}\ (\mathrm{atm})$

[comment] ΔG^0값으로만 생각하면 일어날 수 없는 4상 공존을 생각할 수 있다. Potential diagram으로부터 안정하게 공존하는 것을 확인하고, 또 p_{S2}와 p_{O2}가 의미 있는 값이라는 것을 확인할 필요가 있다.(예를 들면 4중점이 S_2의 액상영역에 들어가지 않는 것 등)

42 용철-슬래그의 평형실험: 상률(Phase rule)의 해석

용철 중 Si과 O, 슬래그 조성이나 산소분압과의 관계를 구하기 위하여 석영 도가니 중에 전해철과 $FeO-SiO_2$계 슬래그를 넣고, 여러 가지 조성의 $CO-CO_2$ 혼합가스를 흘려 일정온도에서 용해실험을 한다고 하자. 의미 있는 데이터가 얻어질 수 있는지, 실험조건이 적절하지 못하다면 어떠한 조건을 변경해야 하는지에 대하여 고찰하시오.

풀이

기상 중의 CO와 CO_2의 분압으로부터 기상의 산소분압 p_{O_2}가 결정된다. 한편, 석영 도가니 내에서의 실험이므로, 석영 도가니가 존재하는 한 SiO_2의 활동도는 1로 보기 때문에 온도가 결정되면 슬래그 중 FeO의 활동도는 일정한 값으로 정해진다. 이 FeO와 Fe의 평형에서 도가니 내의 산소분압을 계산할 수 있다. 따라서 기상의 산소분압이 종종 액상의 산소분압과 일치하지 않는 경우에는 문제의 평형이 실현될 수 없다. 그러나 문제의 실험을 실행할 때 기상의 산소분압이 액상보다 크면 Fe의 산화와 석영 도가니로부터 SiO_2의 용출이, 반대로 기상의 산소분압이 작으면 SiO_2가 석출되면서 FeO가 Fe로 환원되는 반응이 진행된다. 이 반응은 슬래그상이나 Fe가 없어질 때까지 진행된다. 그러나 실제로는 금속과 슬래그의 양이 많으면 속도론적으로 완전히 Fe가 없어지거나, 슬래그 중의 FeO가 $CO-CO_2$ 혼합가스의 p_{O_2}에 상당하는 양까지 감소하지는 않으며, 외견상 의미 없는 데이터가 얻어지고 만다. 이것은 의외로 범하기 쉬운 오류이므로 주의할 필요가 있다.

【실험조건 변경의 예】

(i) 이 문제와 같은 응축상의 상평형 관계에서는 온도를 결정하면 산소분압이 결정된다. 여러

온도에서 실험을 하여 온도와 함께 Fe 중 Si 농도의 변화를 측정한다. 즉, 기상에 의한 p_{O2}의 제어는 단념하고, p_{O2}는 평형 후의 시료로부터 온도의 함수로서 측정한다.

(ii) 상의 수를 줄인다.

SiO_2 이외의 반응하지 않는 도가니를 사용한다. 산화물계 도가니로는 마그네시아, 알루미나 등을 고려할 수 있지만, 반응이나 용해가 일어날 가능성을 고려하여 실험 후에 이러한 것을 분석한다. $FeO-SiO_2$계 슬래그만으로 실험을 하는 경우는 Mo제 도가니를 사용할 수 있다.

[주] 도가니 선정조건: 내열성과 함께 용해하고자 하는 물질과의 반응을 충분히 고려하여야 한다. 상태도를 보고 ① 용체 중에 도가니가 어느 정도 용해되어 들어가는지, ② 도가니에 용체가 어느 정도 고용하는지를 검토한다. (①이 큰 경우에는 도가니가 용해되어 구멍이 생기고, 또 용체의 성분도 변화한다. ②가 크면 용체가 도가니에 흡수되지만, 그 확산속도에 의해 도가니의 표면만 고용체로 되는 경우와 용체의 전부가 흡수되어 버리는 경우가 있다.)

[comment] $Cu-Fe-S-O-SiO_2$ 5원계의 슬래그-맷트의 평형실험에서는 자유도가 3이며, T와 $CO-CO_2-SO_2$가스의 조성을 바꾸는 것으로 T, p_{O2}, p_{S2}를 제어하여 왔다. 그러나 최근에는 제어조건으로서 T, %Cu in matte, p_{SO2}의 3가지를 선택하는 경우가 많다. 이것은 (1) 가스조성에 의해서 계를 결정하려고 하면 평형시간이 길어지고, 초기조성이 평형에 아주 가까워야만 하고, (2) p_{SO2}를 부여하지 않으면 S가 환원제로 작용하여 SO_2로서 계외로 빠져나가 버리기 때문이다.

가스조성에 의해서 계를 결정하려고 할 때 평형시간이 길어지는 것은 기-액 반응이 느리다는 것을 의미한다. 여기서 '기상 포화도'라는 개념이 생겨났다. 또 기-액 반응이 느린 것을 이용하여 평형에 도달시키지 않고 반응을 중지하는 프로세스도 생각할 수 있다. 습식제련에서는 평형에 도달시키지 않는 프로세스는 매우 당연한 것으로, 반응속도의 차이를 이용할 수 있다. 그러나 건식제련에서는 어떤 방법으로 빠르게 완전한 평형에 도달할지에 대해서만 연구되어 왔다. 비평형을 이용하면 새로운 프로세스를 창출할 가능성이 있다.

43 Na의 융해: 증기압과 체적변화(Clausius-Clapeyron 식)

나트륨에 대하여 융점과 용융에 따른 체적변화가 다음과 같이 구해졌다.

[표 1]

P (atm)	T (K)	ΔV (cm^3/g)
1	370.6	0.0279
2,000	387.2	0.0236
4,000	400.8	0.0207
6,000	415.5	0.0187

3,000 기압에서 나트륨의 융점과 융해열을 추정하시오.

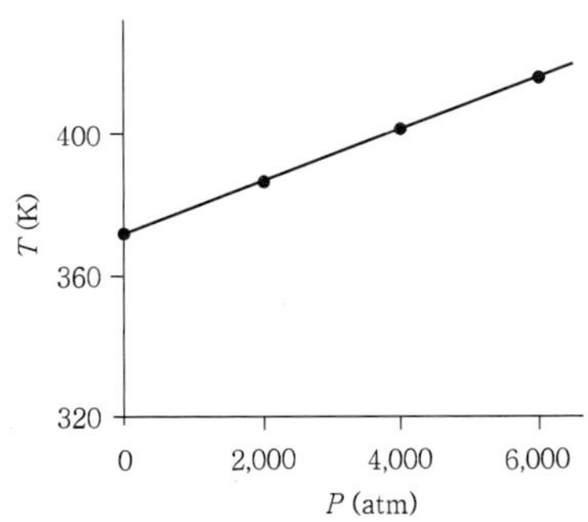

〈그림 1〉

풀이

$P-T$는 〈그림 1〉과 같이 거의 직선관계에 있으므로

$$T=7.416\times10^{-3}P+371.27$$

따라서 3,000 atm에서의 융점 $T_{m,3,000}$은

$$T_{m,3,000}=393.52\ (\mathrm{K})\ (120.52\ ℃)$$

다음으로 3,000 atm에서 체적변화 $\Delta V_{3,000}$는 〈그림 2〉로부터

$$\Delta V_{3,000}=0.0219\ (cm^3/g)$$

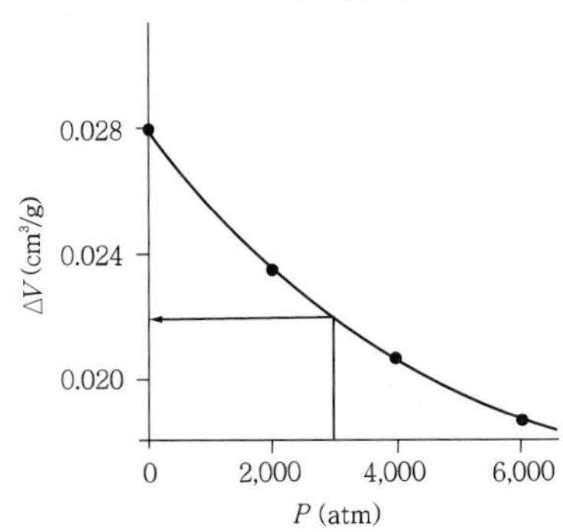

〈그림 2〉 ΔV vs. P

또 Clausius-Clapeyron 식에 의해

$$\frac{dP}{dT}=\frac{\Delta H}{T\Delta V} \tag{1}$$

식 (1)로부터

$$\Delta H = T\Delta V\left(\frac{dP}{dT}\right) \tag{2}$$

따라서 〈그림 1〉에 나타낸 직선의 기울기로부터

$$\frac{dP}{dT} = \frac{1}{7.416\times10^{-3}} = 134.84 \ (\text{atm/K})$$

여기서

$$1\,(\text{cm}^3\cdot\text{atm}) = 10^{-6}(\text{m}^3)\times101{,}325\,(\text{N/m}^2) = 0.101325\,(\text{N}\cdot\text{m}) = 0.101325 \ (\text{J})$$

따라서 식 (2)에 의해

$$\Delta H(3{,}000\,\text{atm}) = T_{m,3{,}000}\times\Delta V_{3{,}000}\times\left(\frac{dP}{dT}\right)$$
$$= 393.52\times0.0219\times0.101325\times134.84 \approx 118 \ (\text{J/g})$$

【별해】

$P-T$, $P-\Delta V$의 관계를 2차 근사법으로 구하면

$$T = 371.32 + 8.015\times10^{-3}P - 3.625\times10^{-8}P^2 \tag{3}$$

$$\Delta V = 0.0274 - 2.125\times10^{-6}P + 1.125\times10^{-10}P^2 \tag{4}$$

이것으로부터

$$T_{m,3{,}000} = 395, \quad \Delta V_{3{,}000} = 0.022 \ (\text{cm}^3/\text{g})$$

또 식 (3)으로부터

$$\left.\frac{dT}{dP}\right|_{P=3{,}000} = 8.015\times10^{-3} - 7.25\times10^{-8}P$$
$$= 7.80\times10^{-3} \ (\text{K/atm})$$

$$\therefore \frac{dP}{dT} = \frac{1}{7.80\times10^{-3}} = 128.25 \ (\text{atm/K})$$

따라서 마찬가지로 식 (2)로부터

$$\Delta H(3{,}000\,\text{atm}) = 395\times0.022\times128.25\times0.101325 \approx 118 \ (\text{J/g})$$

[comment] 특수한 것을 만들려 할 때, 이와 같이 압력의 대폭적인 변화를 고려해야만 하는 경우도 있다.

44 그라파이트와 다이아몬드: ΔG^0와 상평형

298 K에서 다이아몬드와 그라파이트의 연소열은 각각 395.32 kJ/mol, 393.42 kJ/mol이며, 몰 엔트로피는 각각 2.4389 J/(mol·K), 5.6940 J/(mol·K)이다.

(i) 298 K, 1 기압하에서 그라파이트로부터 다이아몬드로의 변태 ΔG^0를 구하시오.

(ii) 온도만 바꿈으로써 그라파이트를 다이아몬드로 바꿀 수 있는 가능성이 있는지 검토하시오. 단, 상변태에 따른 엔트로피 변화는 온도에 의존하지 않는다고 가정한다.

(iii) 다이아몬드와 그라파이트의 밀도는 각각 3.513, 2.260 g/cm^{3}이다. 두 개의 상이 298 K에서 평형하는 압력을 추정하시오. 단, 밀도는 압력과 관계없다고 가정한다.

풀이

(i) 그라파이트와 다이아몬드 각각의 엔탈피와 엔트로피를 H_g, H_d 그리고 S_g, S_d라 하면, 그라파이트로부터 다이아몬드로의 변태 ΔG^0는

$$\Delta G^0 = \Delta H^0 - T\Delta S^0 = (H_d - H_g) - T(S_d - S_g)$$

$$\Delta G^0_{298} = (395{,}320 - 393{,}420) - 298 \times (2.4389 - 5.6940)$$

$$= 2{,}870.0 \ (\text{J/mol})$$

(ii) 그라파이트 → 다이아몬드의 반응을 고려한다. 이때의 ΔG_T는

$$\Delta G_T = \Delta G_T^0 + RT\ln\left(\frac{a_d}{a_g}\right) = \Delta G_T^0$$

또

$$\Delta G_T^0 = \Delta G_{298}^0 + \int_{298}^{T} \left(\frac{\partial \Delta G}{\partial T} \right) dT$$

$$= \Delta G_{298}^0 - \int_{298}^{T} \Delta S dT = 2{,}870.0 - [-3.2551]_{298}^{T}$$

$$\therefore \ \Delta G_T = \Delta G_T^0 = 1{,}900.0 + 3.2551\,T > 0 \ \ (T \geqq 0\text{일 때})$$

따라서 $T \geqq 0$에서 $\Delta G_T > 0$이므로 문제의 조건하에서는 온도를 높이는 것만으로는 그라파이트를 다이아몬드로 바꿀 수 없다.

(iii) $\quad G = H - TS$

$$dG = -SdT + VdP \quad \therefore \left(\frac{\partial G}{\partial P} \right)_T = V$$

따라서

$$\Delta G_P^0 = \Delta G_1^0 + \int_1^P \Delta V dP$$

(i)의 결과로부터

$$\Delta G_1^0 = 2{,}870.0 \ \ (\text{J/mol})$$

또 밀도로부터 ΔV를 구하면

$$\Delta V = \frac{12.01}{3.513} - \frac{12.01}{2.260} = -1.895 \ \ (\text{cm}^3/\text{mol})$$

$$\therefore \int_1^P \Delta V dP = [-1.895]_1^P = -1.895(P-1) \ \ (\text{cm}^3 \cdot \text{atm})$$

$1\ \text{cm}^3 \cdot \text{atm} = 0.1013\ \text{J}$이므로

$$\int_1^P \Delta V dP = 0.1920(1-P) \ \ (\text{J})$$

따라서

$$\Delta G_P^0 = 2{,}870.0 + 0.1920(1-P)$$

여기서 그라파이트와 다이아몬드가 평형상태에 있다고 하면

$$\Delta G = \Delta G^0 = 0$$

$$\therefore P = 1.495 \times 10^4 \ (\text{atm})$$

참고로 〈그림 1〉에 상태도의 개략을 나타내었다.

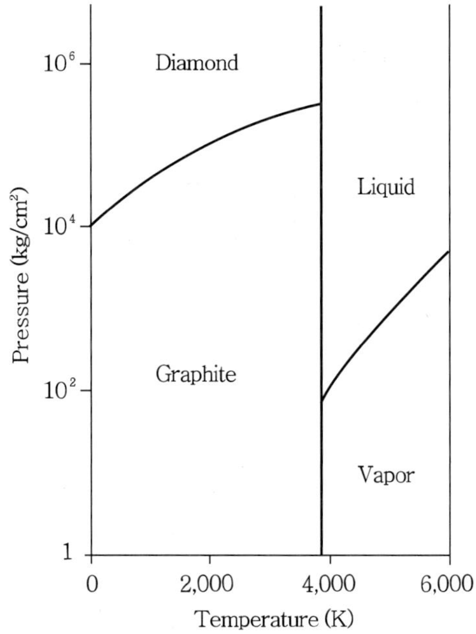

〈그림 1〉 탄소의 상태도

45 CO_2의 해리: 화학양론 계산의 기초

압력 1 atm하에서 CO_2를 1,873 K(1,600 ℃)의 가열관 안으로 흘리는 경우 관 안에서 나타내는 산소분압을 다음의 데이터(ref. 2)로부터 구하시오.

$$2CO(g)+O_2(g)=2CO_2(g):\ \Delta G^0=-564,840+173.30T\ (J)$$

풀이

평형상태에서

$$\Delta G^0=-RT\ln\left(\frac{p_{CO2}^2}{p_{CO}^2\cdot p_{O2}}\right)$$

따라서 1,873 K에서

$$K_{1,873}=\frac{p_{CO2}^2}{p_{CO}^2\cdot p_{O2}}=5.0161\times10^6 \tag{1}$$

1 mol의 CO_2에 대하여 $2x$ mol이 해리되었다면, 반응식에 의해

$$CO_2:\ 1-2x\ (mol),\quad CO:\ 2x\ (mol),\quad O_2:\ x\ (mol)$$

따라서 전체 몰 수는 $(1+x)$ mol이며, 전체압력이 1 atm인 것을 고려하면 각 가스의 분압은 다음과 같다.

$$p_{CO2}=\frac{1-2x}{1+x}\ (atm),\quad p_{CO}=\frac{2x}{1+x}\ (atm),\quad p_{O2}=\frac{x}{1+x}\ (atm)$$

이러한 식을 식 (1)에 대입하여 x에 대해 정리하면

$$x^3+1.4952\times10^{-7}x-4.9840\times10^{-8}=0$$

이 식의 해는 다음과 같다.

$$x_1=3.6666\times10^{-3}$$

$$x_2 = 1.8333 \times 10^3 + 3.1988 \times 10^{-3}\, i$$

$$x_3 = 1.8333 \times 10^3 - 3.1988 \times 10^{-3}\, i$$

실근만이 의미가 있으므로 실근으로부터 산소분압을 구하면

$$p_{O2} = \frac{x}{1+x} = 3.6532 \times 10^{-3}\ (\mathrm{atm})$$

46 암모니아의 생성: 화학양론 계산의 기초

N_2와 H_2를 1 mol씩 혼합하여 773 K(500 ℃), 10 atm하에서 평형시켰다. 생성되는 NH_3의 몰 수를 구하시오. 또, 573 K(300 ℃), 10 atm과 773 K, 100 atm에서는 어떻게 되는지 계산하시오.

$$\frac{1}{2}N_2(g) + \frac{3}{2}H_2(g) = NH_3(g): \quad \Delta G^0 = -43{,}514 + 29.7T\log T + 15.86T \text{ (J)}$$

풀이

평형 후 N_2, H_2, NH_3의 몰 수와 전체 몰 수를 각각 n_{N2}, n_{H2}, n_{NH3}, n_T라 하면

$$n_{N2} = 1 - \frac{1}{2}n_{NH3}, \quad n_{H2} = 1 - \frac{3}{2}n_{NH3}$$

$$\therefore\ n_T = n_{N2} + n_{H2} + n_{NH3} = 2 - n_{NH3}$$

평형상수 K는

$$K = \frac{p_{NH3}}{p_{N2}^{1/2} \cdot p_{H2}^{3/2}} \quad \therefore\ K^2 = \frac{p_{NH3}^2}{p_{N2} \cdot p_{H2}^3} \tag{1}$$

전체압력을 P_T라 하면 각 가스의 분압은 다음과 같이 나타낼 수 있다.

$$p_{N2} = \frac{n_{N2}}{n_T} \cdot P_T = \frac{1 - \frac{1}{2}n_{NH3}}{2 - n_{NH3}} \cdot P_T$$

$$p_{H2} = \frac{n_{H2}}{n_T} \cdot P_T = \frac{1 - \frac{3}{2}n_{NH3}}{2 - n_{NH3}} \cdot P_T$$

$$p_{NH3} = \frac{n_{NH3}}{n_T} \cdot P_T = \frac{n_{NH3}}{2 - n_{NH3}} \cdot P_T$$

위의 각 분압을 식 (1)에 대입하면

$$K^2 = \frac{n_{\mathrm{NH3}}^2 \cdot (2 - n_{\mathrm{NH3}})^2}{\left(1 - \frac{1}{2} n_{\mathrm{NH3}}\right) \cdot \left(1 - \frac{3}{2} n_{\mathrm{NH3}}\right)^3} \cdot \frac{1}{P_T^2}$$

$$\therefore P_T^2 \cdot K^2 = \frac{n_{\mathrm{NH3}}^2 \cdot (2 - n_{\mathrm{NH3}})^2}{\left(1 - \frac{1}{2} n_{\mathrm{NH3}}\right) \cdot \left(1 - \frac{3}{2} n_{\mathrm{NH3}}\right)^3} \quad (2)$$

식 (2)는 해석적으로 풀 수 없으므로 ΔG^0의 값으로부터 각각의 온도에서 K를 구하고, 식 (2)에 P_T와 함께 대입하여 n_{NH3}를 구한 결과를 [표 1]에 나타내었다.

[표 1]

T (K)	P_T (atm)	ΔG^0 (J)	K	n_{NH3} (mol)
773	10	35,053	4.28×10^{-3}	0.0205
573	10	12,512	7.23×10^{-2}	0.214
773	100	35,053	4.28×10^{-3}	0.151

이것은 공기 중의 질소를 고정할 때 기본이 되는 반응이다.

가스의 몰 수가 감소하는 반응이므로 압력이 높을수록 반응은 우측으로 진행하고, 또 발열반응이므로 저온일수록 반응이 활발하게 진행된다. 단, N_2와 H_2가스나 촉매의 활성화를 위하여 고온을 선택한다.

[comment] 1 atm, 1,373 K(1,100 ℃) 정도에서 암모니아를 이용하여 조동crude copper을 환원, 탈산하는 프로세스에서, 이 조건에서는 당연히 암모니아가 분해되어 H_2에 의한 환원이 일어나게 된다. 그러나 현장에서는 상당한 양의 동분말이 가스 중으로 날아들어 손실이 발생한다. H_2가스를 이용하면 동분말의 비산이 없는 것으로 보아 고온에서는 휘발성의 아민-동화합물이나 질화동이 생성되는 것으로 추측된다.

[역주] 암모니아에 의한 조동의 환원 시에 동분말이 비산하는 현상을 이용해 용철(용강) 중에 암모니아 가스를 취입하여 용철 중의 Cu 제거를 시도한 예도 있다.

47 SO_2-O_2의 평형: 화학양론 계산의 기초

SO_2, O_2 각각 1 mol씩을 0.01 m^3의 용기에 밀폐시키고, 1,000 K(727 ℃)에서 평형에 도달하였다. SO_3의 생성 몰 수를 구하시오.(데이터: ref. 2)

$$\frac{1}{2}S_2(g) + O_2(g) = SO_2(g):\ \ \Delta G^0 = -362{,}070 + 73.41T\ (J)$$

$$\frac{1}{3}S_2(g) + O_2(g) = \frac{2}{3}SO_3(g):\ \ \Delta G^0 = -304{,}650 + 107.86T\ (J)$$

$$\therefore\ 2SO_2(g) + O_2(g) = 2SO_3(g):\ \ \Delta G^0 = -189{,}810 + 176.76T\ (J)$$

$$\Delta G^0_{1,000} = -13{,}050\ (J)\quad \therefore K = \frac{p^2_{SO3}}{p^2_{SO2}\cdot p_{O2}} = 4.81 \tag{1}$$

풀이

1 mol의 O_2 중 x mol이 반응하였다고 하면, 반응 후 각 성분의 몰 수는 다음과 같다.

$$\begin{pmatrix} SO_2: & 1-2x & (mol) \\ O_2: & 1-x & (mol) \\ SO_3: & 2x & (mol) \end{pmatrix} \textit{total mole}: 2-x\ (mol) \tag{2}$$

전체압력을 P_T라 하면, $R = 0.0821$ (L · atm · mol^{-1} · K^{-1})이므로

$$P_T = \frac{nRT}{V} = \frac{(2-x)\times 8.21\times 10^{-2}\times 1{,}000}{0.01\times 10^3} = 8.21\times(2-x) \tag{3}$$

식 (2), (3)으로부터

$$p_{SO3} = \frac{2x}{2-x}\times 8.21\times(2-x) = 8.21\times 2x$$

$$p_{SO2} = \frac{1-2x}{2-x}\times 8.21\times(2-x) = 8.21\times(1-2x) \tag{4}$$

$$p_{O_2} = \frac{1-x}{2-x} \times 8.21 \times (2-x) = 8.21 \times (1-x)$$

식 (1)에 식 (4)의 각 성분 분압을 대입하면

$$\frac{(8.21 \times 2x)^2}{[8.21 \times (1-2x)]^2 \times 8.21 \times (1-x)} = 4.81$$

$$\frac{4x^2}{(1-2x)^2 \times (1-x)} = 39.49$$

이것을 풀면[10] $x = 0.41$, 0.85의 두 가지 해가 얻어지지만 $n_{SO_2} = 1 - 2x \geqq 0$의 조건으로부터 $x = 0.41$이 해가 된다. 따라서 SO_3의 몰 수 n_{SO_3}는 다음과 같다.

$$n_{SO_3} = 2x = 2 \times 0.41 = 0.82 \text{ (mol)}$$

10 [역주] 2차 방정식의 근의 공식 $ax^2 + bx + c = 0$, $x = \frac{-b \pm \sqrt{b^2 - 4ac}}{2a}$

48 $CO-N_2$: 화학양론 계산의 기초

N_2와 CO의 혼합가스를 1 atm하에서 873 K(600 ℃)로 가열하였다. 도입가스 조성이 다음과 같은 경우 생성가스 조성과 그 산소분압을 구하시오.

(i) CO = 100 %, N_2 = 0 %

(ii) CO = 10 %, N_2 = 90 %

(iii) CO = 1 %, N_2 = 99 %

$$2CO(g) = C(s) + CO_2(g): \ \Delta G^0 = -170{,}460 + 174.43T \ (J) \qquad (1)$$

$$2CO(g) + O_2(g) = 2CO_2(g): \ \Delta G^0 = -564{,}840 + 173.30T \ (J) \qquad (2)$$

풀이

N_2와 CO의 혼합가스 1 mol에서, CO의 몰 수를 α라 둔다. 혼합가스 중의 CO가 식 (1)의 반응에 의해 $2x$ mol로 분해되었다면 생성가스 성분 각각의 몰 수는

CO: $\alpha - 2x$ (mol)

CO_2: x (mol)

N_2: $1 - \alpha$ (mol) 단, $2x < \alpha$이다.

따라서 생성가스의 전체 몰 수 n_T는

$$n_T = (\alpha - 2x) + x + (1 - \alpha) = 1 - x \ (mol)$$

또 전체압력 $P_T = 1$ (atm)으로부터 각각의 분압은

$$p_{CO} = \frac{\alpha - 2x}{1-x} \text{ (atm)} \tag{3}$$

$$p_{CO2} = \frac{x}{1-x} \text{ (atm)} \tag{4}$$

$$p_{N2} = \frac{1-\alpha}{1-x} \text{ (atm)} \tag{5}$$

생성가스 중의 CO와 CO_2는 873 K에서 평형에 도달해 있으므로 식 (1)로부터 평형상수를 K라 하면

$$\Delta G^0_{873} = -18,183 = -RT\ln K \tag{6}$$

$$\therefore K = 12.25$$

식 (1)로부터 $a_C = 1$일 때(C는 순수한 고체로 생각한다.)

$$K_{(1)} = \frac{p_{CO2}}{p^2_{CO}} = 12.25 \tag{7}$$

따라서 식 (3), (4)로부터

$$K = \frac{x}{1-x}\left(\frac{1-x}{\alpha - 2x}\right)^2 \tag{8}$$

식 (8)을 정리하면

$$(4K+1)x^2 - (4K\alpha + 1)x + K\alpha^2 = 0 \tag{9}$$

2차방정식 근의 공식으로 풀면 $0 < x < \alpha/2$에서는

$$x = \frac{(4K\alpha + 1) - \sqrt{1 + 4K\alpha(2-\alpha)}}{2(4K+1)} \tag{10}$$

$K_{(1)} = 12.25$를 대입하면

$$x = \frac{(49.0\alpha + 1) - \sqrt{1 + 49.0\alpha(2-\alpha)}}{100}$$

문제에서 $\alpha = 1,\ 0.1,\ 0.01$이라 하면 식 (3)~(5)에 의해 생성가스의 분압을 각각 구한다. 이것을 [표 1]에 나타내었다. 또 각각의 생성가스에서 산소분압은

$$\Delta G^0_{873} = -413,550 = -RT\ln K \tag{11}$$

$$\therefore K_{(11)} = 5.56 \times 10^{24} = \frac{p^2_{CO2}}{p^2_{CO} \cdot p_{O2}}$$

따라서 $CO - CO_2$ 가스의 산소분압은 다음 식으로 주어진다.

$$p_{O2} = \left(\frac{p_{CO2}}{p_{CO}}\right)^2 \times \frac{1}{5.56 \times 10^{24}}$$

계산결과는 [표 1]에 나타내었다.

[표 1]

	(i) 100 %CO	(ii) 10 %CO	(iii) 1 %CO
x	4.293×10^{-1}	2.689×10^{-2}	8.418×10^{-4}
p_{CO} (atm)	0.248	0.0475	0.00832
p_{CO2} (atm)	0.752	0.0276	0.000846
p_{N2} (atm)	0	0.925	0.991
p_{O2} (atm)	1.64×10^{-24}	6.07×10^{-26}	1.87×10^{-27}

[comment] 이것은 이전의 유동법 실험에서 CO를 첨가한 N_2 가스를 캐리어 가스로 사용했을 때, carbon deposition의 염려가 있어 계산해 본 것이다. [표 2]와 같이 CO를 N_2로 희석하면 C 석출이 억제되는 것을 알 수 있다.

[표 2]

α	1.0	0.1	0.01
n_C/n_{CO}*	0.43	0.27	0.08

*n_C/n_{CO}: 석출 C의 비율

49 $CO-O_2$평형: 화학양론 계산의 기초

CO, O_2 두 종류의 가스를 여러 가지 비율로 혼합하고, 이것을 2,000 K(1,727 ℃)로 유지하였다. 횡축에 두 가스의 초기 몰 분율, 종축에 각 분압의 변화를 나타내시오. 단, $p_{CO} + p_{CO2} + p_{O2} = 1$ (atm)으로 가정한다.

풀이

CO, O_2 가스가 2,000 K으로 유지되고, 다음의 반응에 의해 평형상태에 도달한 것으로 생각한다.

$$2CO(g) + O_2(g) = 2CO_2(g): \ \Delta G^0 = -564,840 + 173.30T \ (J) \ (ref.\ 2) \tag{1}$$

이때 초기의 CO, O_2 몰 수를 각각 n^0_{CO}, n^0_{O2}(단 $n^0_{CO} + n^0_{O2} = 1$ mol)라 두고, 반응 후 CO, O_2, CO_2의 몰 수를 각각 n_{CO}, n_{O2}, n_{CO2}라 두면 물질수지는

$$C \text{의 물질수지: } n^0_{CO} = n_{CO} + n_{CO2} \tag{2}$$

$$O \text{의 물질수지: } n^0_{CO} + 2n^0_{O2} = n_{CO} + 2n_{O2} + 2n_{CO2} \tag{3}$$

식 (1)로부터 2,000 K에서 반응의 ΔG^0는 다음과 같다.

$$\Delta G^0_{(1)} = -218,240 \ (J)$$

따라서 평형상수 K는

$$K = \frac{p^2_{CO2}}{p^2_{CO} \cdot p_{O2}} = \exp\left(-\frac{\Delta G^0_{(1)}}{RT}\right) = 5.0125 \times 10^5 \tag{4}$$

또, 전체압력을 P_T, 전체 몰 수를 $n_{CO} + n_{O2} + n_{CO2} = n_T$라 하면

$$p_{CO} = \frac{n_{CO}}{n_T} \cdot P_T \tag{5}$$

$$p_{CO2} = \frac{n_{CO2}}{n_T} \cdot P_T \tag{6}$$

$$p_{O2} = \frac{n_{O2}}{n_T} \cdot P_T \tag{7}$$

식 (5)~(7)을 식 (4)에 대입하면, $P_T = 1$이므로

$$K = \frac{p_{CO2}^2}{p_{CO}^2 \cdot p_{O2}} = \frac{n_{CO2}^2(n_{CO} + n_{O2} + n_{CO2})}{n_{CO}^2 \cdot n_{O2}} = 5.0125 \times 10^5 \tag{8}$$

식 (2), (3)으로부터

$$n_{CO2} = n_{CO}^0 - n_{CO} \tag{9}$$

$$n_{O2} = \frac{1}{2}(n_{CO} + 2n_{O2}^0 - n_{CO}^0) \tag{10}$$

식 (9), (10)을 식 (8)에 대입하면

$$\frac{n_{CO2}^2(n_{CO} + n_{O2} + n_{CO2})}{n_{CO}^2 \cdot n_{O2}} \tag{11}$$

$$= \frac{(n_{CO}^0 - n_{CO})^2\left(\frac{1}{2}n_{CO}^0 + n_{O2}^0 + \frac{1}{2}n_{CO}\right)}{n_{CO}^2\left(\frac{1}{2}n_{CO} + n_{O2}^0 - \frac{1}{2}n_{CO}^0\right)} = 5.0125 \times 10^5$$

$$\therefore \frac{1}{2}(5.0125 \times 10^5 - 1)n_{CO}^3 + (5.0125 \times 10^5 - 1)\left(n_{O2}^0 - \frac{1}{2}n_{CO}^0\right)n_{CO}^2$$
$$+ \left(\frac{1}{2}n_{CO}^0 + 2n_{O2}^0\right)n_{CO}^0 n_{CO} - \left(n_{O2}^0 + \frac{1}{2}n_{CO}^0\right)(n_{CO}^0)^2 = 0 \tag{12}$$

식 (12)로부터 초기의 CO, O_2의 몰 수 n_{CO}^0, n_{O2}^0를 대입하면 n_{CO}가 구해진다. 그리고 식 (9), (10)으로부터 n_{CO2}, n_{O2}가 구해지면 n_T가 얻어진다. 여기서 식 (12)는 3차방정식이므로 이것을 푸는 대신에 근사법을 고려한다.

식 (4)에 나타낸 평형상수가 매우 큰 값인 것에 주목하면 $n_{CO}^0 \geqq 2/3$에서 n_{O2}는 매우 작은 값이 된다.

예를 들면 $n_{CO}^0 = 0.9$ (mol), $n_{O2}^0 = 0.1$ (mol)이라 하면, $n_{O2} \approx 0$이 되어 식 (9)와 (10)으로부터

$n_{CO} = 0.7$ (mol), $n_{CO2} = 0.2$ (mol)

따라서 식 (5)~(7)로부터

$$p_{CO} = 0.78 \text{ (atm)}, \quad p_{CO2} = 0.22 \text{ (atm)}$$

이러한 값으로부터 식 (4)에 의해 p_{O2}가 구해진다.

마찬가지로 초기의 몰 수 n^0_{CO}, n^0_{O2}가 주어지면 각각의 값에서의 평형 CO, O_2, CO_2 분압을 구할 수 있다. 단, $n^0_{CO} < 2/3$에서는 $n_{CO} \approx 0$이 되기 때문에 식 (9), (10)에 의해 p_{CO2}, p_{O2}를 구하고, 이것을 식 (4)에 대입하여 p_{CO}를 구한다. 얻어진 결과를 [표 1]에, 표의 결과를 〈그림 1〉에 나타내었다.

[표 1]

(mol)						(atm)		
n^0_{CO}	n^0_{O2}	n_{CO}	n_{O2}	n_{CO2}	n_T	p_{CO}	p_{O2}	p_{CO2}
0	1	0	1	0	1	0	1	0
0.10	0.90	0	0.85	0.10	0.95	1.57×10^{-4}	0.895	0.105
0.20	0.80	0	0.7	0.20	0.90	3.56×10^{-4}	0.778	0.222
0.30	0.70	0	0.55	0.30	0.85	6.20×10^{-4}	0.647	0.353
0.40	0.60	0	0.4	0.40	0.80	9.99×10^{-4}	0.500	0.500
0.50	0.50	0	0.25	0.50	0.75	1.63×10^{-3}	0.333	0.667
0.60	0.40	0	0.1	0.60	0.70	3.20×10^{-3}	0.143	0.857
0.67	0.33	0.01	0	0.66	0.67	0.015	8.69×10^{-3}	0.985
0.70	0.30	0.1	0	0.60	0.70	0.143	7.18×10^{-3}	0.857
0.80	0.20	0.4	0	0.40	0.80	0.500	2.00×10^{-3}	0.500
0.90	0.10	0.7	0	0.20	0.90	0.778	1.63×10^{-3}	0.222
1	0	1	0	0	1	1	0	0

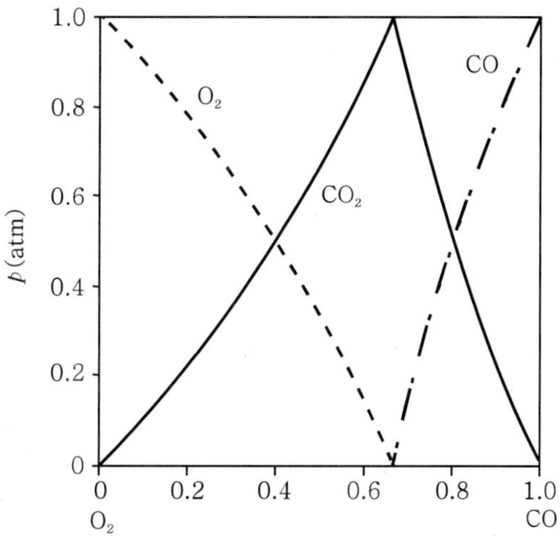

〈그림 1〉 분압과 가스성분 몰 분율의 관계

[comment 1] 중간에서 화합물을 만드는 2원계는 이 O_2-CO계와 동일한 활동도 변화 패턴을 나타낸다.

[comment 2] 일반적으로 이 반응은 매우 고온이 되면 다음과 같은 $\log p_{O2}$를 나타낸다. 즉 고온일수록 CO_2는 분해되기 쉽고, CO와 O_2는 반응하지 않는다. 따라서 반응의 정도만을 고려하면 고온일수록 불리하다. 그러나 저온에서는 CO와 O_2가 속도론적으로 반응하지 않는다. 그래서 상온으로 유지한 CO와 O_2에 착화시키면 반응이 일어나기 시작하여 완전하게 반응이 진행된다.

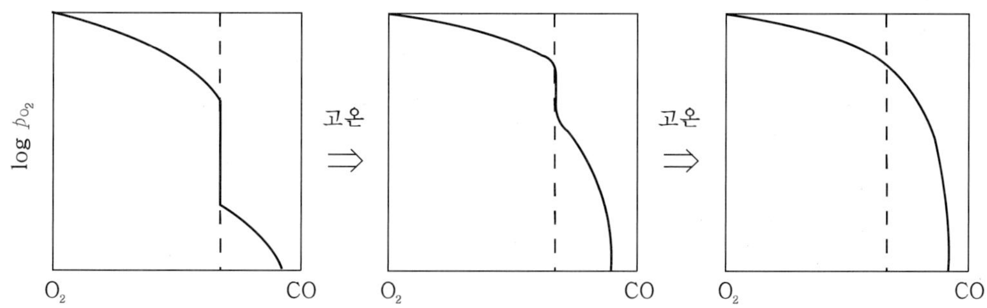

〈그림 2〉 가스성분 비와 온도에 의한 산소분압의 변화

50 $CO-H_2O-Co$평형: 화학양론 계산의 기초

H_2 0.1 mol과 CO_2 0.2 mol을 723 K(450 ℃)의 플라스크 내에 도입하면 다음과 같은 반응이 일어난다.

$$H_2(g) + CO_2(g) = H_2O(g) + CO(g) \tag{1}$$

(i) 가스분석을 하면 10 mol%의 물을 함유하고 있다. K_1값을 구하시오.

(ii) 과잉의 CoO와 Co(모두 고체)를 넣으면 새로운 평형이 성립한다. 즉,

$$CoO(s) + H_2(g) = Co(s) + H_2O(g) \tag{2}$$

$$CoO(s) + CO(g) = Co(s) + CO_2(g) \tag{3}$$

새로운 평형의 가스분석에서는 30 mol%의 물이 함유되어 있었다. K_2와 K_3의 값을 구하시오.

(iii) 새로 생성된 CO와 Co의 양을 구하시오.

(iv) 723 K 부근에서 K_1값이 1 K당 1 % 증대하면 ΔH_1은 얼마인지 계산하시오.

풀이

(i) 생성된 물의 몰 수를 x라 두고, 식 (1)로부터 각 성분가스의 몰 수[11]를 구하면

H_2: $0.1 - x$ (mol)

---

11 [역주] $n_T = (0.1-x)+(0.2-x)+x+x = 0.3$

CO_2: $0.2-x$ (mol)

H_2O: x (mol)

CO: x (mol)　　　　total 0.3 (mol)

여기서 $x = 0.3\times 0.1 = 0.03$ mol이므로

H_2: 0.07 (mol)

CO_2: 0.17 (mol)

H_2O: 0.03 (mol)

CO: 0.03 (mol)

식 (1)의 평형상수 K_1은 다음과 같이 주어진다.

$$K_1 = \frac{p_{H2O}\cdot p_{CO}}{p_{H2}\cdot p_{CO2}} = \frac{n_{H2O}\cdot n_{CO}}{n_{H2}\cdot n_{CO2}} = \frac{0.03\times 0.03}{0.07\times 0.17} = 0.076$$

(ii) 반응의 결과 생성된 H_2O와 CO의 몰 수를 각각 x, y라 둔다. 각 성분은 아래의 몰 수로 주어진다.

H_2: $0.1-x$ (mol)

H_2O: x (mol)

CO: y (mol)

CO_2: $0.2-y$ (mol)　　　　total 0.3 (mol)

문제로부터 $x = 0.3\times 0.3 = 0.09$ mol이며, 또

$$K_1 = \frac{n_{H2O}\cdot n_{CO}}{n_{H2}\cdot n_{CO2}} = \frac{0.09y}{0.01(0.2-y)} = 0.076$$

$\therefore\ y = 1.7\times 10^{-3}$ (mol)

따라서

H_2: 0.01 (mol)

H_2O: 0.09 (mol)

CO: 1.7×10^{-3} (mol)

CO_2: 0.198 (mol)

그러므로

$$K_2 = \frac{p_{H2O}}{p_{H2}} = \frac{n_{H2O}}{n_{H2}} = 9$$

$$K_3 = \frac{p_{CO2}}{p_{CO}} = \frac{n_{CO2}}{n_{CO}} = 118$$

(iii) CO의 변화량은 다음과 같다.

Co, CoO를 첨가하기 전의 CO 몰 수: 0.03 mol

Co, CoO를 첨가한 후의 CO 몰 수: 1.7×10^{-3} mol

따라서 CO는 Co, CoO의 첨가 전후 0.0283 mol 감소하였다.

새로이 생성된 Co의 양을 조사하기 위해서는 CoO의 분해에 따른 산소원자의 가스 중에서의 증가를 보면 된다. 즉, 각 성분가스의 몰 수는 (ii)에서 계산하였으므로 그 값을 사용하여

Co, CoO를 첨가하기 전의 O 몰 수: $0.17 \times 2 + 0.03 + 0.03 = 0.4$ mol

Co, CoO를 첨가한 후의 O 몰 수: $0.198 \times 2 + 0.09 + 0.0017 = 0.487$ mol

따라서 O는 0.087 mol 증가하여 Co는 0.087 mol이 새롭게 생성되었다.

(iv) van't Hoff 식에 의해서

$$\frac{d\ln K_1}{dT} = \frac{\Delta H_1}{RT^2}$$

$$\therefore \Delta H_1 = RT^2 \frac{d\ln K_1}{dT} = \frac{RT^2}{K_1}\frac{dK_1}{dT}$$

문제로부터

$$\frac{dK_1}{dT} = \frac{0.01K_1}{1} = 0.01K_1$$

이것을 위의 식에 대입하면 $T = 723$ K이므로

$$\Delta H_1 = \frac{RT^2}{K_1}(0.01K_1) = 0.01RT^2 = 4.3 \times 10^4 \ \text{(J/mol)}$$

51 용철-수소평형: 화학양론 계산의 기초

3,000 K (2,727 ℃)로 유지한 용철 위에 대량의 $Ar-H_2$ 혼합가스를 흘렸을 때, 용철에 용해되어 들어가는 수소량을 도입 수소가스 분압의 제곱근에 대하여 그림으로 나타내시오. 단, 전체압력은 1 atm으로 한다.

$$\frac{1}{2}H_2(g)=\underline{H}\ (ppm):\ \ \Delta G^0=31,966-44.43T\ (J)$$

$$\frac{1}{2}H_2(g)=H(g):\ \ \Delta G^0_{3,000}=46,083\ (J)$$

풀이

도입한 혼합가스를

$$Ar:\ n^0_{Ar}\ mol,\qquad H_2:\ n^0_{H2}\ mol$$

평형상태에서

$$H_2:\ n_{H2}\ mol,\qquad H:\ n_H\ mol$$

따라서 도입한 수소가스의 분압 p^0_{H2}는

$$p^0_{H2}=\frac{n^0_{H2}}{n^0_{H2}+n^0_{Ar}} \tag{1}$$

평형상태에서 H_2의 몰 수는 $n^0_{H2}-n_H/2$이므로 전체 몰 수 n_T는

$$n_T=n^0_{Ar}+n_{H2}+n_H=n^0_{Ar}+n^0_{H2}+\frac{1}{2}n_H$$

따라서 평형상태에서 각 성분의 분압은

$$p_{H2} = \frac{n_{H2}^0 - n_H/2}{n_{Ar}^0 + n_{H2}^0 + n_H/2} \tag{2}$$

$$p_H = \frac{n_H}{n_{Ar}^0 + n_{H2}^0 + n_H/2} \tag{3}$$

또 주어진 반응식으로부터

$$\frac{1}{2}H_2(g) = \underline{H}\ (ppm):\ \Delta G_{3,000}^0 = -101,324\ (J)$$

$$\therefore\ K_1 = \frac{[\underline{H}]}{p_{H2}^{1/2}} = 58.11 \tag{4}$$

$$\frac{1}{2}H_2(g) = H(g):\ \Delta G_{3,000}^0 = 46,083\ (J)$$

$$\therefore\ K_2 = \frac{P_H}{p_{H2}^{1/2}} = 0.1576 \tag{5}$$

식 (1)~(5)로부터 p_{H2}^0와 $[\underline{H}]$의 관계를 구한다. 식 (4), (5)로부터

$$K_1 \cdot K_2 = \frac{[\underline{H}] \cdot p_H}{p_{H2}} \tag{6}$$

식 (6)에 식 (2), (3)을 대입하면

$$K_1 \cdot K_2 = \frac{[\underline{H}] \cdot n_H}{n_{H2}^0 - n_H/2} \tag{7}$$

$$\therefore n_H = \frac{K_1 \cdot K_2}{[\underline{H}] + \frac{1}{2}K_1 \cdot K_2} n_{H2}^0 \tag{8}$$

위의 식 (8)을 식 (2)에 대입하여 정리하면

$$p_{H2} = \frac{[\underline{H}] \cdot n_{H2}^0}{[\underline{H}](n_{Ar}^0 + n_{H2}^0) + \frac{1}{2}K_1 \cdot K_2(n_{Ar}^0 + 2n_{H2}^0)}$$

$$= \frac{[\underline{H}] \cdot \dfrac{n_{H2}^0}{n_{Ar}^0 + n_{H2}^0}}{[\underline{H}] + \frac{1}{2}K_1 \cdot K_2 \cdot \dfrac{n_{Ar}^0 + 2n_{H2}^0}{n_{Ar}^0 + n_{H2}^0}}$$

식 (1)로부터

$$p_{H2} = \frac{[\underline{H}] \cdot p^0_{H2}}{[\underline{H}] + \frac{1}{2}K_1 \cdot K_2(1 + p^0_{H2})}$$

식 (4)로부터

$$p_{H2} = \frac{[\underline{H}]^2}{K_1^2}$$

$$\therefore \ \frac{[\underline{H}]^2}{K_1^2} = \frac{[\underline{H}] \cdot p^0_{H2}}{[\underline{H}] + \frac{1}{2}K_1 \cdot K_2(1 + p^0_{H2})}$$

$$[\underline{H}]^2 + \frac{1}{2}K_1K_2(1 + p^0_{H2})[\underline{H}] - K_1^2 \cdot p^0_{H2} = 0$$

$K_1 = 58.11$, $K_2 = 0.1576$이므로

$$[\underline{H}]^2 + 4.579(1 + p^0_{H2})[\underline{H}] - 3377p^0_{H2} = 0$$

위의 식에 도입 수소가스분압 p^0_{H2}를 대입하여 방정식을 풀면 $[\underline{H}]$가 구해진다.

이러한 관계를 [표 1]과 〈그림 1〉에 나타내었다.

[표 1]

$\sqrt{p^0_{H2}}$ ($atm^{1/2}$)	p^0_{H2}	$[\underline{H}]$
0.02	0.0004	0.2780
0.04	0.0016	0.9721
0.06	0.0036	1.878
0.08	0.0064	2.885
0.1	0.01	3.942
0.2	0.04	9.483
0.3	0.09	15.12
0.4	0.16	20.74
0.5	0.25	26.33
0.6	0.36	31.89
0.7	0.49	37.41
0.8	0.64	42.89
0.9	0.81	48.32
1	1	53.71

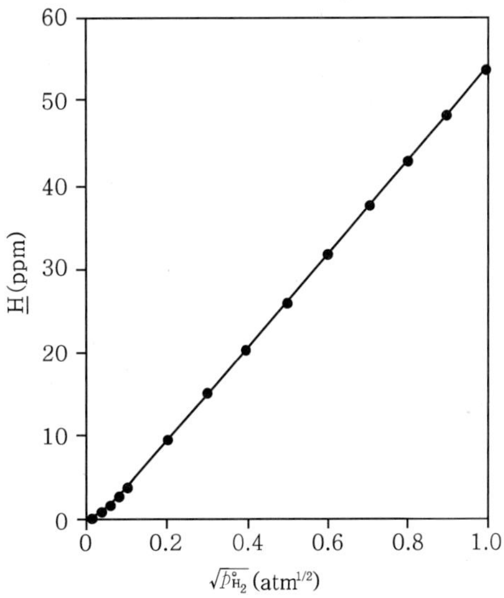

〈그림 1〉 용철에 용해되는 수소량과 도입 수소가스분압의 관계

[주] Sieverts의 법칙은 '용해도는 도입가스분압에 비례한다.'가 아니고, 정확하게는 '용해도는 평형상태에서의 가스분압에 비례한다.'이다. 따라서 용해도를 $\sqrt{p^0_{H2}}$ (도입가스의 분압)에 대하여 도시하면, 분압이 낮은 영역에서는 직선으로부터 벗어난다. $\sqrt{p_{H2}}$ (평형가스분압)에 대하여 도시하면 직선이 되는 것을 식 (4)로부터 알 수 있다.(〈그림 2〉 참조)

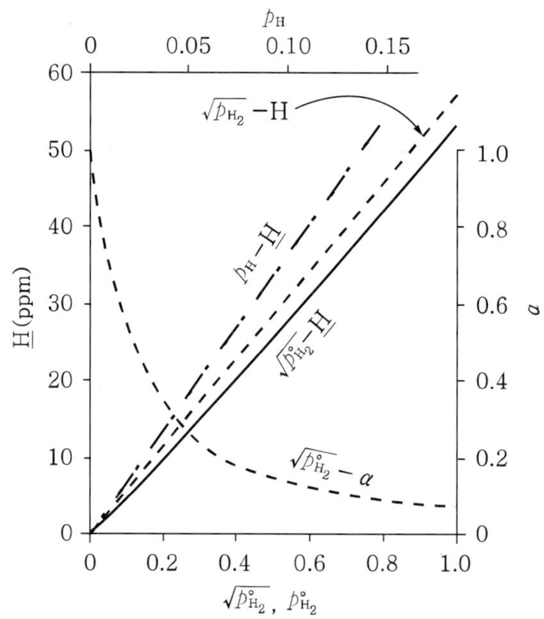

〈그림 2〉 용해도와 가스분압의 관계

52 용강의 탈탄, 탈수소: 증기압으로부터 제거속도 추정

1,873 K(1,600 ℃)에서 용강 중의 탄소가 CO로서 휘발 제거되고 있는(공업적으로는 boiling 상태라 함) 상태를 고려한다. 1.67×10^{-4} (wt%C/sec)의 속도로 용강의 탈탄반응이 일어날 때, 용해되어 있는 수소 제거의 최대속도를 구하시오. 단, 전체압력은 1 atm이며, 용강은 1,873 K에서 10 ppm의 수소를 함유하고 있으며, C와 H의 상호작용은 무시한다.

$$\frac{1}{2}H_2(g)=\underline{H}\ (ppm):\ \Delta G^0=31,970-44.43T\ (J)$$

풀이

제거되는 C와 H의 양은 평형상태에서 CO와 H_2의 증기압에 비례하는 것으로 생각한다. 일정 시간 동안 제거되는 C와 H의 몰 수를 n_C, n_H, 각각의 제거속도를 $[\dot{\%C}]$, $[\dot{\%H}]$ (wt%/sec)라 하면

$$n_C : n_H=\frac{[\dot{\%C}](wt\%/sec)}{12}:[\dot{\%H}](wt\%/sec)=p_{CO}:2p_{H2}$$

다음으로 p_{H2}를 구한다. 주어진 식으로부터

$$\frac{1}{2}H_2(g)=\underline{H}\ (ppm):\Delta G^0_{1,873}=-51,250\ (J)$$

$$K=\frac{[\underline{H}]}{p_{H2}^{1/2}}=26.87$$

$[\underline{H}]=10$ ppm이므로 $p_{H2}=0.139$ (atm)이다.

기상은 CO와 H_2만 있으며, 전체압력이 1 atm이므로 $p_{CO}=0.861$ atm이다.

$$\begin{aligned}[\dot{\%H}](wt\%/sec)&=\frac{2}{12}[\dot{\%C}](wt\%/sec)\frac{p_{H2}}{p_{CO}}\\&=4.49\times10^{-6}\ (wt\%/sec)\\&=4.49\times10^{-2}\ (ppm/sec)\end{aligned}$$

실제의 탈수소 반응속도는 이것보다 훨씬 느리고, 탈수소를 위하여 진공용해를 하고 있다. 또 Cu 전로에서의 Bi나 Pb의 휘발제거를 고려할 때도 이 문제와 같은 방법으로 고찰해 보면 좋다.

53 Fe-Mn: 이상용액의 표준상태 변환

Fe－Mn계에 대하여 고찰해 본다. Mn의 두 가지 표준상태의 변화를 다음과 같은 화학반응식으로 나타낸다.

$$\mathrm{Mn(l)} = \underline{\mathrm{Mn}}(\%)$$

Raoult의 기준과 wt% 표시의 Henry 기준의 Mn 표준 부분 몰 깁스 자유에너지 변화를 $\Delta G^0_{\mathrm{Mn}} = \overline{G}^0_{\mathrm{Mn}}(\mathrm{wt\%}) - \overline{G}^0_{\mathrm{Mn}}(\mathrm{R})$이라 할 때, ΔG^0_{Mn}을 구하시오. 단, Fe－Mn계는 이상용액으로 간주하시오.

풀이

A−B 2원계 용액에서, wt%B와 몰 분율 x_{B}의 관계는

$$\frac{\mathrm{wt\%B}}{100} = \frac{x_{\mathrm{B}} M_{\mathrm{B}}}{(1 - x_{\mathrm{B}}) M_{\mathrm{A}} + x_{\mathrm{B}} M_{\mathrm{B}}} \quad (M_i : \text{원자량})$$

여기서 $x_{\mathrm{B}} \to 0$으로 생각되는 경우 다음과 같이 나타낼 수 있다.

$$\frac{\mathrm{wt\%B}}{100} = \frac{x_{\mathrm{B}} M_{\mathrm{B}}}{M_{\mathrm{A}} + x_{\mathrm{B}}(M_{\mathrm{B}} - M_{\mathrm{A}})} \cong x_{\mathrm{B}} \frac{M_{\mathrm{B}}}{M_{\mathrm{A}}}$$

Mn의 부분 몰 깁스 자유에너지 $\overline{G}_{\mathrm{Mn}}$(chemical potential μ_{Mn}과 동일)은 이상용액이므로 Raoult의 기준에서는 다음과 같이 나타낼 수 있다.

$$\overline{G}_{\mathrm{Mn}} = \overline{G}^0_{\mathrm{Mn}}(\mathrm{R}) + RT\ln x_{\mathrm{Mn}}$$

$x_{\mathrm{B}} \to 0$으로 생각되는 경우에는 이것을 변형하여

$$\begin{aligned}\overline{G}_{\mathrm{Mn}} &= \overline{G}^0_{\mathrm{Mn}}(\mathrm{R}) + RT\ln\left(\frac{M_{\mathrm{Fe}}}{100 M_{\mathrm{Mn}}}(\mathrm{wt\%Mn})\right) \\ &= \overline{G}^0_{\mathrm{Mn}}(\mathrm{R}) + RT\ln\left(\frac{M_{\mathrm{Fe}}}{100 M_{\mathrm{Mn}}}\right) + RT\ln(\mathrm{wt\%Mn})\end{aligned}$$

따라서 정리하면 다음과 같다.

$$\overline{G}^0_{\mathrm{Mn}}(\mathrm{wt\%}) = \overline{G}^0_{\mathrm{Mn}}(\mathrm{R}) + RT\ln\left(\frac{M_{\mathrm{Fe}}}{100M_{\mathrm{Mn}}}\right)$$

따라서 Fe − Mn계에서는 $M_{\mathrm{Fe}} = 55.85$, $M_{\mathrm{Mn}} = 54.94$ (g/mol)이므로

$$\Delta G^0 = RT\ln\left(\frac{55.85}{100 \times 54.94}\right) = -38.15T \text{ (J/mol)}$$

54 Bi: 비이상용액의 표준상태 변환

용동 중(1,473 K(1,200 ℃))의 Bi에 대하여 Henry의 법칙이 성립하는 범위에서 Raoult 기준에서의 활동도 계수 $\gamma^0_{\mathrm{Bi}} = 3$이다. 문제 53과 같이 Raolut 기준과 wt% 표시 Henry 기준의 Bi의 표준 부분 몰 깁스 자유에너지의 차이를

$$\Delta G^0 = \overline{G}^0_{\mathrm{Bi}}(\mathrm{wt\%}) - \overline{G}^0_{\mathrm{Bi}}(\mathrm{R})$$

이라 한다. ΔG^0를 구하시오.

풀이

Henry의 법칙이 성립하는 범위에서 Bi의 부분 몰 깁스 자유에너지를 Raoult 기준으로 나타내면 $\gamma^0_{\mathrm{Bi}} = 3$으로 주어져 있으므로

$$\overline{G}_{\mathrm{Bi}} = \overline{G}^0_{\mathrm{Bi}}(\mathrm{R}) + RT\ln(3x_{\mathrm{Bi}})$$

문제 53과 마찬가지 방법으로 이 식을 변형하면

$$\overline{G}_{\mathrm{Bi}} = \overline{G}^0_{\mathrm{Bi}}(\mathrm{R}) + RT\ln\left(\frac{3M_{\mathrm{Cu}}}{100M_{\mathrm{Bi}}}\right) + RT\ln(\mathrm{wt\%Bi})$$

따라서

$$\Delta G^0 = RT\ln\left(\frac{3M_{\mathrm{Cu}}}{100M_{\mathrm{Bi}}}\right) = 8.314\,T\ln\left(\frac{3\times 63.54}{100\times 208.98}\right) = -39.05\,T\ (\mathrm{J/mol})$$

55 용철로의 SiO_2 용해: 용해열과 표준생성 몰 깁스 자유에너지 데이터로부터 ΔG^0의 계산

용철 중으로 Si(l)의 용해에 따른 몰 엔탈피 변화량은 -119,244 (J/mol)이며, $Si(l) + O_2(g) = SiO_2(s)$와 $O_2(g) = 2\underline{O}$의 ΔG^0값으로부터 다음 식에 대한 ΔG^0를 온도의 함수로 산출하시오.

$$SiO_2(s) = \underline{Si}(\%) + 2\underline{O}(\%) \tag{1}$$

$$K_{(1),1873} = [\%Si][\%O]^2 = 2.8 \times 10^{-5}$$

$$O_2(g) = 2\underline{O}: \quad \Delta G^0 = -234,304 - 5.774T \text{ (J)} \tag{2}$$

$$Si(l) + O_2(g) = SiO_2(s): \quad \Delta G^0 = -946,463 + 197.7T \text{ (J)} \tag{3}$$

풀이

용철 중으로 용해되는 Si의 용해열이 -119,244 (J/mol)로 주어져 있으므로 부분 몰 엔트로피 변화량을 x (J/K)로 두고 다음 식을 얻는다.

$$Si(l) = \underline{Si}(\%): \quad \Delta G^0 = -119,244 - xT \text{ (J)} \tag{4}$$

식 (2)+(4)−(3)에 의해

$$SiO_2(s) = \underline{Si}(\%) + 2\underline{O}(\%): \quad \Delta G^0 = 592,915 - 203.474T - xT \text{ (J)} \tag{5}$$

식 (1)로부터 $T = 1,873$ K에서

$$\Delta G^0 = -RT\ln([\%Si][\%O]^2) = -8.314 \times 1,873 \times \ln(2.8 \times 10^{-5}) = 163,247 \text{ (J)}$$

이 값을 식 (5)에 대입하여 x를 구한다.

$$x = 25.927 \text{ (J/K)}$$

따라서 식 (5)에 x값을 대입하면

$$\Delta G^0 = 592,915 - 229.401T \text{ (J)}$$

[comment] 만약 식 (1)의 $K_{1,873}$이 주어져 있지 않으면, Fe−Si계를 규칙용액regular solution으로 생각하여 식 (4)의 x를 결정할 수 있다. 즉

$$x = \Delta S^0 = R\ln x_{\mathrm{Si}} \approx R\ln\left(\frac{55.85[\%\mathrm{Si}]}{100 \times 28.09}\right)$$

[%Si]=1로부터 $x = -32.57$ (J/K)이 된다. 경험상 규칙용액으로의 근사는 농도가 희박할 때 적용성이 매우 높다.

56 용강의 탈산: 문제 55의 ΔG^0로부터 탈산량 계산

0.04 $\%\underline{O}$를 함유하는 저탄소강 강욕에 1,793 K(1,520 ℃)에서 2 kg/t의 Si을 용해시켜서 탈산을 하였다. SiO_2의 활동도를 1로 두고, 생성되는 SiO_2 양을 구하시오.

$$SiO_2(s) = \underline{Si}(\%) + 2\underline{O}(\%) : \Delta G^0 = 592{,}915 - 229.401\,T \text{ (J)}$$

풀이

위 반응식의 평형상수는 다음과 같다.

$$K = \frac{[\%Si] \cdot [\%O]^2}{a_{SiO_2}} = \exp\left(-\frac{\Delta G^0}{RT}\right)$$

여기서 $a_{SiO_2} = 1$, $T = 1{,}793$ K를 대입하면

$$[\%Si] \cdot [\%O]^2 = 5.13 \times 10^{-6} \tag{1}$$

용강 1 ton당 SiO_2가 x kg 생성된다면, Si과 O의 원자량이 각각 28, 16이므로 1,793 K에서

$$\text{잔류 } \underline{Si} = (2 - 28/60 \cdot x) \text{ (kg)}$$

$$\text{잔류 } \underline{O} = (0.4 - 32/60 \cdot x) \text{ (kg)}$$

여기서 잔류 $\underline{Si}$, $\underline{O}$는 양의 값이어야 하므로 $x \leqq 0.75$이다. 따라서 식 (1)로부터

$$\frac{(2 - 28/60 \cdot x) \times 100}{1{,}000} \cdot \left(\frac{(0.4 - 32/60 \cdot x) \times 100}{1{,}000}\right)^2 = 5.13 \times 10^{-6}$$

이 식을 풀면 x는 0.65, 0.86, 4.28의 3가지 실수 해가 얻어지지만 $x \leqq 0.75$이므로 $x = 0.65$로 된다. 따라서 생성되는 SiO_2의 양은 다음과 같다.

$$x = 0.65 \text{ (kg)}$$

[comment] Si과 O만의 부분 몰량으로 평형상수를 논의하는 것은 수용액 중의 물과 마찬가지로 용매인 Fe의 부분 몰 깁스 자유에너지chemical potential 변화는 무시할 수 있다는 배경이 있기 때문이다.

57 용동 중의 활동도 계수: 상호작용 모계수로부터 조계수 산출

용동 중의 S에 대한 제3원소의 영향으로서 다음과 같은 상호작용 모계수가 주어져 있다.

$$\epsilon_{S}^{(Co)} = -4.8,\ \epsilon_{S}^{(Fe)} = -7.4,\ \epsilon_{S}^{(Ni)} = -6.6$$

(i) 아래의 각 상호작용 조계수를 산출하시오.

$$e_{S}^{(Co)},\quad e_{S}^{(Fe)},\quad e_{S}^{(Ni)},\quad e_{Co}^{(S)},\quad e_{Fe}^{(S)},\quad e_{Ni}^{(S)}$$

(ii) 0.1 %Co, 0.4 %Fe, 1.0 %Ni를 함유한 동 중 S의 활동도 계수와 단순한 Cu－S 2원계 중 S의 활동도 계수를 비교하시오.

풀이

상호작용 모(조)계수에 대해서는 ref. 3의 pp. 90～92, 大谷正康, 鉄冶金熱力学(日刊工業新聞社), pp. 87～93, 松下幸雄ら, 冶金物理化学(丸善), pp. 67～83 등을 참조하시오.

다원계 용액(용매 1, 용질 2, 3 …)에서 성분 2의 활동도 계수는 상호작용 모계수를 이용하여 다음과 같이 나타낸다.

$$\ln\gamma_2 = \ln\gamma_2^0 + \epsilon_2^{(2)}x_2 + \epsilon_2^{(3)}x_3 + \cdots \tag{1}$$

또 wt%를 이용한 Henry 기준의 활동도 계수는

$$\log f_2 = e_2^{(2)}[\%2] + e_2^{(3)}[\%3] + \cdots \tag{2}$$

여기서 $\epsilon_i^{(j)}$는 상호작용 모계수, $e_i^{(j)}$를 상호작용 조계수라 부른다.

$M-i-j$ 3원계에서 $\epsilon_i^{(j)}$와 $e_i^{(j)}$의 관계는

$$e_i^{(j)} = \frac{M}{2.303M_j}\epsilon_i^{(j)} - \frac{M-M_j}{2.303M_j} \tag{3}$$

여기서 M은 용매의 원자량, M_i, M_j는 성분 i, j의 원자량이다.

$e_i^{(j)}$와 $e_j^{(i)}$의 관계는

$$e_j^{(i)} = \frac{M_j}{M_i} e_i^{(j)} + 0.434 \times 10^{-2} \frac{M_i - M_j}{M_i} \tag{4}$$

(i) 각 성분의 원자량은

$$M_{Cu} = 63.54,\ M_S = 32.06,\ M_{Co} = 58.93,\ M_{Fe} = 55.85,\ M_{Ni} = 58.71$$

각 원자량과 식 (3)으로부터

$$e_S^{(Co)} = -2.28 \times 10^{-2}\ (-2.25 \times 10^{-2})$$

$$e_S^{(Fe)} = -3.72 \times 10^{-2}\ (-3.66 \times 10^{-2})$$

$$e_S^{(Ni)} = -3.14 \times 10^{-2}\ (-3.11 \times 10^{-2})$$

그리고 식 (4)로부터

$$e_{Co}^{(S)} = -4.55 \times 10^{-2}\ (-4.14 \times 10^{-2})$$

$$e_{Fe}^{(S)} = -6.80 \times 10^{-2}\ (-6.38 \times 10^{-2})$$

$$e_{Ni}^{(S)} = -6.11 \times 10^{-2}\ (-5.70 \times 10^{-2})$$

여기서 ( ) 안은 식 (3)과 식 (4)의 우변 제2항을 무시한 경우의 값이다.

상호작용계수는 일반적으로 데이터의 신뢰도가 높지 않기 때문에 식 (3), (4)의 우변 제2항을 무시한 식을 이용하고 있다.

(ii)

$$\begin{aligned} \log f_2 &= \log f_S^{(S)} + \log f_S^{(Co)} + \log f_S^{(Fe)} + \log f_S^{(Ni)} \\ &= \log f_S^{(S)} + e_S^{(Co)}[\%Co] + e_S^{(Fe)}[\%Fe] + e_S^{(Ni)}[\%Ni] \\ &= \log f_S^{(S)} + (-2.28 \times 10^{-2}) \cdot 0.1 + (-3.72 \times 10^{-2}) \cdot 0.4 \\ &\quad + (-3.14 \times 10^{-2}) \cdot 1.0 \\ &= \log f_S^{(S)} - 0.04856 \\ &= \log f_S^{(S)} + \log(0.894) \\ &= \log(f_S^{(S)} \times 0.894) \end{aligned}$$

따라서 동(Cu) 중 S의 활동도 계수는 단순한 Cu－S 2원계의 경우의 약 0.9배이다.

58 용철 중 S: 상호작용계수로부터 활동도 계수 산출

0.05 %S, 1.5 %Si, 3.5 %C, 2.0 %Mn을 함유한 선철 중 S의 활동도 계수를 구하시오. 단,

$e_S^{(S)} = -0.028$, $e_S^{(Si)} = 0.066$, $e_S^{(C)} = 0.11$, $e_S^{(Mn)} = -0.025$

풀이

S의 활동도 계수 f_S는 다음과 같이 계산할 수 있다.(문제 57 참조)

$$\begin{aligned}\log f_S &= \log f_S^{(S)} + \log f_S^{(Si)} + \log f_S^{(C)} + \log f_S^{(Mn)} \\ &= e_S^{(S)}[\%S] + e_S^{(Si)}[\%Si] + e_S^{(C)}[\%C] + e_S^{(Mn)}[\%Mn] \\ &= (-0.028)\times 0.05 + 0.066\times 1.5 + 0.11\times 3.5 + (-0.025)\times 2 \\ &= 0.4326\end{aligned}$$

$$\therefore\ f_S = 2.71$$

[comment] $e_S^{(C)} = 0.11$이라는 값으로부터 알 수 있는 것처럼 C는 S의 활동도 계수를 크게 하는 효과가 있다. 따라서 탈황은 C의 존재하에서 하는 것이 용이하며, 전로강보다 고로의 용선molten iron 쪽이 용이하다.

[역주] 실제로 제철소에서는 대부분의 탈황을 용선 상태에 있는 예비처리 공정에서 실시하고 있다.

59 수용액의 평균이온 활동도: 평균이온 활동도의 정의

0.2 중량 몰 농도의 $AgNO_3$, $NiSO_4$, $ZnCl_2$ 각 용액의 평균이온 활동도를 구하시오. 단, 이 농도에서 각각의 평균 몰 활동도는 다음과 같이 주어져 있다.

$AgNO_3$: 0.64, $NiSO_4$: 0.13, $ZnCl_2$: 0.45

풀이

지금 임의의 전해질 $A_{v1}B_{v2}$는 다음과 같이 분해된다.

$$A_{v1}B_{v2} = v_1A^{z_1^+} + v_2B^{z_2^-}$$

여기서 이 전해질의 활동도를 a라 하고 $A^{z_1^+}$, $B^{z_2^+}$ 이온의 활동도를 각각 a_1, a_2라 하면 다음 식이 성립한다.

$$a = a_1^{v1} \cdot a_2^{v2} \tag{1}$$

또 이 전해질의 농도를 m이라 두고, 이 전해질이 완전하게 해리되는 것으로 가정하면, 각 이온의 농도는 다음과 같이 나타낼 수 있다.

$$m_1 = v_1 m, \qquad m_2 = v_2 m \tag{2}$$

그리고 f_i를 각 이온의 활동도 계수라 하면, 각 이온의 활동도는 다음 식으로 나타낼 수 있다.

$$a_1 = f_1 m_1, \qquad a_2 = f_2 m_2 \tag{3}$$

식 (2), (3)을 식 (1)에 대입하면 다음과 같다.

$$a = a_1^{v1} \cdot a_2^{v2} = (f_1 v_1 m)^{v1} \cdot (f_2 v_2 m)^{v2}$$

$$= (f_1^{v1} f_2^{v2}) \cdot (v_1^{v1} v_2^{v2}) m^v \qquad (\text{단, } v \equiv v_1 + v_2)$$

여기서

$$f_{\pm}^{v} \equiv f_1^{v1} \cdot f_2^{v2}, \quad m_{\pm}^{v} \equiv (v_1^{v1} \cdot v_2^{v2}) \cdot m^{v}, \quad a_{\pm}^{v} \equiv a \tag{4}$$

라 두면

$$a_{\pm} = f_{\pm} \cdot m_{\pm}$$

여기서 $a_{\pm}$가 평균이온 활동도, $f_{\pm}$가 평균 몰 활동도 계수, $m_{\pm}$가 평균 이온농도인데, $f_{\pm}$가 주어져 있으므로 $m_{\pm}$가 구해지면 $a_{\pm}$를 구할 수 있다.

식 (4)로부터

$$m_{\pm} \equiv (v_1^{v1} \cdot v_2^{v2})^{1/v} \cdot m \tag{5}$$

• $AgNO_3$의 경우

$$AgNO_3 = Ag^{+} + NO_3^{-}$$

따라서 $v_1 = 1,\ v_2 = 1,\ m = 0.2$이므로

$$m_{\pm} = (1^1 \cdot 1^1)^{1/2} \times 0.2 = 0.2$$

$$\therefore\ a_{\pm} = 0.64 \times 0.2 = 0.128$$

• $NiSO_4$의 경우

$$NiSO_4 = Ni^{2+} + SO_4^{2-}$$

따라서 $v_1 = 1,\ v_2 = 1,\ m = 0.2$이므로

$$m_{\pm} = (1^1 \cdot 1^1)^{1/2} \times 0.2 = 0.2$$

$$\therefore\ a_{\pm} = 0.13 \times 0.2 = 0.026$$

• $ZnCl_2$의 경우

$$ZnCl_2 = Zn^{2+} + 2Cl^{-}$$

따라서 $v_1 = 1,\ v_2 = 2,\ m = 0.2$이므로

$$m_{\pm} = (1^1 \cdot 2^1)^{1/3} \times 0.2 = 0.317$$

$$\therefore\ a_{\pm} = 0.45 \times 0.317 = 0.143$$

60 HCl 용액의 pH: 전지의 기전력으로부터 pH 산출

$H_2|HCl|AgCl|Ag$의 형태로 구성되어 있는 전지의 298 K(25 ℃)에서 표준전위(E^0)는 0.2225 V이다. 만일 기전력 측정에서 0.394 V라면 HCl 용액의 pH는 얼마인지 계산하시오. 단, 기전력 측정에서 p_{H2}=1 atm으로 둔다.

풀이

셀 중의 전극반응으로는

$$\frac{1}{2}H_2(g) = H^+ + e^- \tag{1}$$

$$AgCl(s) + e^- = Ag(s) + Cl^- \tag{2}$$

따라서 Ag에 대하여 1 mol의 전자가 흐르는 것에 의해서 식 (3)의 반응이 진행된다.

$$AgCl(s) + \frac{1}{2}H_2(g) = Ag(s) + H^+ + Cl^- \tag{3}$$

이 반응에 의한 기전력 E는

$$E = E^0 - \frac{RT}{F}\ln\left(\frac{a_{H^+}\cdot a_{Cl^-}\cdot a_{Ag}}{a_{AgCl}\cdot p_{H2}^{1/2}}\right) \tag{4}$$

a_{Ag}=1, a_{AgCl}=1, p_{H2}=1, $a_{H^+}=[H^+]$, $a_{Cl^-}=[Cl^-]$이므로

$$E = E^0 - \frac{RT}{F}\ln([H^+]\cdot[Cl^-]) \tag{5}$$

문제로부터 E=0.394 V, E^0=0.2225 V, T= 298 K이므로

$$\log([H^+]\cdot[Cl^-]) = -\frac{1}{2.303}\times\frac{9.6485\times10^4}{8.3144\times298}(0.394-0.2225) = -2.90$$

$[H^+]=[Cl^-]$이므로

$$\log[H^+] = -1.45 \qquad \therefore\ pH = -\log[H^+] = 1.45$$

61 Cu 이온의 안정성: 표준전극전위로부터 활동도, 안정성 평가

298 K(25 ℃)에서 $Cu|Cu^{2+}$와 $Cu|Cu^{+}$ 각각의 표준전극전위는 0.337 V와 0.521 V이다. 다음 반응의 평형상수를 계산하시오. 또 일반적으로 Cu 이온은 Cu^{2+} 상태와 Cu^{+} 상태 중 어느 쪽이 지배적인지 설명하시오.

$$2Cu^{+} = Cu^{2+} + Cu$$

풀이

묽은 동 수용액 중에서 동 이온 Cu^{+}, Cu^{2+} 및 금속동이 평형한 것으로 가정한다.

$$Cu^{2+} + 2e = Cu \tag{1}$$

$E_1^0 = 0.337$ V로부터 $\Delta G_1^0 = -nFE_1^0 = -2 \times 0.337 \times F = -0.674F$[12]

$$Cu^{+} + e = Cu \tag{2}$$

$E_2^0 = 0.521$ V로부터 $\Delta G_2^0 = -nFE_2^0 = -1 \times 0.521 \times F = -0.521F$

따라서 식 $(2) \times 2 - (1)$에 의해

$$2Cu^{+} = Cu^{2+} + Cu: \ \Delta G_3^0 = -0.521F \times 2 + 0.674F = -0.368F$$

$$= -35,506 \ (J) \tag{3}$$

$\Delta G^0 = -RT\ln K$로부터, 298 K이므로

$$K_3 = \frac{a_{Cu^{2+}}}{a_{Cu^{+}}^2} = \exp\left(-\frac{\Delta G_3^0}{RT}\right) = 1.67 \times 10^6 \tag{4}$$

---

12 $F = 96,485$

전체 용존 Cu 이온의 농도를 $[Cu^{total}]$, Cu^+의 농도를 $[Cu^+]$, Cu^{2+}의 농도를 $[Cu^{2+}]$라 하면

$$[Cu^{total}] = [Cu^+] + [Cu^{2+}]$$

묽은 수용액 중에서는 활동도와 농도는 거의 동일한 값으로 생각해도 되므로 식 (4)로부터

$$[Cu^{total}] = [Cu^+] + K_3[Cu^+]^2$$

이것을 2차방정식의 근의 공식으로 풀면

$$[Cu^+] = \frac{-1 + \sqrt{1 + 4K_3[Cu^{total}]}}{2K_3}$$

$$[Cu^{2+}] = [Cu^{total}] - \frac{-1 + \sqrt{1 + 4K_3[Cu^{total}]}}{2K_3}$$

이미 구한 식 (4)의 K_3값을 대입하고, $[Cu^+]$, $[Cu^{2+}]$를 $[Cu^{total}]$에 대하여 도시한 것이 〈그림 1〉이다. 그림을 통해

전체 Cu 이온의 농도가 큰 곳에서는 $[Cu^{2+}]$가 지배적이며

전체 Cu 이온의 농도가 작은 곳에서는 $[Cu^+]$가 지배적인 것을 알 수 있다.

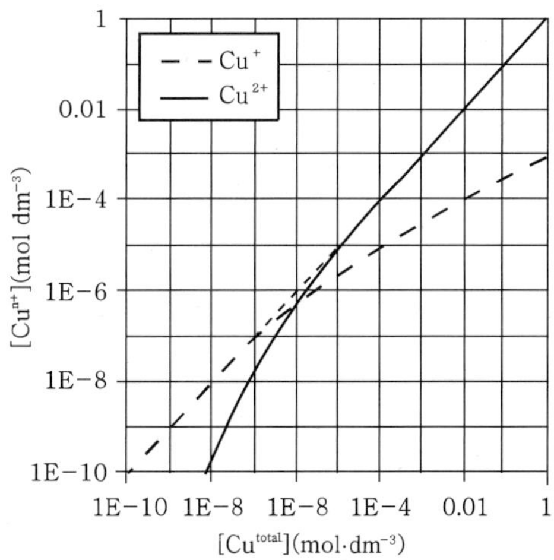

〈그림 1〉 $[Cu^+]$, $[Cu^{2+}]$와 $[Cu^{total}]$의 관계

[comment] ΔG^0는 표준상태, 즉 각 성분의 활동도가 1인 곳에서의 ΔG이므로 ΔG^0로 판단·비교하더라도 활동도가 다르면 의미가 없다. 더욱이 K는 Cu^+와 Cu^{2+}의 활동도 비율이며, 직접 Cu 이온농도를 나타내는 것은 아니다. 따라서 예를 들면 Cu 이온농도는 커도 수용액 중에서 Cu^+가 complex를 만들어 Cu^+의 활동도가 억제된다면 Cu^+가 안정될 수 있다.

62 수용액 계의 용해도: 평균 활동도 계수와 용해도곱으로부터 용해도 산출

298 K(25 ℃)에서 AgCl 용액의 용해도곱은 다음 식으로 주어진다.

$$K_{sp} = 1.20 \times 10^{-10} \ (\mathrm{mol^2/L^2})$$

$\log\gamma_{\pm} = -0.509|z_+ z_-|\sqrt{I}$의 관계가 본 문제에서 성립하는 것으로 하고, 순수 중 0.01 mol/L의 NaCl 용액과 0.01 mol/L의 $NaNO_3$ 용액 중에서 AgCl의 용해도를 구하시오.

단, I를 이온 강도, i 이온의 이온가를 z_i, 이온의 중량 몰 농도를 m_i라 하면

$$I = \frac{1}{2}\sum_i m_i z_i^2$$

의 관계가 있다.

풀이

용액 중의 AgCl은 완전히 해리되어 있고, 묽은 용액이며, 용액 중 이온의 농도는 용량 몰 농도와 중량 몰 농도가 같다고 가정한다. 따라서 $m_{\mathrm{Ag^+}} = m_{\mathrm{Cl^-}} = m$이 성립한다.($m$은 AgCl의 용해 몰 농도)

(1) 순수 중

$$I = \frac{1}{2}(m_{\mathrm{Ag^+}} + m_{\mathrm{Cl^-}}) = m$$

$$\therefore \ \log\gamma_{\pm} = -0.509\sqrt{m}, \qquad \gamma_{\pm} = 10^{-0.509\sqrt{m}}$$

$$K_{sp} = m_{\mathrm{Ag^+}} \cdot m_{\mathrm{Cl^-}}$$

$$= \gamma_+ \cdot m_{\mathrm{Ag^+}} \cdot \gamma_- \cdot m_{\mathrm{Cl^-}} = \gamma_{\pm}^2 \cdot m^2 = 10^{-2\times 0.509\sqrt{m}} \cdot m^2 = 1.20 \times 10^{-10}$$

$$m = 1.10 \times 10^{-5} \ (\mathrm{mol/L})$$

(2) 0.01 mol/L NaCl 용액 중

여기서 NaCl은 완전히 해리되어 있으므로 $m_{Na^+}=0.01$이다. 또 염화물 이온의 물질수지로부터 $m_{Cl^-}=m_{Ag^+}+m_{Na^+}=m+0.01$이므로

$$I=\frac{1}{2}(m_{Ag^+}+m_{Cl^-}+m_{Na^+})=m+0.01$$

$$\therefore\ \log\gamma_{\pm}=-0.509\sqrt{m+0.01}$$

$$K_{sp}=\gamma_{+}\cdot m_{Ag^+}\cdot\gamma_{-}\cdot m_{Cl^-}=\gamma_{\pm}^{2}\cdot m(m+0.01)$$

$$=10^{-2\times 0.509\sqrt{m+0.01}}\cdot m(m+0.01)=1.20\times 10^{-10}$$

$$m=1.52\times 10^{-8}\ (\text{mol/L})$$

(3) 0.01 mol/L $NaNO_3$ 용액 중

$NaNO_3$가 완전히 해리된다고 가정한다.

$$I=\frac{1}{2}(m_{Ag^+}+m_{Cl^-}+m_{Na^+}+m_{NO_3^-})=m+0.01$$

$$\therefore\ \log\gamma_{\pm}=-0.509\sqrt{m+0.01}$$

$$K_{sp}=\gamma_{+}\cdot m_{Ag^+}\cdot\gamma_{-}\cdot m_{Cl^-}=\gamma_{\pm}^{2}\cdot m^{2}$$

$$=10^{-2\times 0.509\sqrt{m+0.01}}\cdot m^{2}=1.20\times 10^{-10}$$

$$m=1.23\times 10^{-5}\ (\text{mol/L})$$

이상에서 나타낸 바와 같이 NaCl을 첨가하여 공통 이온(Cl^-)이 증가하면 AgCl의 용해도는 감소하고, $NaNO_3$와 같은 공통 이온을 갖지 않은 경우에는 AgCl의 용해도가 증가한다.

[comment] $\log\gamma_{\pm}=-0.509|z_{+}z_{-}|\sqrt{I}$의 관계는 Debye와 Huckel이 이온 사이의 상호작용으로부터 이론적으로 유도한 식으로, 0.01 mol/L 이하의 저농도에서는 실험값과 잘 일치한다.

63 $BaSO_4$의 해리: 용해도와 활동도 계수로부터 해리 ΔG^0 계산

298 K(25 ℃)에서 물 중 $BaSO_4$의 용해도는 0.957×10^{-5} mol/L이다.
$\log\gamma_\pm = -0.509|z_+z_-|\sqrt{I}$의 관계식을 이용하여 다음 해리의 ΔG^0를 구하시오.

$$BaSO_4(s) = Ba^{2+} + SO_4^{2-}$$

풀이

이온강도 I는 다음 식으로 주어진다.

$$I = \frac{1}{2}\sum_i m_i z_i^2 \tag{1}$$

여기서 $m_i = 0.957 \times 10^{-5}$, $z_+ = 2$, $z_- = -2$이므로

$$I = \frac{1}{2}(0.957 \times 10^{-5} \times 2^2 + 0.957 \times 10^{-5} \times (-2)^2)$$
$$= 3.828 \times 10^{-5}$$

따라서 평균 활동도 계수는

$$\log\gamma_\pm = -0.509 \times |2 \times (-2)| \times \sqrt{3.828 \times 10^{-5}} = -1.26 \times 10^{-2}$$

주어진 반응식의 표준 깁스 자유에너지 변화 ΔG^0는 $a_{BaSO4} = 1$을 고려하면 다음과 같다.

$$\Delta G^0 = -RT\ln\left(\frac{a_{Ba^{2+}} \cdot a_{SO_4^{2-}}}{a_{BaSO4}}\right) = -RT\ln(a_{Ba^{2+}} \cdot a_{SO_4^{2-}})$$
$$= -RT\ln a_\pm^2 = -RT\ln(\gamma_\pm^2 \cdot m_\pm^2)$$
$$= -2 \times 8.314 \times 298 \times 2.303 \times (\log\gamma_\pm + \log m_\pm)$$
$$= -11{,}412 \times (-1.26 \times 10^{-2} + (-5.02))$$
$$= 57{,}432 \ \text{(J/mol)}$$

64 Fe 이온의 산화환원: 전극전위와 이온 비율의 관계 도출

298 K(25 ℃)에서 $Pt|Fe^{2+}$, Fe^{3+}의 전극전위(= E)를 산화 퍼센트의 함수로서 구하시오. 단, 산화 퍼센트(= x)는 다음과 같이 정의한다.

$$x = \frac{a_{Fe^{3+}}}{a_{Fe^{3+}} + a_{Fe^{2+}}} \times 100$$

풀이

이 계의 전극반응은

$$Fe^{3+} + e = Fe^{2+}, \qquad E = E^0 - \frac{RT}{F} \ln\left(\frac{a_{Fe^{2+}}}{a_{Fe^{3+}}}\right) \tag{1}$$

산화 퍼센트 x가 주어져 있으므로

$$x \cdot a_{Fe^{3+}} + x \cdot a_{Fe^{2+}} = 100a_{Fe^{3+}}$$

$$x \cdot a_{Fe^{2+}} = (100 - x)a_{Fe^{3+}}$$

$$\therefore \ \frac{a_{Fe^{3+}}}{a_{Fe^{2+}}} = \frac{x}{100 - x} \tag{2}$$

식 (1)에 식 (2)를 대입하면

$$E = E^0 - \frac{RT}{F} \ln\left(\frac{100 - x}{x}\right)$$

또 298 K에서 식 (1)의 ΔG^0는(ref. 2 참고)

$$\Delta G^0 = -78.87 - (-4.6) = -74.27 \ (\mathrm{kJ/mol})$$

$$\therefore \ E^0 = -\frac{\Delta G^0}{nF} = \frac{74,270}{1 \times 96,485} = 0.770 \ (\mathrm{V})$$

따라서

$$E = 0.770 - \frac{8.314 \times 298}{96,485} \ln\left(\frac{100 - x}{x}\right) = 0.770 - 0.0591\log\left(\frac{100 - x}{x}\right) \ (\mathrm{V})$$

65 전지의 기전력: 기전력과 수소압력의 관계로부터 수소의 활동도 계수 산출

298 K(25 ℃)에서 $H_2(g)|0.1\ mol\ HCl|HgCl|Hg$ 전지의 기전력이 수소압력의 함수로서 [표 1]과 같이 구해져 있다.

[표 1]

p_{H2} (atm)	1.0	37.9	51.6	110.2	280.6	731.8	1,035.2
E (mV)	399.0	445.6	449.6	459.6	473.4	489.3	497.5

이 결과로부터 수소가스의 활동도 계수를 구하시오.

$$\gamma_{H2} = f_{H2}/p_{H2} \quad (f:\ \text{Fugasity})$$

이때 1,000 기압 정도의 압력에서는 응축상 성분의 활동도는 변화하지 않는 것으로 가정한다.

풀이

이 전지의 전극반응은 다음과 같다.

$$HgCl + e^- = Hg + Cl^-$$

$$\frac{1}{2}H_2 = H^+ + e^-$$

따라서

$$HgCl + \frac{1}{2}H_2 = Hg + H^+ + Cl^-$$

이 반응에 따른 기전력 변화는 다음과 같이 된다.

$$E = E^0 - \frac{RT}{F}\ln\left(\frac{a_{Hg}\cdot a_{H^+}\cdot a_{Cl^-}}{a_{HgCl}\cdot (f_{H2})^{1/2}}\right) \qquad (a_{Hg} = a_{HgCl} = 1)$$

$$= E^0 - \frac{RT}{F}\ln(a_{H^+}\cdot a_{Cl^-}) + \frac{RT}{2F}\ln f_{H2} \tag{1}$$

$p_{H2} = 1$ atm에서는, H_2는 이상기체로 간주하여 $\gamma_{H2} = 1$로 둔다. 즉 $f_{H2} = 1$이므로

$$E^0 - \frac{RT}{F}\ln(a_{H^+}\cdot a_{Cl^-}) = 0.3990$$

이 값을 식 (1)에 대입하면

$$E = 0.3990 + 0.01284\ln(p_{H2}\cdot \gamma_{H2})$$

$$\gamma_{H2} = \frac{1}{p_{H2}}\exp[77.8816(E - 0.3990)]$$

이 식으로부터 [표 2]의 결과를 얻는다.

[표 2]

p_{H2} (atm)	1.0	37.9	51.6	110.2	280.6	731.8	1,035.2
E (V)	0.399	0.4456	0.4496	0.4596	0.4734	0.4893	0.4975
γ_{H2}	1.0	0.9943	0.9973	1.0175	1.1705	1.5484	2.0730

[comment] 가스는 대부분의 경우 이상기체로 취급하여도 무방하나, 이와 같이 100 기압 이상의 고압이 되면 $a_i = p_i$로 볼 수 없으며, 또 액화하기 쉬운 가스를 저온에서 취급하는 경우에도 주의할 필요가 있다. (즉 저온에서도 $\gamma_i \neq 1$이 된다.)

66 암모니아 수용액: pH와 프리 암모니아의 안정성

암모니아 수용액 내에서는 다음과 같은 평형이 성립한다.

$$NH_3 + H^+ = NH_4^+ : \quad K = 10^{9.2}$$

용액 내의 암모니아 전체량을 1 mol/L로 두고 용액이 이상상태에 있는 것으로 가정할 때(즉 각 성분의 활동도를 mol/L로 나타낼 수 있을 때) 다음을 증명하시오.

(a) pH = 3의 수용액에는 free한 암모니아(즉 NH_3)가 거의 없다.

(b) pH = 11의 수용액 내에서 암모니아는 대부분 free한 상태로 존재한다.

풀이

$$K = \frac{a_{NH_4^+}}{a_{NH_3} \cdot a_{H^+}} = 10^{9.2}$$

각 성분의 활동도를 농도(mol/L)로 나타내면, 용액이 이상상태이므로

$$K = \frac{[NH_4^+]}{[NH_3] \cdot [H^+]} = 10^{9.2} \tag{1}$$

또 암모니아 전체량이 1 mol/L이므로

$$[NH_3] + [NH_4^+] = 1 \tag{2}$$

식 (1), (2)로부터

$$K = \frac{1 - [NH_3]}{[NH_3] \cdot [H^+]} = 10^{9.2} \qquad \therefore \ [NH_3] = \frac{1}{1 + 10^{9.2} \times [H^+]} \tag{3}$$

(a) pH = 3일 때

$[H^+] = 10^{-3}$을 식 (3)에 대입하면

$$[\mathrm{NH_3}] = \frac{1}{1+10^{9.2}\times 10^{-3}} \approx 0$$

따라서 free 암모니아는 거의 없다.

(b) $\mathrm{pH}=11$일 때($[\mathrm{H}^+]=10^{-11}$)

$$[\mathrm{NH_3}] = \frac{1}{1+10^{9.2}\times 10^{-11}} = \frac{1}{1+10^{-1.8}} = 0.9844$$

따라서 대부분의 암모니아는 free한 상태로 존재한다.

[comment] $\mathrm{pH}-\mathrm{NH_3}$ 농도의 관계를 나타내면 〈그림 1〉과 같다.

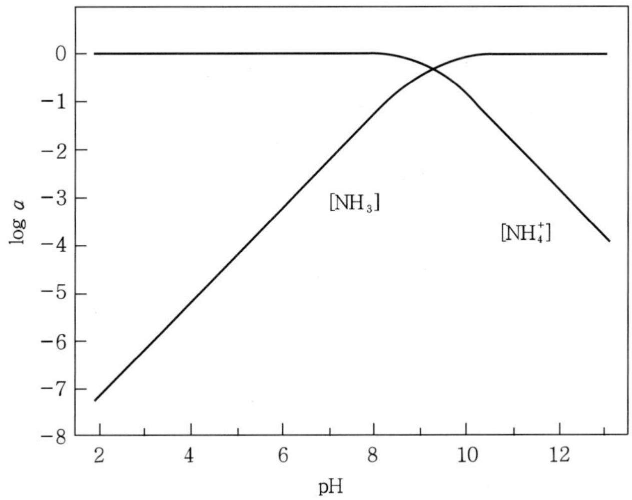

〈그림 1〉 $\mathrm{pH}-\mathrm{NH_3}$ 농도의 관계

67 수용액의 몰 부피: 몰 부피로부터 부분 몰 부피 산출

298 K(25 ℃)에서 1,000 g의 물이 n mol의 NaCl을 함유한 용액이 있다. m^3으로 나타낸 용액의 부피(V)는 NaCl을 n mol 첨가하면 다음과 같이 변화한다.

$$V = 1.0014\times10^{-3} + 1.6625\times10^{-5}n + 1.7738\times10^{-6}n^{3/2} + 1.194\times10^{-7}n^2$$

0 ~ 2 mol까지 몰 수의 함수로 용액 내 H_2O와 NaCl의 부분 몰 부피를 나타내는 그래프를 그리시오.

풀이

i 성분의 몰 수를 n_i, 부분 몰 부피를 $\overline{V_i}$라 하면

$$V = n_1\overline{V_1} + n_2\overline{V_2} + \cdots, \qquad \overline{V_i} = \left(\frac{\partial V}{\partial n_i}\right)_{T,P,n_j}$$

이 문제에서는 $V = n_{NaCl}\overline{V}_{NaCl} + n_{H2O}\overline{V}_{H2O}$가 n_{NaCl}의 함수로 주어져 있으므로, 이를 이용하여 $\overline{V}_{NaCl}$을 구한다.

$$\overline{V}_{NaCl} = \frac{dV}{dn_{NaCl}} = 1.6625\times10^{-5} + 2.6607\times10^{-6}n_{NaCl}^{1/2} + 2.388\times10^{-7}n_{NaCl}$$

$$\begin{aligned}\overline{V}_{H2O} &= \frac{1}{n_{H2O}}(V - n_{NaCl}\overline{V}_{NaCl})\\ &= \frac{18}{1,000}(1.0014\times10^{-3} - 8.869\times10^{-7}n_{NaCl}^{3/2} - 1.144\times10^{-7}n_{NaCl}^2)\\ &= 1.8025\times10^{-5} - 1.5964\times10^{-8}n_{NaCl}^{3/2} - 2.0592\times10^{-9}n_{NaCl}^2\end{aligned}$$

이 결과를 〈그림 1〉에 나타내었다.

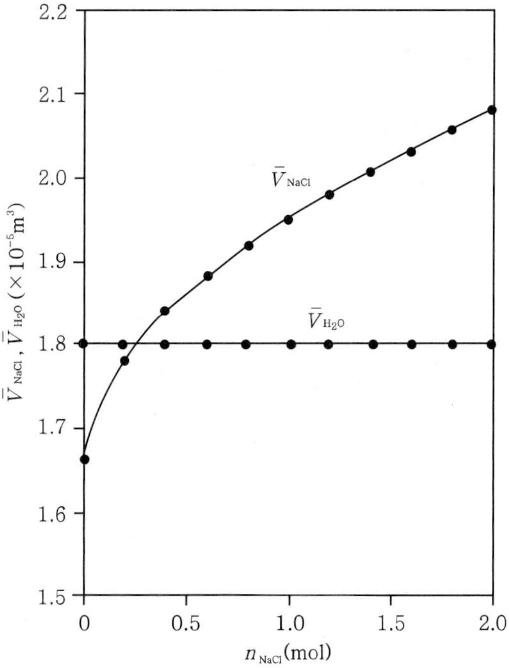

〈그림 1〉 n_{NaCl}과 $\bar{V}_{NaCl}$, $\bar{V}_{H2O}$의 관계

[comment] 이것은 부분 몰 양의 개념을 파악하기 위한 문제이다. 그림에서 알 수 있듯이 용매(물)의 부피는 거의 변화하지 않지만, 용질(NaCl)의 부피는 크게 변화하고 있다.

활동도도 마찬가지로, 묽은 곳에서는 용질의 활동도가 크게 변화하지만, 용매의 활동도는 거의 1로서 전혀 변화하지 않는다.

68 ZnO의 황산화: ΔG^0로부터 황산화 경향의 평가

ZnO와 $ZnO \cdot Fe_2O_3$(zinc ferrite)의 황산화 반응을 (i) 1,000 K (727 ℃)에서 SO_2가스를 이용하는 경우, (ii) 298 K(25 ℃)에서 묽은 산을 이용하는 경우 각각에 대하여 비교하시오. 단, (데이터: ref. 2)

$ZnO + Fe_2O_3 = ZnO \cdot Fe_2O_3$:

$$\Delta G^0_{(1)} = -9{,}620 + 3.77T \text{ (J) } (298 \sim 1{,}000\text{K}) \tag{1}$$

$ZnO(s) + SO_3(g) = ZnSO_4(s)$:

$$\Delta G^0_{(2)} = -234{,}457 - 21.2T\log T + 246.12T \tag{2}$$

$ZnO(s) + 2H^+ = Zn^{2+} + H_2O$:

$$\begin{aligned}\Delta G^0_{(3)} &= \Delta G^0_{Zn^{2+}} + \Delta G^0_{H_2O} - \Delta G^0_{ZnO} - 2\Delta G^0_{H^+} \\ &= -147{,}030 + (-237{,}178) - (-318{,}320) - 2\times 0 \\ &= -65{,}888 \text{ (J) (298K)}\end{aligned} \tag{3}$$

또, 일반적인 침출에서 Zn^{2+}는 1 mol/L이며, $\gamma_{Zn^{2+}} = 0.1$ 정도가 된다고 간주할 수 있다.

풀이

(i) 1,000 K에서 SO_3가스로 황산화하는 경우

$\Delta G^0_{(2),1,000} = -51{,}937$ (J), 그리고 $\Delta G^0_{(2)} = RT\ln p_{SO3}$이므로 ($a_{ZnO} = a_{ZnSO4} = 1$)

$p_{SO3} = 1.937 \times 10^{-3}$ (atm)

다음은 식 (2)−(1)에 의해

$ZnO \cdot Fe_2O_3(s) + SO_3(g) = ZnSO_4(s) + Fe_2O_3(s)$:

$$\Delta G_{(4)} = -224{,}837 - 21.2\,T\log T + 242.35\,T \ (\mathrm{J}) \qquad (4)$$

$$\therefore \Delta G^0_{(4),1{,}000} = -46{,}087 \ (\mathrm{J})$$

그리고 $p_{SO3} = 3.914 \times 10^{-3}$ (atm). 즉, $ZnO \cdot Fe_2O_3$는 황산화되기 어렵고, ZnO 보다도 높은 p_{SO3}를 필요로 한다.

(ii) 298 K에서 묽은 산에 의해 황산화하는 경우

$$\Delta G^0_{(3)} = -RT\ln K_{(3)} = -2.303RT\log\left(\frac{a_{Zn^{2+}}}{a^2_{H^+}}\right)$$

따라서 298 K에서는 다음과 같이 된다.

$$\log a_{Zn^{2+}} - 2\log a_{H^+} = 11.55$$

침출에서는 일반적으로 Zn^{2+}는 1 mol/L이며, $\gamma_{Zn^{2+}} = 0.1$ 정도이므로 $a_{Zn^{2+}} = 0.1$이다. 따라서

$$pH = \frac{1}{2}(11.55 + 1) = 6.28$$

다음으로 $ZnO \cdot Fe_2O_3$의 경우는

$$ZnO \cdot Fe_2O_3(s) + 2H^+ = Zn^{2+} + Fe_2O_3(s) + H_2O:$$

$$\Delta G^0_{(5)} = \Delta G^0_{Zn^{2+}} + \Delta G^0_{Fe2O3} + \Delta G^0_{H2O} - \Delta G^0_{ZnOFe2O3} - 2\Delta G^0_{H^+} \qquad (5)$$

$$= \Delta G^0_{Zn^{2+}} + \Delta G^0_{H2O} - \Delta G^0_{ZnO} + (\Delta G^0_{ZnO} + \Delta G^0_{Fe2O3} - \Delta G^0_{ZnOFe2O3})$$

$$= \Delta G^0_{(3)} + (-\Delta G^0_{(1)})$$

$$= -65{,}888 + 8{,}497$$

$$= -57{,}391 \ (\mathrm{J})$$

또

$$\Delta G^0_{(5)} = -RT\ln K_{(5)} = -2.303RT\log\left(\frac{a_{Zn^{2+}}}{a^2_{H^+}}\right)$$

따라서

$$\log a_{Zn^{2+}} - 2\log a_{H^+} = 10.06$$

그리고 $a_{Zn^{2+}}$=0.1로부터

$$pH = -\log a_{H^+} = \frac{1}{2}(10.06 + 1) = 5.53$$

[comment] 이 경우에도 $ZnO \cdot Fe_2O_3$는 ZnO보다도 황산염화되기 어렵다. 일반적인 침출의 종점은 pH = 5.5 전후이기 때문에 $ZnO \cdot Fe_2O_3$는 침출되지 않고 잔사로 남게 된다. 따라서 Zn의 회수율이 나빠진다. 예전에는 80 % 정도였으나 최근에는 이러한 잔사의 여러 가지 처리방법이 실용화되어 있으며, Zn의 실수율은 95 % 이상으로 되었다. 이러한 침출잔사의 처리법은 아래와 같다.

【침출잔사의 처리법】

(1) 습식처리법

pH 1 ~ 2의 전해미액을 이용하여 90 ℃에서 침출하면 Zn이 용해한다. 그러나 이 액에는 Fe도 용해되어 있기 때문에 이 상태로는 Zn 제련의 본 계통에 넣을 수는 없다. 이 Fe를 제거하는 방법으로는 아래와 같은 프로세스가 있다.

(a) 자로사이트($(Na/NH_4)Fe_3(SO_4)_2(OH)_6$) 프로세스

90 ℃에서 Na^+, NH_4^+를 첨가한다. Zn의 회수율은 좋으나 잔사가 많은 결점이 있다.(東邦亞鉛·安中 1976~1985, 神岡鉱業 1994~2000)

(b) 괴타이트(FeOOH) 프로세스

ZnS를 첨가하여 $Fe^{3+} \rightarrow Fe^{2+}$로 환원시키고, 공기를 취입하여 괴타이트를 침전시킨다.(神岡鉱業 2000~2010)

(c) 헤마타이트(Fe_2O_3) 프로세스

Fe_2O_3는 산성에서도 100 ℃ 부근에서 침전하므로 오토크레이브(가압용기)를 이용하여 산소가압하, 470 K에서 침전시킨다. Zn의 완전회수와 잔사가 적다는(Fe_2O_3로서 침전하기 때문에) 장점이 있으나, 오토크레이브를 이용하기 때문에 비용이 높아진다.(秋田製鍊·飯島)

(2) 건식처리

(a) 황산화 배소(三菱マテリアル·秋田 1965~1996)

침출잔사에 FeS_2를 첨가하여 950 K에서 황산화 배소를 한다.

(b) 웰즈 프로세스(東邦亞鉛·安中 1981~, 日曹金属·会津, 1929~1983)

로터리 킬른에서 침출잔사를 환원제와 함께 배소하여 Zn은 배가스 중에서 조 ZnO로 회수한다.(ref. 2 273~274 참조)

69 Zn-Cd: 기전력 데이터로부터 열역학적 제량의 산출

Wynnermer와 Preckshot가 아연-카드뮴계의 기전력을 용융 $ZnCl_2$를 이용하여, 973 ~ 1,173 K (700 ~ 900 ℃)의 온도 범위에서 측정하였다. 얻어진 실험결과를 [표 1]에 나타내었다. 이러한 결과를 이용하여 973, 1,073, 1,173 K에서 활동도, 활동도 계수, 부분 몰 깁스 자유에너지, 혼합 깁스 자유에너지와 측정온도 범위에서 부분 몰 엔탈피, 부분 몰 엔트로피, 혼합 엔탈피, 혼합 엔트로피를 계산하시오.

[표 1] Zn-Cd계의 기전력 측정결과 E(mV) - T(K)

$x_{Zn}=0.103$		$x_{Zn}=0.199$		$x_{Zn}=0.404$		$x_{Zn}=0.521$		$x_{Zn}=0.604$		$x_{Zn}=0.709$		$x_{Zn}=0.902$	
T	E	T	E	T	E	T	E	T	E	T	E	T	E
966	73.9	983	44.4	978	23.1	959	16.26	975	12.96	966	9.54	967	3.54
1,022	80.5	1,021	47.4	1,029	25.0	1,023	17.68	1,023	13.75	1,031	10.30	1,027	3.70
1,073	85.8	1,076	51.6	1,076	27.0	1,076	19.25	1,076	14.93	1,075	10.98	1,072	3.88
1,125	91.3	1,124	55.0	1,123	28.7	1,128	20.68	1,124	16.05	1,133	11.83	1,122	4.13
1,172	97.0	1,178	58.5	1,168	30.4			1,175	17.06	1,171	12.38	1,168	4.33

풀이

우선 $T-E$의 관계를 구한다. $T-E$의 관계를 도시하면 〈그림 1〉과 같다. 그림에 따르면 $T-E$는 거의 직선관계에 있으며, 각각의 조성에 대하여 최소자승법으로 정리하면 [표 2]와 같다.

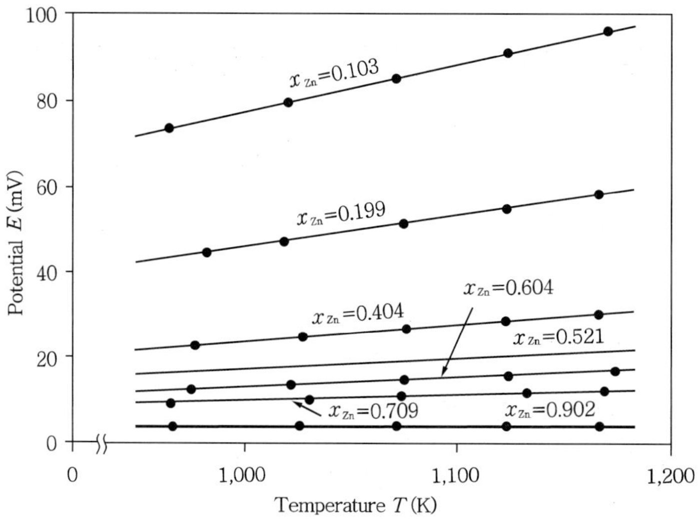

〈그림 1〉 기전력의 온도 의존성

[표 2]

x_{Zn}	E(mV)
0.103	$-32.89+0.1106T$
0.199	$-26.67+0.07251T$
0.404	$-14.66+0.03861T$
0.521	$-9.162+0.02640T$
0.604	$-7.5768+0.02096T$
0.709	$-4.087+0.01403T$
0.902	$-0.3944+0.004023T$

Zn−Cd계 기전력 측정의 전지반응과 깁스 자유에너지 변화 ΔG는 다음과 같다.

$$\text{Zn(pure metal)} = \text{Zn(in Zn−Cd alloy)}: \ \Delta G = \Delta \overline{G}_{Zn} = RT\ln a_{Zn} \tag{1}$$

또 전지의 기전력 E와 깁스 자유에너지 변화 사이의 관계는 다음과 같다.

$$\Delta G = -nFE \tag{2}$$

따라서 $n=2$와 [표 2]의 E로부터 식 (2)를 이용하여 ΔG를 구하고, 식 (1)에 대입하여 a_{Zn}, γ_{Zn}을 얻는다.

$$a_{\mathrm{Zn}} = \exp\left(\frac{\Delta G}{RT}\right) \tag{3}$$

$$\gamma_{\mathrm{Zn}} = \frac{a_{\mathrm{Zn}}}{x_{\mathrm{Zn}}} \tag{4}$$

그리고 식 (2)를 T로 미분하면

$$\left(\frac{\partial \Delta G}{\partial T}\right)_P = -nF\left(\frac{\partial E}{\partial T}\right)_P = -\Delta S$$

$$\Delta S = \Delta \overline{S}_{\mathrm{Zn}} = nF\left(\frac{\partial E}{\partial T}\right)_P \tag{5}$$

또 $\Delta G = \Delta H - T\Delta S$의 관계가 있으므로, 식 (2)와 (5)로부터

$$\Delta \overline{H}_{\mathrm{Zn}} = \Delta \overline{G}_{\mathrm{Zn}} + T\Delta \overline{S}_{\mathrm{Zn}} = -nFE + T\Delta \overline{S}_{\mathrm{Zn}} \tag{6}$$

식 (2)~(6)과 [표 2]로부터 본 문제의 온도 범위에서 $\Delta \overline{H}_{\mathrm{Zn}}$, $\Delta \overline{S}_{\mathrm{Zn}}$과 973 K, 1,073 K, 1,173 K에서 $\Delta \overline{G}_{\mathrm{Zn}}$, a_{Zn}, γ_{Zn}을 구하면 [표 3]과 같이 된다.

[표 3] 각 온도에서의 $\Delta \overline{G}_{\mathrm{Z5}}$, a_{Zn}, γ_{Zn}과 $\Delta \overline{H}_{\mathrm{Zn}}$, $\Delta \overline{S}_{\mathrm{Zn}}$

x_{Zn}	973 K			1,073 K			1,173 K			$\Delta \overline{H}_{\mathrm{Zn}}$	$\Delta \overline{S}_{\mathrm{Zn}}$
	$-\Delta \overline{G}_{\mathrm{Zn}}$	a_{Zn}	γ_{Zn}	$-\Delta \overline{G}_{\mathrm{Zn}}$	a_{Zn}	γ_{Zn}	$-\Delta \overline{G}_{\mathrm{Zn}}$	a_{Zn}	γ_{Zn}		
0.103	14,420	0.168	1.633	16,550	0.156	1.518	18,680	0.147	1.429	6,351	21.34
0.199	8,468	0.351	1.764	9,867	0.331	1.662	11,260	0.315	1.583	5,150	13.99
0.404	4,420	0.579	1.433	5,165	0.560	1.387	5,910	0.546	1.350	2,828	7.450
0.521	3,189	0.674	1.294	3,698	0.661	1.267	4,207	0.650	1.246	1,768	5.094
0.604	2,473	0.737	1.219	2,878	0.724	1.199	3,282	0.714	1.182	1,461	4.044
0.709	1,845	0.796	1.122	2,116	0.789	1.112	2,387	0.783	1.104	788	2.707
0.902	679.2	0.919	1.019	757	0.919	1.018	835	0.918	1.017	76.09	0.776

단위는 $\Delta \overline{G}$: J/mol, $\Delta \overline{H}$: J/mol, $\Delta \overline{S}$: e.u.

다음은 이미 구한 Zn에 관한 열역학의 각 값을 이용하여 Cd에 관한 열역학의 각 값을 구한다. 우선 Gibbs-Duhem의 식을 적용하여 식 (7)을 얻는다.

$$\ln\gamma_{\mathrm{Cd}} = -\left[\frac{x_{\mathrm{Zn}}}{x_{\mathrm{Cd}}}\ln\gamma_{\mathrm{Zn}}\right]_{x_{\mathrm{Cd}}=1}^{x_{\mathrm{Cd}}=x_{\mathrm{Cd}}} + \int_{x_{\mathrm{Zn}}=0}^{x_{\mathrm{Zn}}=(1-x_{\mathrm{Cd}})}\left(\frac{\ln\gamma_{\mathrm{Zn}}}{(1-x_{\mathrm{Zn}})^2}\right)dx_{\mathrm{Zn}} \tag{7}$$

식 (7)을 도상적분하면 γ_{Cd}, a_{Cd}, $\Delta\overline{G}_{Cd}$를 각 온도에서 구할 수 있다. 결과를 [표 4~6]과 〈그림 2~4〉에 나타내었다.

[표 4] 973 K에서 γ_{Cd}, a_{Cd}, $\Delta\overline{G}_{Cd}$

x_{Zn}	0.103	0.199	0.404	0.521	0.604	0.709	0.902
$\ln\gamma_{Zn}$	0.4904	0.5670	0.3597	0.2577	0.1980	0.1151	0.0188
$(x_{Zn}/x_{Cd})\ln\gamma_{Zn}$	0.0563	0.1408	0.2438	0.2802	0.3020	0.2804	0.1732
$\dfrac{\ln\gamma_{Zn}}{(1-x_{Zn})^2}$	0.6094	0.8837	1.012	1.123	1.262	1.359	1.959
$\int\dfrac{\ln\gamma_{Zn}}{(1-x_{Zn})^2}dx_{Zn}$	0.0434	0.1153	0.3141	0.4400	0.5366	0.6688	0.9797
$\ln\gamma_{Cd}$	−0.0129	−0.0255	0.0703	0.1598	0.2346	0.3884	0.8065
γ_{Cd}	0.9872	0.9748	1.072	1.173	1.264	1.474	2.240
a_{Cd}	0.8855	0.7808	0.6389	0.5618	0.5005	0.4289	0.2195
$-\Delta\overline{G}_{Cd}$	983.7	2,001	3,624	4,664	5,599	6,848	12,260

[표 5] 1,073 K에서 γ_{Cd}, a_{Cd}, $\Delta\overline{G}_{Cd}$

x_{Zn}	0.103	0.199	0.404	0.521	0.604	0.709	0.902
$\ln\gamma_{Zn}$	0.4173	0.5080	0.3271	0.2366	0.1814	0.1061	0.0178
$(x_{Zn}/x_{Cd})\ln\gamma_{Zn}$	0.0479	0.1262	0.2217	0.2573	0.2766	0.2585	0.1641
$\dfrac{\ln\gamma_{Zn}}{(1-x_{Zn})^2}$	0.5186	0.7917	0.9208	1.031	1.156	1.252	1.856
$\int\dfrac{\ln\gamma_{Zn}}{(1-x_{Zn})^2}dx_{Zn}$	0.03691	0.09937	0.2785	0.3927	0.4826	0.6009	0.9041
$\ln\gamma_{Cd}$	−0.0110	0.02683	0.0568	0.1354	0.2060	0.3424	0.7400
γ_{Cd}	0.9890	0.9735	1.058	1.144	1.228	1.408	2.095
a_{Cd}	0.8871	0.7797	0.6305	0.5479	0.4862	0.4097	0.2053
$-\Delta\overline{G}_{Cd}$	1,068	2,219	4,111	5,367	6,433	7,960	14,120

[표 6] 1,173 K에서 γ_{Cd}, a_{Cd}, $\Delta \overline{G}_{Cd}$

x_{Zn}	0.103	0.199	0.404	0.521	0.604	0.709	0.902
$\ln\gamma_{Zn}$	0.3569	0.4593	0.3001	0.2199	0.1672	0.0989	0.0169
$(x_{Zn}/x_{Cd})\ln\gamma_{Zn}$	0.04098	0.1141	0.2034	0.2391	0.2550	0.2410	0.1550
$\dfrac{\ln\gamma_{Zn}}{(1-x_{Zn})^2}$	0.4435	0.7158	0.8448	0.9584	1.066	1.168	1.754
$\int \dfrac{\ln\gamma_{Zn}}{(1-x_{Zn})^2}dx_{Zn}$	0.02596	0.08571	0.2505	0.3566	0.4439	0.5574	0.8483
$\ln\gamma_{Cd}$	−0.0150	−0.0284	0.0471	0.1175	0.1889	0.3164	0.6933
γ_{Cd}	0.9850	0.9720	1.048	1.124	1.207	1.372	2.000
a_{Cd}	0.8835	0.7785	0.6246	0.5383	0.4779	0.3992	0.196
$-\Delta \overline{G}_{Cd}$	1,207	2,441	4,589	6,039	7,200	8,955	15,890

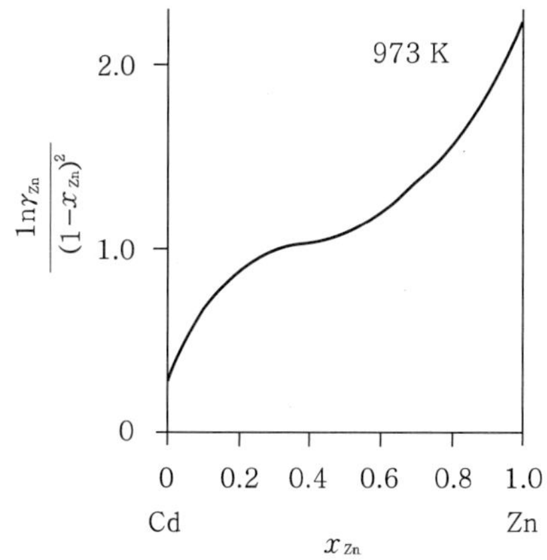

〈그림 2〉 Gibbs−Duhem 식의 도식적 해법(T=973 K)

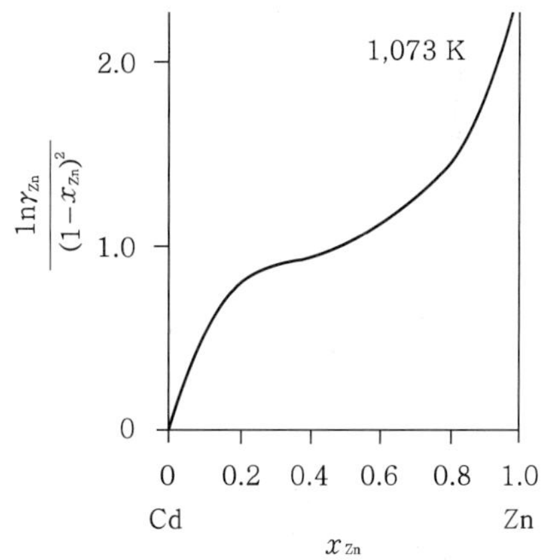

〈그림 3〉 Gibbs−Duhem 식의 도식적 해법(T=1,073 K)

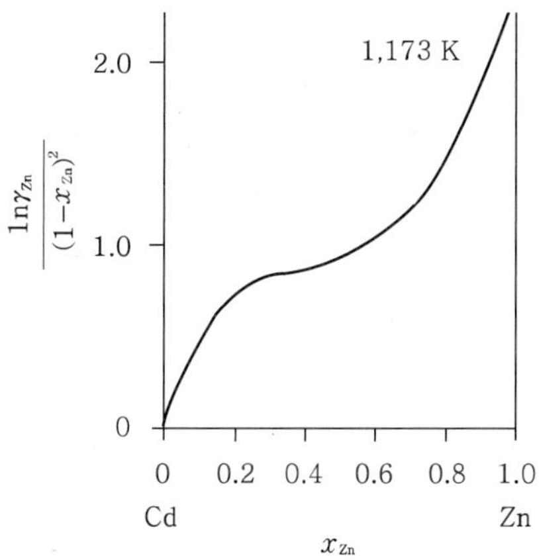

〈그림 4〉 Gibbs−Duhem 식의 도식적 해법 T=1,173 K)

또 $\Delta\overline{H}_{Cd}$, $\Delta\overline{S}_{Cd}$도 Gibbs−Duhem 식을 적용하여 식 (8), (9)로부터 위와 마찬가지로 구하였다. 결과를 [표 7~8], 〈그림 5~6〉에 나타내었다.

$$\Delta\overline{H}_{Cd} = -\left[\frac{x_{Zn}}{x_{Cd}}\Delta\overline{H}_{Zn}\right]_{x_{Cd}=1}^{x_{Cd}=x_{Cd}} + \int_{x_{Zn}=0}^{x_{Zn}=(1-x_{Cd})}\left(\frac{\Delta\overline{H}_{Zn}}{(1-x_{Zn})^2}\right)dx_{Zn} \tag{8}$$

$$\Delta\overline{S}_{Cd} = -\left[\frac{x_{Zn}}{x_{Cd}}\Delta\overline{S}_{Zn}\right]_{x_{Cd}=1}^{x_{Cd}=x_{Cd}} + \int_{x_{Zn}=0}^{x_{Zn}=(1-x_{Cd})}\left(\frac{\Delta\overline{S}_{Zn}}{(1-x_{Zn})^2}\right)dx_{Zn} \tag{9}$$

[표 7] $\Delta\overline{H}_{Cd}$

x_{Zn}	0.103	0.199	0.404	0.521	0.604	0.709	0.902
$\Delta\overline{H}_{Zn}$	6,351	5,150	2,828	1,768	1,468	788.3	76.09
$(x_{Zn}/x_{Cd})\Delta\overline{H}_{Zn}$	729.2	1,279	1,916	1,923	2,239	1,920	700.3
$\frac{\Delta\overline{H}_{Zn}}{(1-x_{Zn})^2}$	7,893	8,026	7,961	7,705	9,361	9,309	7,922
$\int\frac{\ln\gamma_{Zn}}{(1-x_{Zn})^2}dx_{Zn}$	788.4	1,544	3,199	4,102	4,794	5,747	7,466
$\Delta\overline{H}_{Cd}$	59.19	265.0	1,283	2,179	2,555	3,827	6,765

[표 8] $\Delta\overline{S}_{Cd}$

x_{Zn}	0.103	0.199	0.404	0.521	0.604	0.709	0.902
$\Delta\overline{S}_{Zn}$	21.34	13.99	7.450	5.094	4.044	2.707	0.7763
$(x_{Zn}/x_{Cd})\Delta\overline{S}_{Zn}$	2.450	3.475	5.050	5.540	6.168	6.595	7.145
$\frac{\Delta\overline{S}_{Zn}}{(1-x_{Zn})^2}$	26.52	21.80	20.97	22.20	25.78	31.96	80.83
$\int\frac{\ln\gamma_{Zn}}{(1-x_{Zn})^2}dx_{Zn}$	3.554	5.831	10.12	12.66	14.69	17.72	27.86
$\Delta\overline{S}_{Cd}$	1.104	2.356	5.070	7.120	8.522	11.12	20.71

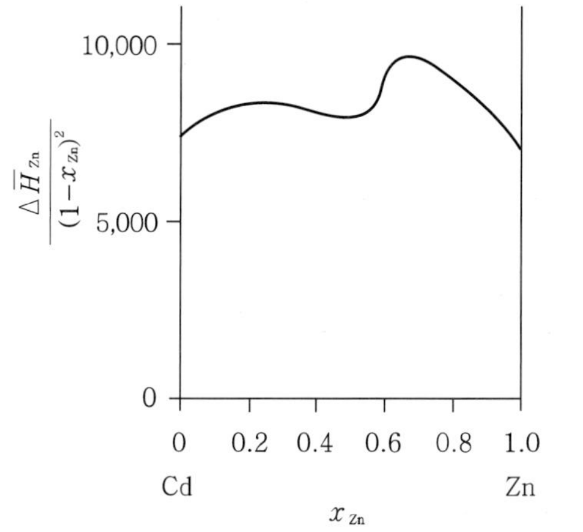

〈그림 5〉 Gibbs-Duhem 식의 도식적 해법

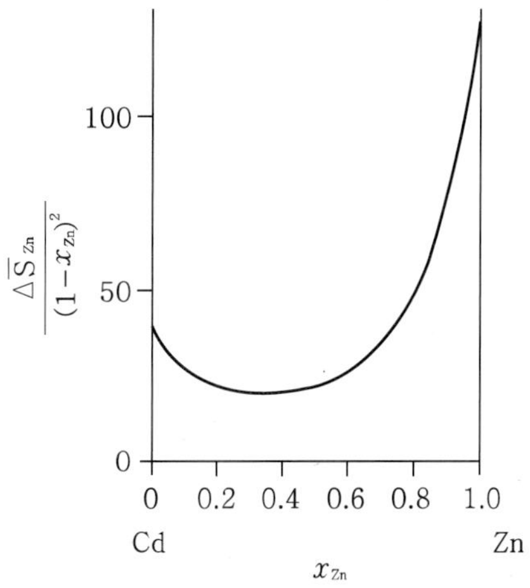

〈그림 6〉 Gibbs-Duhem 식의 도식적 해법

앞에서 구한 Zn에 관한 열역학의 각 값과 여기서 구한 Cd에 관한 열역학의 각 값으로부터 다음의 식 (10)~(12)에 따라 혼합 엔탈피 ΔH^M, 혼합 엔트로피 ΔS^M, 혼합 깁스 자유에너지 ΔG^M을 구하면 [표 9~10], 〈그림 7~10〉과 같이 된다.

$$\Delta H^M = x_{Zn}\Delta \overline{H}_{Zn} + x_{Cd}\Delta \overline{H}_{Cd} \tag{10}$$

$$\Delta S^M = x_{Zn}\Delta \overline{S}_{Zn} + x_{Cd}\Delta \overline{S}_{Cd} \tag{11}$$

$$\Delta G^M = x_{Zn}\Delta \overline{G}_{Zn} + x_{Cd}\Delta \overline{G}_{Cd} \tag{12}$$

[표 9] 본 문제의 온도 범위에서 ΔH^M(J/mol), ΔS^M(e.u.)

x_{Zn}	0.103	0.199	0.404	0.521	0.604	0.709	0.902
ΔH^M	707.2	1,237	1,907	1,964	1,898	1,672	731.6
ΔS^M	3.188	4.671	6.031	6.064	5.817	5.155	2.729

[표 10] 각 온도에서의 ΔG^M(J/mol)

x_{Zn}	0.103	0.199	0.404	0.521	0.604	0.709	0.902
$-\Delta G^M_{973}$	2,367	3,287	3,945	3,895	3,710	3,300	1,814
$-\Delta G^M_{1,073}$	2,662	3,740	4,538	4,497	4,285	3,816	2,066
$-\Delta G^M_{1,173}$	3,006	4,195	5,122	5,084	4,833	4,298	2,309

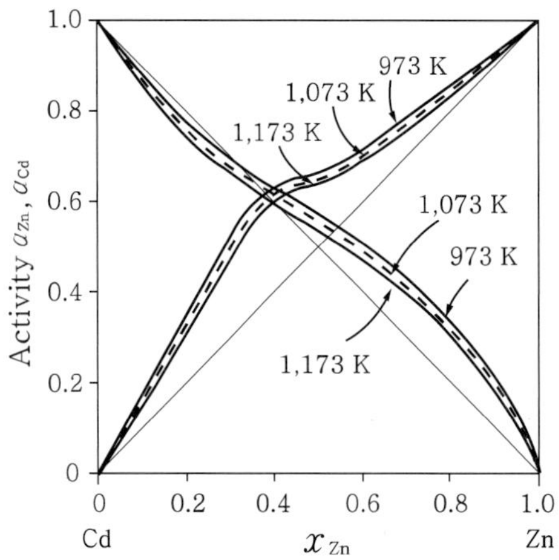

[그림 7] Zn−Cd계의 활동도

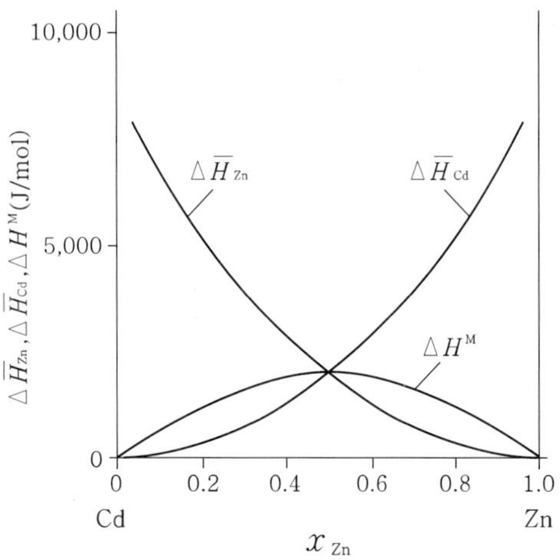

[그림 8] 부분 몰 엔탈피와 혼합 엔탈피

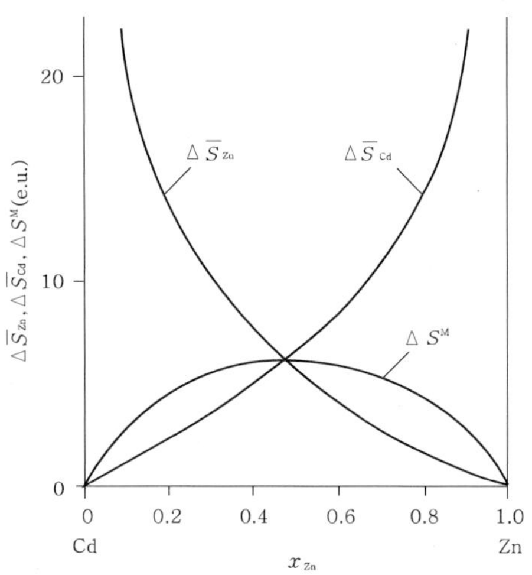

[그림 9] 부분 몰 엔트로피와 혼합 엔트로피

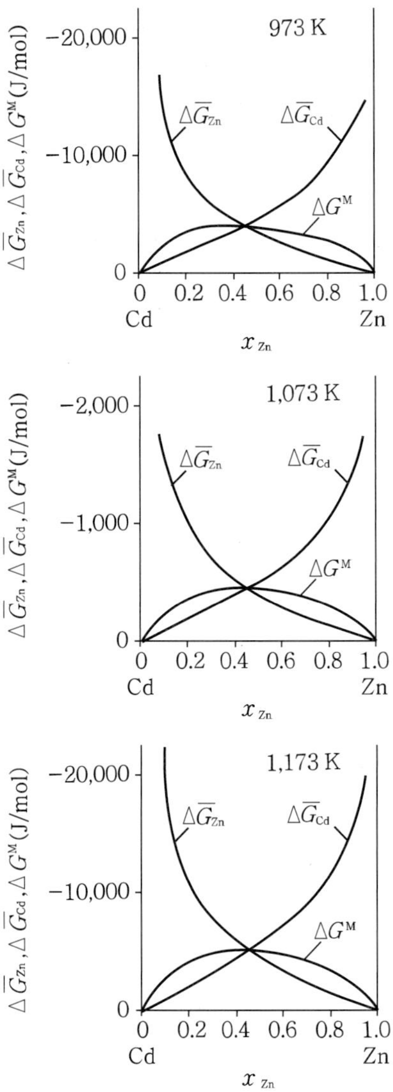

[그림 10] 부분 몰 깁스 자유에너지와 혼합 깁스 자유에너지

70 Bi-Cu의 증기압: 증발량으로부터 각 성분의 증기압 산출

용융 비스무트(Bi)와 비스무트-동(Cu) 합금의 증기압을 구하기 위하여 Ar가스를 Bi 증기와 포화시키면서 1,473 K(1,200 ℃)로 유지한 용융합금 위에 흘렸다.

(i) 순수한 Bi에 Ar가스를 흘렸더니 가스는 437 mg의 Bi를 함유하였다. Ar 전체 유량은 290 K, 1.0092 atm에서 8×10^{-4} m^3로 측정되었다. Bi 증기는 Bi와 Bi_2로 구성되어 있는 것으로 알려져 있다. 다음의 값을 이용하여 1,473 K에서 Bi의 증기압을 구하시오.

$$Bi_2(g) = 2Bi(g):\quad K_{1,473} = 3.29\times10^{-2} \tag{1}$$

(ii) 292 K, 1 atm에서 9.1×10^{-4} m^3의 Ar을 흘려 같은 실험을 60.8 at%Cu를 함유하는 용융 Cu-Bi합금에 대하여 실시하였다. 배출되는 Ar가스 중에 165 mg의 Bi가 함유되어 있었다. 순수한 Bi를 기준상태로 하여 Bi의 활동도와 활동도 계수를 구하시오.

풀이

(i) Bi, Bi_2, Ar의 몰 수를 각각 x, y, z, 전체 몰 수를 n_T라 두면

$$x+y+z=n_T \tag{2}$$

가스 중 전체 Bi의 몰 수를 n_{Bi}라 두면

$$n_{Bi}=x+2y \tag{3}$$

식 (1)로부터

$$K_{1473}=\frac{p_{Bi}^2}{p_{Bi2}}=\frac{(x/n_T)^2}{y/n_T}=\frac{x^2}{yn_T}$$

$$\therefore\ x^2 = yK_{1473}n_T \tag{4}$$

식 (2)와 (3)으로부터

$$n_T = \frac{1}{2}x + z + \frac{1}{2}n_{\mathrm{Bi}} \tag{5}$$

식 (3)으로부터

$$y = -\frac{1}{2}(x - n_{\mathrm{Bi}}) \tag{6}$$

식 (5), (6)을 식 (4)에 대입하여

$$x^2 = -\frac{1}{4}K_{1,473}(x + 2z + n_{\mathrm{Bi}})(x - n_{\mathrm{Bi}})$$

$$\left(1 + \frac{1}{4}K_{1,473}\right)x^2 + \frac{1}{2}K_{1,473}zx - \frac{1}{4}K_{1,473}n_{\mathrm{Bi}}(2z + n_{\mathrm{Bi}}) = 0 \tag{7}$$

$$K_{1,473} = 3.29 \times 10^{-2}$$

$$z = \frac{PV}{RT} = \frac{101,325 \times 1.0092 \times 8 \times 10^{-4}}{8.314 \times 290} = 3.3929 \times 10^{-2}\ (\mathrm{mol})$$

$$n_{\mathrm{Bi}} = \frac{0.437}{208.98} = 2.0911 \times 10^{-3}\ (\mathrm{mol})$$

이러한 값을 식 (7)에 대입하면

$$1.0082x^2 + 5.5813 \times 10^{-4}x - 1.2030 \times 10^{-6} = 0$$

따라서

$$x = 8.5009 \times 10^{-4}\ (\mathrm{mol})$$

식 (6)으로부터

$$y = 6.2050 \times 10^{-4}\ (\mathrm{mol})$$

Bi, $\mathrm{Bi_2}$의 분압은

$$p^0_{\mathrm{Bi}} = x/n_T = 2.4015 \times 10^{-2}\ (\mathrm{atm})$$

$$p^0_{\mathrm{Bi2}} = y/n_T = 1.7529 \times 10^{-2}\ (\mathrm{atm})$$

1,473 K에서 Bi의 전체압력은

$$p^0_{\mathrm{Bi}} + p^0_{\mathrm{Bi2}} = 4.1544 \times 10^{-2}\ (\mathrm{atm})$$

(ii)

$$z = \frac{PV}{RT} = \frac{101{,}325 \times 9.1 \times 10^{-4}}{8.314 \times 292} = 3.7980 \times 10^{-2} \ (\mathrm{mol})$$

$$n_{\mathrm{Bi}} = \frac{0.165}{208.98} = 7.8954 \times 10^{-4} \ (\mathrm{mol})$$

이러한 값을 식 (7)에 대입하면

$$1.0082x^2 + 6.2477 \times 10^{-4}x - 4.9840 \times 10^{-7} = 0$$

$$\therefore \ x = 4.5850 \times 10^{-4} \ (\mathrm{mol})$$

$$y = 1.6552 \times 10^{-4} \ (\mathrm{mol})$$

$$n_T = 3.8604 \times 10^{-2} \ (\mathrm{mol})$$

분압으로 변환하면

$$p_{\mathrm{Bi}} = x/n_{\mathrm{Bi}} = 1.1877 \times 10^{-2} \ (\mathrm{atm})$$

$$p_{\mathrm{Bi2}} = y/n_T = 4.2877 \times 10^{-3} \ (\mathrm{atm})$$

순수한 Bi를 기준상태로 하고 있으므로 활동도는 다음과 같다.

$$a_{\mathrm{Bi}} = \frac{p_{\mathrm{Bi}}}{p^0_{\mathrm{Bi}}} = \frac{1.1877 \times 10^{-2}}{2.4015 \times 10^{-2}} = 0.4946$$

$$\gamma_{\mathrm{Bi}} = \frac{a_{\mathrm{Bi}}}{x_{\mathrm{Bi}}} = \frac{0.4946}{0.392} = 1.2616$$ [13]

[comment] 이처럼 증기압 측정을 통해 활동도를 측정할 때는 가스종이 무엇인지, 또 이러한 종 사이의 ΔG^0, $K(\mathrm{Bi_2(g)} = 2\mathrm{Bi(g)}$의 K)의 데이터를 신뢰할 수 있어야 한다. 예를 들면 Sb에는 Sb, Sb_2, Sb_4의 가스종이 있으며, 이에 더해 Sb_3의 존재도 보고되어 있다.

---

13 [역주] Bi의 몰 분율 x_{Bi}는 60.8 at%Cu를 함유하는 용융 Cu−Bi합금이므로 0.392이다.

71 Li 환원: 건식환원 거동을 ΔG^0로부터 추정

금속 Li제련의 한 방법으로 Mg의 Pidgeon법과 유사한 건식 환원법이 있다. 원료인 Li_2CO_3를 가열분해하여 Li_2O로 만들고, 이것을 금속 환원제 M과 혼합가열한다.

$$Li_2O(s) + M(s) = MO(s) + 2Li(g) \tag{1}$$

(i) 반응을 용이하게 진행시키는 조건을 평형론에 기초하여 정성적으로 설명하시오.

(ii) 환원제로 페로실리콘(75 wt%Si)을 사용한 경우, 1,373 K(1,100 ℃)에서 얻어지는 Li의 최대 압력을 구하시오.

$$2Li(g) + \frac{1}{2}O_2(g) = Li_2O(s): \quad \Delta G^0 = -876{,}715 + 300.4T \text{ (J)} \tag{2}$$

$$Si(s) + O_2(g) = SiO_2(s): \quad \Delta G^0 = -901{,}640 + 171.46T \text{ (J)} \tag{3}$$

풀이

(i) 식 (1)의 반응을 우측으로 진행시키기 위해서는 세 가지 방법이 있다.

(1) K를 크게 한다.

$$K_{(1)} = \exp\left(-\frac{\Delta G^0_{(1)}}{RT}\right) = \frac{a_{MO} \cdot p^2_{Li}}{a_{Li2O} \cdot a_M}$$

a) ΔG^0를 음의 값으로 크게 한다. 즉, 환원제 M은 산소와의 친화력이 높은 것이 바람직하다. Ca, Ti, Mg, Si 등을 고려할 수 있으나, 증기압이 낮다는 등의 이유로 Si이 최적이라고 생각된다.

b) 가능한 조건 중에서 K가 최대가 되는 온도에서 환원한다.

(2) a_M, a_{Li2O}를 크게 하고, a_{MO}를 작게 한다.

예를 들면 MO를 플럭스와 혼합하여 슬래그화하여 a_{MO}를 낮춘다. 또, 페로실리콘을 M으로 이용하는 경우 순수 Si과 평형관계에 있는 75 wt%Si 정도의 고 Si 페로실리콘을 이용한다. 마찬가지로 Si을 환원제로 사용할 때 CaO를 공존시켜 SiO_2의 활동도를 낮추는 것도 효과적이며, 후자의 방법은 Mg의 Pidgeon법과 같은 방법이다.

(3) Mg의 Pidgeon법과 같이 감압한다. 이때 반응속도도 빠르게 된다.

(ii) 식 (2), (3)으로부터

$$2Li_2O(s) + Si(s) = 4Li(g) + SiO_2(s): \ \Delta G^0 = 851,790 - 429.34T \ (J)$$

$$K = \frac{a_{SiO2} \cdot p_{Li}^4}{a_{Li2O}^2 \cdot a_{Si}} = 1.048 \times 10^{-10}$$

Li의 최대압력 p_{Li}은 $a_{Li2O} = 1$, $a_{Si} = 1$, a_{SiO2}가 최소일 때 얻어진다.

$a_{SiO2} = 1$일 때 $\quad p_{Li} = 3.200 \times 10^{-3}$ (atm)

$a_{SiO2} = 0.1$일 때 $\quad p_{Li} = 5.690 \times 10^{-3}$ (atm)

$a_{SiO2} = 0.01$일 때 $\quad p_{Li} = 1.012 \times 10^{-2}$ (atm)

[comment] a_{SiO2}는 10^{-2} 정도가 한계일 것이다. 일반적인 Li제련은 용융염 전해를 이용한다.

72 염화 Si의 환원: 화학양론 계산의 기초

$SiCl_4$ 가스를 H_2와 함께 전체압력 1 atm의 상태에서 노 중으로 보내어 환원시켜서 순 Si를 얻으려고 한다. 다음 식의 반응이 평형에 도달한다고 보고 $H_2/SiCl_4$의 몰 비를 바꾼 경우 Si의 실수율을 1,173 K(900 ℃), 1,373 K(1,100 ℃), 1,573 K(1,300 ℃)에서 그림으로 나타내시오.

$$SiCl_4(g) + 2H_2(g) = Si(s) + 4HCl(g):$$

$$\Delta G^0 = 277{,}380 + 15.22\,T\log T - 212.8\,T \ (\mathrm{J})$$

단, 문제를 단순화하기 위하여 상기한 것 이외의 화학종은 고려하지 않는다.

풀이

각 온도에서 주어진 반응식의 ΔG^0와 K는

$$1{,}173\ \mathrm{K}: \quad \Delta G^0 = 8.256 \times 10^4\ (\mathrm{J}): \quad K = 2.105 \times 10^{-4}$$

$$1{,}373\ \mathrm{K}: \quad \Delta G^0 = 5.077 \times 10^4\ (\mathrm{J}): \quad K = 1.170 \times 10^{-2}$$

$$1{,}573\ \mathrm{K}: \quad \Delta G^0 = 1.918 \times 10^4\ (\mathrm{J}): \quad K = 0.231$$

여기서 $SiCl_4$ 1 mol과 H_2 n mol을 혼합한 가스를 반응시켜 n_{SiCl4}, n_{H2}, n_{Si}, n_{HCl} mol의 생성물을 얻었다고 하면, $H_2/SiCl_4$의 몰 비는 n, 실수율은 n_{Si}가 된다. 따라서 물질수지를 잡으면 다음과 같다.

$$\begin{cases} \mathrm{Si}: & n_{SiCl4} + n_{Si} = 1 \\ \mathrm{Cl}: & 4n_{SiCl4} + n_{HCl} = 4 \\ \mathrm{H}: & n_{HCl} + 2n_{H2} = 2n \end{cases} \quad \Rightarrow \quad \begin{cases} n_{SiCl4} = 1 - n_{Si} \\ n_{HCl} = 4n_{Si} \\ n_{H2} = n - 2n_{Si} \end{cases}$$

평형상수는 $a_{Si} = 1$, $n_T = n_{SiCl4} + n_{H2} + n_{HCl}$($n_T$는 가스성분 전체의 몰 수)이라 하면

$$K = \frac{p_{HCl}^4}{p_{SiCl4} \cdot p_{H2}^2} = \frac{n_{HCl}^4}{n_T \cdot n_{SiCl4} \cdot n_{H2}^2}$$

따라서

$$K = \frac{256 n_{Si}^4}{(n+1+n_{Si})(1-n_{Si})(n-2n_{Si})^2}$$

K와 n에 각각의 값을 대입하여 n_{Si}(즉, Si의 실수율)를 구하여 [표 1]에 나타내었다. 이것을 그림으로 나타내면 〈그림 1〉과 같다.

[표 1]

T (K)	1,173	1,373	1,573
n	$K=2.105\times10^{-4}$	$K=1.170\times10^{-2}$	$K=2.307\times10^{-1}$
5	0.1009	0.2559	0.4738
10	0.1637	0.4028	0.6972
20	0.2643	0.6080	0.8998
40	0.4176	0.8306	0.9829
60	0.5347	0.9239	0.9948
80	0.6275	0.9624	0.9978
100	0.7017	0.9795	0.9989

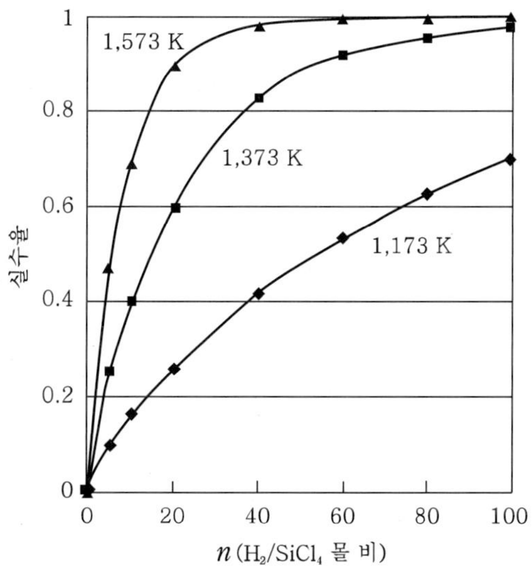

〈그림 1〉 Si 실수율과 반응물 몰 비의 관계

$H_2/SiCl_4$가 화학양론 조성이라면 Si의 실수율은 매우 나쁘고, 실제로는 H_2를 과잉으로 첨가하여 몰 비가 60 ~ 100 정도가 되는 상태에서 실시한다.

예전에는 $SiCl_4(g) + 2Zn(g) = Si(s) + 2ZnCl_2(s)$에 의해 Si을 제조하였으나, 반도체용으로 쓰기에는 순도가 충분하지 못하고, 생성하는 $ZnCl_2$의 처리도 용이하지 못하여 반도체용 Si의 제조 프로세스로 채용되지 못하였다. 그러나 최근(2010년)에는 태양전지용 Si의 제조 프로세스로 재조명받고 있다.

한편, 현재 반도체용 Si의 제조방법으로는 $SiHCl_3$의 수소환원이나 SiH_4의 열분해가 이용되고 있다.

[참고문헌] ref. 2, p. 310.

73 염화 Al의 불균화반응: 화학양론 계산에 의한 반응률 산출

과거에 Al의 신 제련법으로 제안된 Gross법은 다음과 같은 불균화반응에 기초한 것이다.

$$2Al(l) + AlCl_3(g) = 3AlCl(g): \quad \Delta G^0 = 386{,}936 - 256.7T \ (J) \tag{1}$$

이 반응이 화학양론적, 평형론적으로 진행하는 것으로 하고, 1,073 K(800 ℃), 1,273 K(1,000 ℃), 1,473 K(1,200 ℃), 전체압력 1 atm, 0.1 atm, 0.01 atm에서 계산하여 이러한 인자의 영향에 대하여 논하고, 신 제련법의 골자를 설명하시오.

풀이

식 (1)의 평형상수를 K라 하면, 각 온도에서 $\Delta G = \Delta G^0 + RT\ln K = 0$의 관계에 의해

$$K_{1,073} = 3.732 \times 10^{-6}, \quad K_{1,273} = 3.400 \times 10^{-3}, \quad K_{1,473} = 4.868 \times 10^{-1}$$

지금 $n^0_{AlCl3} = 1.0$ mol의 $AlCl_3(g)$가 n^0_{Al} mol의 Al(l)과 접촉하여 n_{AlCl3}, n_{AlCl} mol의 $AlCl_3(g)$, AlCl(g)이 생성하였다고 하자. 반응 후 Al(l)의 몰 수를 n_{Al}이라 하면, Al의 물질수지에 의해

$$n^0_{Al} + n^0_{AlCl3} = n_{Al} + n_{AlCl3} + n_{AlCl} \tag{2}$$

Cl의 물질수지에 의해

$$3n^0_{AlCl3} = 3n_{AlCl3} + n_{AlCl} \tag{3}$$

$n^0_{AlCl3} = 1.0$ mol이므로

$$n^0_{Al} - n_{Al} = \frac{2}{3}n_{AlCl}, \qquad n_{AlCl3} = 1 - \frac{1}{3}n_{AlCl} \tag{4}$$

여기서 $(n^0_{Al} - n_{Al})$이 반응에 관여한 몰 수가 된다. 따라서 반응 후 기상 중의 전체 몰 수 n_T는

$$n_T = n_{AlCl} + n_{AlCl3} = n_{AlCl} + \left(1 - \frac{1}{3}n_{AlCl}\right) = 1 + \frac{2}{3}n_{AlCl}$$

여기서 전체압력을 P_T, 각각의 분압을 p_{AlCl3}, p_{AlCl}로 나타내면

$$p_{AlCl} = \frac{n_{AlCl}}{n_T} P_T = \frac{n_{AlCl}}{1 + \frac{2}{3} n_{AlCl}} P_T = \frac{3n_{AlCl}}{3 + 2n_{AlCl}} P_T$$

$$p_{AlCl3} = \frac{n_{AlCl3}}{n_T} P_T = \frac{1 - \frac{1}{3} n_{AlCl}}{1 + \frac{2}{3} n_{AlCl}} P_T = \frac{3 - n_{AlCl}}{3 + 2n_{AlCl}} P_T$$

따라서 $n_{AlCl} = \alpha$로 두면 식 (1)의 평형상수 K는

$$K_{(1)} = \frac{p_{AlCl}^3}{a_{Al}^2 \cdot p_{AlCl3}} = \frac{27\alpha^3}{a_{Al}^2 (3-\alpha)(3+2\alpha)^2} P_T^2 = \frac{27 P_T^2 \alpha^3}{(3-\alpha)(3+2\alpha)^2}$$

여기서 $a_{Al} = 1$로 둘 수 있다.

위의 식에 각 온도에서의 K, 각각의 전체압력 P_T를 대입하여 α를 구하여 [표 1]의 결과를 얻었다.(식 (4)도 이용한다.)

[표 1]에 따르면 1,473 K(1,200 ℃), 0.01 atm에서 반응을 하면 1 mol의 $AlCl_3(g)$는 거의 2 mol의 Al(l)과 반응하여 3 mol의 AlCl(g)이 얻어진다. 또 이 반응은 고온, 저압일수록 진행하기 쉽지만, 실제로는 1,473 K, 0.01 atm 정도면 충분하다. 또 반응률과 온도의 관계를 〈그림 1〉에 나타내었다.

[표 1]

T (K)	P_T (atm)	$n_{AlCl} = \alpha$	n_{AlCl3}	$n_{Al}^0 - n_{Al}$	반응률*
1,073	1	0.0156	0.9948	0.0104	0.0052
1,073	0.1	0.0737	0.9754	0.0492	0.0246
1,073	0.01	0.3706	0.8765	0.2471	0.1235
1,273	1	0.1579	0.9474	0.1053	0.0526
1,273	0.1	0.8416	0.7195	0.5611	0.2805
1,273	0.01	2.7688	0.0771	1.8459	0.9229
1,473	1	0.9622	0.6793	0.6415	0.3207
1,473	0.1	2.8320	0.0560	1.8880	0.9440
1,473	0.01	2.9980	0.0007	1.9987	0.9993

* 반응률은 $(n_{AlCl3}^0 - n_{AlCl3})/n_{AlCl3}^0$으로 주어진다.

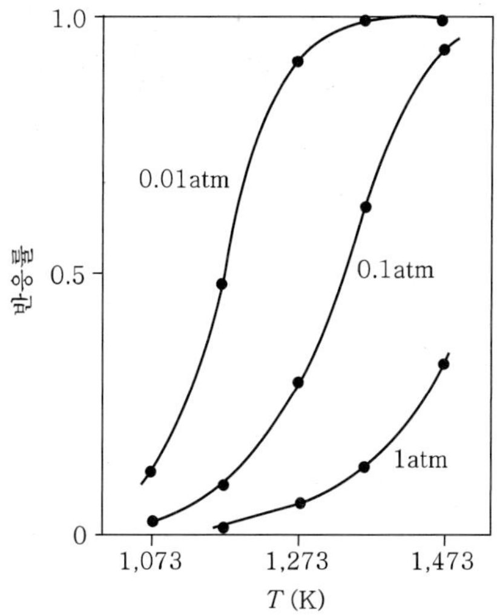

〈그림 1〉 $2Al(l) + AlCl_3(g) = 3AlCl(g)$의 반응률

다음은 역반응에 의해 AlCl(g)로부터 순 용융 Al을 회수하는 과정을 알아본다.

$$3AlCl(g) = 2Al(l) + AlCl_3(g): \quad \Delta G^0 = -386{,}936 + 256.7T \text{ (J)} \tag{5}$$

마찬가지로 각 온도에서의 평형상수 K는

$$K_{1,073} = 2.679 \times 10^5, \ K_{1,273} = 2.941 \times 10^2, \ K_{1,473} = 2.054$$

AlCl(g) 1 mol을 각 온도·압력으로 유지하였을 때 각 성분의 몰 수를 n'_{Al}, n'_{AlCl3}, n'_{AlCl}라 하면, Al 물질수지로부터

$$n'_{Al} + n'_{AlCl3} + n'_{AlCl} = 1 \tag{6}$$

Cl의 물질수지로부터

$$3n'_{AlCl3} + n'_{AlCl} = 1 \tag{7}$$

식 (6), (7)로부터

$$n'_{AlCl3} = \frac{1}{2}n'_{Al}, \qquad n'_{AlCl} = 1 - \frac{3}{2}n'_{Al}$$

또 기상 중의 전체 몰 수 n'_T은

$$n'_T = n'_{AlCl3} + n'_{AlCl} = 1 - n'_{Al}$$

따라서 전체압력을 P'_T이라 하고, $n'_{Al} = \beta$로 두면 각 성분의 분압은

$$p'_{AlCl3} = \frac{n'_{AlCl3}}{n'_T} P'_T = \frac{\frac{1}{2}\beta}{1-\beta} P'_T = \frac{\beta}{2-2\beta} P'_T$$

$$p'_{AlCl} = \frac{n'_{AlCl}}{n'_T} P'_T = \frac{1-\frac{3}{2}\beta}{1-\beta} P'_T = \frac{2-3\beta}{2-2\beta} P'_T$$

따라서 식 (5)의 평형상수 $K_{(5)}$는

$$K_{(5)} = \frac{a_{Al}^2 \cdot p'_{AlCl3}}{p'^3_{AlCl}}$$

$a_{Al} = 1$이라 하면

$$K_{(5)} = \frac{4\beta(1-\beta)^2}{(2-3\beta)^3 \cdot P'^2_T} \tag{8}$$

[표 2]

P'_T	1,073 K	1,273 K	1,473 K
1.0 atm	0.6632	0.6316	0.4528
0.1 atm	0.6503	0.4796	0.0373
0.01 atm	0.5843	0.0514	0.0004

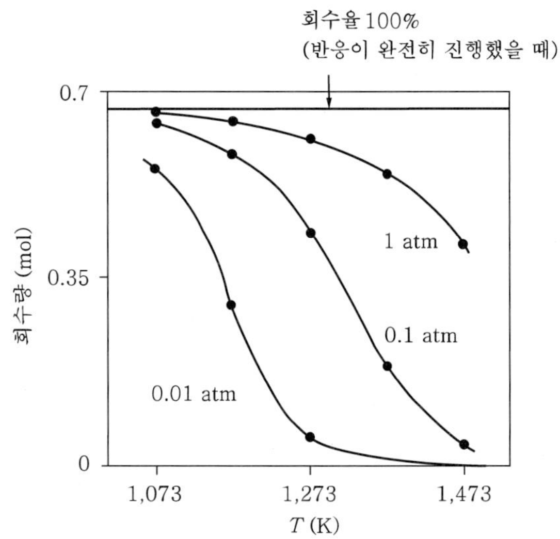

〈그림 2〉 각 압력에서 AlCl(g) 1 mol일 때 순 Al의 회수량

따라서 식 (8)에 상기한 각 온도에서의 평형상수와 전체 압력을 대입하여 AlCl(g) 1 mol로부터 얻어지는 순 Al의 몰 수를 구하면 [표 2]와 같다.

[표 2]로부터 AlCl(g) 1 mol을 1,073 K(800 ℃), 1 atm에서 유지하면 거의 2/3 mol이 순 용융 Al으로 되고 1/3 mol이 $AlCl_3$(g)로 된다. 따라서 Al의 회수율은 저온, 고압일수록 높아진다. 〈그림 2〉에 각각의 전체 압력에서 AlCl(g) 1 mol일 때 순 Al 회수량(mol)의 온도 의존성을 나타내었다.

이상의 결과로부터 순도가 낮은 조 Al을, AlCl(g)을 매체로 하여 수송함으로써 정제할 수 있다는 것을 알 수 있다.

[comment] 이 프로세스는 다음과 같은 문제가 있어 실패하였다.

① 조 Al(l)을 얻기 위한 에너지가 필요
② 장치의 부식
③ 수송의 문제(압력이 다를 때 가스를 어떻게 수송할까?)

그러나 이 문제와 같은 불균화반응disproportionation reaction

$$2Al(0가) + AlCl_3(3가) = 3AlCl(1가)$$

를 이용한 제련방법(기상 수송법으로도 불림)은 In 등의 희소금속에 응용되며, 불균화 제련은 새로운 프로세스의 힌트가 되었다. 사실 반도체의 제조에는 유사한 프로세스가 사용되고 있다.

74 Pb 용광로: 환원반응의 열역학적 해석

Pb 용광로에서 용련 zone의 반응을 간략화하여 평형에 있는 것으로 가정하고, Pb 메탈, 맷트 ($a_{FeS}=0.4$로 가정), 슬래그의 3 융체상과 [at%CO]+[at%CO_2]= 25 %인 전체압력 1 atm의 가스상이 1,473 K(1,200 ℃)에서 평형하고 있는 것으로 가정한다.

(i) $a_{FeO}=0.4$라 했을 때 $a_{Fe}=1$이 되는 [at%CO], [at%CO_2]를 구하시오.

(ii) 이때 PbS, PbO의 활동도를 구하시오.

(iii) CO : CO_2 = 1 : 1의 가스가 융체와 평형할 때($a_{FeO}=0.4$로 가정) a_{Fe}를 구하시오. 또, 이 때 슬래그로 들어가는 Pb의 양은 위의 경우와 비교하면 어떻게 되는지 설명하시오. 그리고 맷트 중의 Pb 양에 대하여 설명하시오.

(iv) 마찬가지로 CO:CO_2 = 1 : 2의 경우에 대하여 계산하시오.

(v) 위의 각 CO/CO_2 비의 경우에 대하여 a_{Fe2O3}를 구하시오.

(vi) 위의 각 CO/CO_2 비에 대하여 맷트 중 $a_{Cu2S}=0.04$에 상당하는 동이 존재하는 것으로 생각한다. 이때 금속 Pb 중으로 들어가는 평형 [%Cu]를 구하시오. 단, 동은 맷트 중에서는 Cu_2S, 금속상 중에서는 금속동으로 존재하고, Pb 중 동의 Raoult 기준의 활동도 계수는 $\gamma^0_{Cu}=5$이다.

[표 1]

Reaction	ΔG^0 (J)
$2Fe(s,l)+O_2(g)=2FeO(l)$	$-477,560+97.06T$
$2CO(g)+O_2(g)=2CO_2(g)$	$-564,840+173.30T$
$2Fe(s)+S_2(g)=2FeS(l)$	$-235,220+67.28T$
$2Pb(l)+S_2(g)=2PbS(l)$	$-254,380+122.78T$
$2Pb(l)+O_2(g)=2PbO(l)$	$-390,200+155.40T$
$3/2Fe(s,l)+O_2(g)=1/2Fe_3O_4(s)$	$-547,830+151.17T$
$4Cu(l)+S_2(g)=2Cu_2S(l)$	$-282,000+74.52T$

풀이

(i) 다음의 반응에 대하여 고찰한다.

$$Fe(s,l)+CO_2(g)=FeO(l)+CO(g):\quad \Delta G^0=43,640-38.12T \text{ (J)}$$

1,473 K에서 ΔG^0는

$$\Delta G^0_{1,473}=-12,510 \text{ (J)}$$

$$K_{1,473}=\exp\left(-\frac{\Delta G^0_{1,473}}{RT}\right)=\frac{a_{FeO}\cdot p_{CO}}{a_{Fe}\cdot p_{CO2}}=2.7773 \tag{1}$$

여기서 $a_{FeO}=0.4$이며, $a_{Fe}=1$이므로 식 (1)에 대입하여 정리하면

$$\frac{p_{CO}}{p_{CO2}}=\frac{2.7773}{0.4}=6.943 \tag{2}$$

또 [at%CO]+[at%CO_2]= 25 %의 가스상이며, 전체압력이 1 atm이므로

$$p_{CO}+p_{CO2}=0.25 \text{ (atm)} \tag{3}$$

식 (2), (3)으로부터 p_{CO}, p_{CO2}를 구하면

$$p_{CO}=2.185\times10^{-1} \text{ (atm)},\qquad p_{CO2}=3.147\times10^{-2} \text{ (atm)}$$

[at%CO]=21.85 (%), [at%CO_2]=3.15 (%)

(ii) 다음 반응에 대하여 생각한다.

$$PbS(l)+Fe(s)=Pb(l)+FeS(l):\quad \Delta G^0=9,580-27.75T \text{ (J)}$$

$$\therefore \ \Delta G^0_{1,473} = -31,296 \ (\mathrm{J})$$

$$K_{1,473} = \exp\left(-\frac{\Delta G^0_{1,473}}{RT}\right) = \frac{a_{\mathrm{Pb}} \cdot a_{\mathrm{FeS}}}{a_{\mathrm{PbS}} \cdot a_{\mathrm{Fe}}} = 12.878 \tag{4}$$

문제에서 $a_{\mathrm{FeS}} = 0.4$이며, 금속 Pb상 중에는 Fe가 전혀 용해되지 않으므로 $a_{\mathrm{Fe}} = 1$, $a_{\mathrm{Pb}} = 1$이라 하면 식 (4)로부터

$$a_{\mathrm{PbS}} = 0.03106$$

다음은 a_{PbO}를 구하기 위하여 다음의 반응에 대해 생각한다.

$$\mathrm{PbO(l)} + \mathrm{Fe(s)} = \mathrm{Pb(l)} + \mathrm{FeO(l)}: \ \Delta G^0 = -43,680 - 29.17T \ (\mathrm{J})$$

$$\therefore \ \Delta G^0_{1,473} = -86,647 \ (\mathrm{J})$$

$$K_{1,473} = \exp\left(-\frac{\Delta G^0_{1,473}}{RT}\right) = \frac{a_{\mathrm{Pb}} \cdot a_{\mathrm{FeO}}}{a_{\mathrm{PbO}} \cdot a_{\mathrm{Fe}}} = 1.1823 \times 10^3 \tag{5}$$

여기서 $a_{\mathrm{Fe}} = 1$, $a_{\mathrm{Pb}} = 1$, $a_{\mathrm{FeO}} = 0.4$이므로

$$a_{\mathrm{PbO}} = \frac{0.4}{1.1823 \times 10^3} = 3.383 \times 10^{-4}$$

(iii) 슬래그 내로 들어가는 Pb 양에 대하여 고찰한다. 우선 식 (1)로부터 Fe의 활동도인 a_{Fe}를 구하면

$$a_{\mathrm{Fe}} = \frac{a_{\mathrm{FeO}}}{2.7773} \cdot \frac{p_{\mathrm{CO}}}{p_{\mathrm{CO_2}}} \tag{6}$$

식 (6)에서 $a_{\mathrm{FeO}} = 0.4$, $p_{\mathrm{CO}}/p_{\mathrm{CO_2}} = 1$이므로

$$a_{\mathrm{Fe}} = 0.14402$$

이 값과 $a_{\mathrm{FeO}} = 0.4$, $a_{\mathrm{Pb}} = 1$을 식 (5)에 대입하여 정리하면

$$a_{\mathrm{PbO}} = \frac{a_{\mathrm{Pb}} \cdot a_{\mathrm{FeO}}}{1.1823 \times 10^3 \cdot a_{\mathrm{Fe}}} = \frac{1 \times 0.4}{1.1823 \times 10^3 \times 0.14402} = 2.349 \times 10^{-3}$$

이 값을 (ii)의 $a_{\mathrm{Fe}} = 1$인 경우($a_{\mathrm{PbO}} = 3.383 \times 10^{-4}$)와 비교하면 a_{PbO}의 값은 약 7배가 된다. 따라서 환원도($p_{\mathrm{CO}}/p_{\mathrm{CO_2}}$)가 내려가면 슬래그로 들어가는 Pb가 증가한다.

다음은 맷트 내에 들어가는 Pb 양에 대해서 고찰한다. 이때의 반응은

$$PbS(l) + Fe(s) = Pb(l) + FeS(l): \quad \Delta G^0 = 9{,}580 - 27.75T \text{ (J)}$$

식 (4)로부터 평형상수 $K_{1,473}$은

$$K_{1,473} = \frac{a_{Pb} \cdot a_{FeS}}{a_{PbS} \cdot a_{Fe}} = 12.878$$

여기서 $a_{Pb} = 1$, $a_{Fe} = 0.14402$, $a_{FeS} = 0.4$를 대입하면

$$a_{PbS} = \frac{a_{Pb} \cdot a_{FeS}}{12.878 \cdot a_{Fe}} = \frac{1 \times 0.4}{12.878 \times 0.14402} = 0.2157$$

이 값을 (ii)의 $a_{PbS} = 0.03106$과 비교하면 약 7배가 되어, 환원도를 낮추면 Pb가 맷트로 손실되는 양이 증가한다는 것을 알 수 있다. 일반적으로 맷트 내 Pb 양은 15 ~ 25 % 정도이므로 이때의 p_{CO}/p_{CO2}는 약 1.0 정도라고 생각할 수 있다.

[주] 실제 슬래그로 손실되는 양을 알아보려면 활동도 계수가 필요하다. γ^0_{PbO}(in slag) = 0.3으로 두고, 슬래그 100 g당 몰 수가 약 1.5 mol(산화물을 MO_x로 생각하는 경우)인 것을 이용하면 다음과 같이 슬래그로의 손실량을 구할 수 있다.

(ii)의 경우

$$a_{PbO} = \gamma^0_{PbO} \cdot x_{PbO} = 3.383 \times 10^{-4}$$

$$\therefore\ x_{PbO} = x_{Pb} = 1.128 \times 10^{-3} \qquad \therefore\ (\%Pb) = 0.350\ \%$$

(iii)의 경우

$$a_{PbO} = \gamma^0_{PbO} \cdot x_{PbO} = 2.349 \times 10^{-3}$$

$$\therefore\ x_{PbO} = x_{Pb} = 7.830 \times 10^{-3} \qquad \therefore\ (\%Pb) = 2.434\ \%$$

[comment]

- 페라이트 슬래그를 사용하면 $\gamma^0_{PbO} = 3$이 되어 Pb의 슬래그 손실은 실리케이트 슬래그의 1/10 정도가 된다.
- ISP[Imperial Smelting Process]에서는 환원도가 높기 때문에 $a_{Fe} = 1$ 정도가 되어 슬래그 내의 Pb는 약 0.5 %가 된다.
- Pb 용련로에서 환원이 약하면 Pb 50 % 이상의 맷트가 만들어지기도 한다. 그러나 S량은 한정되어 있기 때문에 Pb의 전부가 PbS가 되어 맷트에 들어가는 경우는 없다.
- Pb−Fe계는 상호용해도가 거의 없기 때문에 반응을 제어하는 것은 Fe이다. 산소 퍼텐셜이 상승하면 a_{PbS}도 상승하지만 이것은 산소 퍼텐셜의 상승에 의해 a_{Fe}가 내려가고, Fe에 의한 PbS의 환원이 진행하지 않게 되기 때문이다.

(iv) 위의 경우와 마찬가지로 $p_{CO}/p_{CO2}=1/2$일 때의 a_{Fe}를 구한다. 식 (1)에 $a_{FeO}=0.4$를 대입하면

$$a_{Fe}=\frac{a_{FeO}\cdot p_{CO}}{2.7773\cdot p_{CO2}}=0.07201$$

이때의 a_{PbS}와 a_{PbO}는 식 (4), (5)에 의해

$$a_{PbS}=\frac{a_{Pb}\cdot a_{FeS}}{12.878\cdot a_{Fe}}=\frac{1\times 0.4}{12.878\times 0.07201}=0.4313$$

$$a_{PbO}=\frac{a_{Pb}\cdot a_{FeO}}{1.1823\times 10^3\cdot a_{Fe}}=\frac{1\times 0.4}{1.1823\times 10^3\times 0.07201}=4.698\times 10^{-3}$$

즉, (iii)의 $p_{CO}/p_{CO2}=1$의 경우와 비교하면 맷트 내의 Pb 품위, 슬래그 내의 Pb 품위 모두 약 2배가 된다.

(v) 다음의 반응에 대해 알아본다.

$$4FeO(l)=Fe_3O_4(s)+Fe(s,l):\ \Delta G^0=-140{,}540-108.22T\ (J)$$

$$\Delta G^0_{1,473}=18{,}868\ (J)$$

$$K_{1,473}=\exp\left(-\frac{\Delta G^0_{1,473}}{RT}\right)=0.21423$$

또 이 반응의 $K_{1,473}$은 $a_{FeO}=0.4$라 하면

$$K_{1,473}=\frac{a_{Fe3O4}\cdot a_{Fe}}{a^4_{FeO}}=\frac{a_{Fe3O4}\cdot a_{Fe}}{0.0256}$$

$$\therefore\ a_{Fe3O4}=\frac{0.21423\times 0.0256}{a_{Fe}}=\frac{5.4842\times 10^{-3}}{a_{Fe}} \qquad (7)$$

여기서 식 (7)의 a_{Fe}에 각각의 활동도를 대입하면 a_{Fe3O4}가 구해진다.

$$a_{Fe}=1:\ p_{CO}/p_{CO2}=6.943\ :\ a_{Fe3O4}=5.484\times 10^{-3}$$

$$a_{Fe}=0.14402:\ p_{CO}/p_{CO2}=1\ :\ a_{Fe3O4}=3.808\times 10^{-2}$$

$$a_{Fe}=0.07201:\ p_{CO}/p_{CO2}=1/2\ :\ a_{Fe3O4}=7.616\times 10^{-2}$$

[주] 1,473 ~ 1,573 K에서 슬래그 내 FeO는 액체 기준, Fe_3O_4는 고체 기준이다.

【별해】 다음의 반응을 고려한다.

$$3FeO(l)+CO_2(g)=Fe_3O_4(S)+CO(g): \Delta G^0=-96,900+70.10T$$

$$\therefore\ \Delta G^0_{1,473}=6,357\ (J)$$

$$\therefore\ K_{1,473}=\frac{a_{Fe3O4}\cdot p_{CO}}{a^3_{FeO}\cdot p_{CO2}}=0.5951$$

$$\therefore\ a_{Fe3O4}=0.0591\times(0.4)^3\times\frac{p_{CO2}}{p_{CO}}=3.890\times10^{-2}\frac{p_{CO2}}{p_{CO}}$$

따라서

$$p_{CO}/p_{CO2}=6.943\quad:\ a_{Fe3O4}=5.484\times10^{-3}$$

$$p_{CO}/p_{CO2}=1\quad:\ a_{Fe3O4}=3.809\times10^{-2}$$

$$p_{CO}/p_{CO2}=1/2\quad:\ a_{Fe3O4}=7.618\times10^{-2}$$

(vi) 다음의 반응에 대해 알아본다.

$$Cu_2S(l)+Fe(s)=2Cu(l)+FeS(l):\ \Delta G^0=23,390-3.62T\ (J)$$

$$\therefore\ \Delta G^0_{1,473}=18,058\ (J)$$

$$\therefore\ K_{1,473}=\frac{a^2_{Cu}\cdot a_{FeS}}{a_{Cu2S}\cdot a_{Fe}}=\frac{0.4a^2_{Cu}}{0.04a_{Fe}}=0.22888$$

$$\therefore\ a_{Cu}=(2.2888\times10^{-2}\cdot a_{Fe})^{1/2} \tag{8}$$

여기서 $\gamma^0_{Cu}=5$이므로 식 (8)에 의하여 x_{Cu}가 구해지고, 이에 따라 금속상 중의 [%Cu]는 다음 식에 의해 구한다.

$$x_{Cu}=\frac{[\%Cu]/63.55}{(100-[\%Cu])/207.19+[\%Cu]/63.55}=\frac{[\%Cu]}{30.67+0.6933[\%Cu]}$$

$$\therefore\ [\%Cu]=\frac{30.67x_{Cu}}{1-0.6933x_{Cu}}$$

위의 식에서 구한 결과를 [표 2]에 나타내었다.

[표 2]

p_{CO}/p_{CO2}	a_{Fe}	a_{Cu}	x_{Cu}	[%Cu]
6.9432	1	0.1513	3.026×10^{-2}	0.9480
1	0.1440	0.0574	1.148×10^{-2}	0.3549
1/2	0.07201	0.0406	8.120×10^{-3}	0.2505

이상의 결과로부터 Cu는 환원도가 높으면 Pb 메탈상으로, 낮으면 맷트상으로 들어가는 것을 알 수 있다. 이때도 중요한 것은 a_{Fe}이며, Fe에 의한 Cu_2S의 환원이 어느 정도 진행하는가에 따라 메탈상 내의 Cu가 결정된다. 즉 $p_{O2}\rightarrow a_{Fe}\rightarrow a_{Cu}$와 같이 지배되고 있다.

[comment] 고려하고 있는 산소분압 영역에서 a_{Cu2S}는 매우 작고(대략 1.4×10^{-6} 정도), 슬래그로의 Cu의 분배는 거의 문제되지 않으며, Cu는 대부분 맷트나 메탈상으로 분배된다.

$$Cu_2S+Fe=2Cu+FeS,\ K=\frac{a_{Cu}^2\cdot a_{FeS}}{a_{Cu2S}\cdot a_{Fe}}$$

여기서 a_{FeS}가 일정하다면 a_{Fe}가 작아질수록 a_{Cu}^2/a_{Cu2S}는 작아진다. 즉, a_{Cu2S}는 a_{Cu}보다 커진다. 즉 Cu는 맷트상에 들어가게 된다. 또 이 문제에서는 $a_{FeS}=0.4$, $a_{Cu2S}=0.04$로 고정하여 계산하고 있으나, CO/CO_2가 작아지면 a_{FeS}는 작아지고, a_{PbS}, a_{Cu2S}는 커지므로, 엄밀하게는 이러한 변화를 고려할 필요가 있다.

[참고문헌]

阿座上竹四, 矢澤 彬, 東北大学選鉱製錬研究所彙報 **21**(1965), p. 103.

75 Pb의 softening: 불순물의 제거한계 산출

Pb의 건식제련에서 softening은 유연법으로 불리며, Pb 내에 함유된 불순물인 Zn, Sb, Bi 등을 제거하는 공정이다. Zn, Sb, Bi의 평형론적인 제거한계(i~iii)를 구하시오. 단, Pb 내에서 Zn의 활동도 계수는 $\gamma^0_{Zn} = 8.4$, Pb－Sb계, Pb－Bi계를 이상용액으로 가정하고, 조업온도는 873 K(600 ℃)로 한다.

[표 1]

Reaction	ΔG^0 (J)
$2Pb(s,l) + O_2(g) = 2PbO(s)$	$-434,300 + 193.22T$
$2Zn(l) + O_2(g) = 2ZnS(s)$	$-706,260 + 213.96T$
$\frac{4}{3}Sb(l) + O_2(g) = \frac{2}{3}Sb_2O_3(l)$	$-466,430 + 152.30T$
$\frac{4}{3}Bi(l) + O_2(g) = \frac{2}{3}Bi_2O_3(s)$	$-391,210 + 188.70T$

풀이

(i) Zn의 제거한계

$$2Pb(s,l) + O_2(g) = 2PbO(s): \quad \Delta G^0 = -434,300 + 193.22T \tag{1}$$

$$2Zn(l) + O_2(g) = 2ZnS(s): \quad \Delta G^0 = -706,260 + 213.96T \tag{2}$$

식 [(2)－(1)]/2에 의해

$$PbO(s) + Zn(l) = ZnO(s) + Pb(l): \quad \Delta G^0_{(3)} = -135,980 + 10.37T \text{ (J)} \tag{3}$$

$$\Delta G^0_{(3)} = -RT\ln\left(\frac{a_{ZnO} \cdot a_{Pb}}{a_{PbO} \cdot a_{Zn}}\right) \tag{4}$$

용융된 Pb 내의 불순물 양은 매우 적은 것으로 생각할 수 있으므로 $a_{Pb} \cong 1$. PbO−ZnO계 상태도로부터 PbO와 ZnO는 873 K에서 상호 고용도가 거의 없는 고상으로 존재하는 것을 알 수 있다. 따라서 $a_{PbO} \cong 1$, $a_{ZnO} \cong 1$로 둘 수 있다. 미량 Zn의 활동도 $a_{Zn} = \gamma^0_{Zn} \cdot x_{Zn}$과 식 (3)을 식 (4)에 대입하고 $T = 873$ K에서 정리하면

$$a_{Zn} = \gamma^0_{Zn} \cdot x_{Zn} = 2.542 \times 10^{-8}$$

$\gamma^0_{Zn} = 8.4$로 주어져 있으므로 $x_{Zn} = 3.026 \times 10^{-9}$이며 $[wt\%Zn] = 9.553 \times 10^{-8}$이다.

(ii) Sb의 제거한계

$$\frac{4}{3}Sb(l) + O_2(g) = \frac{2}{3}Sb_2O_3(l):\ \Delta G^0 = -466,430 + 152.30T\ (J) \tag{5}$$

식 [(5)−(1)]/2에 의해

$$PbO(s) + \frac{2}{3}Sb(l) = \frac{1}{3}Sb_2O_3(s) + Pb(l):\ \Delta G^0_{(6)} = -6,065 - 20.46T\ (J) \tag{6}$$

$$\Delta G^0_{(6)} = -RT\ln\left(\frac{a^{1/3}_{Sb2O3} \cdot a_{Pb}}{a_{PbO} \cdot a^{2/3}_{Sb}}\right)$$

따라서 873 K에서의 평형상수는 다음과 같다.

$$K_{(6),873} = \frac{a^{1/3}_{Sb2O3} \cdot a_{Pb}}{a_{PbO} \cdot a^{2/3}_{Sb}} = 27.02$$

Sb가 매우 미량인 것을 고려하면 $a_{Pb} \cong 1$, 또 Pb−Sb 융체를 이상용액으로 가정하면 $a_{Sb} = x_{Sb}$이므로 위의 식을 x_{Sb}에 대하여 정리하면

$$x_{Sb} = \left(\frac{a^{1/3}_{Sb2O3}}{27.02 \cdot a_{PbO}}\right)^{3/2} = 7.124 \times 10^{-3}\frac{a^{1/2}_{Sb2O3}}{a^{3/2}_{PbO}} \tag{7}$$

여기서 Sb_2O_3를 함유하는 PbO 융체의 평형을 고려하면 a_{PbO}는 1에 가깝고, Sb_2O_3가 산성이므로 염기성인 PbO 융체 중에서 a_{Sb2O3}는 이상상태와 비교하여 음으로 편기하며, 매우 작은 값으로 생각된다.(ref. 2, p. 135 참조) 여기서 $a^{1/2}_{Sb2O3}/a^{3/2}_{PbO} = 1/10$의 경우를 검토해 보면 식 (7)에 의해 $x_{Sb} = 7.124 \times 10^{-4}$으로 $[\%Sb] = 0.0419$ wt%이다.

실제로는 슬래그 제거작업을 반복함으로써 약 0.003 wt%까지 낮출 수 있다.

(iii) Bi의 제거한계

$$\frac{4}{3}Bi(l)+O_2(g)=\frac{2}{3}Bi_2O_3(l):\ \Delta G^0=-391,210+188.70T \qquad (8)$$

식 [(8)−(1)]/2에 의해

$$\frac{2}{3}Bi(l)+PbO(s)=\frac{1}{3}Bi_2O_3(s)+Pb(l):\Delta G^0_{(9)}=21,545-2.26T\ (J) \qquad (9)$$

따라서 873 K에서 식 (9)의 평형상수는 다음과 같다.

$$K_{(9),873}=\frac{a_{Bi2O3}^{1/3}\cdot a_{Pb}}{a_{Bi}^{2/3}\cdot a_{PbO}}=6.744\times10^{-2}$$

Bi_2O_3와 PbO가 873 K에서 상호 고용도가 없다고 생각하면 $a_{Bi2O3}\cong1$, $a_{PbO}\cong1$이다. 또 Pb−Bi계는 이상용액으로 볼 수 있으므로 $a_{Pb}=x_{Pb}$, $a_{Bi}=x_{Bi}$이다. 따라서

$$\frac{x_{Pb}}{x_{Bi}^{2/3}}=6.744\times10^{-2}$$

$x_{Bi}=1-x_{Pb}$이므로

$$x_{Pb}^3-3.067\times10^{-4}x_{Pb}^2+6.134\times10^{-4}x_{Pb}-3.067\times10^{-4}=0$$

위의 식을 풀면 $x_{Pb}\cong0.0645$, $x_{Bi}\cong0.9355$이다. 농도로 바꾸면 [wt%Bi]= 93.60이 된다. 따라서 Bi는 Pb보다 안정되며, 산화에 의해서는 제거할 수 없다.

[comment] 상기와 같이 산화에 의한 불순물의 제거가 불가능한 경우, 알칼리나 알칼리토류 화합물을 첨가하여 불순물과 알칼리 또는 알칼리토류금속으로 구성되는 보다 안정한 복합 화합물을 생성함으로써 불순물을 제거하는 방법을 이용한다.(ref. 2, p. 137 참조) 그러나 일반적으로는 품질유지를 위하여 전해를 하는 곳이 많다.

Pb 제련의 용광로에서 얻어진 조 Pb의 건식정련에서, Cu는 산화법으로는 제거할 수 없으므로, 우선 용리법이나 황화법으로 탈Cu한 후, 반사로에서 산화정련을 한다. 온도를 700 ~ 900 ℃로 상승시켜 공기를 취입하거나, PbO를 첨가하여 불순물을 litharge slag(스컴 또는 드로스로도 불린다.)로 만들어 산화물에 용해시킨다. 불순물 중에서 산화하기 쉬운 것은 Zn, Fe, Sn, As, Sb이며, Sb가 이 중에서 가장 산화되기 어렵다. 또 Pb의 일부는 불순물인 산화물과 함께 슬래그로 들어가서 손실된다. 이 경우 얻어지는 Pb는 연하기 때문에 연연軟鉛, softened lead이라 하며, 이 산화법을 유연법柔鉛法, softening process이라 한다. 이 외에 Bi를 산화시키려면 Pb는 거의 전부가 PbO가 되므로 Kroll−Betterton법에 의해, 또 Au, Ag는 Parkes법에 의해 회수한다.

76 Zn의 증류: ΔG^0로부터 잔류 Zn의 산출

아연을 함유하는 Pb를 873 K(600 ℃)에서 진공처리하여 아연을 분리하려 한다. 휘발가스 중의 Pb 분압이 아연 분압의 1 %가 될 때를 종점으로 할 때, 평형론적으로 용융 Pb 내의 아연은 어느 정도까지 낮출 수 있는지 계산하시오.

$$Zn(l) = Zn(g): \quad \Delta G^0 = 127{,}277 + 24.39\,T\log T - 182.76\,T \ (J) \tag{1}$$

$$Pb(l) = Pb(g): \quad \log P = -10{,}130/T - 0.958\log T + 8.28 \ (atm) \tag{2}$$

단, 용융 Pb 내 아연의 활동도 계수는 $\gamma^0_{Zn} = 8.4$로 한다.

풀이

873 K에서 순아연의 증기압은

$$\frac{p^0_{Zn}}{a_{Zn}} = \exp\left(-\frac{\Delta G^0}{RT}\right)$$

순아연의 경우 $a_{Zn} = 1$이므로 식 (1)에 의해

$$p_{Zn} = p^0_{Zn} = 1.528\times 10^{-2} \ (atm)$$

또 873 K에서 순Pb의 증기압은 식 (2)에 의해

$$\log p^0_{Pb} = -10{,}130/873 - 0.958\log 873 + 8.28 = -6.14$$

$$\therefore \ p^0_{Pb} = 7.24\times 10^{-7} \ (atm)$$

휘발가스 중의 Pb 분압이 Zn 분압의 1 %이므로 종점에서 Zn의 분압은 $a_{Pb} \cong 1$에 의해

$$p_{Zn} = p^0_{Zn}a_{Pb}\times 100 = 7.24\times 10^{-5} \ (atm)$$

따라서 종점에서 아연의 활동도는

$$a_{Zn} = \frac{p_{Zn}}{p^0_{Zn}} = \frac{7.24\times10^{-5}}{1.528\times10^{-2}} = 4.73\times10^{-3}$$

용융 Pb 중 Zn의 활동도 계수는 $\gamma^0_{Zn} = 8.4$이므로

$$x_{Zn} = \frac{a_{Zn}}{\gamma^0_{Zn}} = \frac{4.73\times10^{-3}}{8.4} = 5.63\times10^{-4}$$

$$\therefore [\mathrm{wt\%Zn}] = \frac{65.4\times5.63\times10^{-4}}{207.2\times(1-5.63\times10^{-4})+65.4\times5.63\times10^{-4}}\times100 = 0.0178$$

77 진공용해에서의 산화: ΔG^0로부터 산화조건 산출

$10^{-6} \sim 10^{-7}$ atm 정도의 진공도에서 각종 금속을 진공용해하려고 한다. 다음 물음에 답하시오.

(i) 순수한 철을 1,873 K(1,600 ℃)에서 진공용해하면 산화를 피하기 어렵다고 한다. 다음 식을 이용해 이 현상을 설명하시오.

$$\frac{1}{2}O_2(g) = \underline{O}(\%): \ \Delta G^0 = -117{,}000 - 2.89T \ (J)$$

($\underline{O}(\%)$는 1 wt%를 기준상태로 한 Henry 기준을 채용한 것을 의미)

(ii) 1,873 K에서의 니켈과 1,473 K(1,200 ℃)에서 동의 산화여부에 대하여 검토하시오.

(iii) 순철이 아니고 실제의 강을 용해하면 많은 경우 탈산이 일어난다고 한다. 그 주 반응을 1,873 K에서 설명하시오.

(iv) 1,473 K에서 동을 용해할 때, 진공도를 여러 가지로 바꿀 경우, 용동의 산화문제를 검토하시오.

[표 1]

Reaction	ΔG^0 (J)	$\log K$
$2Ni(l) + O_2(g) = 2NiO(s)$	$-498{,}800 + 185.68T$	
$4Cu(l) + O_2(g) = 2Cu_2O(l)$	$-235{,}200 + 78.20T$	
$CO(g) = \underline{C}(\%) + \underline{O}(\%)$		$-1{,}160/T - 2.003$

풀이

(i)　$\frac{1}{2}O_2(g) = \underline{O}(\%)$:　$\Delta G^0 = -117{,}000 - 2.89T$ (J)

$$\Delta G^0_{1,873} = -122{,}400 \text{ (J)}$$

$$K_{1,873} = \frac{[\%O]}{p_{O_2}^{1/2}}$$

$$\therefore\ [\%O] = 2.59 \times 10^3 \times \sqrt{p_{O_2}}$$

진공도 10^{-6} atm일 때(공기 중이라면 $p_{O_2} = 10^{-6} \times 0.21$)

$$[\%O] = 2.59 \times 10^3 \times \sqrt{10^{-6} \times 0.21} = 1.19 \text{ (wt\%)}$$

진공도 10^{-7} atm일 때

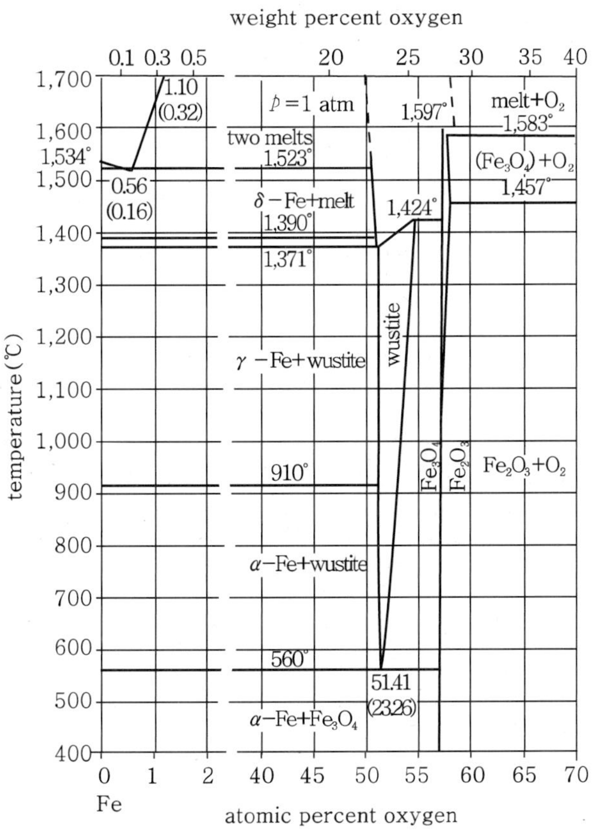

〈그림 1〉 Fe−O계 상태도

$$[\%O] = 2.59 \times 10^3 \times \sqrt{10^{-7} \times 0.21} = 0.38 \text{ (wt\%)}$$

〈그림 1〉에 나타낸 Fe－O계 상태도를 통해 1,873 K에서는 산소 0.2 wt% 이상에서 용융철+용융산화물의 범위가 되므로 산화를 피할 수 없음을 알 수 있다.

(ii)

(a) Ni의 경우, Ni 내에 산소는 거의 용해되지 않는 것으로 가정하면

$$2Ni(l)+O_2(g)=2NiO(s):\quad \Delta G^0=-498,800+185.68T\ (J)$$

$$\Delta G^0_{1,873}=-151,000\ (J)$$

$$K_{1,873}=\frac{a^2_{NiO}}{a^2_{Ni}\cdot p_{O2}}=1.626\times10^4$$

$$\therefore\ \frac{a_{NiO}}{a_{Ni}}=1.275\times10^2\sqrt{p_{O2}}$$

진공도 10^{-6} atm일 때

$$\frac{a_{NiO}}{a_{Ni}}=1.275\times10^2\times\sqrt{10^{-6}\times0.21}=0.06$$

진공도 10^{-7} atm일 때

$$\frac{a_{NiO}}{a_{Ni}}=1.275\times10^2\times\sqrt{10^{-7}\times0.21}=0.02$$

따라서 Ni의 경우 이 조건에서 산화하지 않는다.

(b) 동의 경우, Cu 내에 산소는 거의 용해되지 않으므로

$$4Cu(l)+O_2(g)=2Cu_2O(l):\quad \Delta G^0=-235,200+78.20T\ (J)$$

$$\Delta G^0_{1,473}=-120,000\ (J)$$

$$K_{1,473}=\frac{a^2_{Cu2O}}{a^4_{Cu}\cdot p_{O2}}=1.801\times10^4$$

$a_{Cu}=1$이라 하면

$$a_{Cu2O}=1.342\times10^2\sqrt{p_{O2}}$$

진공도 10^{-6} atm일 때

$$a_{Cu2O}=1.342\times10^2\sqrt{10^{-6}\times0.21}=0.06$$

진공도 10^{-7} atm일 때

$$a_{Cu2O} = 1.342 \times 10^2 \sqrt{10^{-7} \times 0.21} = 0.02$$

따라서 Cu도 이 조건에서는 산화하지 않는다.

(iii) 1,873 K에서 $CO(g) = \underline{C}(\%) + \underline{O}(\%)$ 반응에서, 주어진 데이터에 따라

$$\log K = -\frac{1,160}{T} - 2.003, \quad \therefore K_{1,873} = 2.386 \times 10^{-3}$$

$$\therefore [\%C][\%O] = 2.386 \times 10^{-3} \times p_{CO}$$

진공도가 낮은 10^{-6} atm에서 $p_{CO} = 10^{-6}$ atm으로 두면

$$[\%C][\%O] = 2.386 \times 10^{-3} \times 10^{-6} = 2.386 \times 10^{-9}$$

이 경우 [%C]와 [%O]의 양이 비슷하다면 [%O]는 10^{-5} 정도가 되며, [%C]가 [%O]보다 1~2오더 정도 적더라도 [%O]는 10^{-4} 정도이므로 탈산은 일어나는 것으로 생각할 수 있다.

(iv) $4Cu(l) + O_2(g) = 2Cu_2O(l)$: $\Delta G^0 = -235,200 + 78.20T$ (J)

$$\Delta G^0_{1,473} = -120,000 \text{ (J)}$$

$$K_{1,473} = \frac{a^2_{Cu2O}}{a^4_{Cu} \cdot p_{O2}} = 1.801 \times 10^4$$

이 계에서 산화가 일어나는 것은 $a_{Cu2O} = 1$이므로 $a_{Cu} = 1$, $a_{Cu2O} = 1$로 두면

$$p_{O2} = 5.55 \times 10^{-5} \text{ (atm)}$$

공기 중이라면 진공도는 2.64×10^{-4} atm이다. 따라서 진공도가 2.64×10^{-4} atm보다 높으면 산화는 일어나지 않는다.

[주] $CO(g) = \underline{C}(\%) + \underline{O}(\%)$ 반응의 ΔG^0는 日本金属学会, 鉄鋼製錬(1979), p. 288을 인용.

78 Fe와 실리카의 평형: ΔG^0로부터 산화반응 추정

순철(일반적인 철강을 포함)의 진공용해를 하는 경우, 실리카를 함유하는 도가니 재료는 용탕을 산화시키기 때문에 사용할 수 없다. 다음 식을 1,873 K(1,600 ℃)에서 검토하여 그 이유를 설명하시오.

$$SiO_2(s) = SiO(g) + \frac{1}{2}O_2(g)$$

또 동(Cu)을 1,473 K(1,200 ℃)에서 진공용해할 때는 실리카 도가니를 사용하여도 무방한지 검토하시오. 필요한 데이터는 [표 1]과 같다.

[표 1]

Reaction	ΔG^0 (J)
$2Si(s) + O_2(g) = 2SiO(g)$	$-214,800 - 160.24T$
$Si(s) + O_2(g) = SiO_2(s)$	$-901,640 + 171.46T$
$2Fe(l) + O_2(g) = 2FeO(l)$	$-477,560 + 97.06T$
$4Cu(l) + O_2(g) = 2Cu_2O(s)$	$-324,600 + 137.60T$

풀이

주어진 데이터에 따르면

$$2Si(s) + O_2(g) = 2SiO(g): \quad \Delta G^0 = -214,800 - 160.24T \tag{1}$$

$$Si(s) + O_2(g) = SiO_2(s): \quad \Delta G^0 = -901,640 + 171.46T \tag{2}$$

식 (1)/2−(2)는

$$SiO_2(s) = SiO(g) + \frac{1}{2}O_2(g): \quad \Delta G^0 = 794,240 - 251.58T \text{ (J)} \tag{3}$$

$\Delta G^0 = -RT\ln K$일 때 식 (3)의 평형상수 $K_{(3)}$는 1,873 K에서

$$K_{(3),1873} = \frac{p_{SiO(g)} \cdot p_{O_2}^{1/2}}{a_{SiO_2(s)}} = 9.793 \times 10^{-10}$$

여기서 O_2는 전부 SiO_2에서 유래하는 것으로 보면 $p_{SiO(g)} = 2p_{O_2}$이며, $a_{SiO_2} = 1$이므로

$$2p_{O_2}^{3/2} = 9.793 \times 10^{-10} \qquad \therefore p_{O_2} = 6.21 \times 10^{-7}\ (\mathrm{atm}) \tag{4}$$

그리고 순철의 산화반응에 대하여

$$\mathrm{Fe(l)} + \frac{1}{2}\mathrm{O_2(g)} = '\mathrm{FeO}'(\mathrm{l}) : \quad \Delta G^0 = -238{,}780 + 48.53T \tag{5}$$

따라서 식 (5)의 평형상수 $K_{(5)}$는

$$K_{(5),1,873} = \frac{a_{FeO(l)}}{a_{Fe(l)} \cdot p_{O_2}^{1/2}} = 1.322 \times 10^4$$

식 (4)의 p_{O_2}에 의해

$$\frac{a_{FeO(l)}}{a_{Fe(l)}} \cong 10.5$$

즉, Fe는 산화되어 'FeO'가 되는 것으로 생각된다.

다음은 Cu에 대하여 1,473 K(1,200 ℃)에서 검토한다.

$$K_{(3),1,473} = \frac{p_{SiO(g)} \cdot p_{O_2}^{1/2}}{a_{SiO_2(s)}} = 9.457 \times 10^{-16}$$

마찬가지로

$$p_{O_2} = 6.07 \times 10^{-11}\ (\mathrm{atm})$$

또

$$2\mathrm{Cu(l)} + \frac{1}{2}\mathrm{O_2(g)} = \mathrm{Cu_2O(s)} : \quad \Delta G^0 = -162{,}300 + 68.80T\ (\mathrm{J}) \tag{6}$$

Fe와 마찬가지로

$$K_{(6),1,473} = \frac{a_{Cu2O(s)}}{a_{Cu(l)}^2 \cdot p_{O_2}^{1/2}} = 145.1$$

$$\therefore \frac{a_{Cu2O(s)}}{a_{Cu(l)}^2} = 1.13 \times 10^{-3}$$

따라서 $a_{Cu} \approx 1$일 때 $a_{Cu2O(s)}$는 매우 작은 값이므로 Cu는 거의 산화되지 않는다.

[comment] 여기서 생성한 Cu_2O가 다른 것에 의해 곧바로 연속적으로 흡수되는 경우에는 활동도가 낮아도 산화가 진행되는 경우가 있다. 활동도 비가 반드시 그 양적 관계를 나타내는 것은 아니다.

【별해】

식 (3)+(5)에 의해

$$Fe(l) + SiO_2(s) = SiO(g) + 'FeO'(l): \ \Delta G^0 = 555,460 - 203.05T \ (J) \tag{7}$$

$a_{SiO2(s)} = 1$이라면 1,873 K에서 식 (7)의 평형상수는 다음과 같다.

$$K_{(7),1,873} = \frac{p_{SiO} \cdot a_{FeO}}{a_{Fe}} = 1.303 \times 10^{-5}$$

$p_{SiO} = 2p_{O2}$와 식 (4)에 따라 $p_{SiO} = 1.24 \times 10^{-6}$ (atm)이므로

$$\frac{a_{FeO}}{a_{Fe}} \cong 10.50$$

즉, Fe의 상당한 양이 산화되어 FeO가 된다고 생각된다.

마찬가지로 Cu에 대해서도 식 (3)+(6)에 의해

$$2Cu(l) + SiO_2(s) = SiO(g) + Cu_2O(s): \ \Delta G^0 = 631,940 - 182.78T \ (J) \tag{8}$$

$a_{SiO2} = 1$이라 두면 1,473 K에서 $p_{SiO} = 1.214 \times 10^{-10}$ (atm)이므로

$$K_{(8),1,473} = \frac{a_{Cu2O(s)}}{a^2_{Cu(l)}} \times p_{SiO} = 1.372 \times 10^{-13}$$

$$\therefore \ \frac{a_{Cu2O(s)}}{a^2_{Cu(l)}} = 1.13 \times 10^{-3}$$

따라서 $a_{Cu(l)} \approx 1$일 때 $a_{Cu2O(s)}$는 매우 작은 값이 되어 Cu는 거의 산화되지 않는다.

79 용융동의 진공정제: 불순물의 증기압 비교

다음 표는 1,473 K(1,200 ℃)에서 용융동 내 불순물의 활동도, 활동도 계수, 이러한 불순물이 순수한 상태인 경우의 증기압을 나타낸다. 각각 0.1 wt% 함유되어 있는 경우의 증기압을 구하고, 진공용해에 의해 제거할 수 있는지에 대해 설명하시오.

[표 1]

	Ag	Cu	Pb	Al	S(0.1 %)	O(0.1 %)
γ^0	3.1	1	6	0.05	$a_{Cu2S}=0.1$	$a_{Cu2O}=0.1$
p^0(atm)	2×10^{-4}	5×10^{-6}	2×10^{-2}	2×10^{-5}		

단, S, O에 대해서는 이러한 불순물이 용융동 중에 0.1 % 함유되어 있을 때 Cu_2S, Cu_2O의 활동도가 0.1인 것으로 가정하고, S, O가 동시에 0.1 %씩 공존하고 있는 경우에는 어떻게 될지 고찰하시오.(단, ref. 2 부록 1 및 p. 83으로부터)

$$SO_2(g) = [\%S] + 2[\%O]: \ \Delta G^0 = 128,450 - 53.58T \text{ (J)}$$

$$4Cu(l) + S_2(g) = 2Cu_2S(l): \ \Delta G^0 = -282,000 + 74.52T \text{ (J)}$$

$$4Cu(l) + O_2(g) = 2Cu_2O(l): \ \Delta G^0 = -235,200 + 78.20T \text{ (J)}$$

풀이

용융동 중 불순물의 활동도를 a_i라 하면

$$a_i = \gamma_i^0 \cdot x_i = \frac{p_i}{p_i^0}$$

따라서 불순물이 나타내는 증기압은

$$p_i = a_i \cdot p_i^0 = \gamma_i^0 \cdot x_i \cdot p_i^0 \tag{1}$$

다음의 각 원소가 0.1 wt% 함유되어 있는 경우에 대해 알아본다.

Ag: 0.1 wt%를 몰 분율로 환산하면

$$x_{Ag} = \frac{0.1/107.87}{0.1/107.87 + 99.9/63.54} = 5.8928 \times 10^{-4}$$

따라서 용융동 중의 Ag 증기압은 식 (1)에 따라

$$p_{Ag} = \gamma^0 \cdot x \cdot p^0 = 3.1 \times (5.8928 \times 10^{-4}) \times (2 \times 10^{-4}) = 3.654 \times 10^{-7} \text{ (atm)}$$

Pb:

$$x_{Pb} = \frac{0.1/207.19}{0.1/207.19 + 99.9/63.54} = 3.0688 \times 10^{-4}$$

$$p_{Pb} = 6 \times (3.070 \times 10^{-4}) \times (2 \times 10^{-2}) = 3.683 \times 10^{-5} \text{ (atm)}$$

Al:

$$x_{Al} = \frac{0.1/26.9815}{0.1/26.9815 + 99.9/63.54} = 2.3517 \times 10^{-3}$$

$$p_{Al} = 0.05 \times (2.3517 \times 10^{-3)} \times (2 \times 10^{-5}) = 2.352 \times 10^{-9} \text{ (atm)}$$

S: 다음 식을 통해 알아본다.

$$4Cu(l) + S_2(g) = 2Cu_2S(l): \quad \Delta G^0_{1,473} = -172,232 \text{ (J)}$$

$$K_{1,473} = \frac{a^2_{Cu2S}}{a^4_{Cu} \cdot p_{S2}} = \exp\left(-\frac{\Delta G^0_{1,473}}{RT}\right) = 1.282 \times 10^6$$

$a_{Cu2S} = 0.1$이며, Cu의 활동도는 1로 근사할 수 있으므로

$$p_{S2} = \frac{0.1^2}{1 \times 1.282 \times 10^6} = 7.80 \times 10^{-9} \text{ (atm)}$$

O: 다음 식을 통해 알아본다.

$$4Cu(l) + O_2(g) = 2Cu_2O(l): \quad \Delta G^0_{1,473} = -120,011 \text{ (J)}$$

$$K_{1,473} = \frac{a^2_{Cu2O}}{a^4_{Cu} \cdot p_{O2}} = \exp\left(-\frac{\Delta G^0_{1,473}}{RT}\right) = 1.803 \times 10^4$$

S의 경우와 마찬가지로 Cu의 활동도는 1로 근사할 수 있으므로

$$p_{O2} = \frac{0.1^2}{1 \times 1.804 \times 10^4} = 5.55 \times 10^{-7} \text{ (atm)}$$

이상의 결과에 따르면 증기압의 대소관계는 아래와 같다.

$$Al < S < Ag < O < Cu < Pb$$

따라서 Cu보다 증기압이 높은 Pb는 진공용해로 제거할 가능성이 있으나, Al과 Ag는 제거할 수 없다.

다음은 S와 O가 동시에 0.1 wt%씩 존재할 때에 대하여 알아본다.

$$SO_2(g) = [\%S] + 2[\%O] : \quad \Delta G^0 = 128,450 - 53.58T \text{ (J)}$$

$$\Delta G^0_{1,473} = 49,527 \text{ (J)}$$

$$K_{1,473} = \frac{[\%S][\%O]^2}{p_{SO2}} = \exp\left(-\frac{\Delta G^0_{1,473}}{RT}\right) = 1.7524 \times 10^{-2}$$

여기서 $[\%S] = 0.1$, $[\%O] = 0.1$이라면

$$p_{SO2} = 0.05706 \text{ (atm)}$$

즉, S, O가 각각 단독으로 존재할 때는 진공용해로 제거할 수 없으나, 공존하는 경우에는 위와 같은 반응을 이용해 제거가 가능하게 된다.

〈그림 1〉과 같은 potential diagram을 그려 보면 진공용해에 의해 화살표 방향으로 반응을 진행시켜 Cu를 얻는 프로세스의 가능성이 있는 것을 알 수 있다.

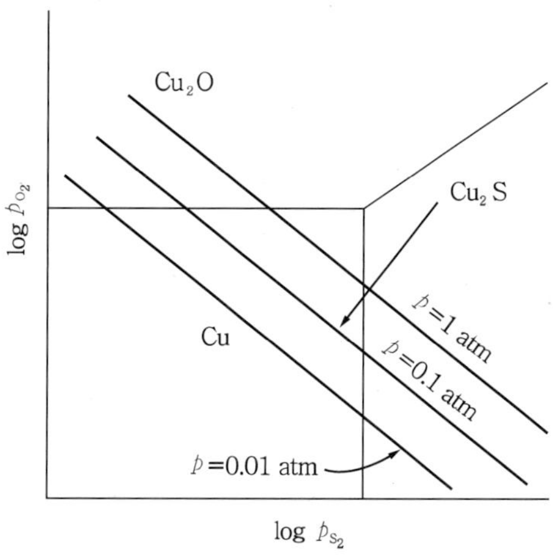

〈그림 1〉 $Cu-Cu_2O-Cu_2S$의 상 관계

[참고문헌]

亀田満雄, 矢沢 彬, 東北大学選鉱製錬研究所彙報 **19**(1963), p. 57.

80 Cu와 Pb의 용광로 비교: ΔG^0로부터 SO_2 분압을 비교

동의 용광로 배가스 중에는 CO_2, SO_2는 상당량 있으나 CO는 거의 없다(i). 한편 Pb의 용광로 장입물에는 약간의 유황이 들어 있음에도 그 배기가스 중에 SO_2는 거의 없다(ii). 그 이유를 1,000 K(727 ℃)에서 계산하여 설명하시오. 단, 동제련 용광로의 경우 CO_2는 약 10 %, SO_2는 약 5 %, S_2는 1 % 이하로 두고 정량적으로 고찰하시오. 또 Pb 용광로의 경우에도 용련 zone의 S_2 분압은 0.01 atm으로 두고 정량적으로 평가하시오.

[표 1]

Reaction	ΔG^0 (J)
$2CO(g)+O_2(g)=2CO_2(g)$	$-564,840+173.30T$
$\frac{1}{2}S_2(g)+O_2(g)=SO_2(g)$	$-362,070+73.41T$

풀이

실제 용광로 안에는 소결광, 코크스 등이 존재하므로 아래와 같은 반응도 일어날 것으로 예상된다.

$$SO_2(g)+C(s)=1/2S_2(g)+CO_2(g)$$

그러나 퍼텐셜도에서 고찰하기 쉬운 아래 반응의 평형상태에 대하여 알아본다.

$$2CO(g)+O_2(g)=2CO_2(g):\quad \Delta G^0=-564,840+173.30T\ (J) \tag{1}$$

$$\frac{1}{2}S_2(g)+O_2(g)=SO_2(g):\quad \Delta G^0=-362,070+73.41T\ (J) \tag{2}$$

식 (2)−(1)에 의해

$$\frac{1}{2}S_2(g)+2CO_2(g)=SO_2(g)+2CO(g):\quad \Delta G^0=202,770-99.89T\ (J) \tag{3}$$

식 (3)의 평형상수를 $T=1,000$ K에서 계산하면

$$K_{1,000}=\frac{p_{CO}^2 \cdot p_{SO2}}{p_{S2}^{1/2} \cdot p_{CO2}^2}=4.226\times10^{-6} \quad (4)$$

(i) 동제련 용광로의 경우

CO_2를 약 10 %, SO_2를 약 5 %로 두고 식 (4)에 대입하면

$$\frac{p_{CO}^2}{p_{S2}^{1/2}}=8.452\times10^{-7}$$

문제에서 p_{S2}는 실 조업에서 1 % 이하이므로, 예를 들어 $p_{S2}=0.01$ atm이어도 $p_{CO}=2.907\times10^{-4}$이 되어 CO 가스는 거의 존재하지 않는 것을 알 수 있다.

(ii) 연제련 용광로의 경우

문제 74 (iii)의 풀이에 나타낸 바와 같이 CO : CO_2의 비가 Pb 용광로 용련 zone에서 대략 1.0 정도로 생각할 수 있다. 배가스 중에서는 CO_2량이 보다 많을 것으로 생각되지만, 여기서는 이 값을 이용하여 식 (4)에 대입한다.

$$K_{1,000}=\frac{p_{SO2}}{p_{S2}^{1/2}}=4.226\times10^{-6}$$

S_2의 분압 $p_{S2}=0.01$ atm으로 생각하면 위의 식으로부터

$$p_{SO2}=4.226\times10^{-7}\ \text{(atm)}$$

즉, SO_2는 거의 존재하지 않는 것을 알 수 있다.

[comment] 일본과 유럽은 전통적으로 동 용광로에 대한 사고방식이 다르다. 그 차이를 [표 2]에 종합하여 나타내었다.

[표 2]

구분	조업방식	장입물	압력	반응속도	배가스 SO_2	기타
일본	생광취입	생광	저	느림	~5 %	H_2SO_4 회수
유럽	소결취입	소결광	고	빠름	~0.2 %	–

일본에서는 배가스 중의 SO_2 농도를 높여 H_2SO_4의 회수를 용이하게 하려고 하였다. 유럽에서는 소결광을 사용하여 왔으나, 이 경우 본 문제와는 달리 배가스 중의 CO가 높게 되는 것도 생각할 수 있다. 그러나 소결을 할 때 배가스의 처리가 문제되기 때문에 현재는 거의 소결을 하지 않고 있다. 또 동 용광로 자체도 점점 감소하고 있다.

Pb 용광로에서는 2 %S 정도의 소결광을 이용하기 때문에 원래부터 S_2, SO_2가 적고, 최종적으로는 free air에 의해 $S_2\rightarrow SO_2$로 되어 배출된다.

81 동 맷트의 용련: Fe, Zn, Pb의 분배

동 맷트용련에서 각 원소의 맷트–슬래그 간 분배관계에 대해 1,473 K(1,200 ℃)에서 검토하여 다음의 각 물음에 답하시오. 단, 슬래그 중의 FeO 활동도는 항상 0.35로 제어되고, 〈그림 1〉에 이 조건하에서 맷트 중 Cu 농도와 각 성분의 활동도 데이터가 주어져 있다. 또 활동도 계수 γ_i는 i가 황화물인 경우에는 맷트 중의, i가 산화물인 경우에는 슬래그 중의 값을 나타낸다.

(i) 동은 전부가 맷트상에 농축되지만, 철은 맷트–슬래그에 나뉘어 존재한다. 이러한 차이가 나는 원인에 대하여 고찰하고, FeO, FeS의 활동도가 같을 경우 동의 분배 비율을 산출하시오. 단, $\gamma_{CuO0.5} = 3$으로 두고, $CuO_{0.5}$의 표준상태는 순수액체로 한다. 또 계산의 간략화를 위하여 슬래그 100 g은 1.5 mol에 상당한다고 가정한다.

(ii) (i)의 조건에 더하여, 만약 나트륨이 존재하는 경우, 마찬가지로 분배에 대하여 계산하고 설명하시오. 단, $\gamma_{Na2S}/\gamma_{Na2O} = 10^7$이며, Na_2S와 Na_2O의 표준상태는 순수액체이다.

(iii) 마찬가지로 FeS와 FeO의 활동도가 같을 때 Pb와 Zn의 분배에 대하여 고찰하시오. 단, $\gamma_{PbS}/\gamma_{PbO} = 3.33$, $\gamma_{ZnS}/\gamma_{ZnO} = 2$로 가정한다. PbS와 PbO의 표준상태는 액체, ZnS와 ZnO의 표준상태는 고체이다.

(iv) 일반적으로 동 맷트용련로의 슬래그에는 Cu_2O가 그다지 없지만, 전로 슬래그(특히 slag making기의 말기)에는 존재하는 것으로 알려져 있다. 가능성을 검토하시오.

(v) 마찬가지로 슬래그 중의 Pb량이 맷트용련 슬래그와 전로 슬래그에서 차이가 있는지 검토하시오.

[표 1]

Reaction	ΔG^0 (J)
$4Cu(l)+O_2(g)=2Cu_2O(l)$	$-235,200+78.20T$
$4Cu(l)+S_2(g)=2Cu_2S(l)$	$-282,000+74.52T$
$2Fe(s)+O_2(g)=2FeO(l)$	$-477,560+97.06T$
$2Fe(s)+S_2(g)=2FeS(l)$	$-235,220+67.28T$
$4Na(g)+O_2(g)=2Na_2O(s,l)$	$-1,126,580+534.30T$
$4Na(g)+S_2(g)=2Na_2S(l)$	$-1,257,720+580.74T$
$2Pb(l)+O_2(g)=2PbO(l)$	$-390,200+155.40T$
$2Pb(l)+S_2(g)=2PbS(l)$	$-254,380+122.78T$
$2Zn(g)+O_2(g)=2ZnO(s)$	$-920,880+396.64T$
$2Zn(g)+S_2(g)=2ZnS(s)$	$-733,880+378.24T$

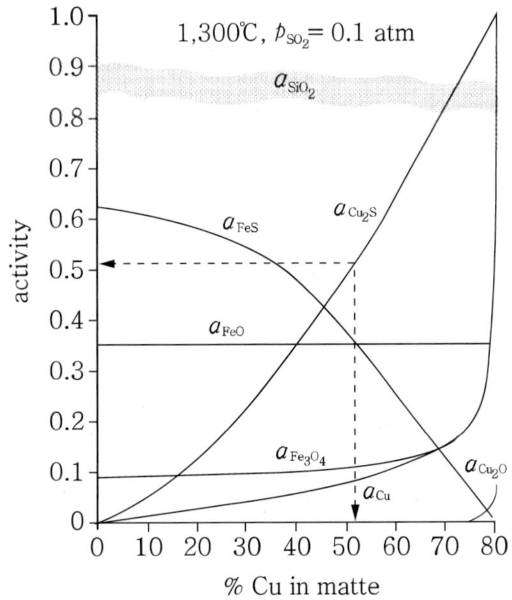

〈그림 1〉 실험 데이터 (a_{FeO}=0.35)(ref. 1)

풀이

(i) Cu－S－O계와 Fe－S－O계의 potential diagram에서 Cu에 비해 Fe 쪽이 훨씬 O에 대한 친화력이 크기 때문에 산화되기 쉽다. 정량적으로 검토하면

$Cu_2O(l) + FeS(l) = Cu_2S(l) + FeO(l)$:

$$\Delta G^0 = -144,570 + 13.05T \text{ (J)} \tag{1}$$

$$K_{(1)} = \frac{a_{Cu2S} \cdot a_{FeO}}{a_{Cu2O} \cdot a_{FeS}} = 2.787 \times 10^4 \tag{2}$$

K값으로부터 이 반응의 평형이 현저하게 오른쪽으로 치우쳐 있는 것, 즉 Cu_2S와 FeO가 안정되며, Fe의 산화가 우선하는 것을 알 수 있다.

또 〈그림 1〉의 실험 데이터로부터 $a_{FeO}/a_{FeS} = 1$의 조건에 의해 다음과 같이 추정할 수 있다.

$$a_{Cu2S} = 0.5, \qquad [\%Cu]_{matte} = 52$$

따라서 식 (2)에 의해

$$a_{Cu2O} = 1.794 \times 10^{-5}$$

여기서 $2CuO_{0.5} = Cu_2O$: $\Delta G^0 = 0$에 의해

$$a_{CuO0.5} = 4.236 \times 10^{-3}$$

여기서 $\gamma_{CuO0.5}$(in slag)$= 3$, 슬래그 100 g당 $n_T = 1.5$ mol이므로

$$a_{CuO0.5} = \gamma_{CuO0.5} \cdot x_{CuO0.5} = \gamma_{CuO0.5} \cdot \frac{(\%Cu)_{slag}}{n_T \cdot M_{Cu}}$$

$$\therefore \ (\%Cu)_{slag} = \frac{a_{CuO0.5}}{\gamma_{CuO0.5}} \cdot n_T \cdot M_{Cu} = \frac{4.236 \times 10^{-3}}{3} \times 1.5 \times 63.55 = 0.1346$$

따라서 Cu의 슬래그－맷트 간 분배비 $L_{Cu}^{s/m}$은

$$L_{Cu}^{s/m} = \frac{(\%Cu)}{[\%Cu]} = \frac{0.1346}{52} = 2.6 \times 10^{-3}$$

(ii) $$Na_2O(l) + FeS(l) = Na_2S(l) + FeO(l) : \ \Delta G^0 = -186,740 + 38.11T \text{ (J)} \tag{3}$$

$$K_{(3),1,473} = \frac{a_{Na2S} \cdot a_{FeO}}{a_{Na2O} \cdot a_{FeS}} = \frac{a_{Na2S}}{a_{Na2O}} = 4.280 \times 10^4 \tag{4}$$

$\gamma_{Na2S}/\gamma_{Na2O} = 10^7$이므로 식 (4)로부터

$$\frac{a_{Na2S}}{a_{Na2O}}=\frac{\gamma_{Na2S}}{\gamma_{Na2O}}\cdot\frac{x_{Na2S}}{x_{Na2O}}=4.280\times10^{4}$$

$$\therefore\ \frac{x_{Na2S}}{x_{Na2O}}=4.280\times10^{4}\times10^{-7}=4.280\times10^{-3}$$

따라서 Na의 대부분은 슬래그 내로 들어간다.

(iii) 일반적으로 다음의 반응에 대해 고찰한다.($a_{FeO}/a_{FeS}=1$일 때)

$$MO+FeS=MS+FeO,\quad K=\frac{a_{MS}\cdot a_{FeO}}{a_{MO}\cdot a_{FeS}}=\frac{a_{MS}}{a_{MO}}=\frac{\gamma_{MS}}{\gamma_{MO}}\cdot\frac{x_{MS}}{x_{MO}} \qquad (5)$$

(a) $PbO(l)+FeS(l)=PbS(l)+FeO(l):\ \Delta G^0=-53{,}260-1.42T\ (J)$

$$K=\frac{\gamma_{PbS}}{\gamma_{PbO}}\cdot\frac{x_{PbS}}{x_{PbO}}=91.81$$

여기서 $\gamma_{PbS}/\gamma_{PbO}=3.33$이므로

$$\frac{x_{PbS}}{x_{PbO}}=27.54$$

이와 같이 Pb는 맷트 쪽으로 훨씬 많이 들어간다.

(b) $ZnO(s)+FeS(l)=ZnS(s)+FeO(l):\ \Delta G^0=-27{,}670+5.69T\ (J)$

$$K=\frac{\gamma_{ZnS}}{\gamma_{ZnO}}\cdot\frac{x_{ZnS}}{x_{ZnO}}=4.830$$

여기서 $\gamma_{ZnS}/\gamma_{ZnO}=2$이므로

$$\frac{x_{ZnS}}{x_{ZnO}}=2.415$$

따라서 Zn은 슬래그와 맷트 양쪽 상으로 분배된다.

(iv) (i)~(iii)에서는 $a_{FeO}/a_{FeS}=1$에서 맷트용련로에서 전로까지의 slag making 초기를 가정하였으나, FeS의 산화가 진행하는 전로의 slag making 말기에는 맷트 중의 Cu 품위가 상승하고, 식 (2)의 a_{FeO}/a_{FeS}가 커져, 결과적으로는 x_{Cu2S}/x_{Cu2O}가 작아지며, 슬래그로의 Cu 산화손실은 증가한다. 따라서 맷트용련에서는 FeS를 어느 정도 남겨서 맷트에 들어가게 하여 폐기 슬래그를

얻고 있다. 〈그림 1〉의 데이터를 이용하여 대략적으로 a_{FeO}/a_{FeS}와 a_{Cu2S}를 읽어 들이고 정량적으로 검토하면 다음 [표 2]와 같이 된다.

[표 2]

맷트 품위	a_{FeO}/a_{FeS}	a_{Cu2S}	a_{Cu2O}	$a_{CuO_{0.5}}$	[%Cu]	$L_{Cu}^{s/m}$
52	1	0.5	1.794×10^{-5}	4.236×10^{-3}	0.1346	2.6×10^{-3}
70	2.8	0.83	8.339×10^{-5}	9.132×10^{-3}	0.2901	4.1×10^{-3}
$a_{Cu2S}=1$	≒ 100	1.0	3.588×10^{-3}	5.990×10^{-2}	1.903	2.4×10^{-2}

(v) $K=(a_{PbS}/a_{PbO})(a_{FeO}/a_{FeS})$에 따라 Cu의 경우와 마찬가지로 a_{FeO}/a_{FeS}가 커질수록 a_{PbS}/a_{PbO}는 작아진다. 동 용광로 슬래그에서는 Pb 0.22 %, 동 자용로 슬래그에서는 Pb 0.25 % 정도이지만, 전로 슬래그에서는 Pb 1.25 % 정도가 된다.(물론 이러한 값은 원료에 크게 의존한다.)

[참고문헌]

① A. Yazawa, "Thermodynamic Considerations of Copper Smelting", *Canadian Metallurgical Quarterly* **13**, 3(1974), p. 443.

② A. Yazawa, "Extractive Metallurgical Chemistry with Special Reference to Copper Smelting", *The 28th Congress of IUPAC in Vancouver*, August(1981).

③ 矢澤 彬, 阿座上竹四, [銅溶錬における不純物の除去に関する熱力学的考察], 東北大学選鉱製錬研究所彙報, **23**(1967), p. 67.

④ A. Yazawa and T. Azakami, "Thermodynamics of Removing Impurities During Copper Smelting", *Canadian Metallurgical Quarterly* **8**(1969), p. 257.

[comment 1] 〈그림 1〉의 우단에서는 Cu_2S와 Cu가 순수상태로 공존하며, $p_{SO2}=0.1$이라면, 이러한 상태에서는 a_{FeO}/a_{FeS}는 (iv)의 검토보다 훨씬 큰 약 570이 된다.

[comment 2] (ii)에서 $Na_2O(l)+FeS(l)=Na_2S(l)+FeO(l)$ 반응의 $\Delta G^0_{1,473}$에 따르면 $K_{1,473}=4.280\times10^4$과 Na은 압도적으로 황화물이 되기 쉽다고 생각되지만, $Na_2O : SiO_2=1:1$의 2원계 슬래그를 고려하면 $Na_2O(l)+SiO_2(s)=Na_2SiO_3(l)$의 반응에서 $K_{1,473}=4.986\times10^8$일 때 $a_{Na2SiO3}$=1, x_{Na2O}=0.5

이며, $a_{SiO2}=1$로 가정하면 $\gamma_{Na2O}=4.011\times10^{-8}$으로 극단적으로 작은 값이 되어 존재량으로 보면 Na_2O 쪽이 많게 된다. 그 외, 슬래그/맷트로의 분배는 원소에 따라서는 맷트로의 산화물로서의 용해, 슬래그로의 황화물로서의 용해도 고려할 필요가 있다. 예를 들면, Na은 황화물로서도 슬래그에 상당량 용해되므로 실제로는 (ii)의 결과보다 슬래그 중에 많이 용해된다.

[comment 3] 전로의 slag making기에는 문제 82에서 설명하는 마그네타이트의 문제가 있기 때문에 실제로는 $a_{FeO}/a_{FeS}=10\sim20$에서 취련을 종료한다.

82 동 용련에서 마그네타이트: 생성·소실의 인자 해석

동 용련에서 용융 FeS의 산화생성물로는 FeO(l)와 Fe_3O_4(s)가 있다. 마그네타이트의 생성·소실에 미치는 각 인자(아래의 (i)~(iii))의 영향에 대하여 설명하시오.

(참고) 金属製錬技術ハンドブック(朝倉書店), p. 464 및 ref. 2, p. 81.

다음의 반응을 1,473 K(1,200 ℃)와 1,573 K(1,300 ℃)에서 검토한다.

$$FeS(l)+3Fe_3O_4(s)=10FeO(l)+SO_2(g):\ \Delta G^0=654{,}720-381.95T\ (J)$$

$$K_{1,473}=5.415\times10^{-4},\quad K_{1,573}=1.620\times10^{-2},\quad K=\frac{a_{FeO}^{10}\cdot p_{SO2}}{a_{FeS}\cdot a_{Fe3O4}^{3}}$$

(i) $p_{SO2}=0.1$에서 $a_{FeO}=0.4$의 슬래그를 생성할 때 FeS와 Fe_3O_4의 활동도 관계를 구하면 [표 1]과 같이 된다.

[표 1]

a_{FeS}		0.02	0.05	0.1	0.2	0.5	0.8	1.0
a_{Fe3O4}	1,473 K	0.99	0.73	0.58	0.46	0.34	0.29	0.27
	1,573 K	0.32	0.23	0.19	0.15	0.11	0.09	0.09

(ii) Slag making 말기에서 맷트 내 FeS와 슬래그 내 FeO의 관계를 Fe_3O_4 포화의 조건에서 구하면 [표 2]와 같이 된다.($a_{Fe3O4}=1$, $p_{SO2}=0.1$)

[표 2]

a_{FeS}		0.001	0.005	0.01	0.05	0.1	0.2
a_{FeO}	1,473 K	0.30	0.35	0.37	0.44	0.47	0.51
	1,573 K	0.42	0.49	0.53	0.62	0.66	0.71

(iii) FeO와 Fe_3O_4의 활동도 관계를 a_{FeS}가 일정하고(= 0.75), p_{SO2} = 0.1인 조건에서 구하면 [표 3]과 같이 된다.

[표 3]

		0.2	0.3	0.4	0.5	0.6	0.7
a_{FeO}		0.2	0.3	0.4	0.5	0.6	0.7
a_{Fe3O4}	1,473 K	0.03	0.11	0.30	0.62	> 1.0	
	1,573 K	0.01	0.04	0.10	0.20	0.37	0.61

(i)~(iii)의 결과(표 1~3)를 각각 〈그림 1~3〉에 나타낸다. 또 관련하는 상태도를 〈그림 4~6〉에 활동도 데이터와 함께 나타내었다.

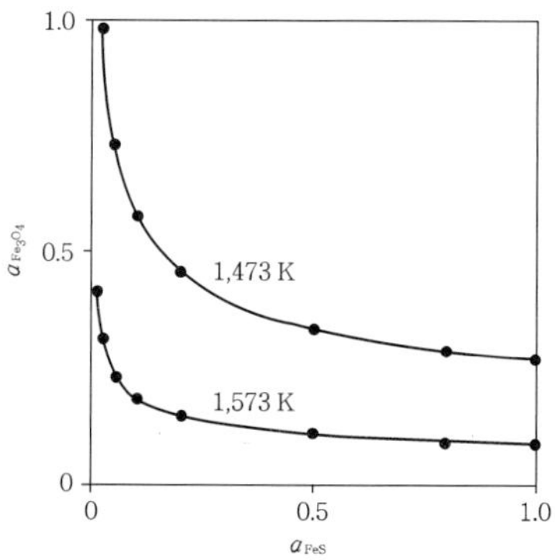

〈그림 1〉 a_{FeS}와 a_{Fe3O4}의 관계
(a_{FeO} = 0.4, p_{SO2} = 0.1)

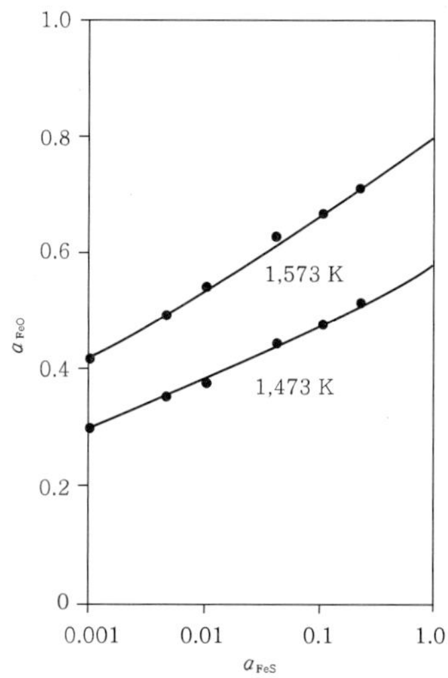

〈그림 2〉 a_{FeS}와 a_{FeO}의 관계
(a_{Fe3O4} = 1, p_{SO2} = 0.1)

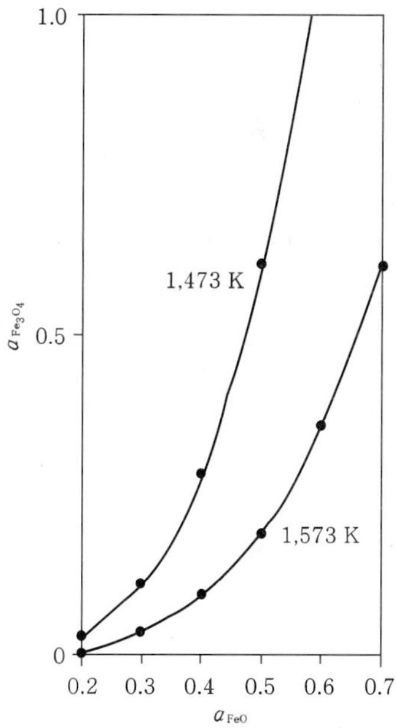

〈그림 3〉 a_{FeO}와 a_{Fe3O4}의 관계
(a_{FeS} = 0.75, p_{SO2} = 0.1)

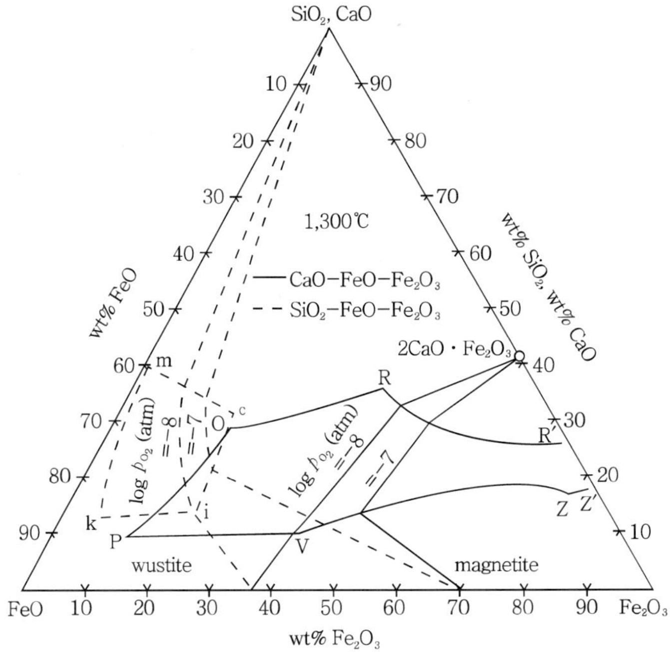

〈그림 4〉 FeO−Fe$_2$O$_3$−CaO계 융체와 FeO−Fe$_2$O$_3$−SiO$_2$계 융체의 비교

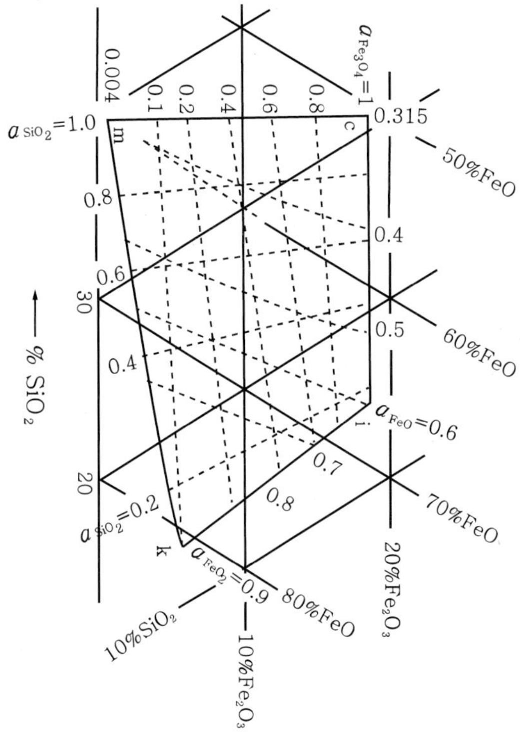

〈그림 5〉 FeO−Fe$_2$O$_3$−CaO계에서 FeO, Fe$_3$O$_4$, SiO$_2$의 등활동도선(1,300 ℃)

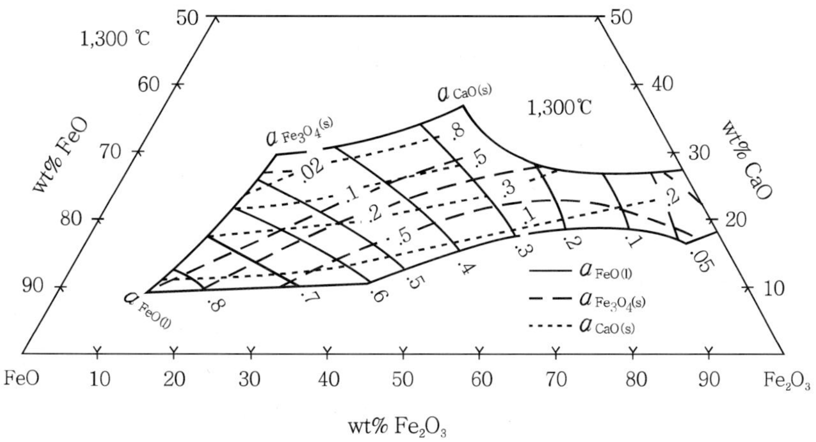

〈그림 6〉 FeO(l), Fe_3O_4(s), CaO(s)의 활동도

풀이

(i) 〈그림 1〉을 통해 a_{FeS}가 클 때(맷트 품위가 낮을 때)는 a_{Fe3O4}가 작지만, 백피(Cu_2S)에 가깝게 되면($a_{FeS} < 0.1$) a_{Fe3O4}가 급증하고, 온도가 낮을수록 Fe_3O_4가 석출하기 쉽게 되는 것을 알 수 있다.(그림 1)

(ii) 〈그림 2〉를 통해 Fe_3O_4가 석출할 때 맷트 내의 a_{FeS}를 낮추기 위해서는 a_{FeO}를 낮추면 된다는 것을 알 수 있다. 실제로는 SiO_2를 첨가하여 a_{FeO}를 낮추고 있지만, 〈그림 5〉의 실리케이트 슬래그에서 a_{FeO}는 0.3 정도밖에 내려가지 않는다. 플럭스로서 CaO를 이용하면 융체범위가 넓어지고(그림 4, 6), 그 범위 내에서 a_{FeO}를 상당히 낮출 수 있다.

(iii) a_{FeO}가 비교적 적게 저하하여도 a_{Fe3O4}는 매우 크게 저하하는 것을 알 수 있다. 또, 평형상수의 식으로부터 p_{SO2}가 낮을수록 a_{Fe3O4}는 낮아지는 것을 알 수 있으나, 실제 문제로서 p_{SO2}를 낮추는 것은 전체 가스량이나 H_2SO_4 회수의 관점에서는 불리하게 된다.

이상의 결과를 종합하면 마그네타이트가 석출하기 힘든 조건은 (1) 고온, (2) 저a_{FeO}, (3) 고a_{FeS}, (4) 저p_{SO2}이다.

83 동 전로 조동기: Pb의 거동해석

동 전로 조동기에서 용동 중의 Pb량을 다음의 각 경우 (i)~(iii)에 대하여 구하시오. 단, 1,473 K (1,200 ℃), $a_{PbO} = 0.01$, 용동 중 Pb의 활동도 계수 $\gamma^0_{Pb} = 6$이다. 또 (iv)에 관하여 답하시오.

(i) 이 경우 탈Pb의 극한값을 구하시오.

(ii) 산소를 0.5 wt% 함유한 용동 중 Pb의 대략적인 값을 구하시오. 단,

$$\frac{1}{2}O_2 = \underline{O}(\text{in Cu}), \quad \log K = \frac{3,950}{T} - 0.584, \quad \log f_O^{(O)} = -\frac{311.3}{T}[\%O]$$

(iii) 용동과 백피(Cu_2S)의 2상 공존의 기간에서 Pb의 양을 구하시오. 단 $p_{SO_2} = 0.1$로 한다.

(iv) 조동기 중의 용동상의 Cu, S, O, Pb %의 변화를 제련시간 경과를 횡축으로 하여 반半정량적으로 그리시오. 단, 통상 전로에서는 0.05 wt%S 이하, 0.3 wt%O 이상의 조성을 종점으로 한다는 점을 유의할 것.(사용하는 데이터: ref. 2)

[표 1]

Reaction	ΔG^0 (J)
$2Pb(l) + O_2(g) = 2PbO(l)$	$-390,200 + 155.40T$
$4Cu(l) + O_2(g) = 2Cu_2O(l)$	$-235,200 + 78.20T$
$4Cu(l) + S_2(g) = 2Cu_2S(l)$	$-282,000 + 74.52T$
$\frac{1}{2}S_2(g) + O_2(g) = SO_2(g)$	$-362,070 + 73.41T$

그리고 〈그림 1, 2〉의 Cu－O, Cu_2S－Cu의 상태도를 참고하시오.

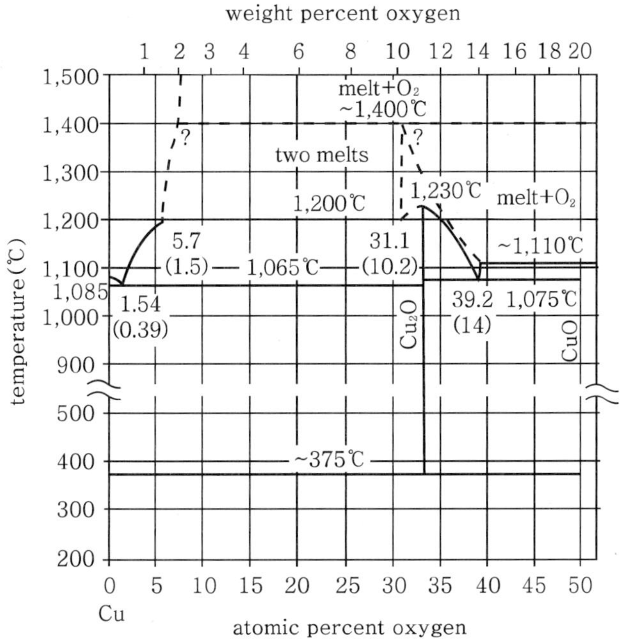

〈그림 1〉 Cu－O계 상태도

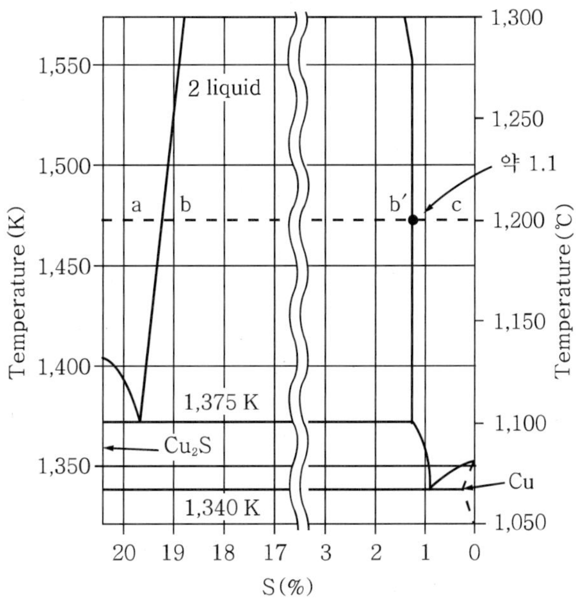

〈그림 2〉 Cu_2S－Cu계 상태도

풀이

(i) [표 1]로부터

$$2Pb(l)+O_2(g)=2PbO(l): \quad \Delta G^0=-390,200+155.40T \text{ (J)} \tag{1}$$

$$4Cu(l)+O_2(g)=2Cu_2O(l): \quad \Delta G^0=-235,200+78.20T \text{ (J)} \tag{2}$$

[식 (1)−(2)]/2에 의해

$$Pb(l)+Cu_2O(l)=2Cu(l)+PbO(l): \quad \Delta G^0=-77,500+38.6T \text{ (J)} \tag{3}$$

1,473 K에서 식 (3) 평형상수 $K_{(3)}$는 $\Delta G^0_{1,473}=-RT\ln K$에 따라

$$K_{(3)}=\exp\left(-\frac{\Delta G^0_{1,473}}{RT}\right)=\frac{a^2_{Cu}\cdot a_{PbO}}{a_{Pb}\cdot a_{Cu2O}}=5.395 \tag{4}$$

여기서 주어진 조건에 의해 $a_{PbO}=0.01$이고, 조동기여서 Cu의 순도가 높으므로 $a_{Cu}=1$이라 생각하면

$$a_{Pb}\cdot a_{Cu2O}\approx 1.85\times10^{-3} \tag{5}$$

따라서 탈Pb의 극한값은 a_{Pb}의 최소값에 대응하므로 $a_{Cu2O}=1$이라 하면

$$a_{Pb}=1.85\times10^{-3}$$

용동 중 Pb의 활동도 계수 $\gamma^0_{Pb}=6$이므로 Pb의 극한값은

$$x_{Pb}=3.09\times10^{-4}$$

중량 %로 환산하면 $[\%Pb]=0.101$ (wt%)이다.

(ii) 용동 중의 S를 무시하고 생각한다.[14] 용동 중 O의 용해에 대해

$$\log\left(\frac{a_{\underline{O}}}{p^{1/2}_{O2}}\right)=\frac{3,950}{T}-0.584$$

$$\log a_{\underline{O}}=\log f^{(O)}_{O}\cdot[\%O]=\frac{3,950}{T}-0.584+\frac{1}{2}\log p_{O2}$$

$$\therefore\ \log p_{O2}=-\frac{7,900}{T}+1.168-\frac{622.6}{T}[\%O]+2\log[\%O]$$

---

14 [역주] 산소를 0.5 wt% 함유하고 있으므로 용동 중의 S를 무시할 수 있다.

용동은 산소를 0.5 wt% 함유하고 있으므로 $T=1{,}473$ K에서

$$\log p_{O2} = -5.009 \qquad \therefore\ p_{O2} = 9.8\times10^{-6}\ (\text{atm}) \tag{6}$$

식 (2)에 따라 1,473 K에서의 평형상수는

$$K_{(2),1,473} = \frac{a_{Cu2O}^2}{a_{Cu}^4 \cdot p_{O2}} = \exp\left(-\frac{\Delta G_{(2)}^0}{RT}\right) = 1.8\times10^4$$

여기서 $a_{Cu}=1$, $p_{O2}=9.8\times10^{-6}$을 대입하면

$$a_{Cu2O} = 0.42$$

구하고자 하는 Pb의 양은 식 (4)로부터

$$a_{Pb} = \frac{a_{Cu}^2 \cdot a_{PbO}}{K_{(3)} \cdot a_{Cu2O}} = \frac{0.01}{5.395\times0.42} = 4.41\times10^{-3}$$

$$x_{Pb} = \frac{a_{Pb}}{\gamma_{Pb}^0} = 7.35\times10^{-4} \quad (\text{Pb의 몰 분율})$$

따라서 중량 %로 환산하면

$$[\%Pb] = 0.24\ (\text{wt}\%)$$

【별해】

Cu－O계 상태도(그림 1)로부터 [%O]=1.5에서 $a_{Cu2O}=1$이 된다. 용동 중 Cu_2O의 활동도가 Henry의 법칙을 따른다고 하면

0.5 wt%O에서 $a_{Cu2O}=0.333$

그리고 식 (4)로부터

$$a_{Pb} = \frac{a_{Cu}^2 \cdot a_{PbO}}{K_{(3)} \cdot a_{Cu2O}} = \frac{a_{Cu}^2 \cdot a_{PbO}}{5.395 \cdot a_{Cu2O}}$$

$a_{Cu}=1$, $a_{PbO}=0.01$, $a_{Cu2O}=0.333$을 대입하면

$$a_{Pb} = 5.56\times10^{-3}$$

$\gamma_{Pb}^0=6$이므로

$$x_{Pb} = \frac{a_{Pb}}{\gamma_{Pb}^0} = 9.28\times10^{-4}$$

따라서 중량 %로 환산하면 [%Pb]= 0.3 (wt%)

(iii) ref. 2로부터(표 1)

$$\frac{1}{2}S_2(g)+O_2(g)=SO_2(g): \quad \Delta G^0=-362,070+73.41T \tag{7}$$

$$4Cu(l)+S_2(g)=2Cu_2S(l): \quad \Delta G^0=-282,000+74.52T\ (J) \tag{8}$$

식 (7) − (8)/2 − (1)에 의해서

$$Cu_2S(l)+2PbO(l)=2Cu(l)+2Pb(l)+SO_2(g):$$

$$\Delta G^0_{(9)}=169,130-119.25T\ (J) \tag{9}$$

따라서 1,473 K에서의 평형상수는

$$K_{(9)}=\frac{a^2_{Cu}\cdot a^2_{Pb}\cdot p_{SO2}}{a_{Cu2S}\cdot a^2_{PbO}}=1.7037$$

여기서 $a_{PbO}=0.01$, $p_{SO2}=0.1$이며, 〈그림 2〉에 따르면 Cu_2S와 Cu의 상호용해도가 작기 때문에 a_{Cu2S}, a_{Cu}는 1로 근사할 수 있으므로

$$a_{Pb}=4.13\times10^{-2}$$

$\gamma^0_{Pb}=6$이므로

$$x_{Pb}=\frac{a_{Pb}}{\gamma^0_{Pb}}=6.88\times10^{-4}\quad(2.2\ \text{wt\%Pb})$$

(iv) 조동기는 백피−조동 공존기와 Cu_2S가 산화되어 소실한 후의 마무리기로 나눌 수 있다.(ref. 2, p. 83 참조) $p_{SO2}=0.1$에서 조동기 반응이 진행된다면,

(a) 2상 공존기

(iii)으로부터 Pb의 양은 약 2.2 wt% 정도이다. 또 [식 (7) − (8)/2]에 의해

$$Cu_2S(l)+O_2(g)=2Cu(l)+SO_2(g): \quad \Delta G^0_{(10)}=-221,070+36.15T\ (J) \tag{10}$$

$$\therefore K_{(10),1,473}=\frac{a^2_{Cu}\cdot p_{SO2}}{a_{Cu2S}\cdot p_{O2}}=8.94\times10^5$$

$a_{Cu}=1$, $a_{Cu2S}=1$, $p_{SO2}=0.1$이라 하면

$$p_{O2}=1.12\times10^{-7},\quad(\log p_{O2}=-6.95)$$

한편 (ii)로부터 S와의 상호작용을 무시하면 1,473 K에서

$$\log p_{O2} = -4.195 - 0.423[\%O] + 2\log[\%O]$$

$\log p_{O2} = -6.95$이므로 $[\%O] = 0.043$

다음으로 용동 중의 S는 2상 공존 시 〈그림 2〉와 같이 거의 1.1 wt%가 된다.

(b) 마무리기

Cu_2S가 산화되어 소실되면 산소 퍼텐셜이 상승하여 용동 중의 S가 감소하고, O가 증가하는 마무리기가 된다. 전로에서는 일반적으로 0.05 wt%S 이하, 0.3 wt%O 이상의 조성에서 종점이 되므로 정성적으로는 〈그림 3〉과 같이 된다.

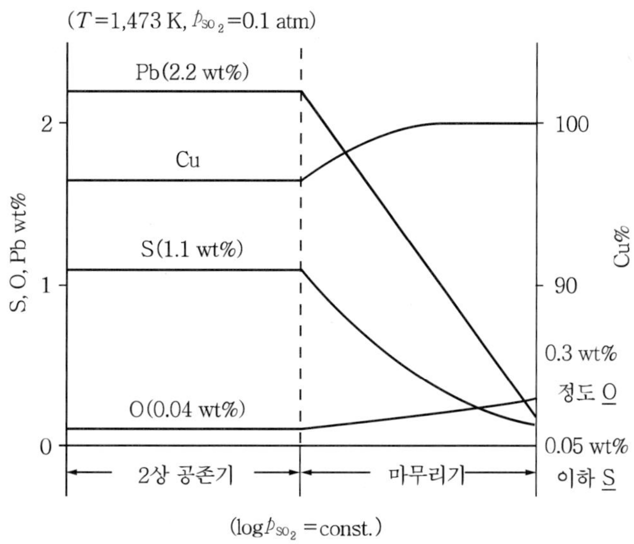

〈그림 3〉 전로 조동기 중 Pb, Cu, S, O의 농도.
(iv)의 2상 공존기의 O는 S의 상호작용을 무시한 값이며, 상호작용이 있는 경우는 ref. 2의 p. 84에 따라 약 0.06～0.07 wt%가 된다.

84 Cu-S-O계: 용동상의 Potential diagram(전로공정)

용동 중의 S, O의 평형과 상호작용에 관하여 다음과 같은 보고가 있다.(佐野幸吉, 坂尾 弘, 日本金属学会誌 **19**(1955), p. 431, p. 345, p. 504, p. 655)

$$\frac{1}{2}O_2(g) = \underline{O}(\text{in Cu}): \ \log K_O = \frac{3,950}{T} - 0.584$$

$$\frac{1}{2}S_2(g) = \underline{S}(\text{in Cu}): \ \log K_S = \frac{5,440}{T} - 0.815$$

$$\log f_O^{(O)} = -\frac{311.3}{T} \cdot [\%O], \qquad \log f_O^{(S)} = -\frac{242.6}{T} \cdot [\%S]$$

$$\log f_S^{(S)} = -\frac{281.6}{T} \cdot [\%S], \qquad \log f_S^{(O)} = -\frac{485.2}{T} \cdot [\%O]$$

여기서 $f_A^{(B)}$는 용질 A에 대한 제2의 용질 B의 상호작용계수interaction coefficient이다. 그 예로 O의 Henry 기준의 활동도 계수 f_O는 다음과 같이 주어진다.

$$f_O = f_O^{(O)} \cdot f_O^{(S)}$$

이러한 결과 및 Cu_2S, Cu_2O에 관한 ΔG^0값을 이용하여, 1,473 K(1,200 ℃)에서 Cu−S−O 계의 평형관계를 $\log p_{S2}$와 $\log p_{O2}$를 양 축으로 하여 그림으로 나타내시오. 그리고 그 결과를 이용하여 전로 조동기 반응의 기본을 설명하시오.

풀이

일반적으로 S, O의 상호작용을 무시하고 potential diagram을 그리면 $Cu-Cu_2S$ 및 $Cu-Cu_2O$의 경계는 직선이 된다. 그러나 본 문제에서는 S, O의 상호작용을 고려하여 S, O량이 증가한 경우, 서로 영향을 미쳐 곡선이 되는 경우의 그림을 구한다.

$$\frac{1}{2}O_2(g) = \underline{O}(\text{in Cu}): \ \log K_O = \frac{3,950}{T} - 0.584$$

1,473 K에서는

$$\log K_O = \log\left(\frac{a_O}{p_{O2}^{1/2}}\right) = \log\left(\frac{f_O \cdot [\%O]}{p_{O2}^{1/2}}\right) = \frac{3,950}{1,473} - 0.584 = 2.098$$

$$\therefore \ \log(f_O \cdot [\%O]) = \frac{1}{2}\log p_{O2} + 2.098 \tag{1}$$

한편 $\log f_O = \log f_O^{(O)} + \log f_O^{(S)}$로부터

$$\log f_O^{(O)} = -\frac{311.3}{T} \cdot [\%O] = -0.2113 \cdot [\%O]$$

$$\log f_O^{(S)} = -\frac{242.6}{T} \cdot [\%S] = -0.1647 \cdot [\%S]$$

$$\therefore \ \log f_O = \log f_O^{(O)} + \log f_O^{(S)} = -0.2113 \cdot [\%O] - 0.1647 \cdot [\%S] \tag{2}$$

식 (1), (2)로부터

$$\log p_{O2} = 2\log[\%O] - 0.4226 \cdot [\%O] - 0.3294 \cdot [\%S] - 4.196 \tag{3}$$

마찬가지로 $\log p_{S2}$와 [%S]의 관계를 구한다.

$$\frac{1}{2}S_2(g) = \underline{S}(\text{in Cu}): \ \log K_S = \frac{5,440}{T} - 0.815$$

1,473 K에서

$$\log K_S = \log\left(\frac{a_S}{p_{S2}^{1/2}}\right) = \log\left(\frac{f_S \cdot [\%S]}{p_{S2}^{1/2}}\right) = 2.878$$

$$\therefore \ \log(f_S \cdot [\%S]) = \frac{1}{2}\log p_{S2} + 2.878 \tag{4}$$

$$\log f_S = \log f_S^{(S)} + \log f_S^{(O)} = -\frac{281.6}{1,473} \cdot [\%S] - \frac{485.2}{1,473} \cdot [\%O]$$

$$= -0.1912 \cdot [\%S] - 0.3294 \cdot [\%O] \tag{5}$$

따라서 식 (4), (5)에 따라

$$\log p_{S2} = 2\log[\%S] - 0.3824 \cdot [\%S] - 0.6588 \cdot [\%O] - 5.756 \tag{6}$$

한편, 문제 83의 $Cu_2S - Cu$계, $Cu - O$계 상태도에서 S, O의 용해도를 각각 1.0, 1.5 wt%로 가정한다. 식 (3)과 (6)에 각각 [%O], [%S] 값을 대입하여 $\log p_{S2}$, $\log p_{O2}$를 구한 결과를 [표 1]에 나타내었다. 또 이상의 결과를 〈그림 1〉에 나타내었다.

다음 식을 이용해 Cu_2S, Cu_2O, Cu의 활동도를 1로 두었을 때 $Cu - Cu_2S$, $Cu - Cu_2O$의 경계를 구한다.

[표 1]

wt%O	wt%S	$\log p_{S2}$	$\log p_{O2}$	wt%O	wt%S	$\log p_{S2}$	$\log p_{O2}$
1.5	1	−7.127	−4.807	0.05	1.0	−6.171	−7.149
1.5	0.5	−7.537	−4.642	0.05	0.5	−6.582	−6.984
1.5	0.1	−8.782	−4.511	0.05	0.1	−7.827	−6.852
1.5	0.05	−9.365	−4.494	0.05	0.05	−8.410	−6.836
1.5	0.01	−10.748	−4.481	0.05	0.01	−9.793	−6.822
1.5	0.005	−11.348	−4.479	0.05	0.005	−10.393	−6.821
1.5	0.001	−12.745	−4.478	0.05	0.001	−11.789	−6.820
1.0	1.0	−6.797	−4.948	0.01	1.0	−6.145	−8.530
1.0	0.5	−7.208	−4.783	0.01	0.5	−6.556	−8.365
1.0	0.1	−8.453	−4.652	0.01	0.1	−7.801	−8.233
1.0	0.05	−9.036	−4.635	0.01	0.05	−8.384	−8.217
1.0	0.01	−10.419	−4.622	0.01	0.01	−9.766	−8.204
1.0	0.005	−11.019	−4.620	0.01	0.005	−10.367	−8.202
1.0	0.001	−12.415	−4.619	0.01	0.001	−11.763	−8.201
0.5	1.0	−6.468	−5.339	0.005	1.0	−6.142	−9.130
0.5	0.5	−6.879	−5.174	0.005	0.5	−6.553	−8.965
0.5	0.1	−8.124	−5.042	0.005	0.1	−7.798	−8.833
0.5	0.05	−8.707	−5.026	0.005	0.05	−8.380	−8.817
0.5	0.01	−10.089	−5.013	0.005	0.01	−9.763	−8.803
0.5	0.005	−10.689	−5.011	0.005	0.005	−10.363	−8.802
0.5	0.001	−12.086	−5.010	0.005	0.001	−11.760	−8.801
0.1	1.0	−6.204	−6.568	0.001	1.0	−6.139	−10.526
0.1	0.5	−6.615	−6.403	0.001	0.5	−6.550	−10.361
0.1	0.1	−7.860	−6.271	0.001	0.1	−7.795	−10.229
0.1	0.05	−8.443	−6.255	0.001	0.05	−8.378	−10.213
0.1	0.01	−9.826	−6.242	0.001	0.01	−9.760	−10.200
0.1	0.005	−10.426	−6.240	0.001	0.005	−10.361	−10.198
0.1	0.001	−11.822	−6.239	0.001	0.001	−11.757	−10.197

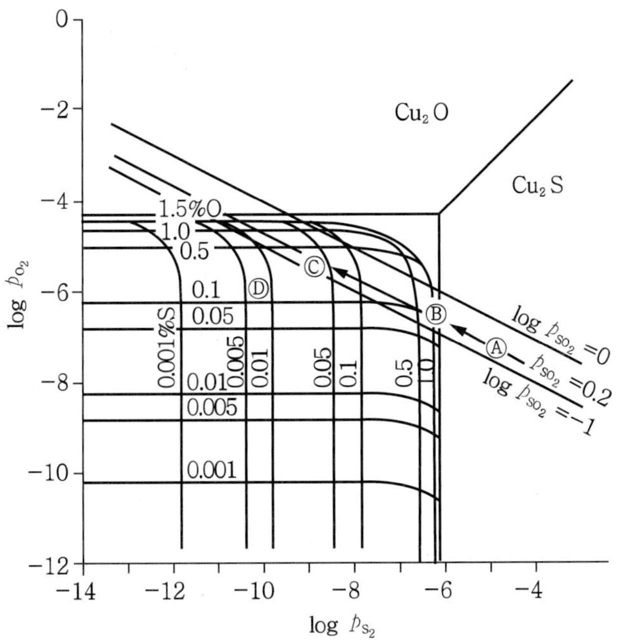

〈그림 1〉 Cu−S−O계의 potential diagram

$$4Cu(l)+S_2(g)=2Cu_2S(l): \ \Delta G^0=-282,000+74.52T \ (J)$$

$$\therefore \ \Delta G^0_{1,473}=-172,232 \ (J), \ K_{1,473}=1.2817\times10^6=\frac{a^2_{Cu2S}}{a^4_{Cu}\cdot p_{S2}}$$

$$\therefore \ \log p_{S2}=-6.108$$

$$4Cu(l)+O_2(g)=2Cu_2O(l): \ \Delta G^0=-235,200+78.20T \ (J)$$

$$\therefore \ \Delta G^0_{1,473}=-120,011 \ (J), \ K_{1,473}=18,027=\frac{a^2_{Cu2O}}{a^4_{Cu}\cdot p_{O2}}$$

$$\therefore \ \log p_{O2}=-4.256$$

계산 결과를 〈그림 1〉에 같이 나타내었다. Cu − Cu_2S 경계는 S = 1.0 wt% 선, Cu − Cu_2O 경계는 O = 1.5 wt% 선에 거의 상당한다.

지금 전로 조동기 반응이 p_{SO2}= 0.2 atm하에서 진행된다고 생각하면 그림의 A−B−C와 같이 나타낼 수 있다. 즉, 조동기의 초기에 백피(Cu_2S)는 A점 주변에서 산화되어 Fe와 S의 일부를 제거하고 B점에 도달하면 용동과의 2상 공존이 되어 산화를 계속하여도 여기서 일정 기간 동안 머문다. 이때의 용동은 약 1 wt%S, 0.1 wt%O를 함유한다. 상률의 관점에서 살펴보면 3성분

3상에서 온도와 p_{SO_2}가 결정되어 있다면 변화될 수 없는 상태이다. 더욱이 백피상이 산화되어 없어지게 되면 용동 중의 O가 증가하여 S가 감소하는 변화가 가능하게 되며, C점 주변에서 종점이 된다. 또 이 용동은 정제로로 옮겨져 S, O를 감소시키고 그림의 D점 주변의 상태에서 양극으로 주조된다.

[주] 관련 문헌(佐野幸吉, 坂尾 弘, 日本金属学会誌 **19**(1955))에서 S, O가 저농도인 영역에서의 실험값으로부터 활동도 계수를 구한 예가 있는데, 포화에 가까운 영역에도 적용할 수 있는지에 대해서는 별도의 검증이 필요하다.

85 ZnS의 산화에 의한 직접제련: Chemical potential diagram 작성, 화학양론 계산에 의한 평가

다량의 ZnS가 1,473 K(1,200 ℃), 1 atm에서 100 mol의 공기에 의해 산화된다. 평형론적으로 반응이 일어난 경우, 다음 물음에 답하시오. Zn의 휘발은 무시한다.

(i) $\log p_{O_2}$와 $\log p_{S_2}$를 양 축으로 하고, 1,473 K에서 Zn－S－O의 chemical potential도를 그리고, 응축상과 기상의 관계를 설명하시오.

(ii) 반응 생성물로서 금속아연 가스를 얻을 수 있는가?

(iii) 반응 생성물의 각 몰 수와 아연의 회수율을 구하시오.

(iv) 9 mol O_2, 91 mol N_2 가스에 의해 산화된 경우에 대하여 같은 계산을 하시오.

(v) 1,573 K(1,300 ℃)에서 같은 계산을 하시오.

(vi) 1,573 K, 100 mol의 공기로 반응한 가스 중의 아연은 저온이 되면 형태가 바뀐다. 873 K(600 ℃)에서 최종적인 가스조성을 구하시오.

계산에 사용하는 데이터: ref. 2

[표 1]

Reaction	ΔG^0 (J)
$2Zn(g)+O_2(g)=2ZnO(s)$	$-920,880+396.64T$
$2Zn(l)+O_2(g)=2ZnO(s)$	$-706,260+213.96T$
$2Zn(g)+S_2(g)=2ZnS(s)$	$-733,880+378.24T$
$2Zn(l)+S_2(g)=2ZnS(s)$	$-502,920+183.26T$
$\frac{1}{2}S_2(g)+O_2(g)=SO_2(g)$	$-362,070+73.41T$
$S_2(g)+O_2(g)=2SO(g)$	$-115,100-10.63T$

풀이

(i), (ii) 주어진 데이터로부터

$$2Zn(g)+O_2(g)=2ZnO(s):\ \Delta G^0=-920{,}880+396.64T\ (J)$$

$$\log K_1=\log\left(\frac{a^2_{ZnO(s)}}{p^2_{Zn(g)}\cdot p_{O2}}\right)=\frac{48{,}095}{T}-20.715 \quad (1)$$

여기서

$$2Zn(l)+O_2(g)=2ZnO(s):\ \Delta G^0=-706{,}260+213.96T\ (J)$$

따라서

$$\log K_2=\log\left(\frac{a^2_{ZnO(s)}}{a^2_{Zn(l)}\cdot p_{O2}}\right)=\frac{36{,}896}{T}-11.175 \quad (2)$$

여기서

$$2Zn(g)+S_2(g)=2ZnS(s):\ \Delta G^0=-733{,}880+378.24T\ (J)$$

$$\log K_3=\log\left(\frac{a^2_{ZnS(s)}}{p^2_{Zn(g)}\cdot p_{S2}}\right)=\frac{38{,}328}{T}-19.754 \quad (3)$$

그리고

$$2Zn(l)+S_2(g)=2ZnS(s):\ \Delta G^0=-502{,}920+183.26T\ (J)$$

$$\log K_4=\log\left(\frac{a^2_{ZnS(s)}}{a^2_{Zn(l)}\cdot p_{S2}}\right)=\frac{26{,}266}{T}-9.5711 \quad (4)$$

식 (1)-(3)에 의해

$$2ZnS(s)+O_2(g)=2ZnO(s)+S_2(g):\ \Delta G^0=-187{,}000+18.4T\ (J)$$

따라서 평형상수는

$$\log K_5=\log\left(\frac{a^2_{ZnO(s)}\cdot p_{S2}}{a^2_{ZnS(s)}\cdot p_{O2}}\right)=\frac{9{,}766.5}{T}-0.9610 \quad (5)$$

여기서

$$\frac{1}{2}S_2(g)+O_2(g)=SO_2(g):\ \Delta G^0=-362{,}070+73.41T\ (J)$$

평형상수는

$$K_6=\log\left(\frac{p_{SO2}}{p^{1/2}_{S2}\cdot p_{O2}}\right)=\frac{18{,}910}{T}-3.8340 \quad (6)$$

식 (1)~(6)에서 $T=1,473$ K, $a_{ZnO(s)}=1$, $a_{ZnS(s)}=1$로 두면

(1) $\log p_{O2}=-2\log p_{Zn(g)}-11.94$

(2) $\log p_{O2}=-13.87$

(3) $\log p_{S2}=-2\log p_{Zn(g)}-6.27$

(4) $\log p_{S2}=-8.26$

(5) $\log p_{O2}=\log p_{S2(g)}-5.67$

(6) $\log p_{O2}=-\frac{1}{2}\log p_{S2(g)}+\log p_{SO2}-9.00$

이러한 관계식을 $\log p_{O2}$와 $\log p_{S2}$의 함수로서 〈그림 1〉에 나타내었다.

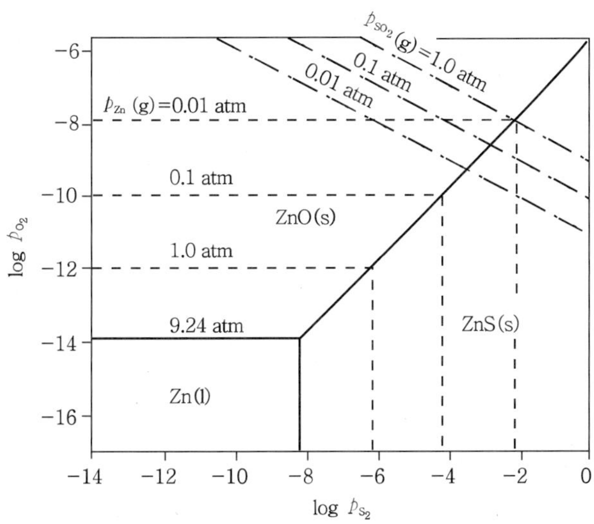

〈그림 1〉 Zn−S−O계의 potential diagram

이 chemical potential도로부터 SO_2 0.1 atm 전후에서 ZnS→ZnO의 산화를 일으키려면 금속 Zn의 가스가 약 0.02 atm 존재해야 한다는 것을 알 수 있다.

또 응축상으로는 ZnO(s), ZnS(s), Zn(l)를 생각할 수 있다.

(iii) 과잉의 ZnS가 존재할 때 공기 중의 산소가스에 의해 ZnS가 산화되는 경우를 고려한다. 여기서 문제되는 성분은 아래와 같다.

반응물질: ZnS, O_2

생성물질: ZnO, Zn, S_2, SO_2, SO, O_2

반응계와 생성계 사이에서 물질수지를 각 원소에 대하여 생각한다.(상기한 물질 이외에 반응하지 않는 N_2가스, 과잉의 ZnS를 고려할 수 있다.) 생성계의 각 물질의 몰 수를 n, 반응에 관여한 ZnS의 몰 수를 n_{ZnS}로 둔다. 또 반응 전에 존재한 산소가스와 질소가스의 몰 수를 각각 n^0_{O2}, n^0_{N2}로 둔다.

$$\text{Zn: } n_{ZnS} = n_{ZnO} + n_{Zn} \tag{7}$$

$$\text{S : } n_{ZnS} = 2n_{S2} + n_{SO2} + n_{SO} \tag{8}$$

$$\text{O : } 2n^0_{O2} = n_{ZnO} + 2n_{SO2} + n_{SO} + 2n_{O2} \tag{9}$$

기상을 구성하는 전체 몰 수 n_T는

$$n_T = n^0_{N2} + n_{O2} + n_{Zn} + n_{S2} + n_{SO2} + n_{SO} \tag{10}$$

평형상수의 관계를 고려하면 식 (1)로부터

$$p^2_{Zn(g)} \cdot p_{O2} = 1/K_1$$

$p_{Zn(g)} = n_{Zn}/n_T$, $p_{O2} = n_{O2}/n_T$를 대입하면

$$K_1 = \frac{n^3_T}{n^2_{Zn} \cdot n_{O2}} \qquad \therefore\ n_{O2} = \frac{1}{K_1} \cdot \frac{n^3_T}{n^2_{Zn}} \tag{11}$$

마찬가지로 식 (3)으로부터

$$K_3 = \frac{n^3_T}{n^2_{Zn} \cdot n_{S2}} \qquad \therefore\ n_{S2} = \frac{1}{K_3} \cdot \frac{n^3_T}{n^2_{Zn}} \tag{12}$$

마찬가지로 식 (6)으로부터

$$K_6 = \frac{n^{1/2}_T \cdot n_{SO2}}{n^{1/2}_{S2} \cdot n_{O2}} \qquad \therefore\ n_{SO2} = K_6 \cdot \frac{n^{1/2}_{S2} \cdot n_{O2}}{n^{1/2}_T}$$

위의 식에 식 (11), (12)를 대입하여 정리하면

$$n_{SO2} = \frac{K_6}{K_1 \cdot K^{1/2}_3} \frac{n^4_T}{n^3_{Zn}} \tag{13}$$

주어진 데이터로부터

$$S_2(g) + O_2(g) = 2SO(g): \ \Delta G^0 = -115{,}100 - 10.63T \text{ (J)}$$

$$\log K_{14} = \frac{6{,}011.3}{T} + 0.55518 \tag{14}$$

$$K_{14} = \frac{p_{SO}^2}{p_{S2} \cdot p_{O2}} = \frac{n_{SO}^2}{n_{S2} \cdot n_{O2}}$$

$$\therefore\ n_{SO} = K_{14}^{1/2} \cdot (n_{S2} \cdot n_{O2})^{1/2}$$

위의 식에 식 (11), (12)를 대입하면

$$n_{SO} = \left(\frac{K_{14}}{K_1 \cdot K_3}\right)^{1/2} \cdot \frac{n_T^3}{n_{Zn}^2} \tag{15}$$

식 (7), (8)로부터

$$n_{ZnO} + n_{Zn} = 2n_{S2} + n_{SO2} + n_{SO}$$

위의 식을 이용하여 식 (9)로부터 n_{ZnO}를 소거하면

$$2(n_{S2} + n_{O2} + n_{SO}) + 3n_{SO2} - n_{Zn} = 2n_{O2}^0$$

위의 식에 식 (11)~(13)과 식 (15)를 대입한다.

$$2C_1 \cdot \frac{n_T^3}{n_{Zn}^2} + 3C_2 \cdot \frac{n_T^4}{n_{Zn}^3} - n_{Zn} = 2n_{O2}^0$$

여기서

$$C_1 = \frac{1}{K_1} + \frac{1}{K_3} + \left(\frac{K_{14}}{K_1 \cdot K_3}\right)^{1/2}, \quad C_2 = \frac{K_6}{K_1 \cdot K_3^{1/2}} \tag{16}$$

$P = n_{Zn}/n_T$라 하면

$$\frac{2C_1 n_T}{P^2} + \frac{3C_2 n_T}{P^3} - n_T P = 2n_{O2}^0$$

위의 식을 정리하면

$$n_T(-P^4 + 2C_1 P + 3C_2) = 2n_{O2}^0 P^3 \tag{17}$$

식 (10)에 식 (11)~(13)과 식 (15)를 대입하고, 식 (16)을 사용하여 정리하면

$$n_T = n_{N2}^0 + C_1 \frac{n_T^3}{n_{Zn}^2} + C_2 \frac{n_T^4}{n_{Zn}^3} + n_{Zn}$$

$$n_T = n_{N2}^0 + C_1 \frac{n_T}{P^2} + C_2 \frac{n_T}{P^3} + n_T P$$

$$n_T(-P^4 + P^3 - C_1 P - C_2) = n_{N2}^0 P^3 \tag{18}$$

식 (17), (18)로부터 n_T를 소거하면

$$n^0_{N2}P^3(-P^4+2C_1P+3C_2)=2n^0_{O2}P^3(-P^4+P^3-C_1P-C_2)$$

위의 식을 P에 대하여 정리하면

$$(n^0_{N2}-2n^0_{O2})P^4+2n^0_{O2}P^3-2C_1(n^0_{O2}+n^0_{N2})P-C_2(2n^0_{O2}+3n^0_{N2})=0 \tag{19}$$

$T=1{,}473$ K에서

식 (1)로부터 $K_1=8.6308\times10^{11}$

식 (3)으로부터 $K_3=1.8466\times10^{6}$

식 (6)으로부터 $K_6=1.0087\times10^{9}$

식 (14)로부터 $K_{14}=4.3268\times10^{4}$

위의 값들을 식 (16)에 대입하면

$$C_1=7.0630\times10^{-7},\quad C_2=8.6005\times10^{-7}$$

100 mol의 공기를 사용한 경우

$$n^0_{N2}=100\times0.794=79.4\ (\text{mol}),\quad n^0_{O2}=100\times0.206=20.6\ (\text{mol})$$

이 값을 식 (19)에 대입하면

$$38.2P^4+41.2P^3-1.4126\times10^{-4}P-2.403\times10^{-4}=0$$

위의 4차 방정식을 풀면 $P\cong1.7964\times10^{-2}$ (atm)

식 (18)로부터 $n_T=95.49$ (mol) 그리고 $n_{Zn}=1.715$ (mol)

식 (11)로부터 $n_{O2}=3.428\times10^{-7}$ (mol)

식 (12)로부터 $n_{S2}=1.602\times10^{-1}$ (mol)

식 (13)으로부터 $n_{SO2}=14.17$ (mol)

식 (15)로부터 $n_{SO}=4.875\times10^{-2}$ (mol)

식 (8)로부터 $n_{ZnS}=14.54$ (mol)

식 (7)로부터 $n_{ZnO}=12.82$ (mol)

따라서 Zn의 회수율은

$$\frac{n_{Zn}}{n_{ZnS}}=0.118$$

(iv) 문제로부터

$$n_{N2}^{0}=91\ (\text{mol}),\quad n_{O2}^{0}=9\ (\text{mol})$$

(iii)과 마찬가지로 식 (19)로부터

$$73P^{4}+18P^{3}-1.4126\times10^{-4}P-2.5028\times10^{-4}=0$$

위의 식을 근사하여 풀면 $P\cong2.3432\times10^{-2}$ (atm)

식 (18)로부터 $n_{T}=100.17$ (mol) 그리고 $n_{Zn}=2.347$ (mol)

식 (11)로부터 $n_{O2}=2.114\times10^{-7}$ (mol)

식 (12)로부터 $n_{S2}=9.880\times10^{-2}$ (mol)

식 (13)으로부터 $n_{SO2}=6.697$ (mol)

식 (15)로부터 $n_{SO}=3.006\times10^{-2}$ (mol)

식 (8)로부터 $n_{ZnS}=6.924$ (mol)

식 (7)로부터 $n_{ZnO}=4.577$ (mol)

따라서 Zn의 회수율은

$$\frac{n_{Zn}}{n_{ZnS}}=0.339$$

(v) 1,573 K에서

식 (1)로부터 $K_{1}=7.2499\times10^{9}$

식 (3)으로부터 $K_{3}=4.0943\times10^{4}$

식 (6)으로부터 $K_{6}=1.5403\times10^{8}$

식 (14)로부터 $K_{14}=2.3808\times10^{4}$

식 (16)으로부터 $C_{1}=3.3380\times10^{-5}$, $C_{2}=1.0500\times10^{-4}$

• 100 mol의 공기를 사용한 경우

$$n_{N2}^{0}=79.4\ (\text{mol}),\quad n_{O2}^{0}=20.6\ (\text{mol})$$

식 (19)로부터 $38.2P^{4}+41.2P^{3}-6.6760\times10^{-3}P-2.9337\times10^{-2}=0$

따라서 $P \cong 8.7577 \times 10^{-2}$ (atm)

식 (18)로부터 $n_T = 105.62$ (mol) 그리고 $n_{Zn} = 9.250$ (mol)

식 (11)로부터 $n_{O_2} = 1.900 \times 10^{-6}$ (mol)

식 (12)로부터 $n_{S_2} = 3.363 \times 10^{-1}$ (mol)

식 (13)으로부터 $n_{SO_2} = 16.51$ (mol)

식 (15)로부터 $n_{SO} = 1.233 \times 10^{-1}$ (mol)

식 (8)로부터 $n_{ZnS} = 17.31$ (mol)

식 (7)로부터 $n_{ZnO} = 8.056$ (mol)

따라서 Zn의 회수율은

$$\frac{n_{Zn}}{n_{ZnS}} = 0.534$$

• 91 mol N_2, 9 mol O_2가스인 경우

식 (19)로부터 $73P^4 + 18P^3 - 6.6760 \times 10^{-3}P - 3.0555 \times 10^{-2} = 0$

따라서 $P \cong 1.066 \times 10^{-1}$ (atm)

식 (18)로부터 $n_T = 113.21$ (mol) 그리고 $n_{Zn} = 12.072$ (mol)

식 (11)로부터 $n_{O_2} = 1.373 \times 10^{-6}$ (mol)

식 (12)로부터 $n_{S_2} = 2.432 \times 10^{-1}$ (mol)

식 (13)으로부터 $n_{SO_2} = 9.803$ (mol)

식 (15)로부터 $n_{SO} = 8.916 \times 10^{-2}$ (mol)

식 (8)로부터 $n_{ZnS} = 10.38$ (mol)

식 (7)로부터 $n_{ZnO} = -1.690 < 0$ (mol)

n_{ZnO}가 음의 값을 나타내는 것은 ZnS가 전부 Zn으로 변화하였다는 것이고, $n_{ZnO} = 0$으로 두면 $n_{ZnS} = n_{Zn}$으로, 위의 연립 방정식을 새로 풀어야 할 필요가 있다. 즉 식 (7), (9)는 다음과 같이 변형된다.

$$n_{ZnS} = n_{Zn} \tag{7)'$$

$$2n^0_{O_2} = 2n_{SO_2} + n_{SO} + 2n_{O_2} \tag{9)'$$

따라서 식 (7)′과 식 (8)로부터

$$n_{\mathrm{Zn}} = 2n_{\mathrm{S2}} + n_{\mathrm{SO2}} + n_{\mathrm{SO}}$$

식 (12), (13), (15)를 위의 식에 대입하면

$$n_{\mathrm{Zn}} = \frac{2}{K_3}\frac{n_T^3}{n_{\mathrm{Zn}}^2} + \frac{K_6}{K_1 \cdot K_3^{1/2}}\frac{n_T^4}{n_{\mathrm{Zn}}^3} + \left(\frac{K_{14}}{K_1 \cdot K_3}\right)^{1/2}\frac{n_T^3}{n_{\mathrm{Zn}}^2}$$

$P = n_{\mathrm{Zn}}/n_T$로 두고 정리하면

$$P^4 - \left\{\frac{2}{K_3} + \left(\frac{K_{14}}{K_1 \cdot K_3}\right)^{1/2}\right\}P - \frac{K_6}{K_1 \cdot K_3^{1/2}} = 0$$

$$\therefore\ P^4 + 5.7804 \times 10^{-5}P - 1.0500 \times 10^{-4} = 0$$

위의 식을 풀면 $P \cong 1.026 \times 10^{-1}$ (atm)

식 (9)′에 식 (12), (13), (15)를 대입하면

$$2n_{\mathrm{O2}}^0 = \frac{2K_6}{K_1 \cdot K_3^{1/2}}\frac{n_T^4}{n_{\mathrm{Zn}}^3} + \left\{\left(\frac{K_{14}}{K_1 \cdot K_3}\right)^{1/2} + \frac{2}{K_1}\right\}\frac{n_T^3}{n_{\mathrm{Zn}}^2}$$

$n_{\mathrm{Zn}} = P \cdot n_T$를 대입하여 정리하면

$$2n_{\mathrm{O2}}^0 P^3 = \left[\frac{2K_6}{K_1 \cdot K_3^{1/2}} + \left\{\left(\frac{K_4}{K_1 \cdot K_3}\right)^{1/2} + \frac{2}{K_1}\right\}P\right]n_T$$

위의 식으로부터 $n_T = 92.247$ (mol) 그리고 $n_{\mathrm{Zn}} = 9.467$ (mol)

식 (11)로부터 $n_{\mathrm{O2}} = 1.208 \times 10^{-6}$ (mol)

식 (12)로부터 $n_{\mathrm{S2}} = 2.139 \times 10^{-1}$ (mol)

식 (13)으로부터 $n_{\mathrm{SO2}} = 8.691$ (mol)

식 (15)로부터 $n_{\mathrm{SO}} = 7.844 \times 10^{-2}$ (mol)

식 (8)로부터 $n_{\mathrm{ZnS}} = 9.4672$ (mol)

따라서 Zn의 회수율은

$$\frac{n_{\mathrm{Zn}}}{n_{\mathrm{ZnS}}} = 100\ \%$$

[표 2, 3]에 나타낸 결과를 통해 Zn의 회수율은 고온일수록, 또 산소분압이 낮은 가스를 사용할수록 좋다는 것을 알 수 있다.

[표 2] 공기를 사용한 경우의 계산결과

	1,473 K		1,573 K	
	mol	atm	mol	atm
N_2	79.4	8.32×10^{-1}	79.4	7.52×10^{-1}
O_2	3.43×10^{-7}	3.58×10^{-9}	1.90×10^{-6}	1.80×10^{-1}
S_2	1.60×10^{-1}	1.68×10^{-3}	3.36×10^{-1}	3.18×10^{-3}
SO_2	14.17	1.48×10^{-1}	16.51	1.56×10^{-1}
SO	4.87×10^{-2}	5.10×10^{-4}	1.23×10^{-1}	1.16×10^{-3}
Zn	1.72	1.80×10^{-21}	9.25	8.76×10^{-1}
전체 몰 수	95.49		105.62	
	mol		mol	
ZnS 반응량	14.54		17.31	
ZnO 생성량	12.82		8.06	
Zn 회수율	11.80 %		53.44 %	

[표 3] 91 mol N_2, 9 mol O_2, 혼합가스를 사용한 경우의 계산결과

	1,473 K		1,573 K	
	mol	atm	mol	atm
N_2	91.0	9.08×10^{-1}	91.0	9.87×10^{-1}
O_2	2.11×10^{-7}	2.11×10^{-9}	1.21×10^{-6}	1.31×10^{-8}
S_2	9.88×10^{-2}	9.87×10^{-4}	2.14×10^{-1}	2.32×10^{-3}
SO_2	6.70	6.69×10^{-2}	8.96	9.72×10^{-2}
SO	3.01×10^{-2}	3.00×10^{-2}	7.78×10^{-2}	8.51×10^{-4}
Zn	2.35	2.34×10^{-2}	9.46	1.03×10^{-1}
전체 몰 수	100.17		92.22	
	mol		mol	
ZnS 반응량	6.92		9.47	
ZnO 생성량	4.58		0.0	
Zn 회수율	33.90 %		100 %	

[comment]

- Cu의 전로에서는 Zn의 휘발이 일어나지만, 그 기구는 산화휘발인 것으로 생각된다. $ZnS \rightarrow Zn + 1/2S_2$의 분해, 또는 ZnS(g), ZnO(g)로서의 휘발은 매우 적은 양이다.
- HgS, CdS에서는 이와 같은 산화휘발은 보다 더 일어나기 쉽고, 특히 HgS에서는 실용화되어 있다. CdS는 Hg에 비하면 Zn 정도는 아니지만 역반응이 일어나기 쉽다. 그러나 실용화는 가능할 것이다. 단, 정광으로서의 CdS는 얻어져 있지 않다.

(vi) 1,573 K에서의 반응으로 생성된 가스를 873 K까지 냉각하는 경우를 생각한다.

1,573 K에서 평형가스의 조성은 (v)의 결과로부터

N_2: 79.4 (mol) O_2: 1.900×10^{-6} (mol)

S_2: 3.363×10^{-1} (mol) SO_2: 16.51 (mol)

SO: 1.233×10^{-1} (mol) Zn(g): 9.250 (mol)

급랭 후, 평형에 도달한 가스조성 n을 이하의 각 가스상 및 응축상에 대해 검토한다.

가스상: O_2, S_2, SO_2, SO, Zn(g)

응축상: ZnO, ZnS, Zn(l)

여기서 급랭 전후의 물질수지는 다음과 같다.

$$Zn: 9.250 = n_{Zn(g)} + n_{ZnO} + n_{ZnS} + n_{Zn(l)}$$

$$S: 2 \times 0.3363 + 16.51 + 0.1233 = 2n_{S2} + n_{SO2} + n_{SO} + n_{ZnS}$$

$$O: 2 \times 1.900 \times 10^{-6} + 2 \times 16.51 + 0.1233 = 2n_{O2} + 2n_{SO2} + n_{SO} + n_{ZnO}$$

그러나 이와 같이 풀게 되면 $n_{Zn(l)}$가 음의 값을 나타내게 된다. 따라서 $n_{Zn(l)} = 0$으로 두고 Zn의 액상을 고려하지 않는 물질수지를 검토한다.

$$Zn: 9.250 = n_{Zn(g)} + n_{ZnO} + n_{ZnS} \tag{20}$$

$$S: 17.306 = 2n_{S2} + n_{SO2} + n_{SO} + n_{ZnS} \tag{21}$$

$$O: 33.143 = 2n_{O2} + 2n_{SO2} + n_{SO} + n_{ZnO} \tag{22}$$

가스의 전체 몰 수 n_T는 다음 식으로 주어진다.

$$n_T = n_{O2} + n_{S2} + n_{SO2} + n_{SO} + n_{Zn(g)} + 79.4 \tag{23}$$

식 (20)~(22)에서 n_{ZnO}, n_{ZnS}를 소거하면

$$n_{Zn(g)} + 41.199 = 2(n_{O2} + n_{S2} + n_{SO}) + 3n_{SO2}$$

식 (11)~(13), (15), (16)을 위의 식에 대입하고, $P = n_{Zn(g)}/n_T$를 이용하여 정리하면

$$n_T\left(P - \frac{2C_1}{P^2} + \frac{3C_2}{P^3}\right) = -41.199 \tag{24}$$

식 (23)에 식 (11)~(13), (15), (16), P를 대입하여 정리하면

$$\left(1 - P - \frac{C_1}{P^2} - \frac{C_2}{P^3}\right)n_T = 79.4 \tag{25}$$

식 (24), (25)로부터 n_T를 소거하고 P에 대하여 정리하면

$$38.201P^4 + 41.199P^3 - 199.999C_1P - 279.399C_2 = 0$$

$$\therefore\ 38.201P^4 + 41.199P^3 - 1.4740\times10^{-22}P - 6.5779\times10^{-27} = 0$$

위의 식을 풀면 $P \cong 5.423\times10^{-10}$

식 (25)로부터 $n_T = 93.13$ (mol) $\therefore\ n_{Zn} = 5.066\times10^{-8}$ (mol)

식 (11)로부터 $n_{O2} = 1.322\times10^{-14}$ (mol)

식 (12)로부터 $n_{S2} = 2.229\times10^{-4}$ (mol)

식 (13)으로부터 $n_{SO2} = 13.73$ (mol)

식 (15)로부터 $n_{SO} = 9.020\times10^{-6}$ (mol)

식 (21)로부터 $n_{ZnS} = 3.573$ (mol)

식 (22)로부터 $n_{ZnO} = 5.677$ (mol)

873 K에서 평형가스조성과 응축상의 생성량을 종합하여 [표 4]에 나타내었다.

[표 4]

	몰 수(mol)	분압(atm)
N_2	79.4	8.53×10^{-1}
O_2	1.32×10^{-14}	1.42×10^{-16}
S_2	2.23×10^{-4}	2.39×10^{-6}
SO_2	13.73	1.47×10^{-1}
SO	9.027×10^{-6}	9.69×10^{-8}
Zn	5.05×10^{-8}	5.42×10^{-2}
전체 몰 수	93.13	
ZnS 생성량	3.57 mol	
ZnO 생성량	5.68 mol	
Zn(l) 생성량	0.0 mol	

86 ZnO의 CO 환원: 화학양론 계산에 의한 Zn의 분압 산출

과잉으로 존재하는 ZnO가 1,273 K(1,000 ℃)에서 CO가스에 의해 환원될 때, 반응 후의 가스 중 Zn 농도와 전체압력의 관계를 그림으로 나타내시오. 또 1,073 K(800 ℃), 1,473 K(1,200 ℃)에서는 어떻게 되는지 계산하시오.

[표 1]

Reaction	ΔG^0 (J)
$ZnO(s)+CO(g)=Zn(g)+CO_2(g)$	$178{,}020-111.67T$
$C(s)+CO_2(g)=2CO(g)$	$170{,}460-174.43T$

풀이

고려하여야 할 반응은 다음의 식 (1), (2)이다.

$$ZnO(s)+CO(g)=Zn(g)+CO_2(g):\ \Delta G^0_{(1)}=178{,}020-111.67T\ (J) \quad (1)$$

[표 2]

T(K)	ΔG^0_1	$K_1=p_{Zn}\cdot p_{CO2}/p_{CO}$
1,073	58,198	1.4681×10^{-3}
1,273	35,864	3.3755×10^{-2}
1,473	13,530	3.3127×10^{-1}

$$C(s)+CO_2(g)=2CO(g):\ \Delta G^0_{(2)}=170{,}460-174.43T\ (J) \quad (2)$$

[표 3]

T(K)	ΔG_2^0	$K_2 = p_{CO}^2/(p_{CO2} \cdot a_C)$
1,073	−16,703	6.5038
1,273	−51,589	130.89
1,473	−86,475	1165.8

우선 식 (2)의 Boudouard반응을 무시하고 풀면

$$P_T = p_{Zn} + p_{CO} + p_{CO2} \tag{3}$$

$$p_{Zn} \cdot p_{CO2}/p_{CO} = K_1 \tag{4}$$

$$p_{Zn} = p_{CO2} \tag{5}$$

식 (4)와 (5)로부터

$$p_{CO} = \frac{1}{K_1} p_{Zn}^2 \tag{6}$$

식 (5)와 (6)을 식 (3)에 대입하면

$$P_T = p_{Zn} + \frac{1}{K_1} p_{Zn}^2 + p_{Zn}$$

$$\therefore\ p_{Zn}^2 + 2K_1 \cdot p_{Zn} + K_1 \cdot P_T = 0 \tag{7}$$

식 (7)에 K_1, P_T의 각 값을 대입하면 [표 4]와 같은 반응가스 중 Zn 농도(%Zn(g))를 얻을 수 있다.

[표 4]

P_T (atm)	1,073 K		1,273 K		1,473 K	
	p_{Zn}	[%Zn]	p_{Zn}	[%Zn]	p_{Zn}	[%Zn]
1	3.688×10^{-2}	3.688	1.530×10^{-1}	15.30	3.328×10^{-1}	33.28
0.1	1.074×10^{-2}	10.74	3.344×10^{-2}	33.44	4.671×10^{-2}	46.71
0.01	2.635×10^{-3}	26.35	4.676×10^{-3}	46.76	4.963×10^{-3}	49.63
0.001	4.354×10^{-4}	43.54	4.964×10^{-4}	49.64	4.996×10^{-4}	49.96

[표 4]의 값을 이용하여 p_{CO}, p_{CO2}, a_C를 계산하면 [표 5]와 같다.

[표 5]

P_T	1,073 K			
	p_{Zn}	p_{CO}	p_{CO2}	a_C
1	3.688×10^{-2}	9.262×10^{-1}	3.688×10^{-2}	3.577
0.1	1.074×10^{-2}	7.853×10^{-2}	1.074×10^{-2}	8.830×10^{-2}
0.01	2.635×10^{-3}	4.730×10^{-3}	2.635×10^{-3}	1.305×10^{-3}
0.001	4.354×10^{-4}	1.291×10^{-4}	4.354×10^{-4}	5.889×10^{-6}
P_T	1,273 K			
	p_{Zn}	p_{CO}	p_{CO2}	a_C
1	1.530×10^{-1}	6.939×10^{-1}	1.530×10^{-1}	2.404×10^{-2}
0.1	3.344×10^{-2}	3.312×10^{-2}	3.344×10^{-2}	2.507×10^{-4}
0.01	4.676×10^{-3}	6.478×10^{-4}	4.676×10^{-3}	6.856×10^{-7}
0.001	4.964×10^{-4}	7.298×10^{-6}	4.964×10^{-4}	8.199×10^{-10}
P_T	1,473 K			
	p_{Zn}	p_{CO}	p_{CO2}	a_C
1	3.328×10^{-1}	3.344×10^{-1}	3.328×10^{-1}	2.882×10^{-4}
0.1	4.671×10^{-2}	6.585×10^{-3}	4.671×10^{-2}	7.965×10^{-7}
0.01	4.963×10^{-3}	7.435×10^{-5}	4.963×10^{-3}	9.554×10^{-10}
0.001	4.996×10^{-4}	7.535×10^{-7}	4.996×10^{-4}	9.749×10^{-13}

[표 5]의 계산결과로부터 각 조건에서의 a_C를 구하면, 1,073 K, 1 atm의 조건에서는 1을 초과하는 값을 나타내므로 이 조건에서는 C의 석출이 일어난다. 따라서 식 (2)의 반응도 고려하여야만 한다.

이 경우에는

$$P_T = p_{Zn} + p_{CO} + p_{CO2} \tag{8}$$

$$p_{Zn} \cdot p_{CO2}/p_{CO} = K_1 \tag{9}$$

$$p_{CO}^2/p_{CO2} = K_2 \tag{10}$$

이 연립 방정식을 푼다. 식 (8)~(10)으로부터 p_{CO}, p_{CO2}를 소거하면

$$p_{Zn}^3 - P_T \cdot p_{Zn}^2 + K_1 \cdot K_2 \cdot p_{Zn} + K_1^2 \cdot K_2 = 0$$

이 식에 따라 $P_T = 1$, $T = 1{,}073$ K에서 $p_{Zn} = 1.095 \times 10^{-2}$이므로 $[\%Zn(g)] = 1.1$이다. 이상의 결과를 〈그림 1〉에 나타내었다.

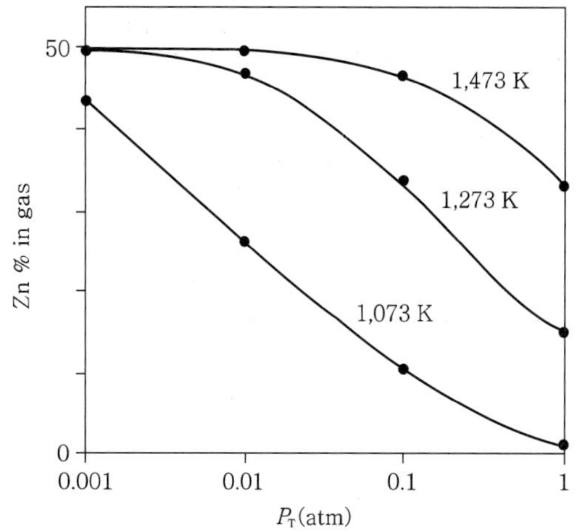

〈그림 1〉 가스 중 Zn 농도와 전체 압력의 관계

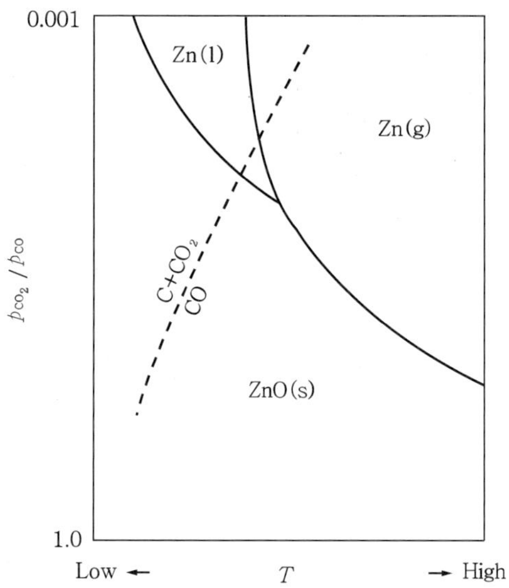

〈그림 2〉 Zn－C－O계 환원 평형도
(ZnO(s)－Zn(l)－Zn(g)의 교차점은 $T = 1{,}179$ K, $p_{CO2}/p_{CO} = 0.011$)

[comment 1] 저온에서는 Boudouard반응에 의해 p_{CO}가 낮게 제한된다.

[comment 2] Potential도 등으로부터 어떠한 반응을 고려하여야 할지 생각할 필요가 있다. 〈그림 2〉와 같이 800 ~ 1,500 K의 온도 범위에서 그린 환원 평형도를 보면 조건에 따라 Zn(l)를 고려하여야만 하는 것을 알 수 있다.

87 ZnO의 C 환원: 화학양론 계산에 의한 Zn의 분압 계산

ZnO가 밀폐 반응기 중에서 과잉의 고체탄소에 의해 환원된다. 1,073 K(800 ℃)~1,673 K(1,400 ℃)에서 평형 아연 증기압과 전체압력을 구하시오. 단, 최초의 반응기 내에 있는 공기는 무시한다. 그 결과로부터 탄소에 의한 ZnO의 환원과정에 대하여 설명하시오.

[표 1]

Reaction	ΔG^0 (J)
$ZnO(s)+CO(g)=Zn(g)+CO_2(g)$	$178{,}020-111.67T$
$C(s)+CO_2(g)=2CO(g)$	$170{,}460-174.43T$

풀이

ZnO가 C에 의해 환원되는 반응은 다음과 같이 나타낼 수 있다.

$$ZnO(s)+C(s)=Zn(g)+CO(g)$$

그러나 실제로는 두 가지의 반응이 동시에 일어나는 것으로 생각할 수 있다.

$$ZnO(s)+CO(g)=Zn(g)+CO_2(g):\ \Delta G_1^0=178{,}020-111.67T\ (J) \tag{1}$$

$$K_1=\frac{p_{Zn}\cdot p_{CO2}}{a_{ZnO}\cdot p_{CO}}$$

$$C(s)+CO_2(g)=2CO(g):\ \Delta G_2^0=170{,}460-174.43T\ (J) \tag{2}$$

$$K_2=\frac{p_{CO}^2}{a_C\cdot p_{CO2}}$$

n_{ZnO}(mol)의 ZnO가 환원되었다고 가정하고, 기상 중의 Zn, CO, CO_2의 몰 수를 각각 n_{Zn}, n_{CO}, n_{CO2}라 하면, 밀폐계에서 초기 반응기 내에 있었던 공기를 무시하므로 O의 수지를 고려하면

$$n_{ZnO} = n_{CO} + 2n_{CO2} \tag{3}$$

$$\therefore \; p_{Zn} = p_{CO} + 2p_{CO2} \tag{4}$$

$a_C = 1$, $a_{ZnO} = 1$이라 하면

$$K_1 = \frac{p_{Zn} \cdot p_{CO2}}{p_{CO}} \tag{5}$$

$$K_2 = \frac{p_{CO}^2}{p_{CO2}} \tag{6}$$

식 (4)~(6)으로부터

$$K_1 = \frac{(p_{CO} + 2p_{CO2}) \cdot p_{CO2}}{p_{CO}} = \frac{(p_{CO} + 2p_{CO}^2/K_2) \cdot (p_{CO}^2/K_2)}{p_{CO}} \tag{7}$$

p_{CO}에 대하여 정리하면

$$2p_{CO}^3 + K_2 \cdot p_{CO}^2 - K_1 K_2^2 = 0 \tag{8}$$

그리고 전체압력 P_T는

$$P_T = p_{Zn} + p_{CO} + p_{CO2} \tag{9}$$

따라서 식 (1), (2)에서 구한 K_1과 K_2를 식 (8)에 대입하여 p_{CO}를 구하고, 식 (5), (6), (9)에서 p_{Zn}, P_T를 구한다. 그 결과를 [표 2]와 〈그림 1〉에 나타내었다.

[표 2]

T (K)	K_1	K_2	p_{CO}	p_{CO2}	p_{Zn}	P_T
1,073	1.468×10^{-3}	6.5038	9.63×10^{-2}	1.423×10^{-3}	9.91×10^{-2}	0.197
1,173	8.046×10^{-3}	33.161	0.5088	7.804×10^{-3}	0.5244	1.041
1,273	3.376×10^{-2}	130.9	2.069	3.270×10^{-2}	2.1344	4.236
1,373	0.1149	423.0	6.861	0.1113	7.0836	14.06
1,473	0.3313	1166	19.33	0.3205	19.9710	39.62
1,573	0.8347	2825	47.75	0.8072	49.3645	97.92
1,673	1.8832	6156	105.9	1.8218	109.5435	217.3

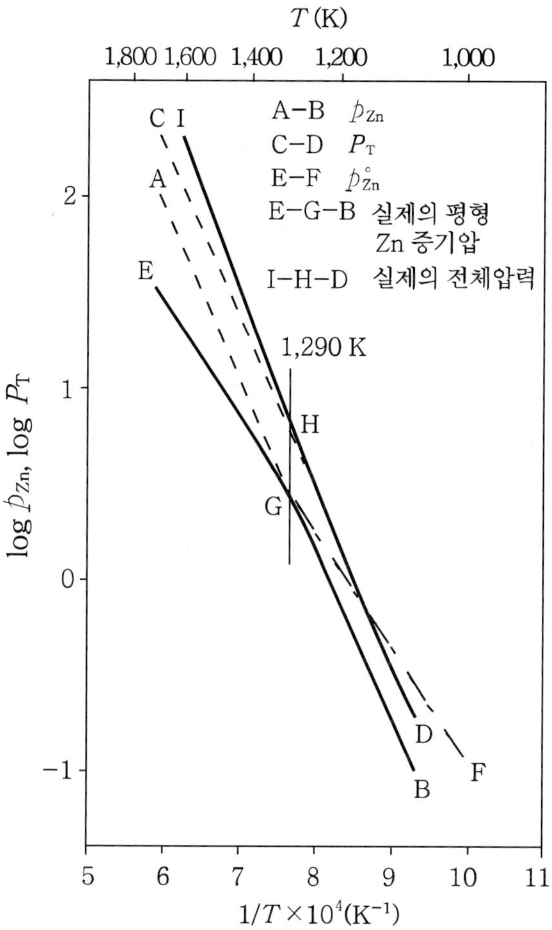

〈그림 1〉 평형 아연 증기압, 전체압력과 온도의 관계

[표 3]

T (K)	증기압 p^0_{Zn}(atm)	T (K)	증기압 p^0_{Zn}(atm)
600	8.695×10^{-6}	1,200	1.197
700	2.701×10^{-4}	1,290	2.652
800	3.474×10^{-3}	1,300	2.877
900	2.489×10^{-2}	1,400	6.057
1,000	1.186×10^{-1}	1,500	11.478
1,100	4.208×10^{-1}	1,600	19.976
1,180	9.858×10^{-1}	1,700	32.423

다음은 순수한 Zn의 증기압을 [표 3]에 나타내었다. 그리고 이것을 〈그림 1〉 중의 E−F선으로 나타내었으나, 이 선은 p_{Zn}의 선 (A−B)와 1,290 K에서 교차한다. 이 온도 이상에서는 $p_{Zn} > p^0_{Zn}$가 되지만, 실제로는 초과하는 부분은 응축하여 Zn(l)가 되므로 1,290 K 이상에서는 p_{Zn}과 p^0_{Zn}의 선은 같은 선으로 된다.

따라서 1,290 K 이상에서 P_T를 다시 계산한다.

식 (5)에서 p_{Zn}과 p^0_{Zn}를 치환하면

$$K_1 = \frac{p^0_{Zn} \cdot p_{CO2}}{p_{CO}} \tag{10}$$

식 (10)과 식 (6)으로부터

$$p_{CO} = \frac{K_1 \cdot K_2}{p^0_{Zn}} \tag{11}$$

식 (6)으로부터

$$p_{CO2} = \frac{p^2_{CO}}{K_2} \tag{12}$$

또

$$P_T = p^0_{Zn} + p_{CO} + p_{CO2} \tag{13}$$

이 계산결과를 [표 4]에, 그리고 계산을 통해 얻어진 전체압력을 〈그림 1〉의 H−I로 나타내었다.

이상의 결과로부터 다음의 결과를 얻었다.

평형 Zn 증기압 〈그림 1〉의 B−G−E

전체압력 〈그림 1〉의 D−H−I

[표 4]

T (K)	K_1	K_2	p^0_{Zn}	p_{CO}	p_{CO2}	P_T
1,300	0.04789	182.8	2.937	2.978	0.04851	5.964
1,400	0.1552	564.2	6.220	14.07	0.3508	20.64
1,500	0.4303	1497	11.84	54.40	1.976	68.22
1,600	1.050	3519	20.70	178.5	9.054	208.3
1,700	2.307	7478	33.72	511.6	35.00	580.3

또 1,290 K에서 p_{Zn}은 2.65 atm이다.

〈그림 1〉에 나타낸 전체압력의 선을 통해 C에 의해 환원되는 최저 온도를 알 수 있다. 예를 들면 1 기압에서는 1,170 K 이상의 온도에서 환원 가능하고, 10 기압에서는 1,340 K 이상, 0.2 기압에서는 1,045 K 이상의 온도가 필요하며, 전체압력이 낮을수록 낮은 온도에서 환원할 수 있다. 그러나 저온에서는 환원속도가 느리기 때문에 온도가 어느 정도 이상은 되어야 한다.

또 평형 Zn 증기압의 선으로부터 G점보다 좌측에서는 직접 액체 아연이 얻어지게 되지만, 이것을 실제로 하려 하면 실수율이 낮고 어렵다. Cu(l)를 순환하여, Cu−Zn 합금으로서 회수하려는 발상도 있지만 이 반응만으로는 실용화가 어렵고, 석탄가스화 프로세스의 부업으로 고려되고 있다.

88 Zn-Cd의 증류: 비등점 데이터로부터 증류거동 해석

아연·카드뮴 용액의 1기압에서의 비등점과 그때의 액상·기상 몰 분율이 다음과 같이 주어져 있다.

[표 1]

$x(x_{Cd}$, in liquid)	0	0.05	0.1	0.2	0.3	0.4
$y(x_{Cd}$, in vapor)	0	0.34	0.535	0.69	0.74	0.785
Boiling point(K)	1,180	1,145	1,118	1,091	1,081	1,073
$x(x_{Cd}$, in liquid)	0.5	0.6	0.7	0.8	0.9	1.0
$y(x_{Cd}$, in vapor)	0.825	0.865	0.90	0.93	0.96	1.00
Boiling point(K)	1,066	1,060	1,055	1,050	1,045	1,038

(i) 50 mol% Cd를 함유하는 액의 반이 증류된 증류액은 어떠한 조성이 되는지 계산하시오.

(ii) 마찬가지로 초기 조성의 용액은 남은 액이 10 mol%Cd 조성을 가질 때까지 증류되었다. 증류액은 대략 어떤 조성이 되는지 계산하시오.

(iii) Cd 몰 분율 0.05의 액에서 Cd 몰 분율 0.95의 증류액을 얻으려면 이론적으로 몇 단계의 증류가 필요한지 추정하시오.

풀이

회분증류에 관한 Rayleigh의 식을 이용하여 검토한다.

$$\ln\left(\frac{L_1}{L_2}\right)=\int_{x2}^{x1}\left(\frac{1}{y-x}\right)dx \tag{1}$$

여기서 L_1, L_2는 용액의 몰 수이며, x는 용액 중의 x_{Cd}, y는 기상 중의 x_{Cd}이다.

(i) 문제의 조건에 의해 $x_1=0.5$, $L_2=L_1/2$이므로 식 (1)로부터

$$\int_{x2}^{0.5}\left(\frac{1}{y-x}\right)dx=\ln 2=0.693 \tag{2}$$

주어진 데이터로부터 [표 2]를 계산하고 x와 $1/(y-x)$의 상관도(그림 1)를 작성한다.

[표 2]

x	0.05	0.1	0.2	0.3	0.4	0.5	0.6	0.7	0.8	0.9
y	0.34	0.535	0.69	0.74	0.785	0.825	0.865	0.90	0.93	0.96
$\frac{1}{(y-x)}$	3.45	2.30	2.04	2.27	2.60	3.08	3.77	5.00	7.69	16.7

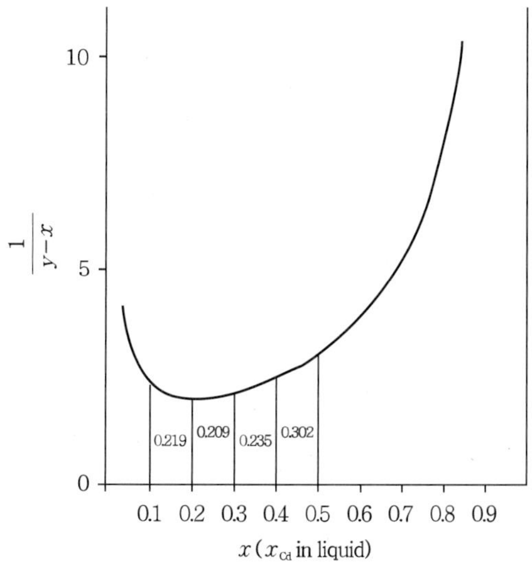

〈그림 1〉 Rayleigh 식의 응용

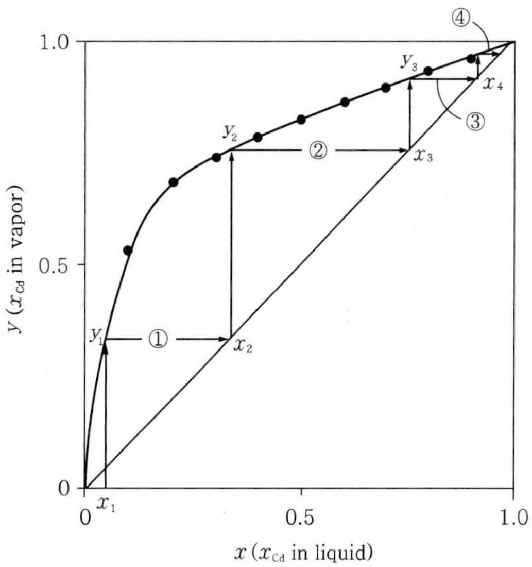

〈그림 2〉 용액과 가스 중 Cd량

또 〈그림 1〉로부터 식 (2)를 만족하는 대략적인 x_2를 구하면 $x_2 \approx 0.225$가 된다.

따라서 구하고자 하는 증류액의 몰 수를 L_3, x_{Cd}를 x_3라 하면

$$L_3 = L_1/2$$

$$x_3 = \frac{L_1x_1 - L_2x_2}{L_3} = \frac{0.5 - 0.5 \times 0.225}{0.5} = 0.775$$

따라서 증류액은 Cd을 77.5 mol% 함유한다.

(ii) (i)과 마찬가지로 Cd을 50 mol% 함유하는 액 L_1으로부터 10 mol% 함유하는 L_2로 증류되었다고 하면, 〈그림 1〉로부터

$$\ln\left(\frac{L_1}{L_2}\right) = \int_{0.1}^{0.5}\left(\frac{1}{y-x}\right)dx = 0.965 \quad (= 0.302 + 0.235 + 0.209 + 0.219)$$

$$\therefore \; L_2 = 0.381\, L_1$$

따라서 구하고자 하는 증류액은 x_{Cd}를 x_3라 하면

$$L_3 = L_1 - L_2$$

$$x_3 = \frac{L_1x_1 - L_2x_2}{L_3} = \frac{0.5 - 0.1 \times 0.381}{0.5} = 0.746$$

따라서 74.6 mol%의 Cd를 함유한다.

(iii) 용액 중 Cd와 증기 중 Cd의 관계를 〈그림 2〉에 나타내었다.(〈그림 2〉의 $x-y$ 선도 참조)

그림에서 x_1의 용액과 평형하는 증기의 조성은 y_1이 되고, 이것을 응축하면 용액 x_2가 된다. 증류는 이 조작을 순차적으로 반복하는 것으로, $x = 0.05$에서 $x = 0.95$의 증류를 얻기 위해서는 대략적으로 4단계의 증류가 필요한 것을 〈그림 2〉로부터 알 수 있다.

[comment] (i)과 (ii)에서의 고찰은 회분증류에 의한 것이다. 회분증류에서는 증류에 따른 액상 중의 농도가 변화한다. Rayleigh의 식은 이러한 액량 및 액상 중의 농도변화를 고려한 회분증류의 식이다.

[참고문헌] 的場幸雄他編, 金属製錬技術ハンドブック, 浅倉書店, p. 534.

89 Ni의 건식제련: 환원, 황화, 전로반응

니켈의 제련에 관하여 다음의 제 문제에 답하시오.

(i) 동, 니켈, 코발트, 철의 산화물이 혼재되어 있을 때, $CO-CO_2$ 혼합가스를 이용하여 이를 분별환원하려고 한다. 금속간 화합물이나 금속이 C나 O의 고용체를 형성하지 않는 것으로 간주했을 때, 평형론적으로 분별환원이 가능하다면 그 조건을 나타내시오. 계산은 673 K(400 ℃)의 조건에서 하기로 한다.

(ii) NiO가 $CaSO_4$에 의해 Ni_3S_2로 변하는 반응을 1,100 K(827 ℃)에서 검토하시오.

(iii) 슬래그 중 FeO의 활동도가 0.4, 맷트 중 FeS, Ni_3S_2, Cu_2S의 활동도가 각각 0.4, 0.2, 0.2일 때, 1,573 K(1,300 ℃)에서 슬래그 중 NiO, Cu_2O의 활동도를 계산하여 Ni과 Cu의 슬래그로의 손실을 비교하시오. 단, 각각의 활동도의 표준상태는 NiO를 제외하면 순수한 액체라고 가정한다. NiO는 순수한 고체 NiO를 표준상태로 간주한다. 또 슬래그 중 NiO, Cu_2O의 활동도는 Henry의 법칙을 따르며, 활동도 계수는 $\gamma_{CuO0.5}=3$, $\gamma_{NiO}=2.5$이다. 그리고 Ni의 경우 $p_{SO2}=1.0\times10^{-2}$ (atm)과 평형하는 경우, 또는 금속철과 공존하는 경우의 두 가지 서로 다른 산화 분위기에서 고찰하시오.

(iv) 니켈 맷트의 전로제련은 정피에서 중지하고, 금속니켈은 제조하지 않는다. 1,473 K (1,200 ℃)에서 평형계산을 하여 동의 전로제련과 비교하여 설명하시오.

단 각각의 생성 깁스 자유에너지 변화는 다음과 같다.(ref. 2)

$$Cu_2O(s):\quad 4Cu(s)+4O_2(g)=2Cu_2O(s):\ \Delta G^0=-334{,}800+144.8T\ (J)$$

$CuO(s)$: $2Cu(s)+O_2(g)=2CuO(s)$: $\Delta G^0=-311{,}700+180.34T$ (J)

$Cu_2O(l)$: $4Cu(l)+O_2(g)=2Cu_2O(l)$: $\Delta G^0=-235{,}200+78.20T$ (J)

$Cu_2S(l)$: $4Cu(l)+S_2(g)=2Cu_2S(l)$: $\Delta G^0=-282{,}000+74.52T$ (J)

$NiO(s)$: $2Ni(l)+O_2(g)=2NiO(s)$: $\Delta G^0=-469{,}800+169.36T$ (J)

$Ni_3S_2(l)$: $3Ni(s)+S_2(g)=Ni_3S_2(l)$: $\Delta G^0=-242{,}300+66.48T$ (J)

$NiS(s)$: $2Ni(s)+S_2(g)=2NiS(s)$: $\Delta G^0=-292{,}710+143.97T$ (J)

$CoO(s)$: $2Co(s)+O_2(g)=2CoO(s)$: $\Delta G^0=-470{,}960+143.10T$ (J)

$Co_3O_4(s)$: $\frac{3}{2}Co(s)+O_2(g)=\frac{1}{2}Co_3O_4(s)$: $\Delta G^0=-451{,}600+197.19T$ (J)

$FeO(s)$: $2Fe(s)+O_2(g)=2FeO(s)$: $\Delta G^0=-528{,}860+129.46T$ (J)

$Fe_3O_4(s)$:

$\frac{3}{2}Fe(s)+O_2(g)=\frac{1}{2}Fe_3O_4(s)$: $\Delta G^0=-547{,}830+151.17T$ (J)

$Fe_2O_3(s)$:

$\frac{4}{3}Fe(s)+O_2(g)=\frac{2}{3}Fe_2O_3(s)$: $\Delta G^0=-542{,}530+167.36T$ (J)

$FeS(l)$: $2Fe(s)+S_2(g)=2FeS(l)$: $\Delta G^0=-235{,}220+67.28T$ (J)

$FeO(l)$: $2Fe(s)+O_2(g)=2FeO(l)$: $\Delta G^0=-477{,}560+97.06T$ (J)

$CaSO_4(s)$: $CaO(s)+SO_3(g)=CaSO_4(g)$:

$$\Delta G^0=-477{,}600-174.1T\log T+776.59T\text{(J)}$$

$CaS(s)$: $2Ca(s)+S_2(g)=2CaS(s)$: $\Delta G^0=-1{,}084{,}070+192.13T$ (J)

$CO(g)$: $2C(s)+O_2(g)=2CO(g)$, $\Delta G^0=-223{,}920-175.56T$

$CO_2(g)$: $C(s)+O_2(g)=CO_2(g)$, $\Delta G^0=-394{,}380-1.13T$

$SO_2(g)$: $\frac{1}{2}S_2(g)+O_2(g)=SO_2(g)$: $\Delta G^0=-362{,}070+73.41T$ (J)

$SO_3(g)$: $\frac{1}{3}S_2(g)+O_2(g)=\frac{2}{3}SO_3(g)$: $\Delta G^0=-304{,}650+107.86T$ (J)

풀이

(i) ■ 동의 경우: 각각의 673 K에서의 생성 깁스 자유에너지는

$$Cu_2O(s):\ 4Cu(s)+O_2(g)=2Cu_2O(s):\ \Delta G^0=-237{,}350\ (J)$$

$$CuO(s):\ 2Cu(s)+O_2(g)=2CuO(s):\ \Delta G^0=-190{,}331\ (J)$$

Cu와 O_2의 합계 몰 수가 1 mol이 되도록 반응식을 바꾸어 플롯한다.(그림 1) 이 변환에 따른 생성 깁스 자유에너지 변화를 Δg_T^0로 나타내면

$$Cu_2O(s):\ \frac{4}{5}Cu(s)+\frac{1}{5}O_2(g)=\frac{2}{5}Cu_2O(s):\ \Delta g_{673}^0=-79{,}117\ (J)$$

$$CuO(s):\ \frac{2}{3}Cu(s)+\frac{1}{3}O_2(g)=\frac{2}{3}CuO(s):\ \Delta g_{673}^0=-63{,}444\ (J)$$

〈그림 1〉로부터 Cu_2O를 환원할 수 있으면 Cu를 얻을 수 있다는 것을 알 수 있다.

$$Cu_2O(s)+CO(g)=2Cu(s)+CO_2(g):\ \Delta G^0=-115{,}020+14.25T\ (J)$$

$$\therefore\ \Delta G_{673}^0=-105{,}430\ (J)$$

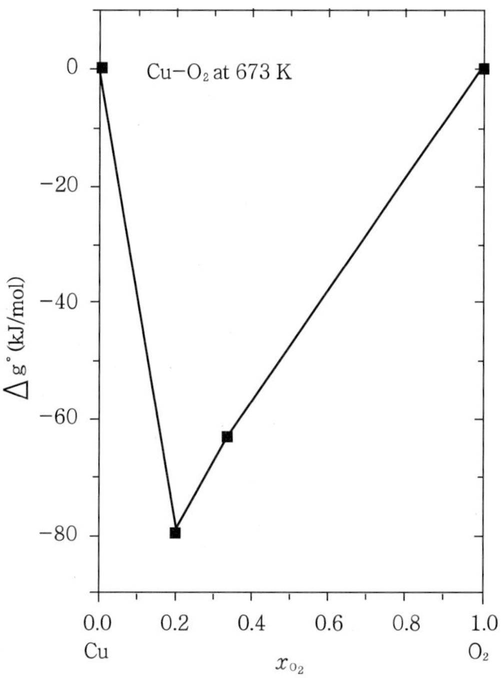

〈그림 1〉 Cu−O_2계의 혼합 깁스 자유에너지 변화

이 반응이 673 K에서 우측으로 진행하기 위해서는

$$\Delta G = \Delta G^0 + RT\ln K = \Delta G^0 + RT\ln\left(\frac{p_{CO2}}{p_{CO}}\right) < 0$$

따라서

$$\frac{p_{CO2}}{p_{CO}} < \exp\left(-\frac{\Delta G^0}{RT}\right) = \exp\left(-\frac{105,430}{8.314\times 673}\right) = 1.525\times 10^8$$

이 분압 비는 $p_{O2} = 3.782\times 10^{-19}$ atm에 상당한다.

■ 니켈의 경우: NiO가 환원되는 경우 다음의 반응을 고려한다.

$$NiO(s) + CO(g) = Ni(s) + CO_2(g)$$

$$\Delta G^0 = -47,520 + 1.97T \ (J)$$

$$\therefore \ \Delta G^0_{673} = -46,194 \ (J)$$

$$\frac{p_{CO2}}{p_{CO}} < \exp\left(-\frac{\Delta G^0}{RT}\right) = 3.850\times 10^3$$

이 분압 비는

$$p_{O2} < 2.411\times 10^{-28} \ (atm)$$

에 상당하고, 이 조건을 만족할 때, NiO는 Ni로 환원된다.

■ 코발트의 경우: 각각의 673 K에서의 생성 깁스 자유에너지는

$$CoO(s):\ 2Co(s) + O_2(g) = 2CoO(s):\ \Delta G^0_{673} = -374,654 \ (J)$$

$$Co_3O_4(s):\ \frac{3}{2}Co(s) + O_2(g) = \frac{1}{2}Co_3O_4(s):\ \Delta G^0_{673} = -318,891 \ (J)$$

Co와 O_2의 합계 몰 수가 1 mol이 되도록 반응식을 바꾸어 플롯한다.(그림 2)

$$CoO(s):\ \frac{2}{3}Co(s) + \frac{1}{3}O_2(g) = \frac{2}{3}CoO(s):\ \Delta g^0_{673} = -124,885 \ (J)$$

$$Co_3O_4(s):\ \frac{3}{5}Co(s) + \frac{2}{5}O_2(g) = \frac{1}{5}Co_3O_4(s):\ \Delta g^0_{673} = -127,556 \ (J)$$

〈그림 2〉로부터 CoO를 환원할 수 있으면 Co를 얻을 수 있음을 알 수 있다.

$$CoO(s) + CO(g) = Co(s) + CO_2(g):\ \Delta G^0 = -46,940 + 15.1T \ (J)$$

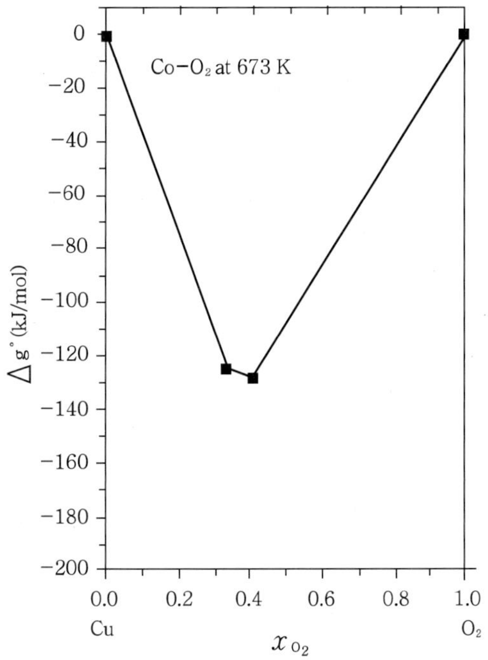

〈그림 2〉 $Co-O_2$계의 혼합 깁스 자유에너지

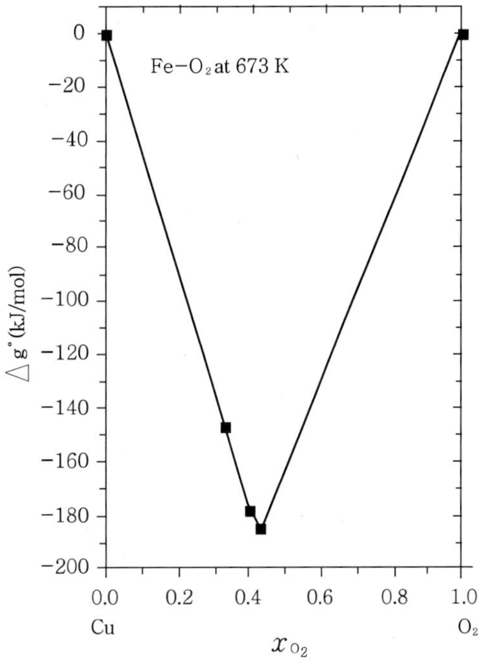

〈그림 3〉 $Fe-O_2$계의 혼합 깁스 자유에너지

$$\Delta G^0_{673} = -36,778 \text{ (J)}$$

$$\therefore \quad \frac{p_{CO2}}{p_{CO}} < \exp\left(-\frac{\Delta G^0}{RT}\right) = 7.155 \times 10^2$$

또

$$p_{O2} < 8.325 \times 10^{-30} \text{ (atm)}$$

에 상당하고, 이 조건을 만족할 때, CoO는 Co로 환원된다.

■ **철의 경우**: 각각의 673 K에서의 생성 깁스 자유에너지는

$$FeO(s):\ 2Fe(s) + O_2(g) = 2FeO(s):\ \Delta G^0_{673} = -441,733 \text{ (J)}$$

$$Fe_3O_4(s):\ \frac{3}{2}Fe(s) + O_2(g) = \frac{1}{2}Fe_3O_4(s):\ \Delta G^0_{673} = -446,093 \text{ (J)}$$

$$Fe_2O_3(s):\ \frac{4}{3}Fe(s) + O_2(g) = \frac{2}{3}Fe_2O_3(s):\ \Delta G^0_{673} = -429,897 \text{ (J)}$$

Fe와 O_2의 합계 몰 수가 1 mol이 되도록 반응식을 바꾸어 플롯한다.(그림 3)

$$\text{FeO(s)}: \ \frac{2}{3}\text{Fe(s)} + \frac{1}{3}\text{O}_2\text{(g)} = \frac{2}{3}\text{FeO(s)}: \ \Delta g^0_{673} = -147{,}244 \ \text{(J)}$$

$$\text{Fe}_3\text{O}_4\text{(s)}: \ \frac{3}{5}\text{Fe(s)} + \frac{2}{5}\text{O}_2\text{(g)} = \frac{1}{5}\text{Fe}_3\text{O}_4\text{(s)}: \ \Delta g^0_{673} = -178{,}437 \ \text{(J)}$$

$$\text{Fe}_2\text{O}_3\text{(s)}: \ \frac{4}{7}\text{Fe(s)} + \frac{3}{7}\text{O}_2\text{(g)} = \frac{2}{7}\text{Fe}_2\text{O}_3\text{(s)}: \ \Delta g^0_{673} = -184{,}242 \ \text{(J)}$$

〈그림 3〉으로부터 FeO가 Fe_3O_4와 Fe로 불균일 반응할 것을 예상할 수 있으며, 실제로

$$2\text{FeO(s)} = \frac{1}{2}\text{Fe(s)} + \frac{1}{2}\text{Fe}_3\text{O}_4\text{(s)}: \ \Delta G^0_{673} = -4{,}360 \ \text{(J)}$$

과 같이 불균일 반응이 진행된다. 따라서 Fe_3O_4를 환원할 수 있으면 Fe를 얻을 수 있다는 것을 알 수 있다.

$$\frac{1}{2}\text{Fe}_3\text{O}_4\text{(s)} + 2\text{CO(g)} = \frac{3}{2}\text{Fe(s)} + 2\text{CO}_2\text{(g)}: \Delta G^0 = -17{,}010 + 22.13T \text{(J)}$$

$$\Delta G^0_{673} = -2{,}117 \ \text{(J)}$$

$$\therefore \ \frac{p_{CO2}}{p_{CO}} < \left\{\exp\left(-\frac{\Delta G^0}{RT}\right)\right\}^{1/2} = 1.208$$

또 식 (2)로부터

$$p_{O2} < 2.373 \times 10^{-35} \ \text{(atm)}$$

이 조건을 만족할 때 Fe_3O_4는 Fe로 환원된다.

이상의 결과로부터 각 원소의 환원되는 산소분압을 비교하면 다음과 같다.

	Fe	< Co	< Ni	< Cu
p_{O2} (atm)	$= 2.373 \times 10^{-35}$	$< 8.325 \times 10^{-30}$	$< 2.411 \times 10^{-28}$	$< 3.782 \times 10^{-19}$
p_{CO2}/p_{CO}	$= 1.028$	$< 7.155 \times 10^{2}$	$< 3.850 \times 10^{3}$	$< 1.525 \times 10^{8}$

이 결과를 통해 Cu, Ni, Co, Fe의 순으로 환원하기 쉽다는 것을 알 수 있으며, 약 환원 분위기에서 이러한 혼합물을 환원할 경우 Fe는 산화물 상태로, 다른 것은 금속으로 환원할 수 있다. 단, $p_{CO2}/p_{CO} \approx 1{,}000$ 부근에서의 제어는 어렵기 때문에 Fe 이외의 선택환원은 곤란하다.

【응용례 등】

(1) 라테라이트(산화광)의 환원Nicaro process

이 프로세스는 920 K 부근에서 Ni을 환원하고, Co, Fe는 산화물(Fe는 Fe_3O_4)로 남기고, Ni－Fe 합금으로부터 $(NH_3)_2CO_3$를 이용하여 아민착체($Ni(NH_3)_6^{2+}$)를 만들어 Ni을 침출하는 방법이다. 이때 Co는 극히 일부만 금속이 된다.

(2) 몬드니켈(카르보닐법)

Co 농도가 높은 Ni광 처리에 적합하며, 다음 반응을 이용하는 프로세스이다.

$$Ni(CO)_4(g) \underset{\text{low temp.}}{\overset{\text{high temp.}}{\rightleftarrows}} Ni(s) + 4CO(g)$$

저온(약 340 K)에서 CO 가스를 작용시켜 조 니켈로부터 카르보닐을 만들고, 동시에 생성되는 Fe, Co 카르보닐을 증기압 차이를 이용하여 분리한 후, 고온(약 470 K)에서 $Ni(CO)_4$를 Ni(s)와 CO(g)로 분해하여 Ni을 얻는 프로세스이다. 이때의 CO(g)는 반복하여 사용한다. 이 방법에 사용하는 조 니켈을 만들 때, Co는 환원시키지 않고 Ni만 분별환원하기도 한다. 이 경우 Co가 혼입하지 않는 장점이 있지만, Cu가 존재하면 Cu도 동시에 환원되기 때문에 분별환원 전에 Cu는 산 leaching 등으로 제거할 필요가 있다. 또 $Ni(CO)_4$는 독성이 매우 높기 때문에 실험실에서 이용할 때는 이 점에 주의할 필요가 있다.

(3) Moa Bay process

이 프로세스는 Co가 많은 라테라이트계 광석에 적합하다. 산화물을 고온에서 묽은 황산을 이용해 leaching하는 방법으로 Co의 실수율이 높은 특징을 갖는다.

(ii) NiO가 $CaSO_4$(석고)에 의해 Ni_3S_2로 바뀌는 반응은

$$6NiO(s) + 4CaSO_4(s) = 2Ni_3S_2(l) + 4CaO(s) + 9O_2(g):$$

$$\Delta G^0 = 4{,}663{,}100 + 696.4T\log T - 4{,}128.64T \text{ (J)}$$

$$\Delta G^0_{1,100} = 2{,}451{,}424 \text{ (J)}$$

위의 반응이 우측으로 진행하기 위해서는

$$\Delta G = \Delta G^0 + RT\ln K = \Delta G^0 + RT\ln p_{O2}^9 < 0$$

$$\therefore\ p_{O2} < 1.162 \times 10^{-13} \text{ (atm)}$$

또 $2CO + O_2 = 2CO_2$: $K_{1,100} = 5.894 \times 10^{17}$에 의해

$$p_{CO_2}/p_{CO} < 261.7$$

이 조건에서는 NiO를 $CaSO_4$를 이용해 Ni_3S_2로 만들어 맷트에 농축할 수 있다. 또 $p_{O_2} = 10^{-13}$ atm에서의 $Ni-Ca-S_2-O_2$계 chemical potential diagram(그림 4)에서 알 수 있듯이 이 산소분압에서는 NiO와 $CaSO_4$가 공존할 수 없으며, 어느 쪽이든 소멸할 때까지 CaO 및 Ni_3S_2의 생성반응이 진행될 것으로 예상된다. 또 주어진 열역학 데이터로부터 산소분압을 더 낮추면, 예를 들어 $p_{O_2} = 10^{-15}$ atm에서 CaO/Ni_3S_2/CaS평형, 또는 CaO/Ni_3S_2/Ni평형을 고려할 수 있고, 과잉의 반응물은 Ni 또는 CaS로 환원됨을 알 수 있다.

[comment] 규산광인 가니에라이트광을 이용해 맷트를 만드는 경우, 유황원으로 석고, 붕초($NaSO_4$)를 이용한다. 가니에라이트광+황화광을 사용해도 무방하다.

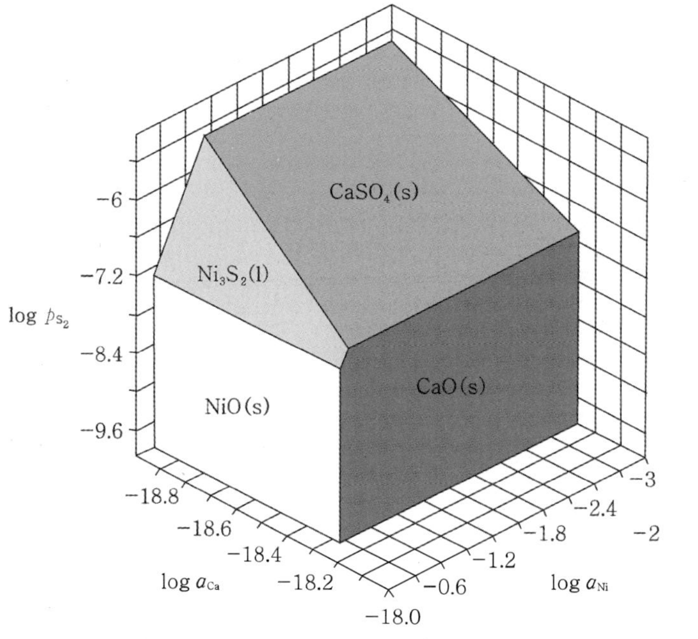

〈그림 4〉 1,100 K에서 $Ni-Ca-S_2-O_2$계 chemical potential diagram
($p_{SO_2} = 10^{-13}$ atm으로 고정)

(iii) 동의 슬래그 손실에 대해 검토하는 경우 아래의 반응을 고찰한다.

$$Cu_2S(l) + FeO(l) = Cu_2O(l) + FeS(l): \quad \Delta G^0 = 144{,}570 - 13.05T \ (J)$$

$$\Delta G^0_{1,573} = 124{,}042 \ (J) \ \text{at} \ 1{,}573 \ K$$

평형상수 K는

$$K = \exp\left(-\frac{\Delta G^0}{RT}\right) = \frac{a_{Cu2O} \cdot a_{FeS}}{a_{Cu2S} \cdot a_{FeO}} = 7.600 \times 10^{-5}$$

여기서 FeS, FeO, Cu_2S의 활동도가 각각 0.4, 0.4, 0.2이므로

$$a_{Cu2O} = 1.520 \times 10^{-6} \quad (a_{CuO0.5} = \sqrt{a_{Cu2O}} = 3.899 \times 10^{-3})$$

또 $\gamma_{CuO0.5} = 3$ 정도라면 $x_{CuO0.5} = 1.300 \times 10^{-3}$이 되어

$$(\%Cu) = 63.54 \times \frac{a_{CuO0.5}}{\gamma_{CuO0.5}} \times \frac{1.5}{100} \times 100 = 0.124 \ (wt\%)$$

[주] 위의 식에서 1.5/100의 항은 '100 g의 슬래그에서 MO_x의 전체 몰 수는 근사적으로 1.5 mol로 볼 수 있다.'는 근사를 이용하였다. 즉, 슬래그 1 mol당 질량은 100/1.5 g으로 보고 $(\%Cu)_{slag}$를 산출하고 있다.(ref. 2, 69 참조)

니켈의 경우도 Cu와 마찬가지로 생각할 수 있다.

$$3Ni_3S_2(l) + 7FeO(l) + SO_2(g) = 9NiO(s) + 7FeS(l):$$

$$\Delta G^0 = -176{,}940 + 385.04T \ (J)$$

$$\Delta G^0_{1,573} = 428{,}728 \ (J) \ \text{at} \ 1{,}573 \ K$$

평형상수 K는

$$K = \exp\left(-\frac{\Delta G^0}{RT}\right) = \frac{a^9_{NiO} \cdot a^7_{FeS}}{a^3_{Ni3S2} \cdot a^7_{FeO} \cdot p_{SO2}} = 5.790 \times 10^{-15}$$

여기서 $a_{FeO} = 0.4$, $a_{FeS} = 0.4$, $a_{Ni3S2} = 0.2$이다. 여기서 계의 SO_2 분압이 $p_{SO2} = 0.1$ atm으로 생각하면

$$a_{NiO} = 0.01186$$

그리고 $\gamma_{NiO} = 2.5$이므로 $x_{NiO} = 4.744 \times 10^{-3}$이 되어

$$(\%Ni) = 58.71 \times \frac{a_{NiO}}{\gamma_{NiO}} \times \frac{1.5}{100} \times 100 = 0.4178 \ (wt\%)$$

다음은 앞의 반응식을 Fe가 관여하고 있는 반응식으로 바꾸어 쓰면

$$Ni_3S_2(l)+3FeO(l)=3NiO(s)+2FeS(l)+Fe(s):$$

$$\Delta G^0=18,720+109.25T\ (J)$$

$$\Delta G^0_{1,573}=190,570\ (J)\ \text{at}\ 1,573\ K$$

평형상수 K는

$$K=\frac{a^3_{NiO}\cdot a^2_{FeS}\cdot a_{Fe}}{a_{Ni3S2}\cdot a^3_{FeO}}=4.694\times10^{-7}$$

여기서 $a_{FeO}=0.4$, $a_{FeS}=0.4$, $a_{Ni3S2}=0.2$이다. 그리고 금속 Fe가 나타나는 한계, 즉 $a_{Fe}=1$인 환원성이 강한 분위기를 만드는 경우에는

$$a_{NiO}=3.349\times10^{-3}$$

그리고 $\gamma_{NiO}=2.5$이므로 $x_{NiO}=1.340\times10^{-3}$이 되어

$$(\%Ni)=58.71\times\frac{a_{NiO}}{\gamma_{NiO}}\times\frac{1.5}{100}\times100=0.1180\ (wt\%)$$

이상의 결과로부터 Ni의 맷트용련의 경우, $SO_2(g)$가 나오는 분위기에서 용련하는 것보다 금속 Fe가 나타나는 한계 정도의 환원성이 강한 분위기에서 용련하는 편이 슬래그 손실을 줄인다는 것을 알 수 있다. 이 두 가지 중에서 어느 쪽을 적용할 것인가는 현장의 상황을 보고 판단한다.

[comment] Ni과 Cu의 슬래그 손실 비교

Ni은 Cu에 비하여 슬래그로 들어가기 쉬우나, 환원 분위기하에서 클리닝을 하면 Cu의 경우보다 회수하기 쉽다. 따라서 Ni의 경우 산화용련을 하여, 슬래그 정련로에서 Ni을 회수하는 방법을 사용하고 있다. 이것은 〈그림 5〉에 1,673 K(1,400 ℃)에서 Cu, Ni의 슬래그 손실과 활동도의 관계("黄化鉱製錬におけるスラグの役割", 学振 69委員会, 第1会 非鉄冶金シンポジウム(1976), p. 29 참조)를 각 산소분압에서 나타내었으나, 이 그림에서도 같은 산소분압에서 비교하면 p_{O2}가 높은 곳에서는 Ni 쪽의 슬래그 손실이 크고, p_{O2}가 낮은 곳에서는 반대로 Cu의 슬래그 손실이 큰 것을 알 수 있다.

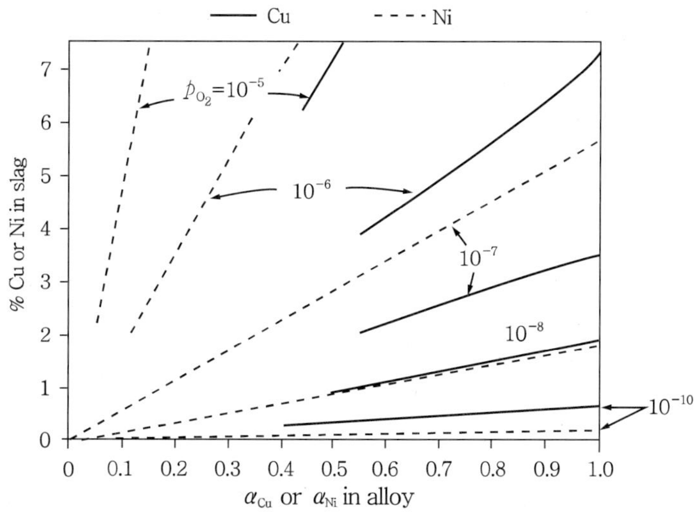

〈그림 5〉 용융 슬래그-합금계의 평형에 미치는 산소분압과 합금 중 활동도의 관계 (1,673 K, 38 $\%SiO_2$ 슬래그)

(iv) 황화물의 산화제련은 O_2 분압을 올림으로써 S_2 분압을 낮추고, 황화물을 금속으로 전환하는 제련법이다. 그러나 O_2 분압을 올린 결과, 금속의 산화물이 석출된다면 목적을 벗어나게 된다. 따라서 허용되는 최대의 산소분압은 금속/금속산화물 평형에 의해 결정된다. 또 출발원료가 황화물인 경우 S_2 분압은 금속/금속황화물 평형으로 결정된다. 따라서 제련한계에서의 각 분압은 금속/금속산화물/금속황화물 3상 평형에서의 분압에 상당한다.

다음으로 실제의 제련 프로세스를 검토하는 경우, 산소는 공기 또는 그에 준하는 농도의 산소를 함유하는 가스가 사용된다. 예를 들면 공기를 공급한 경우, 대량의 황화물이 존재하면 평형론적으로 결정된 산소분압까지 공기 중의 산소가 소비되고, 공급한 공기 중의 산소와 같은 분압, 즉 0.2 atm 정도의 SO_2 분압이 생성된다. 이 SO_2 분압이 상기한 3상 평형에서 결정되는 S_2 분압 및 O_2 분압에서 계산할 수 있는 SO_2 분압보다 큰 경우, 황화물과 산화물의 2상 평형이 아니면 이러한 큰 SO_2 분압을 달성할 수 없으며, 금속을 제조할 수 없게 된다. 즉, 황화물과 금속의 2상 평형은 성립되지 않고, 더욱이 3상 평형도 성립될 수 없다. 산소 농도가 낮은 가스를 공급한 경우에는 반응의 진행이 열역학적으로 가능할 수도 있지만, 극단적으로 작은 산소 농도에서는 생산속도에 문제가 발생한다. 또 그러한 경우에는 전로의 열수지도 문제가 된다.

이러한 이유로 금속/금속산화물/금속황화물 3상 평형에서 SO_2 분압을 계산하는 것에 의해 전로반응의 가부가 판단된다.

■ 니켈의 경우

$$Ni_3S_2(l)+4NiO(s)=7Ni(s)+2SO_2(g):\ \Delta G^0=457,760-258.88T\ (J)$$

$$\Delta G^0_{1,473}=76,430\ (J)\ \text{at}\ 1,473\ K$$

평형상수 K는

$$K=\exp\left(-\frac{\Delta G^0}{RT}\right)=\frac{a^7_{Ni}\cdot p^2_{SO2}}{a_{Ni3S2}\cdot a^4_{NiO}}=1.948\times10^{-3}$$

만일 응축상이 순수하다고 하면, 구하고자 하는 SO_2 분압은 다음과 같다.

$$p_{SO2}=4.41\times10^{-2}\ (atm)$$

또 이 평형에서의 산소분압은

$$2Ni(s)+O_2(g)=2NiO(s):\ \Delta G^0=-469,800+169.36T\ (J)$$

$$\Delta G^0_{1,473}=-220,333\ (J)\ \text{at}\ 1,473\ K$$

평형상수 K는

$$K=\exp\left(-\frac{\Delta G^0}{RT}\right)=\frac{a^2_{NiO}}{a^2_{Ni}\cdot p_{O_2}}=6.510\times10^7$$

따라서 산소분압은 다음과 같다.

$$p_{O2}=1.536\times10^{-8}\ (atm)$$

■ 동의 경우

$$Cu_2S(l)+2Cu_2O(s)=6Cu(l)+SO_2:\ \Delta G^0=14,130-42.05T\ (J)$$

$$\Delta G^0_{1,473}=-47,810\ (J)\ \text{at}\ 1,473\ K$$

평형상수 K는

$$K=\exp\left(-\frac{\Delta G^0}{RT}\right)=\frac{a^6_{Cu}\cdot p_{SO2}}{a_{Cu2S}\cdot a^2_{Cu2O}}=49.60$$

$$\therefore\ p_{SO2}=49.60\ (atm)$$

또 이 평형에서의 산소분압은

$$4Cu(s)+O_2(g)=2Cu_2O(s):\ \Delta G^0=-334,800+144.8T\ (J)$$

$$\Delta G^0_{1,473}=-121,510\ (J)\ \text{at}\ 1,473\ K$$

평형상수 K는

$$K = \exp\left(-\frac{\Delta G^0}{RT}\right) = \frac{a_{Cu2O}^2}{a_{Cu}^4 \cdot p_{O_2}} = 2.037 \times 10^4$$

$$\therefore\ p_{O2} = 4.098 \times 10^{-5}\ (atm)$$

이와 같이 공기 정도로 산소분압이 높은 가스를 이용할 경우 생성하는 SO_2 분압은 높아야 0.2 atm 정도이다. Cu의 경우에는 금속 산화물 석출을 방지하는 데 여유가 있지만, Ni의 경우 SO_2 분압은 1,473 K에서는 4.14×10^{-2} (atm) 이하여야만 금속을 얻을 수 있으며, 이보다 SO_2 분압이 높으면 산화니켈의 생성이 일어난다. 따라서 Ni의 경우에는 공급하는 산소분압도 이 분압 이하로 하여야 한다. 보다 고온, 예를 들면 1,723 K(1,450 ℃)에서는 $Ni/NiO/Ni_3S_2$의 3상 평형의 SO_2 분압은 0.66 atm이 된다. 그러나 이렇게 하여도 이 프로세스는 상당히 힘들다. 즉, 상기한 고찰에서는 니켈 황화물의 활동도를 1로 두고 고찰하였으나, 〈그림 6〉에 나타난 $Ni-Ni_3S_2$계의 상태도에서도 알 수 있듯이 Ni은 Ni_3S_2상에 상당량 용해된다. Ni의 융점은 1,455 ℃이며, 상태도로부터 1,450 ℃에서는 Ni과 Ni_3S_2는 거의 전 범위에 걸쳐 용해하는 것으로 봐도 된다.

문헌(資源素材学会編, "非鉄金属製錬技術の伝承", 小委員会成果報告書(2005), p. 471)에 의하면 1,450 ℃에서의 $p_{S2}-p_{O2}$의 화학 퍼텐셜도(그림 7)에서 S 농도가 2 %인 Ni을 얻기 위해서는 p_{SO2} 분압이 0.1 atm일 때 산소분압을 대략 $\log p_{O2} = -6.3$으로 하여야만 한다. 이때 $2Ni(s) + O_2(g) = 2NiO(s)$의 평형에 의해 NiO의 활동도는 대략 0.35이며, 슬래그로 손실되는 Ni이 상당한 양이 된다. 한편, 〈그림 6〉에 나타낸 것처럼 $Cu-Cu_2S$계는 2액상 분리형의 상태도를 나타내고 있으며, 거의 $a_{Cu} = 1$, $a_{Cu2S} = 1$이다. 따라서 Cu에 관한 본 문제의 고찰을 만족하는 영역에 있으면 Cu를 제조할 수 있다. 더욱이 공기 정도의 산소 농도에서 산화하는 경우, 제련한계의 p_{SO2}에 대해서는 상당한 여유가 있기 때문에 a_{Cu2O}도 작아서 슬래그 손실도 적어진다.

따라서 Ni 맷트의 전로제련은 정피(황화물)에서 중지하고 Cu의 전로제련에서는 금속동까지 만들고 있다.

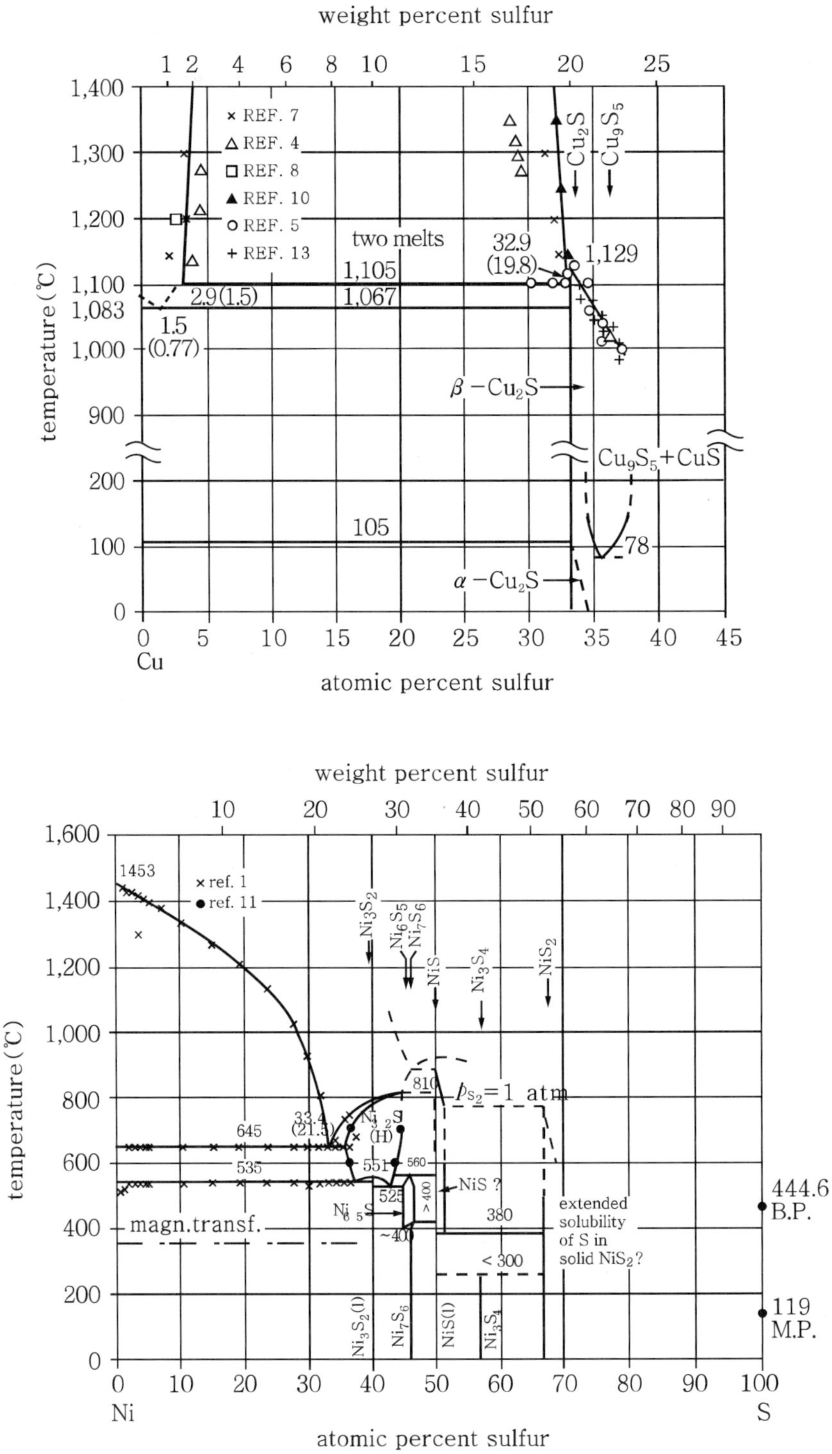

〈그림 6〉 Cu－S계 및 Ni－S계 상태도

(*Constitution of Binary Alloys* 2nd edition)

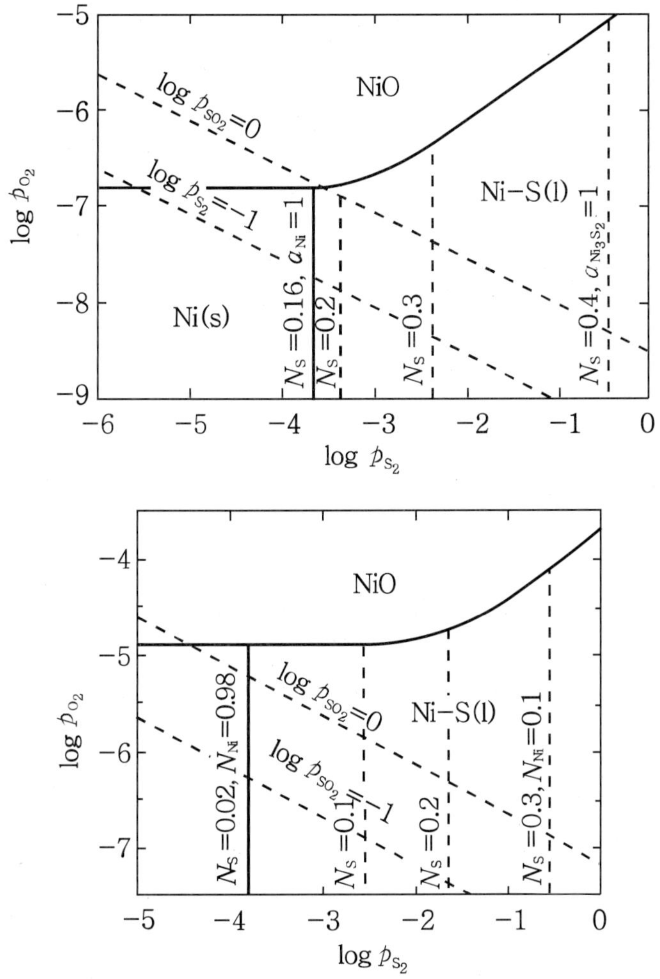

〈그림 7〉 $p_{S2}-p_{O2}$ potential diagram. (a) 1,250 ℃, (b) 1,450 ℃(N: 몰 분율)

또 과거에 Inco사에서는, 고온에서는 금속 Ni이 안정되는 것을 이용하여 TBRC[Top Blown Rotary Converter]를 이용해 직접 금속을 얻는 시험을 하였다는 뉴스도 있었으나, 상기한 이유에서 상당한 Ni의 슬래그 손실이 일어난 것으로 추측된다.

90 합금철 제련: 환원 용이성의 해석

합금철 제조와 관련하여 다음 물음에 답하시오.

(i) 페로실리콘은 온도 상승에 제한이 있는 용광로(예: 1,600 ℃가 최고온도인 용광로)에서도 Si가 20% 이하로 낮은 것은 비교적 용이하게 만들어지지만 그 이상의 온도가 되면 제조가 급격히 어려워져 전기로를 사용하지 않으면 불가능하게 된다. 그 이유를 열역학적으로 설명하시오.(계산에 사용하는 데이터: ref. 2)

$$Si(l) + O_2(g) = SiO_2(s): \quad \Delta G_1^0 = -946,480 + 197.74T \ (J) \tag{1}$$

$$2C(s) + O_2(g) = 2CO(g): \quad \Delta G_2^0 = -223,920 - 175.56T \ (J) \tag{2}$$

(ii) 페로망간 제조에서 슬래그 내의 CaO는 슬래그의 융점조절 외에도 슬래그 구성성분의 활동도와 관련하여 중요한 의미를 갖는다고 생각된다. CaO의 첨가가 어떠한 효과가 있는지 고찰하시오.

(iii) 이러한 제조과정에서 SiO_2나 MnO의 환원에 대하여 CO가스에 의한 간접환원이 실제로 일어나는지 고찰하시오.(계산에 사용하는 데이터: ref. 2)

$$2CO(g) + O_2(g) = 2CO_2(g): \quad \Delta G_3^0 = -564,840 + 173.30T \ (J) \tag{3}$$

풀이

(i) 페로실리콘의 제조 반응은 다음과 같다.

$$SiO_2(s) + 2C(s) = Si(l) + 2CO(g) \tag{4}$$

환원된 Si은 공존하는 철과 합금화되어 페로실리콘을 만든다.

식 (2)-(1)에 의한 식 (4)의 깁스 자유에너지 변화는 다음과 같이 주어진다.

$$\Delta G_4^0 = 722,560 - 373.30\,T \text{ (J)}$$

가령 용광로의 최고온도를 1,873 K라 하면, 식 (4)의 평형상수는 다음과 같다.

$$K_4 = \frac{a_{Si} \cdot p_{CO}^2}{a_{SiO2} \cdot a_C^2} = 0.223 \tag{5}$$

$a_{SiO2} = 1$, $a_C = 1$, $p_{CO} = 1$이라 하면 $a_{Si} = 0.223$이 된다.

〈그림 1〉에 나타낸 것처럼 Fe-Si계 활동도 그림에서 $a_{Si} = 0.223$에 대응하는 Si의 농도는 약 46 at%이다. 즉 중량 %로는 약 30 wt%Si이 되어 30 wt% 이상의 Si을 함유하는 페로실리콘 합금을 만들기가 어렵다는 것을 알 수 있다.

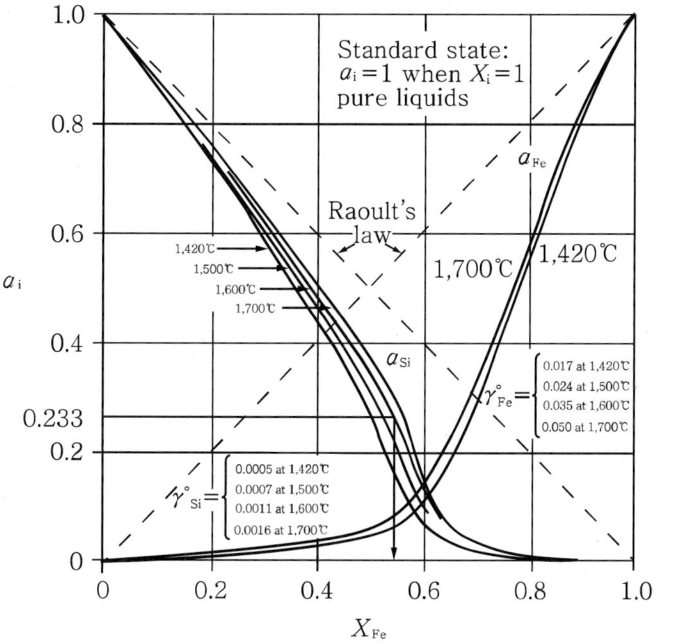

〈그림 1〉 Fe-Si계 활동도
(J.F. Elliott, M. Gleisten and V. Ramakrishna, *Thermochemistry for Steelmaking*, vol. 2)

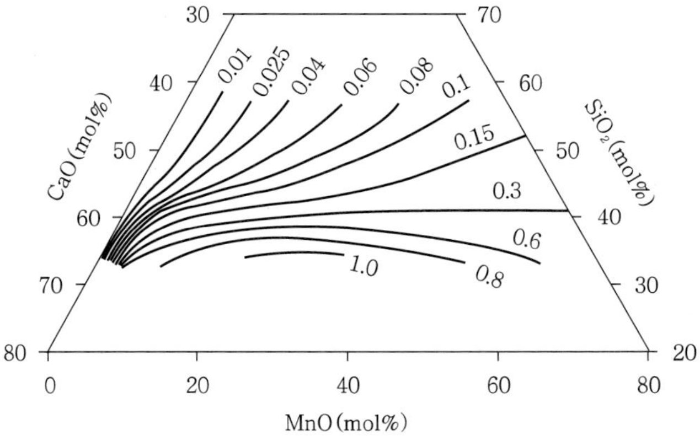

〈그림 2〉 MnO의 등활동도 곡선
(冶金物理化学と製錬基礎論, 金属工学講座 2. 朝創書店)

[comment] 페로실리콘 제조반응은 식 (4)만으로 끝나는 것이 아니며, SiC의 생성, $SiC-SiO_2$의 상호반응, SiO(g)의 생성 등 상당히 중요한 부수적인 반응들을 고려하여야 한다. 특히 고온에서 고Si를 목표로 하는 경우 SiO의 분압은 상당히 커지게 된다. 사실 페로실리콘 제조 전기로의 배가스 중 더스트는 주로 기상으로 휘발한 SiO가 저온에서 SiO_2가 된 미분으로 이루어져 있다. 전기로는 말할 것도 없이 관여하는 가스를 극소화할 수 있는 용련로이지만, 용광로는 본질적으로 다량의 코크스를 공기로 연소시켜 열을 얻으므로 엄청난 가스를 동반한다. 따라서 만일 온도가 2,000 ℃ 이상으로 올라가는 용광로가 있어 고Si 취련을 목표로 하더라도 다량의 가스가 다량의 SiO를 운반하여 Si을 주체로 하는 합금융체를 얻기는 어렵다.

한때 화제가 되었던 알루미늄 용광로제련도 같은 문제로 인해 기본적으로는 실현되기 어렵다. 알루미늄 탄화물의 분해에는 2,000 ℃ 이상의 열이 필요하므로, 원료인 Al－Fe－Si－O계에서 Si은 상부로 올라간다. Al의 suboxide에서도 Si과 같은 문제점이 있으며, carbide의 분해를 위해서라도 Al의 활동도를 낮춰야 하지만, Al－Fe합금으로 채취한다면 가능하다. 그러나 얻어진 합금에서 Fe를 제거하기 위하여 고온에서 다량의 Pb를 사용하는 어려운 조업을 해야만 한다.

이와 같이 이 문제에서는 전기로와 용광로의 특성을 이해하고자 하는 것이 목적이다.

(ii) 〈그림 2〉에 나타내는 $CaO-MnO-SiO_2$계 융체에서, MnO의 등활동도 곡선에서처럼 CaO의 존재에 의해 MnO의 활동도가 증가하는 것을 알 수 있다. 즉 CaO를 첨가함으로써 MnO의 슬래그 손실이 적게 된다.

(iii) 식 (3)－(1)에 의해

$$SiO_2(s)+2CO(g)=Si(l)+2CO_2(g):\quad \Delta G_6^0=381{,}640+24.44T\ (J) \qquad (6)$$

$$\Delta G_6^0 = -RT\ln\left(\frac{a_{Si} \cdot p_{CO2}^2}{a_{SiO2} \cdot p_{CO}^2}\right)$$

$a_{SiO2} = 1$, $a_{Si} = 0.223$으로 두고, $T = 1{,}873$ K, 2,073 K, 2,273 K에서 p_{CO2}/p_{CO}비를 구한다.

$$p_{CO2}/p_{CO} = 4.389 \times 10^{-5} \quad \text{at } 1{,}873 \text{ K}$$

$$p_{CO2}/p_{CO} = 1.431 \times 10^{-4} \quad \text{at } 2{,}073 \text{ K}$$

$$p_{CO2}/p_{CO} = 3.792 \times 10^{-4} \quad \text{at } 2{,}273 \text{ K}$$

따라서 CO_2 가스분압이 낮은 상태가 아니면 반응은 거의 진행되지 않는다.

용광로에서는 풍구로부터의 공기에 의해 코크스가 연소되어 무조건 CO_2 가스분압이 높아지는 경향을 보이므로 SiO_2의 간접환원은 생각할 수 없다.

MnO의 환원에서는(ref. 2)

$$2Mn(l) + O_2(g) = 2MnO(s): \quad \Delta G_7^0 = -807{,}520 + 172.04T \text{ (J)} \tag{7}$$

식 (3)−(7)에 의해

$$MnO(s) + CO(g) = Mn(l) + CO_2(g): \quad \Delta G_8^0 = 121{,}340 + 0.63T \text{ (J)} \tag{8}$$

$$\Delta G_8^0 = -RT\ln\left(\frac{a_{Mn} \cdot p_{CO2}}{a_{MnO} \cdot p_{CO}}\right)$$

$a_{MnO} = 1$, $a_{Mn} = 0.6$으로 두고, $T = 1{,}873$ K, 2,073 K, 2,273 K에서 p_{CO2}/p_{CO}비를 구한다.

$$p_{CO2}/p_{CO} = 6.381 \times 10^{-4} \quad \text{at } 1{,}873 \text{ K}$$

$$p_{CO2}/p_{CO} = 1.353 \times 10^{-3} \quad \text{at } 2{,}073 \text{ K}$$

$$p_{CO2}/p_{CO} = 2.514 \times 10^{-3} \quad \text{at } 2{,}273 \text{ K}$$

Si의 경우와 마찬가지로 CO_2가스는 거의 존재하지 않는다. 가령 $a_{Mn} = 0.1$로 하여도

$$p_{CO2}/p_{CO} = 3.829 \times 10^{-4} \quad \text{at } 1{,}873 \text{ K}$$

$$p_{CO2}/p_{CO} = 8.118 \times 10^{-3} \quad \text{at } 2{,}073 \text{ K}$$

$$p_{CO2}/p_{CO} = 1.508 \times 10^{-3} \quad \text{at } 2{,}273 \text{ K}$$

따라서 CO에 의한 환원은 생각할 수 없다.

91 황산Ni의 가압수소 환원: 환원 pH의 산출

황산니켈 수용액을 가압수소 환원하여 금속니켈 분말을 얻고자 한다.

$$Ni^{2+} + H_2 = Ni + 2H^+ \qquad \log K = -\frac{3,340}{T} + 3.07$$

373 K(100 ℃), 473 K(200 ℃), $p_{H2} = 10$ atm, 100 atm, 최종적인 Ni의 활동도를 $a_{Ni^{2+}} = 10^{-2}$, 10^{-3}으로 하였을 때, 환원 가능한 pH를 구하고, 이 반응에 미치는 각종 인자의 영향에 대하여 설명하시오.

풀이

$$Ni^{2+} + H_2 = Ni + 2H^+ \tag{1}$$

이 반응의 평형상수를 K라 하면

$$K_1 = \frac{a_{Ni} \cdot a_{H^+}^2}{a_{Ni^{2+}} \cdot p_{H_2}} \tag{2}$$

각 온도에서 주어진 조건식으로부터

$$\log K_{373} = -5.88, \qquad \log K_{473} = -3.99 \tag{3}$$

지금 금속니켈 분말을 얻고자 하므로, 식 (2)의 $a_{Ni} = 1$로 두면

$$a_{H^+}^2 = K_1 \cdot a_{Ni^{2+}} \cdot p_{H_2} \tag{4}$$

식 (4)의 양변에 대수를 취하면

$$\log a_{H^+} = \frac{1}{2}(\log K_1 + \log a_{Ni^{2+}} + \log p_{H_2}) \tag{5}$$

여기서 $pH = -\log_{H^+}$이므로, 식 (5)는 다음과 같이 된다.

$$pH = -\frac{1}{2}(\log K_1 + \log a_{Ni^{2+}} + \log p_{H_2}) \tag{6}$$

각 조건을 식 (6)에 대입하여 pH를 구하여 결과를 [표 1]에 나타내었다.

[표 1]

온도(K)	373	373	373	373	473	473	473	473
p_{H2}	10	10	100	100	10	10	100	100
$a_{Ni^{2+}}$	10^{-2}	10^{-3}	10^{-2}	10^{-3}	10^{-2}	10^{-3}	10^{-2}	10^{-3}
pH	3.44	3.94	2.94	3.44	2.50	3.00	2.00	2.50

이상의 결과로부터 환원반응을 진행하기 위해서는 [표 1]의 pH값보다 높은 값으로 유지하여야만 한다. 또 환원반응이 진행함에 따라 H^+의 생성이 일어나고 pH가 저하되어 환원속도가 저하된다. 따라서 환원 가능한 pH가 낮을수록 유리하다.

이러한 관점에서 [표 1]의 계산결과를 보면 온도는 높을수록, 또 p_{H2}도 높을수록 유리하다고 할 수 있다.

[comment] Sherritt Gordon법에서는 오토크레이브(가압 반응기)를 사용하고, 그 조작조건은 수소압: 3,500 kPa 정도, 온도: 450 ~ 470 K로 알려져 있다.

【보충】

$$Ni^{2+} + H_2 = Ni + 2H^+ \tag{1}$$

이 반응은 2개의 반전지half cell로 구성되는 전지반응으로 볼 수 있다.

$$Ni^{2+} + 2e^- = Ni$$

$$E_{Ni} = E^0_{Ni} + \frac{RT}{2F}\ln a_{Ni^{2+}}$$

$$= -0.257 + 9.92\times10^{-5}T\log a_{Ni^{2+}} \text{ (V)} \tag{2}$$

$$2H^+ + 2e^- = H_2$$

$$E_{H2} = E^0_{H2} + \frac{RT}{2F}\ln\left(\frac{a^2_{H^+}}{p_{H2}}\right)$$

$$= -1.984\times10^{-4}T\cdot \text{pH} - 9.92\times10^{-5}T\log p_{H2} \text{ (V)} \tag{3}$$

단, E_{Ni}, E_{H2}는 각 반응의 전극전위를 나타낸다.

$E_{Ni} > E_{H2}$의 경우에는 Ni의 석출이 일어나고, $E_{Ni} < E_{H2}$의 경우에는 Ni의 용출이 일어난다.

373 K에서는

식 (2) $E_{Ni} = -0.257 + 0.037\log a_{Ni^{2+}}$

식 (3) $E_{H2} = -0.074pH - 0.037\log p_{H2}$

473 K에서는

식 (2) $E_{Ni} = -0.257 + 0.047\log a_{Ni^{2+}}$

식 (3) $E_{H2} = -0.094pH - 0.047\log p_{H2}$

각 온도에서 E_{H2}의 pH에 의한 변화와 E_{Ni}를 〈그림 1〉에 나타내었다.

환원반응 $Ni^{2+} + H_2 = Ni + 2H^+$가 진행하는 것은 $E_{Ni} > E_{H2}$의 범위이며, 온도 및 수소분압이 높아질수록 그 범위가 낮은 pH 측으로 이동한다.

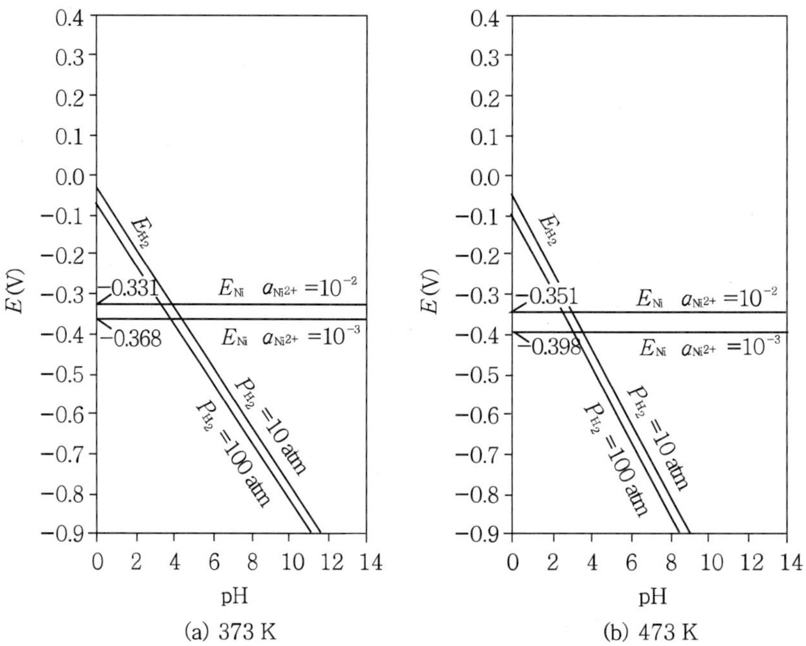

〈그림 1〉 전위-pH도

92 황화물의 황산침출: 용해도적으로부터 pH-용해도 diagram 작성

CuS, CdS, ZnS, FeS로 구성되어 있는 복합 황화광을 H_2SO_4 용액에서 선택적으로 황산염으로 만들어, 각각 분리회수하려고 한다. 반응을 $MS + H_2SO_4 = MSO_4 + H_2S$로 두고, 평형론적으로 진행한다고 생각할 경우 황산농도를 얼마로 하면 좋을지 계산하시오. 단, 용해도적은 $S = a_{M^{2+}} \cdot a_{S^{2-}}$로 두며, [표 1]과 같다. 또, 용해한 H_2S는 약 0.1 mol/L로 Henry의 법칙을 따르는 것으로 볼 수 있고, $H_2S(aq) = 2H^+ + S^{2-}$의 반응에서 평형상수 K는 10^{-20}이다.

[표 1]

MS	CuS	CdS	ZnS	FeS
$S = a_{M^{2+}} \cdot a_{S^{2-}}$	10^{-36}	10^{-27}	10^{-24}	10^{-18}

풀이

$$H_2S = 2H^+ + S^{2-} \tag{1}$$

$$K = 10^{-20} \tag{2}$$

로부터 S^{2-}의 농도를 구한다.

$$K = \frac{a_{H^+}^2 \cdot a_{S^{2-}}}{a_{H_2S}} = \frac{a_{H^+}^2 \cdot a_{S^{2-}}}{0.1} = 10^{-20} \tag{3}$$

$$\therefore\ a_{S^{2-}} = 10^{-21}/a_{H^+}^2 \tag{4}$$

$S = a_{M^{2+}} \cdot a_{S^{2-}}$에 식 (4)를 대입하면

$$a_{M^{2+}} = (S \cdot a_{H^+}^2)/10^{-21} \tag{5}$$

양변에 대수를 취한다.(여기서 $pH = -\log a_{H^+}$)

$$\log a_{M^{2+}} = \log S + 21 - 2pH \tag{6}$$

따라서 식 (6)에 각 조건을 대입하면 다음과 같다.

$$\mathrm{CuS:}\ \log a_{\mathrm{Cu}^{2+}} = -15 - 2\mathrm{pH}$$

$$\mathrm{CdS:}\ \log a_{\mathrm{Cd}^{2+}} = -6 - 2\mathrm{pH}$$

$$\mathrm{ZnS:}\ \log a_{\mathrm{Zn}^{2+}} = -3 - 2\mathrm{pH}$$

$$\mathrm{FeS:}\ \log a_{\mathrm{Fe}^{2+}} = 3 - 2\mathrm{pH}$$

〈그림 1〉에서 산성용액에 의해 H_2S를 발생시키면서 침출 가능한 황화광물은 ZnS보다 우측에 있는 것으로 CuS는 H_2S를 발생시켜 산성용액으로 용해하는 것이 불가능하다.[15] 따라서 목표한 황화물의 분리회수가 가능하도록 황산의 농도를 조절하는 것이 바람직하다. 〈그림 2〉는 다른 원소의 침출거동을 포함하여 나타내었다.

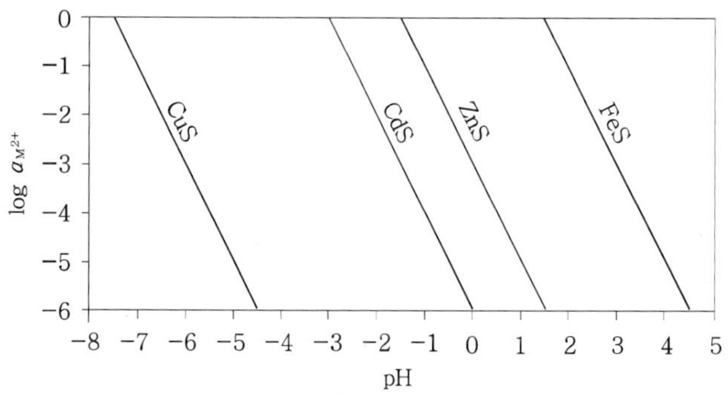

〈그림 1〉 활동도와 pH의 관계

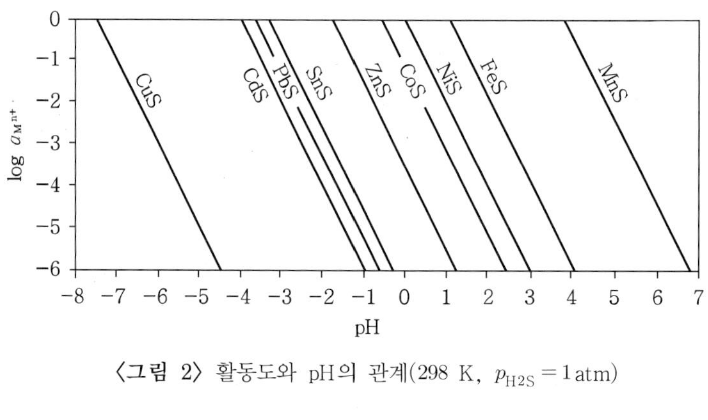

〈그림 2〉 활동도와 pH의 관계(298 K, $p_{H2S} = 1\,\mathrm{atm}$)

15 ref. 2, p. 159 참조.

[comment] 흑광($CuFeS_2$, ZnS, PbS, FeS_2의 복합황화광)의 처리에 이 반응을 응용하려는 시도가 있었다. 황산에 의한 침출에 의해

잔사: $CuFeS_2$, FeS_2, $PbSO_4$

침출액: Cd^{2+}, Zn^{2+}

잔사 중의 $PbSO_4$는 부유선광이나 침출에 의해 분리할 수 있다. 액 중의 $a_{Zn^{2+}}$는 0.1 이상으로 하면 좋겠지만, pH를 (−)로 하여야 하는 문제가 있다. 실제로는 20 %H_2SO_4의 전해액을 이용하여 침출하는 것이 되어 어려워진다. 따라서 Zn은 $ZnSO_4 \cdot 7H_2O$ 상태로 회수하며, 이때 알콜을 첨가하면 $ZnSO_4$의 용해도가 급격하게 내려간다. 또 알콜을 증발시키는 것은 물과 비교하면 훨씬 쉽다는 장점도 있다.

93 Cu-Ni의 전해: 전극전위로부터 석출한계 도출

$Cu|Cu^{2+}$와 $Ni|Ni^{2+}$ 각각의 표준전극전위는 0.337 V와 -0.250 V이다. 동과 니켈 이온의 활동도가 모두 0.1인 용액을 백금전극을 이용하여 정전류로 서서히 전해하였을 때, 니켈 이온이 전착하기 시작할 때 동 이온의 대략적인 농도가 얼마인지 계산하시오.

풀이

$$E_{Cu} = E^0_{Cu} + \frac{RT}{2F}\ln a_{Cu^{2+}} = 0.337 + \frac{8.314\times 298}{2\times 96,485}\ln a_{Cu^{2+}}$$

$$= 0.337 + 0.0128\ln a_{Cu^{2+}} \quad (1)$$

$$E_{Ni} = E^0_{Ni} + \frac{RT}{2F}\ln a_{Ni^{2+}} = -0.250 + \frac{8.314\times 298}{2\times 96,485}\ln a_{Ni^{2+}}$$

$$= -0.250 + 0.0128\ln a_{Ni^{2+}} \quad (2)$$

$a_{Cu^{2+}} = a_{Ni^{2+}} = 0.1$일 때

$$E_{Cu} = 0.3075 \text{ (V)} \quad (3)$$

$$E_{Ni} = -0.2795 \text{ (V)} \quad (4)$$

Cu는 Ni보다 귀noble하므로, Ni보다 우선하여 석출한다. 따라서 서서히 액 중의 Cu 이온이 감소하고 $E_{Cu} = E_{Ni} = -0.2795$(V)가 되었을 때 니켈 이온이 석출하기 시작한다. 이때 동 이온의 활동도 $a_{Cu^{2+}}$는 식 (1)로부터

$$-0.2795 = 0.337 + 0.0128\ln a_{Cu^{2+}}$$

$$\therefore\ a_{Cu^{2+}} = 1.209\times 10^{-21} \approx 1.21\times 10^{-21}$$

[comment] 전위−pH도를 이용해 고찰할 수도 있다. 〈그림 1〉에서 Cu^{2+}↔Cu 선 A는 $a_{Cu^{2+}}$가 저하하면 아래로 이동하고, Ni^{2+}↔Ni의 선 B와 만나는 곳에서 Ni의 석출이 시작된다. 실제로는 다음의 2가지 점에서 다르다.

1) Cu−Ni은 전율 고용체를 만들기 때문에 석출하는 것은 처음부터 Cu−Ni 합금이다.
2) 속도론적으로 보면, 전극 근방의 이온 농도 분포가 문제가 되며, 전극과 아주 가까운 곳의 Cu^{2+} 농도는 급격하게 내려가기 때문에 Ni의 석출이 보다 쉬워진다.

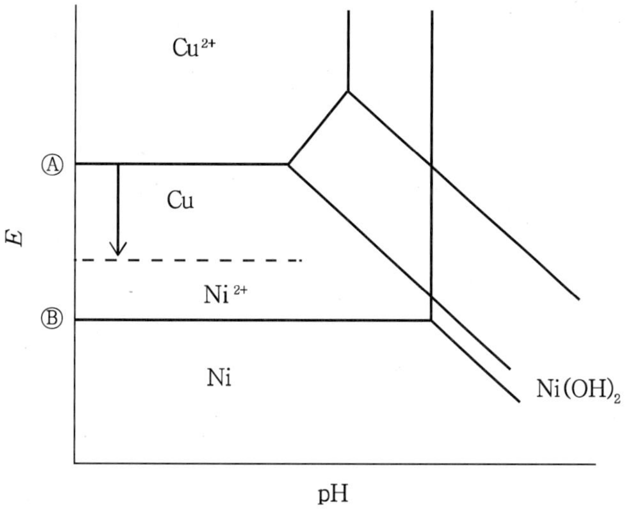

〈그림 1〉 M−H_2O계의 전위−pH도(298 K)(ref. 2, p. 162)

94 Zn의 전해채취: 전극전위, 수소과전압으로부터 전해석출거동 설명

각각 0.5 mol/L의 황산카드뮴 및 황산아연과 0.1 mol/L의 H_2SO_4를 함유하는 용액으로부터 전해채취를 이용해 카드뮴과 아연을 추출하려 한다. 수소가 기포로 관찰될 수 있는 전류밀도에서 카드뮴의 수소발생 과전압은 0.48 V이며, 아연의 수소발생 과전압은 0.70 V이다. 카드뮴 전극의 표준 전극전위 E^0는 −0.403 V, 아연의 E^0는 −0.763 V이다. 이 전해과정에 대하여 설명하시오. 필요하다면 $\gamma_{Zn^{2+}} = 0.1$, $\gamma_{Cd^{2+}} = 0.1$, $\gamma_{H^+} = 0.15$를 이용하시오. 이때 Zn과 Cd 석출의 분극은 매우 작아 무시할 수 있다고 가정한다.

풀이

문제의 전해채취 반응은 다음과 같다.

$$ZnSO_4 + H_2O = Zn + H_2SO_4 + \frac{1}{2}O_2 \tag{1}$$

$$CdSO_4 + H_2O = Cd + H_2SO_4 + \frac{1}{2}O_2 \tag{2}$$

Cathode 반응은

$$Cd^{2+} + 2e^- = Cd \tag{3}$$

$$Zn^{2+} + 2e^- = Zn \tag{4}$$

$$2H^{2+} + 2e^- = H_2 \tag{5}$$

298 K(25 ℃)에서의 평형 전극전위는 각각 다음과 같다.

$$E_{Zn} = E^0_{Zn} + \frac{RT}{2F}\ln a_{Zn^{2+}} = -0.763 + \frac{8.314 \times 298}{2 \times 96,485}\ln a_{Zn^{2+}}$$

$$= -0.763 + 0.0128\ln a_{Zn^{2+}} \tag{6}$$

$$E_{Cd} = E^0_{Cd} + \frac{RT}{2F}\ln a_{Cd^{2+}} = -0.403 + 0.0128\ln a_{Cd^{2+}} \tag{7}$$

$$E_H = \frac{RT}{F}\ln a_{H^+} = 0.0256\ln a_{H^+} \tag{8}$$

한편

$$a_{Zn^{2+}} = \gamma_{Zn^{2+}} \times [Zn^{2+}] = 0.1 \times 0.5 = 0.05 \tag{9}$$

$$a_{Cd^{2+}} = \gamma_{Cd^{2+}} \times [Cd^{2+}] = 0.1 \times 0.5 = 0.05 \tag{10}$$

$$a_{H^+} = \gamma_{H^+} \times [H^+] = 0.15 \times 0.2^* = 0.03 \tag{11}$$

(* 수소의 경우 0.1 mol의 H_2SO_4이므로 프로톤 농도를 0.2로 추정)

식 (9)~(11)을 식 (6)~(8)에 대입하면

$$E_{Zn} = -0.801\ (V), \quad E_{Cd} = -0.441\ (V), \quad E_H = -0.0898\ (V)$$

이 결과에서 초기의 전극도 큰 수소발생 과전압을 가지고 있다고 가정하면, 전극전위(E)를 $E < E_H$로 하여도 수소는 발생되지 않고, $E < E_{Cd}$에서 처음으로 Cd가 석출된다. 또한 천천히 전해를 계속하여 전위를 비base하게 함으로써 $a_{Cd^{2+}}$를 저하시키고, $E_H - 0.48 = -0.570$ V가 되었을 때 H_2가 발생한다고 생각할 수 있다.

농도분극을 일으키지 않고 전해를 계속하였다고 하자. H_2가 발생할 때 Cd^{2+} 농도를 C라 하면, C가 매우 작기 때문에 $\gamma_{Cd^{2+}} = 1$[16], $C = a_{Cd^{2+}}$가 된다. 이때의 H^+ 농도는 Cd^{2+}를 석출함에 따라 H_2SO_4가 증가하였으므로 초기 농도보다 커지고, 이를 다음과 같이 나타낼 수 있다.

$$[H^+] = 0.2 + 2 \times (0.5 - C) = 1.2 - 2C \tag{12}$$

이때 $E_{Cd} = E_H - 0.48$이므로 $\gamma_{H^+} = 0.15$를 이용하여

$$-0.403 + 0.0128\ln C = 0.0256\ln[0.15 \times (1.2 - 2C)] - 0.48 \tag{13}$$

$$0.0256\ln(1.2 - 2C) - 0.0128\ln C = 0.12557$$

$$\therefore\ \ln\left[\frac{(1.2 - 2C)^2}{C}\right] = 9.80986$$

$$\therefore\ \frac{(1.2 - 2C)^2}{C} = 1.8212 \times 10^4$$

---

16 농도가 10^{-3} mol/L 이하라면 γ=1로 두어도 큰 차이는 없다.

$$\therefore \ 4C^2 - 18,216.8C + 1.44 = 0 \tag{14}$$

2차 방정식의 근의 공식을 이용하여 식 (14)를 풀면 $C \leq 1$이므로

$$C = \frac{18,216.8 - \sqrt{18,216.8^2 - 4 \times 4 \times 1.44}}{8} = 7.905 \times 10^{-5} \tag{15}$$

$$E_{\mathrm{Cd}} = -0.403 + 0.0128\ln(7.905 \times 10^{-5}) = -0.524 \ (\mathrm{V}) \tag{16}$$

이 전위가 Cd에서 수소가 발생하는 전위가 된다.

또 식 (12)에 식 (15)의 C값을 대입하면

$$[\mathrm{H}^+] = 1.2 \tag{17}$$

따라서 식 (11)에 대입하여 Zn에서 수소가 발생하는 전위는 다음과 같다.

$$E_{\mathrm{H(on\ Zn)}} = 0.0256\ln(0.15 \times 1.2) - 0.70 = -0.744 \ (\mathrm{V}) \tag{18}$$

$E_{\mathrm{Zn}} = -0.801$이므로, H_2가 발생하고 Zn은 석출하지 않는 것처럼 보이지만, 실제로는 고 전류 밀도로 하면 수소발생 과전압이 보다 커져 Zn을 석출할 수 있게 된다. 이와 같이 Zn의 전해에서는, Cd의 경우 8×10^{-5} mol/L 이하로 하지 않으면 Zn을 석출할 수 없기 때문에, 전해 전에 철저한 정액purification이 필요하다.[17]

---

17 ref. 2, pp. 235~236 참조.

95 Cu 아민착체: pH에 의한 Cu 아민착체 농도의 산출

동 이온과 암모니아를 함유하는 수용액에서는 다음의 평형반응이 성립한다.

$$Cu(NH_3)_{n-1}^{2+} + NH_3 = Cu(NH_3)_n^{2+} \qquad (n = 1, 2, 3, 4)$$

각 반응의 평형상수는 다음과 같다.

$$K_1 = 10^{4.31}, \quad K_2 = 10^{3.67}, \quad K_3 = 10^{3.04}, \quad K_4 = 10^{2.30}$$

$$H^+ + NH_3 = NH_4^+, \qquad K_5 = 10^{9.62}$$

동 이온의 전체 농도는 0.01 M이다. 다음 조건에서 각 착이온의 농도를 구하시오. 단, 활동도 계수는 1로 둔다.($\gamma = 1$)

(i) 전체 암모니아의 농도가 0.01 M일 때 pH와 착이온농도의 관계를 나타내시오.

(ii) pH값이 10.26일 때의 착이온농도와 전체 암모니아 농도의 관계를 나타내시오.

풀이

$$Cu^{2+} + NH_3 = Cu(NH_3)^{2+} \qquad K_1 = 10^{4.31} \tag{1}$$

$$Cu(NH_3)^{2+} + NH_3 = Cu(NH_3)_2^{2+} \qquad K_2 = 10^{3.67} \tag{2}$$

$$Cu(NH_3)_2^{2+} + NH_3 = Cu(NH_3)_3^{2+} \qquad K_3 = 10^{3.04} \tag{3}$$

$$Cu(NH_3)_3^{2+} + NH_3 = Cu(NH_3)_4^{2+} \qquad K_3 = 10^{2.30} \tag{4}$$

$$H^+ + NH_3 = NH_4^+ \qquad K_5 = 10^{9.62} \tag{5}$$

각각의 이온 농도(=활동도)를 다음과 같이 나타낸다.

$$NH_3 : N_0,\ NH_4^+ : N_1,\ H^+ : H,\ Cu^{2+} : C_0,\ Cu(NH_4)_n^{2+} : C_n \ (n = 1, 2, 3, 4)$$

식 (1)~(5)로부터 C_n과 N_1은 다음과 같이 나타낸다.

$$C_1 = K_1 C_0 N_0 \tag{6}$$

$$C_2 = K_2 C_1 N_0 = K_1 K_2 C_0 N_0^2 \tag{7}$$

$$C_3 = K_3 C_2 N_0 = K_1 K_2 K_3 C_0 N_0^3 \tag{8}$$

$$C_4 = K_4 C_3 N_0 = K_1 K_2 K_3 K_4 C_0 N_0^4 \tag{9}$$

$$N_1 = K_5 H N_0 \tag{10}$$

$\sum[Cu^{2+}] = 0.01$로부터 $C_0 + C_1 + C_2 + C_3 + C_4 = 0.01$ (11)

$\sum[NH_3] = A$로 두면 $N_0 + N_1 + C_1 + 2C_2 + 3C_3 + 4C_4 = A$ (12)

식 (10)을 식 (12)에 대입하면

$$(1 + K_5 H)N_0 + C_1 + 2C_2 + 3C_3 + 4C_4 = A \tag{13}$$

식 (6)~(9)를 식 (13)에 대입하면

$$(1+K_5H)N_0 + K_1C_0N_0 + 2K_1K_2C_0N_0^2 + 3K_1K_2K_3C_0N_0^3 + 4K_1K_2K_3K_4C_0N_0^4 = A \tag{14}$$

식 (6)~(9)를 식 (11)에 대입하면

$$C_0 + K_1C_0N_0 + K_1K_2C_0N_0^2 + K_1K_2K_3C_0N_0^3 + K_1K_2K_3K_4C_0N_0^4 = 0.01 \tag{15}$$

$$\therefore C_0 = \frac{0.01}{1 + K_1N_0 + K_1K_2N_0^2 + K_1K_2K_3N_0^3 + K_1K_2K_3K_4N_0^4} \tag{16}$$

식 (14)로부터

$$C_0 = \frac{A - (1 + K_5H)N_0}{K_1N_0 + 2K_1K_2N_0^2 + 3K_1K_2K_3N_0^3 + 4K_1K_2K_3K_4N_0^4} \tag{17}$$

식 (16), (17)로부터 C_0를 소거하여 N_0에 대하여 정리하면

$$\begin{aligned} &- K_1K_2K_3K_4(1 + K_5H)N_0^5 \\ &+ [AK_1K_2K_3K_4 - 0.04K_1K_2K_3K_4 - K_1K_2K_3(1 + K_5H)]N_0^4 \\ &+ [AK_1K_2K_3 - 0.03K_1K_2K_3 - K_1K_2(1 + K_5H)]N_0^3 \\ &+ [AK_1K_2 - 0.02K_1K_2 - K_1(1 + K_5H)N_0^2 \\ &+ [AK_1 - 0.01K_1 - (1 + K_5H)]N_0 + A = 0 \end{aligned} \tag{18}$$

(i) $A = 0.01$이므로 $pH = -\log[H^+]$를 0에서 14까지 변화시켜 식 (18)을 푼다. 또 N_0는 1보다 작은 양의 실수이므로 식 (18)에 나타내는 5차 방정식을 계산기를 이용하여 풀 경우 문제의 뜻에 적합한 N_0값은 각 pH에서 한 개씩이다. 그 결과를 [표 1]에, 착이온농도와 pH의 관계를 〈그림 1〉에 나타내었다.

(ii) pH=10.26이므로 $A(=\sum NH_3)$를 10^{-1}에서 10^{-8}까지 변화시켜 가며 식 (18)을 푼다. (계산은 계산기를 이용한다.) N_0는 1보다 작은 양의 실수이므로 식 (18)을 계산할 경우, 문제에서 적합한 N_0값은 각 A에 대하여 1개씩 존재한다. 그 결과를 [표 2]에, 착이온과 전체 암모니아 농도의 관계를 〈그림 2〉에 나타내었다.

[표 1] (i)의 결과

pH	C_0	C_1	C_2	C_3	C_4	N_0	N_1
0	1.000×10^{-2}	4.898×10^{-10}	5.495×10^{-18}	1.445×10^{-26}	6.918×10^{-36}	2.399×10^{-12}	1.000×10^{-2}
1	1.000×10^{-2}	4.898×10^{-9}	5.495×10^{-16}	1.445×10^{-23}	6.918×10^{-32}	2.399×10^{-11}	1.000×10^{-2}
2	1.000×10^{-2}	4.898×10^{-8}	5.495×10^{-14}	1.445×10^{-20}	6.918×10^{-28}	2.399×10^{-10}	1.000×10^{-2}
3	1.000×10^{-2}	4.897×10^{-7}	5.495×10^{-12}	1.445×10^{-17}	6.917×10^{-24}	2.399×10^{-9}	1.000×10^{-2}
4	1.000×10^{-2}	4.893×10^{-6}	5.487×10^{-10}	1.443×10^{-14}	6.901×10^{-20}	2.398×10^{-8}	9.995×10^{-3}
5	1.000×10^{-2}	4.850×10^{-5}	5.415×10^{-8}	1.418×10^{-11}	6.751×10^{-16}	2.387×10^{-7}	9.951×10^{-3}
6	9.550×10^{-3}	4.463×10^{-4}	4.778×10^{-6}	1.199×10^{-8}	5.476×10^{-12}	2.289×10^{-6}	9.542×10^{-3}
7	7.280×10^{-3}	2.516×10^{-3}	1.993×10^{-4}	3.698×10^{-6}	1.249×10^{-8}	1.693×10^{-5}	7.057×10^{-3}
8	3.940×10^{-3}	4.695×10^{-3}	1.282×10^{-3}	8.203×10^{-5}	9.552×10^{-7}	5.837×10^{-5}	2.433×10^{-3}
9	2.833×10^{-3}	4.972×10^{-3}	2.001×10^{-3}	1.887×10^{-4}	3.238×10^{-6}	8.601×10^{-5}	3.585×10^{-4}
10	2.683×10^{-3}	4.982×10^{-3}	2.120×10^{-3}	2.114×10^{-4}	3.837×10^{-6}	9.096×10^{-5}	3.792×10^{-5}
11	2.667×10^{-3}	4.983×10^{-3}	2.132×10^{-3}	2.139×10^{-4}	3.905×10^{-6}	9.150×10^{-5}	3.814×10^{-6}
12	2.666×10^{-3}	4.983×10^{-3}	2.134×10^{-3}	2.142×10^{-4}	3.912×10^{-6}	9.155×10^{-5}	3.816×10^{-7}
13	2.666×10^{-3}	4.983×10^{-3}	2.134×10^{-3}	2.142×10^{-4}	3.913×10^{-6}	9.156×10^{-5}	3.817×10^{-8}
14	2.666×10^{-3}	4.983×10^{-3}	2.134×10^{-3}	2.142×10^{-4}	3.913×10^{-6}	9.156×10^{-5}	3.817×10^{-9}

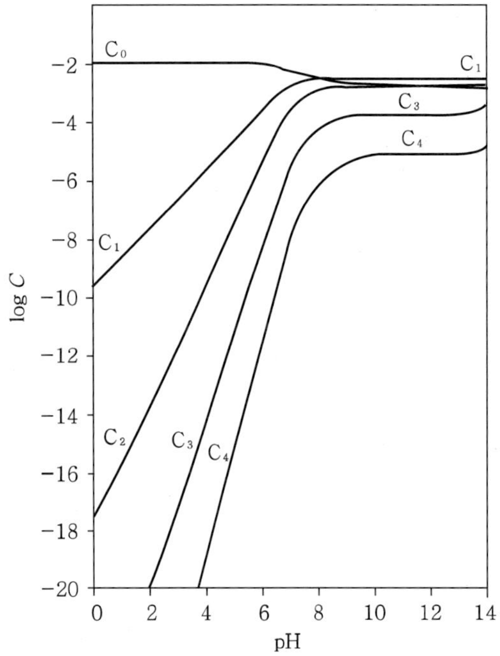

〈그림 1〉 착이온농도와 pH 관계

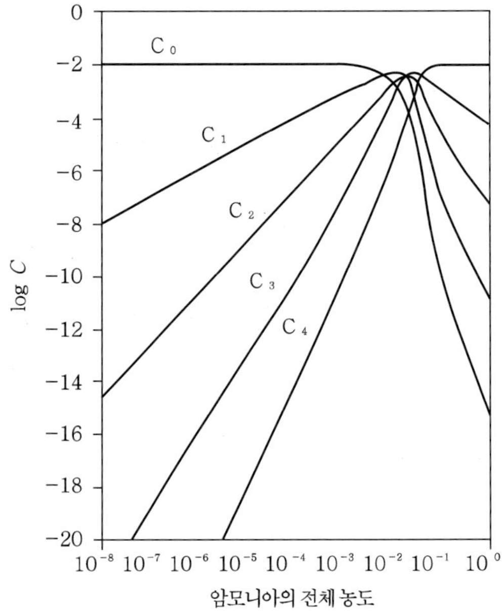

〈그림 2〉 착이온농도와 전체 암모니아 농도의 관계

【별해】

예전에 계산기가 발달하지 않았을 때는 식 (6)~(9)를 식 (11)에 대입하여

$$C_0(1+K_1N_0+K_1K_2N_0^2+K_1K_2K_3N_0^3+K_1K_2K_3K_4N_0^4)=0.01$$

$$\therefore\ C_0=\frac{0.01}{1+K_1N_0+K_1K_2N_0^2+K_1K_2K_3N_0^3+K_1K_2K_3K_4N_0^4} \qquad (13)'$$

식 (6)~(10)을 식 (12)에 대입한다.

$$N_0+K_5HN_0+K_1C_0N_0(1+2K_2N_0+3K_2K_3N_0^2+4K_2K_3K_4C_0N_0^3)=A$$

$$1+K_5H+K_1C_0(1+2K_2N_0+3K_2K_3N_0^2+4K_2K_3K_4C_0N_0^3)=\frac{A}{N_0}$$

여기서 $K_1(1+2K_2N_0+3K_2K_3N_0^2+4K_2K_3K_4C_0N_0^2)=\alpha$라 두면

$$1+K_5H+\alpha C_0=\frac{A}{N_0} \qquad (14)'$$

$$H=\left(\frac{A}{N_0}-1-\alpha C_0\right)/K_5 \qquad (15)'$$

(i) $\sum[NH_3] = A = 0.01$이므로 식 (15)′에서 $A = 0.01$로 두고, N_0의 값에 의해 식 (13)′으로부터 C_0가 구해지고, 이 N_0, C_0로부터 식 (15)′에 의해 $H = 10^{-pH}$가 얻어진다.

(ii) 식 (14)′로부터 $A = K_5N_0H + N_0 + \alpha C_0N_0$. N_0의 값에 의해 식 (13)′으로부터 C_0가 구해지고, 이 N_0, C_0 및 $pH = 10.26$ $(H = 10^{-10.26})$으로부터 식 (16)′에 의해 A가 얻어진다.

이 별해의 결과도 〈그림 1, 2〉와 거의 동일하다.

[표 2] (ii)의 결과

ΣNH_3	C_0	C_1	C_2	C_3	C_4	N_0	N_1
5.0×10^{-1}	2.404×10^{-14}	1.838×10^{-10}	3.218×10^{-7}	1.321×10^{-4}	9.868×10^{-3}	3.744×10^{-1}	8.576×10^{-2}
2.5×10^{-1}	5.426×10^{-13}	1.895×10^{-9}	1.517×10^{-5}	2.846×10^{-4}	9.714×10^{-3}	1.711×10^{-1}	3.920×10^{-2}
1.0×10^{-1}	7.176×10^{-11}	7.266×10^{-8}	1.685×10^{-5}	9.163×10^{-4}	9.067×10^{-3}	4.959×10^{-2}	1.136×10^{-2}
7.5×10^{-2}	5.228×10^{-10}	3.172×10^{-7}	4.409×10^{-5}	1.437×10^{-3}	8.519×10^{-3}	2.972×10^{-2}	6.808×10^{-3}
5.0×10^{-2}	2.163×10^{-8}	4.874×10^{-6}	2.515×10^{-4}	3.043×10^{-3}	6.700×10^{-3}	1.103×10^{-2}	2.528×10^{-3}
2.5×10^{-2}	6.466×10^{-5}	1.099×10^{-3}	4.280×10^{-3}	3.907×10^{-3}	6.490×10^{-4}	8.325×10^{-4}	1.907×10^{-4}
1.0×10^{-2}	2.675×10^{-3}	4.982×10^{-3}	2.126×10^{-3}	2.127×10^{-4}	3.871×10^{-6}	9.123×10^{-5}	2.090×10^{-5}
1.0×10^{-3}	9.029×10^{-3}	9.477×10^{-4}	2.279×10^{-5}	1.284×10^{-7}	1.317×10^{-10}	5.141×10^{-6}	1.178×10^{-6}
1.0×10^{-4}	9.901×10^{-3}	9.894×10^{-5}	2.265×10^{-7}	1.216×10^{-10}	1.187×10^{-14}	4.895×10^{-7}	1.121×10^{-7}
1.0×10^{-5}	9.990×10^{-3}	9.936×10^{-6}	2.264×10^{-9}	1.209×10^{-13}	1.175×10^{-18}	4.871×10^{-8}	1.116×10^{-8}
1.0×10^{-6}	9.999×10^{-3}	9.940×10^{-7}	2.264×10^{-11}	1.208×10^{-16}	1.174×10^{-22}	4.869×10^{-9}	1.115×10^{-9}
1.0×10^{-7}	1.000×10^{-2}	9.940×10^{-8}	2.264×10^{-13}	1.208×10^{-19}	1.174×10^{-26}	4.869×10^{-10}	1.115×10^{-10}
1.0×10^{-8}	1.000×10^{-2}	9.940×10^{-9}	2.264×10^{-15}	1.208×10^{-22}	1.174×10^{-30}	4.868×10^{-11}	1.115×10^{-11}

[표 3] 별해(i)의 결과

N_0	α	C_0	C_1	C_2	C_3	C_4	N_{11}	pH
9.15×10^{-5}	4.059×10^{4}	2.667×10^{-3}	4.983×10^{-3}	2.133×10^{-3}	2.140×10^{-4}	3.906×10^{-6}	3.400×10^{-6}	10.7
9.11×10^{-5}	4.046×10^{4}	2.682×10^{-3}	4.398×10^{-3}	2.121×10^{-3}	2.116×10^{-4}	3.842×10^{-6}	3.460×10^{-5}	9.7
9.00×10^{-5}	4.021×10^{4}	2.711×10^{-3}	4.982×10^{-3}	2.097×10^{-3}	2.069×10^{-4}	3.716×10^{-6}	9.868×10^{-5}	9.2
8.00×10^{-5}	8.775×10^{4}	3.031×10^{-3}	4.951×10^{-3}	1.853×10^{-3}	1.625×10^{-4}	2.594×10^{-6}	7.640×10^{-4}	8.3
7.00×10^{-5}	3.536×10^{4}	3.409×10^{-3}	4.872×10^{-3}	1.595×10^{-3}	1.224×10^{-4}	1.710×10^{-6}	1.497×10^{-3}	7.9
6.00×10^{-5}	3.303×10^{4}	3.859×10^{-3}	4.727×10^{-3}	1.327×10^{-3}	8.727×10^{-5}	1.045×10^{-6}	2.281×10^{-3}	7.7
5.00×10^{-5}	3.076×10^{4}	4.400×10^{-3}	4.492×10^{-3}	1.051×10^{-3}	5.759×10^{-5}	5.745×10^{-7}	3.155×10^{-3}	7.5
1.00×10^{-5}	2.236×10^{4}	8.239×10^{-3}	1.682×10^{-3}	7.688×10^{-5}	8.627×10^{-7}	1.721×10^{-9}	8.128×10^{-3}	6.4
5.00×10^{-6}	2.138×10^{4}	9.054×10^{-3}	9.243×10^{-4}	2.162×10^{-5}	1.185×10^{-7}	1.182×10^{-10}	9.099×10^{-3}	6.0
1.00×10^{-6}	2.061×10^{4}	9.799×10^{-3}	2.001×10^{-4}	9.358×10^{-7}	1.026×10^{-9}	2.047×10^{-13}	9.772×10^{-3}	5.3

[표 4] 별해(ii)의 결과

N_0	α	C_0	C_1	C_2	C_3	C_4	N_1	A
10^{-1}	8.673×10^{10}	4.556×10^{-12}	9.302×10^{-9}	4.351×10^{-6}	4.771×10^{-4}	9.518×10^{-3}	10^{-2}	1.495×10^{-1}
10^{-2}	1.169×10^{8}	3.092×10^{-8}	6.313×10^{-6}	2.953×10^{-4}	3.238×10^{-3}	6.460×10^{-3}	10^{-3}	4.715×10^{-2}
10^{-3}	6.091×10^{5}	4.123×10^{-5}	8.419×10^{-4}	3.938×10^{-3}	4.318×10^{-3}	8.615×10^{-4}	10^{-4}	2.622×10^{-2}
10^{-4}	4.274×10^{4}	2.437×10^{-3}	4.976×10^{-3}	2.327×10^{-3}	2.552×10^{-4}	5.091×10^{-6}	10^{-5}	1.053×10^{-2}
10^{-5}	2.236×10^{4}	8.239×10^{-3}	1.682×10^{-3}	7.868×10^{-5}	8.627×10^{-7}	1.721×10^{-9}	10^{-6}	1.853×10^{-3}
10^{-6}	2.061×10^{4}	9.799×10^{-3}	2.001×10^{-4}	9.358×10^{-7}	1.026×10^{-9}	2.047×10^{-13}	10^{-7}	1.203×10^{-4}

96 황화철의 황산침출: *E*-pH도 작성

FeS, FeS_2의 황산 수용액에 의한 침출과 관련하여 298 K(25 ℃)에서의 전위-pH도를 다음 순서에 따라 작성하시오.

(i) $Fe-H_2O$계의 전위-pH도를 이온 활동도 1과 10^{-6}의 조건에서 그리시오.

(ii) 마찬가지로 $S-H_2O$계에 대하여 그림을 그리고, $a_{H2S(aq)}$는 0.1로 한다.

(iii) 상호간섭이 없다는 가정하에 (i), (ii)의 두 그림과 FeS, FeS_2의 전위-pH 관계를 같이 나타내고, FeS, FeS_2에 대하여 각각 1장의 그림으로 그리시오.

(iv) 얻어진 그림을 이용하여 FeS와 FeS_2의 용해가 어떻게 되는지 설명하시오.

해석을 용이하게 하기 위하여 $Fe(OH)_3$의 존재를 가정하여도 무방하다.

풀이

$$xA + mH^+ + ne^- = yB + zH_2O \tag{1}$$

위의 식에서 일반적으로 $T = 298$ K에서 다음과 같은 관계가 있다.[18]

$$E = \frac{0.0591}{n}(x\log a_A - y\log a_B - m\text{pH} + \log K) \tag{2}$$

---

18 [역주] $E = E^0 - (RT/nF)\sum \ln a$, $\Delta G^0 = -RT\ln K = -nFE^o$

(i) $Fe-H_2O$계

(1) $Fe^{2+}+2e^{-}=Fe$

$$\Delta G^0=78.87\ (\mathrm{kJ}) \qquad \therefore \log K=-13.83$$

$a_{Fe^{2+}}=1$일 때 식 (2)로부터

$$E=\frac{0.0591}{2}\times(-13.83)=-0.409\ (\mathrm{V})$$

$a_{Fe^{2+}}=10^{-6}$일 때 식 (2)로부터

$$E'=\frac{0.0591}{2}\times[(-6)+(-13.83)]=-0.586\ (\mathrm{V})$$

이하 E와 pH는 이온의 활동도가 1, E'과 pH'은 이온 활동도가 10^{-6}인 경우이다.

(2) $Fe^{3+}+e^{-}=Fe^{2+}$

$$\Delta G^0=-78.87-(-4.6)=-74.27\ (\mathrm{kJ}) \qquad \therefore \log K=13.02$$

$$E=0.0591\times 13.02=0.769\ (\mathrm{V})$$

$$E'=0.0591\times 13.02=0.769\ (\mathrm{V})$$

(3) $Fe^{2+}+2H_2O=Fe(OH)_2+2H^{+}$

$$\Delta G^0=\Delta G^0_{Fe(OH)_2}+2\Delta G^0_{H^+}-(\Delta G^0_{Fe^{2+}}+2\Delta G^0_{H_2O})$$

$$=(-486.6+0)-[(-78.87)+2\times(-237.18)]=66.63\ (\mathrm{kJ})$$

$$\log K=-2\mathrm{pH}-\log a_{Fe^{2+}}=-11.680,$$

$$\mathrm{pH}=5.840, \qquad \mathrm{pH}'=8.84$$

(4) $Fe^{3+}+3H_2O=Fe(OH)_3+3H^{+}, \qquad \Delta G^0=19.534\ (\mathrm{kJ})$

$$\log K=-3\mathrm{pH}-\log a_{Fe^{3+}}=-3.423, \qquad \mathrm{pH}=1.141, \quad \mathrm{pH}'=3.141$$

(5) $Fe(OH)_3+3H^{+}+e^{-}=Fe^{2+}+3H_2O, \qquad \Delta G^0=-93.804\ (\mathrm{kJ})$

$$\log K=16.44$$

$$E=0.0591(-\log a_{Fe^{2+}}-3\mathrm{pH}+\log K)=0.972-0.177\mathrm{pH}\ (\mathrm{V})$$

$$E'=1.327-0.177\mathrm{pH}'\ (\mathrm{V})$$

(6) $Fe(OH)_2+2H^{+}+2e^{-}=Fe+2H_2O, \quad \Delta G^0=12.244\ (\mathrm{kJ}), \quad \log K=-2.146$

$$E=0.0295(-2\mathrm{pH}+\log K)=-0.063-0.0591\mathrm{pH}\ (\mathrm{V})$$

$$E'=-0.063-0.0591\mathrm{pH}'\ (\mathrm{V})$$

(7) $Fe(OH)_3 + H^+ + e^- = Fe(OH)_2 + H_2O$, $\Delta G^0 = -27.178$ (kJ), $\log K = 4.763$

$$E = 0.0591(-pH + \log K) = 0.281 - 0.0591pH \text{ (V)}$$

$$E' = 0.281 - 0.0591pH' \text{ (V)}$$

(1)~(7)로부터 〈그림 1〉의 전위-pH도를 얻을 수 있다.

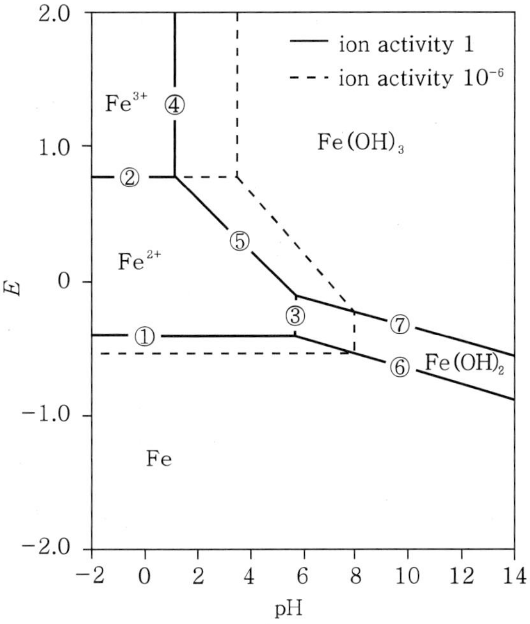

〈그림 1〉 Fe−H_2O계의 전위−pH도

(ii) S−H_2O계

(8) $S^o + 2H^+ + 2e^- = H_2S(aq)$: $\Delta G^0 = -27.178$ (kJ), $\log K = 4.883$

$$E = \frac{0.0591}{2}(\log a_{H^+}^2 - \log a_{H_2S} + \log K)$$

$$= 0.144 - 0.0591pH - 0.0295\log a_{H_2S} = 0.174 - 0.0591pH \text{ (V)}$$

$$E' = 0.174 - 0.0591pH' \text{ (V)}$$

(9) $H^+ + HS^- = H_2S(aq)$: $\Delta G^0 = -39.91$ (kJ), $\log K = 6.994$

$$pH = \log K + \log a_{HS^-} - \log a_{H_2S} = 7.994 + \log a_{HS^-}$$

$$pH = 7.994, \quad pH' = 1.994$$

(10) $H^+ + SO_4^{2-} = HSO_4^-$: $\Delta G^0 = -11.380$ (kJ), $\log K = 1.991$

$$pH = \log K + \log a_{SO_4^{2-}} - \log a_{HSO_4^-} = 1.991 + \log a_{SO_4^{2-}} - \log a_{HSO_4^-}$$

$$pH = 1.991, \quad pH' = 1.991$$

(11) $H^+ + S^{2-} = HS^-$: $\Delta G^0 = -73.75$ (kJ), $\log K = 12.925$

$$pH = \log K + \log a_{S^{2-}} - \log a_{HS^-} = 12.925 + \log a_{S^{2-}} - \log a_{HS^-}$$

$$pH = pH' = 12.925$$

(12) $8H^+ + SO_4^{2-} + 6e^- = S^o + 4H_2O$: $\Delta G^0 = -204.082$ (kJ), $\log K = 35.766$

$$E = \frac{0.0591}{6}(\log a_{SO_4^{2-}} + \log a_{H^+}^8 + \log K)$$

$$= 0.352 + 0.010 \log a_{SO_4^{2-}} - 0.079pH = 0.352 - 0.079pH \ (V)$$

$$E' = 0.292 - 0.079pH' \ (V)$$

(13) $HSO_4^- + 7H^+ + 6e^- = S^o + 4H_2O$: $\Delta G^0 = -192.702$ (kJ), $\log K = 33.772$

$$E = \frac{0.0591}{6}(\log a_{HSO_4^-} + \log a_{H^+}^7 + \log K)$$

$$= 0.333 + 0.010 \log a_{HSO_4^-} - 0.069pH = 0.333 - 0.069pH \ (V)$$

$$E' = 0.273 - 0.069pH' \ (V)$$

(14) $S^o + H^+ + 2e^- = HS^-$: $\Delta G^0 = 12.05$ (kJ) : $\log K = -2.112$

$$E = \frac{0.0591}{2}(\log K + \log a_{H^+} - \log a_{HS^-})$$

$$= -0.062 - 0.0295pH - 0.0295 \log a_{HS^-} = -0.062 - 0.0295pH \ (V)$$

$$E' = 0.115 - 0.0295pH' \ (V)$$

(15) $SO_4^{2-} + 9H^+ + 8e^- = HS^- + 4H_2O$: $\Delta G^0 = -192.032$ (kJ), $\log K = 33.654$

$$E = \frac{0.0591}{8}(\log K + \log a_{SO_4^{2-}} - \log a_{HS^-} + \log a_{H^+}^9)$$

$$= 0.249 - 0.066pH \ (V)$$

$$E' = 0.249 - 0.066pH' \ (V)$$

(16) $SO_4^{2-} + 8H^+ + 8e^- = S^{2-} + 4H_2O$: $\Delta G^0 = -118.282$ (kJ), $\log K = 20.729$

$$E = \frac{0.0591}{8}(\log K + \log a_{SO_4^{2-}} - \log a_{S^{2-}} + \log a_{H^+}^8)$$

$$= 0.153 - 0.0591\text{pH (V)}$$

$$E' = 0.153 - 0.0591\text{pH}' \text{ (V)}$$

(17) $2H^+ + 2e^- = H_2$: $\Delta G^0 = 0$ (kJ)

$$E = -0.0591\text{pH (V)} \quad \text{at} \quad p_{H_2} = 1 \text{ atm}, \qquad E' = -0.0591\text{pH}'$$

(18) $2H^+ + \frac{1}{2}O_2 + 2e^- = H_2O$: $\Delta G^0 = -237.178$ (kJ), $\log K = 41.566$

$$E = \frac{0.0591}{2}(\log K + \log a_{H^+}^2 + \frac{1}{2}\log p_{O_2})$$

$$E = 1.226 - 0.0591\text{pH (V)} \quad \text{at} \quad p_{O_2} = 1 \text{ atm}$$

$$E' = 1.226 - 0.0591\text{pH}'$$

(8)~(18)로부터 〈그림 2〉의 $E-$pH도를 얻을 수 있다.

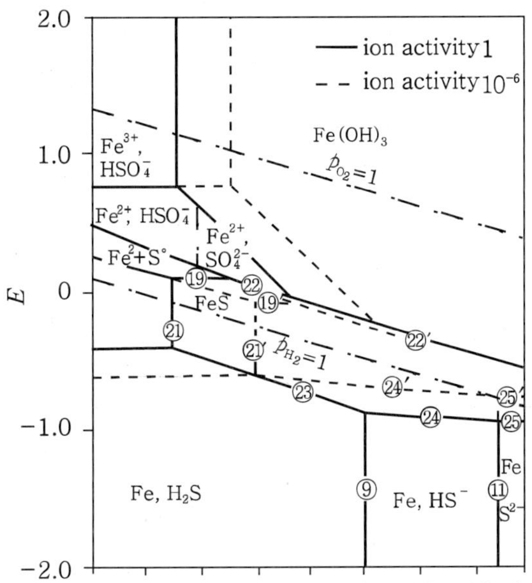

〈그림 2〉 S$-H_2O$계의 전위$-$pH도

(iii)-1 $FeS-H_2O$ 계

(19) $Fe^{2+}+S^{o}+2e^{-}=FeS$: $\Delta G^{0}=-21.530$ (kJ) $\therefore \log K=3.773$

$$E=\frac{0.0591}{2}(\log K+\log a_{Fe^{2+}})=0.111+0.0295\log a_{Fe^{2+}}=0.111 \text{ (V)}$$

$E'=-0.066$ (V)

(20) $Fe^{2+}+HSO_4^{-}+7H^{+}+8e^{-}=FeS+4H_2O$:

$\Delta G^{0}=-442.432$(kJ) $\therefore \log K=77.538$

$$E=\frac{0.0591}{8}(\log K+\log a_{Fe^{2+}}+\log a_{HSO_4^-}+\log a_{H^+}^{7})$$

$$=0.573-0.052\text{pH}+0.0074(\log a_{Fe^{2+}}+\log a_{HSO_4^-})$$

$E=0.573-0.052\text{pH}$ (V)

$E'=0.484-0.052\text{pH}'$ (V)

(21) $FeS+2H^{+}=Fe^{2+}+H_2S$: $\Delta G^{0}=-6.330$ (kJ) $\therefore \log K=1.109$

$\log K=2\text{pH}+\log a_{Fe^{2+}}+\log a_{H_2S}$

$\text{pH}=1.055-0.5\log a_{Fe^{2+}}$

$\text{pH}=1.055$, $\text{pH}'=4.055$

(22) $Fe^{2+}+SO_4^{2-}+8H^{+}+8e^{-}=FeS+4H_2O$:

$\Delta G^{0}=-225.612$ (kJ) $\therefore \log K=39.539$

$$E=\frac{0.0591}{8}(\log K+\log a_{Fe^{2+}}+\log a_{SO_4^{2-}}+\log a_{H^+}^{8})$$

$$=0.292-0.0591\text{pH}+0.0074(\log a_{Fe^{2+}}+\log a_{SO_4^{2-}})$$

$E=0.292-0.0591\text{pH}$ (V) $E'=0.203-0.0591\text{pH}'$ (V)

(23) $FeS+2H^{+}+2e^{-}=Fe+H_2S$: $\Delta G^{0}=72.54$ (kJ) $\therefore \log K=-12.71$

$$E=\frac{0.0591}{2}(\log K+\log a_{H^+}^{2})=-0.376-0.0591\text{pH} \text{ (V)}$$

$E'=-0.376-0.0591\text{pH}'$ (V)

(24) $FeS + H^+ + 2e^- = Fe + HS^-$: $\Delta G^0 = 112.45$ (kJ) $\therefore$ $\log K = -19.71$

$$E = \frac{0.0591}{2}(\log K + \log a_{H^+} - \log a_{HS^-})$$

$$= -0.583 - 0.0296\text{pH} - 0.0296\log a_{HS^-} \text{ (V)}$$

$$E = -0.583 - 0.0296\text{pH (V)} \qquad E' = -0.405 - 0.0296\text{pH}' \text{ (V)}$$

(25) $FeS + 2e^- = Fe + S^{2-}$: $\Delta G^0 = 182.6$ (kJ) $\therefore$ $\log K = -32.6$

$$E = \frac{0.0591}{2}(\log K - \log a_{S^{2-}}) = -0.965 - 0.296\log a_{S^{2-}} \text{ (V)}$$

$$E = -0.965 \text{ (V)}, \quad E' = -0.787 \text{ (V)}$$

(19)~(25)로부터 〈그림 3〉의 전위-pH도를 얻을 수 있다.

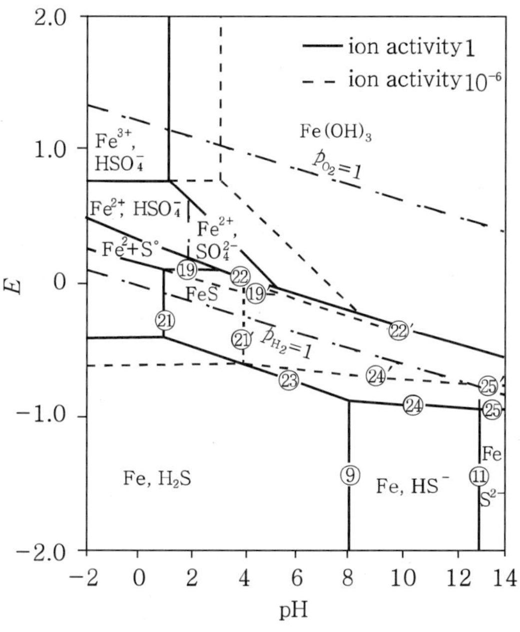

〈그림 3〉 $FeS-H_2O$계의 전위-pH도

(iii) -2 FeS_2-H_2O계

(26) $Fe^{2+} + 2S^{\circ} + 2e^- = FeS_2$: $\Delta G^0 = -88.03$ (kJ) $\therefore$ $\log K = 15.43$

$$E = \frac{0.0591}{2}(\log K + \log a_{Fe^{2+}}) = 0.456 + 0.0296\log a_{Fe^{2+}}$$

$$E = 0.456 \text{ (V)}, \quad E' = 0.278 \text{ (V)}$$

(27) $Fe^{2+} + 2HSO_4^- + 14H^+ + 14e^- = FeS_2 + 8H_2O$:

$\Delta G^0 = -473.434(kJ) \quad \therefore \ \log K = 82.97$

$$E = \frac{0.0591}{14}(\log K + \log a_{Fe^{2+}} + \log a_{HSO_4^-} + \log a_{H^+}^{14})$$

$$= 0.350 - 0.0591pH + 4.22 \times 10^{-3} \log a_{Fe^{2+}} + 8.44 \times 10^{-3} \log a_{HSO_4^-}$$

$E = 0.350 - 0.0591pH \ (V), \qquad E' = 0.274 - 0.0591pH' \ (V)$

(28) $FeS_2 + 4H^+ + 2e^- = Fe^{2+} + 2H_2S(aq)$: $\Delta G^0 = 32.31 \ (kJ) \quad \therefore \log K = -5.663$

$$E = \frac{0.0591}{2}(\log K - \log a_{Fe^{2+}} + \log a_{H^+}^4) = -0.167 - 0.118pH - 0.0296 \log a_{Fe^{2+}}$$

$E = -0.167 - 0.118pH \ (V), \qquad E' = 0.016 - 0.118pH' \ (V)$

(29) $Fe^{2+} + 2SO_4^{2-} + 16H^+ + 14e^- = FeS_2 + 8H_2O$:

$\Delta G^0 = -496.194 \ (kJ), \quad \log K = 86.958$

$$E = \frac{0.0591}{14}(\log K + \log a_{Fe^{2+}} + \log a_{SO_4^{2-}}^2 + \log a_{H^+}^{16})$$

$$= 0.367 - 0.068pH + 4.22 \times 10^{-3} \log a_{Fe^{2+}} + 8.44 \times 10^{-3} \log a_{SO_4^{2-}}$$

$E = 0.367 - 0.068pH \ (V) \qquad E' = 0.291 - 0.068pH' \ (V)$

(30) $FeS_2 + 4H^+ + 4e^- = Fe + 2H_2S$: $\Delta G^0 = 111.18 \ (kJ), \ \log K = -19.49$

$$E = \frac{0.0591}{4}(\log K + \log a_{H^+}^4) = -0.288 - 0.0591pH \ (V)$$

$E' = -0.288 - 0.0591pH' \ (V)$

(31) $FeS_2 + 2H^+ + 4e^- = Fe + 2HS^-$: $\Delta G^0 = 191 \ (kJ), \ \log K = -33.47$

$$E = \frac{0.0591}{4}(\log K + \log a_{H^+}^2 - \log a_{HS^-}^2) = -0.495 - 0.0296pH - 0.0296 \log a_{HS^-}$$

$E = -0.495 - 0.0296pH \ (V) \qquad E' = -0.317 - 0.0296pH' \ (V)$

(32) $FeS_2 + 4e^- = Fe + 2S^{2-}$: $\Delta G^0 = 338.5 \ (kJ), \ \log K = -59.33$

$$E = \frac{0.0591}{4}(\log K - \log a_{S^{2-}}^2) = -0.877 - 0.296 \log a_{S^{2-}} \ (V)$$

$E = -0.877 \ (V), \quad E' = -0.700 \ (V)$

(26)~(32)로부터 〈그림 4〉의 전위－pH도를 얻을 수 있다.

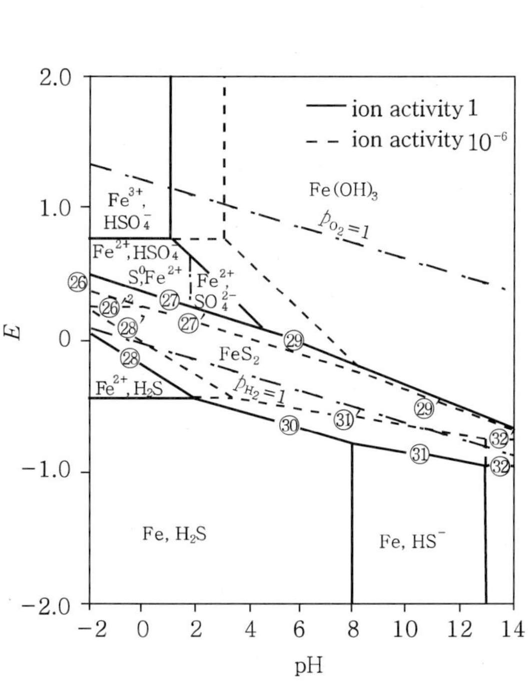

〈그림 4〉 FeS_2-H_2O계의 전위－pH도

(iv) 〈그림 3〉과 비교하면 〈그림 4〉는 FeS보다 FeS_2의 안정영역이 넓고 황산 수용액 중 파이라이트가 피로타이트보다도 안정된 것임을 암시하고 있다. 황화철을 산소가압 습식처리하여 원소 유황과 제철원료가 되는 산화철을 얻고자 하는 시도가 있다. 그러나 피로타이트의 경우는 물과 혼합하여 10 ~ 20 kg/cm^2의 산소가압하에서 383 ~ 393 K(110 ~ 120 ℃)로 가열하는 단순한 방식으로 목적을 달성할 수 있으나, 파이라이트의 경우는 산화철과 황화 이온으로 분리되기 쉽고, 원소 유황을 얻기 위해서는 최초에 진한 산을 가해야만 한다.

[참고문헌] 矢澤 彬, 日本金属学会誌 **31**(1967), p. 1158.

[주] 현재(2010년)로서는 $Fe(OH)_3$라는 화합물은 존재하지 않는다고 여겨지고 있다. 황산이온이 없을 때는 FeOOH, 황산이온이 공존할 때는 $HFe_3(SO_4)_2(OH)_6$가 생성된다. 황산이온이 존재하고, 알칼리 금속이온 M이 존재할 때는 $MFe_3(SO_4)_2(OH)_6$가 생성된다. 본 문제에서는 해석을 용이하게 하기 위하여 임의로 $Fe(OH)_3$의 존재를 가정하였다. 실제의 전위－pH도는 $Fe(OH)_3/Fe^{3+}$가 산성 측으로 이동한다.

97 Zn의 정액공정: E-pH도 작성, 정액공정의 해석

아연, 동, 니켈, 코발트, 카드뮴(i~iv)과 H_2O 계에 대하여 298 K(25 ℃)에서의 전위−pH도를 종합하고, 아연의 전해채취 전 정액공정에 적용시켜 설명하시오.(철의 경우도 포함시킬 것) 또 얻어진 전위−pH도를 각각의 전해제련공정에 적용하여 설명하시오.

해석을 용이하게 하기 위해 $Fe(OH)_3$가 존재한다고 가정해도 무방하다.

열역학 데이터는 ref. 2를 참조하시오.

풀이

(i) $Zn-H_2O$ 계 전위−pH diagram

(1) $Zn^{2+}+2e^{-}=Zn$, $\Delta G^0=147.03$ (kJ)

$$E=E^0-\frac{RT}{nF}\ln\left(\frac{a_{Zn}}{a_{Zn^{2+}}}\right)$$

$$=-\frac{147,030}{2\times 96,485}+\frac{8.314\times 298}{2\times 96,485}\times 2.303\log a_{Zn^{2+}}$$

$$=-0.7619+0.02957\log a_{Zn^{2+}}\ (V)$$

$$E=-0.7619\ (V)\quad \text{at}\quad a_{Zn^{2+}}=1$$

(2) $Zn^{2+}+2H_2O=Zn(OH)_2+2H^+$:

$$\Delta G^0=(\Delta G^0_{Zn(OH)_2}+2\Delta G^0_{H^+})-(\Delta G^0_{Zn^{2+}}+2\Delta G^0_{H_2O})$$

$$=553.58-(-147.03-2\times 237.18)=67.80\ (kJ)$$

$$\log K=-\frac{67,800}{2.303\times 8.314\times 298}=-11.88$$

$$\log\left(\frac{a_{H^+}^2}{a_{Zn^{2+}}}\right) = -11.88 \qquad \therefore -2pH = -11.88 + \log a_{Zn^{2+}}$$

$$\therefore\ pH = 5.94 - 0.5\ \log a_{Zn^{2+}}$$

$$pH = 5.94\ (V) \quad at \quad a_{Zn^{2+}} = 1$$

(3) $Zn(OH)_2 + 2H^+ + 2e^- = Zn + 2H_2O$,

$$\Delta G^0 = -2 \times 237.18 + 553.58 = 79.22\ (kJ)$$

$$E = -\frac{79,220}{2 \times 96,485} + \frac{8.314 \times 298}{2 \times 96,485} \times 2.303 \log a_{H^+}^2$$

$$= -0.411 - 0.0591pH\ (V)$$

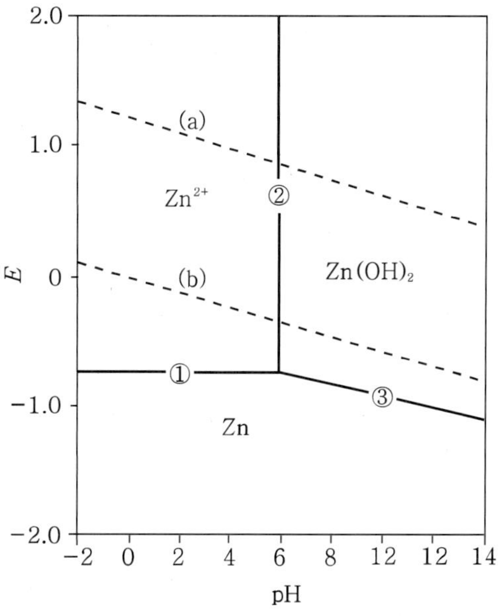

〈**그림 1**〉 $Zn-H_2O$계의 전위−pH도

(1)~(3)으로부터 〈그림 1〉을 그릴 수 있다. 그림 중의 점선 (a), (b)는 다음의 반응을 나타낸다.

(a) $2H^+ + \frac{1}{2}O_2 + 2e^- = H_2O$: $\quad E = 1.23 - 0.0591pH + 0.015\log p_{O_2}$

$$E = 1.23 - 0.0591pH\ (V) \quad at \quad p_{O_2} = 1\ atm$$

(b) $2H^+ + 2e = H_2$: $E = -0.0591pH + 0.015\log p_{H_2}$

$$E = -0.0591pH\ (V) \quad \text{at} \quad p_{H_2} = 1\ \text{atm}$$

(ii) $Cu - H_2O$계 전위−pH diagram

(4) $Cu^{2+} + 2e^- = Cu$, $\Delta G^0 = -65.52$ (kJ)

$$E = \frac{65{,}520}{2\times 96{,}485} + \frac{8.314\times 298}{2\times 96{,}485}\times 2.303\log a_{Cu^{2+}}$$

$$= 0.340 + 0.0296\log a_{Cu^{2+}}$$

$$E = 0.340\ (V) \quad \text{at} \quad a_{Cu^{2+}} = 1$$

(5) $Cu_2O + 2H^+ + 2e^- = 2Cu + H_2O$, $\Delta G^0 = -91.178$ (kJ)

$$E = \frac{91{,}178}{2\times 96{,}485} - \frac{8.314\times 298}{2\times 96{,}485}\times 2.303\log\left(\frac{a_{Cu}^2 \cdot a_{H_2O}}{a_{Cu_2O}\cdot a_{H^+}^2}\right) = 0.473 - 0.0591pH\ (V)$$

(6) $2Cu^{2+} + H_2O + 2e^- = Cu_2O + 2H^+$, $\Delta G^0 = -39.862$ (kJ)

$$E = \frac{39{,}862}{2\times 96{,}485} - \frac{8.314\times 298}{2\times 96{,}485}\times 2.303\log\left(\frac{a_{Cu_2O}\cdot a_{H^+}^2}{a_{Cu^{2+}}^2\cdot a_{H_2O}}\right)$$

$$= 0.2065 + 0.0591pH\ (V)$$

(7) $Cu^{2+} + H_2O = CuO + 2H^+$, $\Delta G^0 = 41.958$ (kJ)

$$\log K = -\frac{41{,}958}{2.303\times 8.314\times 298} = \log\left(\frac{a_{H^+}^2}{a_{Cu^{2+}}}\right)$$

$$2pH = 7.353 + \log a_{Cu^{2+}} \qquad \therefore\ pH = 3.677 - 0.5\log a_{Cu^{2+}}$$

$$pH = 3.677\ (V) \quad \text{at} \quad a_{Cu^{2+}} = 1$$

(8) $2CuO + 2H^+ + 2e^- = Cu_2O + H_2O$, $\Delta G^0 = -123.778$ (kJ)

$$E = \frac{123{,}778}{2\times 96{,}485} - \frac{8.314\times 298}{2\times 96{,}485}\times 2.303\log\left(\frac{a_{Cu_2O}\cdot a_{H_2O}}{a_{CuO}^2\cdot a_{H^+}^2}\right)$$

$$= 0.641 - 0.0591pH\ (V)$$

(4)~(8)로부터 〈그림 2〉를 그릴 수 있다.

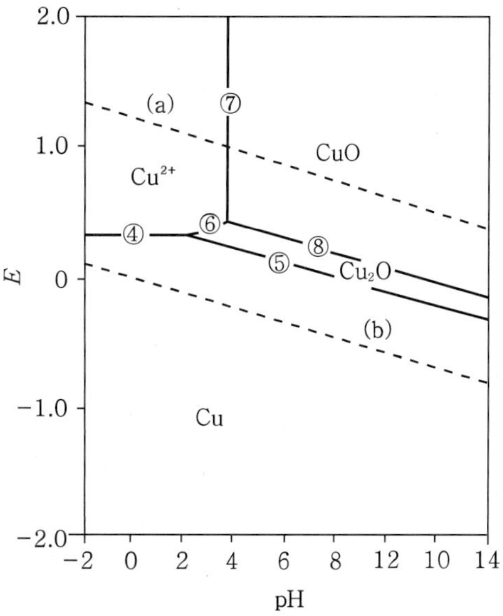

〈그림 2〉 $Cu-H_2O$계의 전위−pH도

(iii) $Ni-H_2O$계 전위−pH diagram

(9) $Ni^{2+}+2e^{-}=Ni,\quad \Delta G^0=45.6$ (kJ)

$$E=-\frac{45,600}{2\times 96,485}+\frac{8.314\times 298}{2\times 96,485}\times 2.303\log a_{Ni^{2+}}$$

$$=-0.236+0.0296\log a_{Ni^{2+}}\ (V)$$

$$E=-0.236\ (V)\quad at\quad a_{Ni^{2+}}=1$$

(10) $Ni(OH)_2+2H^{+}=Ni^{2+}+2H_2O,\quad \Delta G^0=-72.656$ (kJ)

$$\log K=\frac{72,656}{2.303\times 8.314\times 298}=\log\left(\frac{a_{Ni^{2+}}}{a_{Ni(OH)_2}\cdot a_{H^+}^2}\right)=12.734$$

$$2pH=12.734-\log a_{Ni^{2+}}$$

$$\therefore\ pH=6.367-0.5\log a_{Ni^{2+}}$$

$$pH=6.367\ (V)\quad at\quad a_{Ni^{2+}}=1$$

(11) $Ni(OH)_2+2H^{+}+2e^{-}=Ni+2H_2O,\quad \Delta G^0=-27.056$ (kJ)

$$E=\frac{27,056}{2\times 96,485}-\frac{8.314\times 298}{2\times 96,485}\times 2.303\log\left(\frac{a_{Ni}\cdot a_{H_2O}^2}{a_{Ni(OH)_2}\cdot a_{H^+}^2}\right)$$

$$=0.140-0.0591pH\ (V)$$

(12) $Ni(OH)_3 + H^+ + e^- = Ni(OH)_2 + H_2O$,　$\Delta G^0 = -142.678$ (kJ)

$$E = \frac{142,678}{1 \times 96,485} - \frac{8.314 \times 298}{2 \times 96,485} \times 2.303 \log\left(\frac{a_{Ni(OH)_2} \cdot a_{H_2O}}{a_{Ni(OH)_3} \cdot a_{H^+}}\right)$$

$$= 1.479 - 0.0591\text{pH} \ (\text{V})$$

(13) $Ni(OH)_3 + 3H^+ + e^- = Ni^{2+} + 3H_2O$,　$\Delta G^0 = -215.334$ (kJ)

$$E = \frac{215,334}{1 \times 96,485} - \frac{8.314 \times 298}{2 \times 96,485} \times 2.303 \log\left(\frac{a_{Ni^{2+}} \cdot a^3_{H_2O}}{a_{Ni(OH)_3} \cdot a^3_{H^+}}\right)$$

$$= 2.232 - 0.117\text{pH} + 0.059 \log a_{Ni^{2+}} \ (\text{V})$$

$$E = 2.232 - 0.177\text{pH} \ (\text{V}) \quad \text{at} \quad a_{Ni^{2+}} = 1$$

(9)~(13)로부터 〈그림 3〉을 그릴 수 있다.

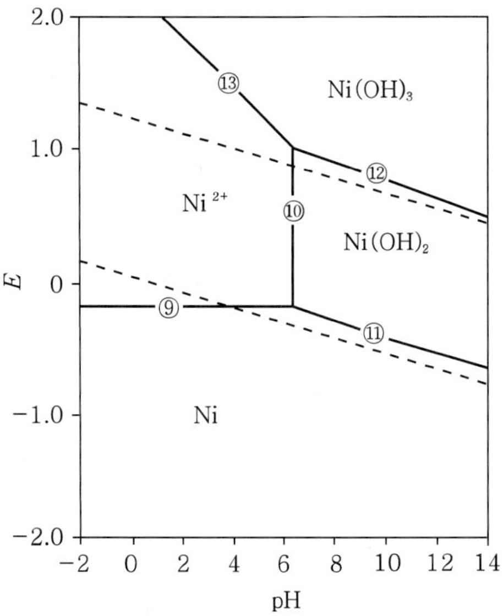

〈그림 3〉 $Ni-H_2O$계의 전위-pH도

(iv) $Co-H_2O$계 전위-pH diagram

(14) $Co^{2+} + 2e^- = Co$,　$\Delta G^0 = 54.4$ (kJ)

$$E = -\frac{54,400}{2 \times 96,485} + \frac{8.314 \times 298}{2 \times 96,485} \times 2.303 \log a_{Co^{2+}}$$

$$= -0.282 + 0.0296 \log a_{Co^{2+}} \ (\text{V})$$

$E = -0.282$ (V) at $a_{Co^{2+}} = 1$

(15) $Co(OH)_2 + 2H^+ = Co^{2+} + 2H_2O$, $\Delta G^0 = -74.34$ (kJ)

$$\log K = \frac{74,340}{2.303 \times 8.314 \times 298} = \log\left(\frac{a_{Co^{2+}} \cdot a_{H2O}^2}{a_{Co(OH)_2} \cdot a_{H^+}^2}\right) = 13.029$$

$$2\,pH = 13.029 - \log a_{Co^{2+}}$$

$$\therefore\ pH = 6.514 - 0.5\ \log a_{Co^{2+}}$$

$$pH = 6.514\ (V)\quad at\quad a_{Co^{2+}} = 1$$

(16) $Co(OH)_2 + 2H^+ + 2e^- = Co + 2H_2O$, $\Delta G^0 = -19.956$ (kJ)

$$E = \frac{19,956}{2 \times 96,485} - \frac{8.314 \times 298}{2 \times 96,485} \times 2.303 \log\left(\frac{a_{Co} \cdot a_{H_2O}^2}{a_{Co(OH)_2} \cdot a_{H^+}^2}\right)$$

$$= 0.103 - 0.0591 pH\ (V)$$

(17) $Co(OH)_3 + H^+ + e^- = Co(OH)_2 + H_2O$, $\Delta G^0 = -94.978$ (kJ)

$$E = \frac{94,978}{1 \times 96,485} - \frac{8.314 \times 298}{2 \times 96,485} \times 2.303 \log\left(\frac{a_{Co(OH)_2} \cdot a_{H_2O}}{a_{Co(OH)_3} \cdot a_{H^+}}\right)$$

$$= 0.984 - 0.0591 pH\ (V)$$

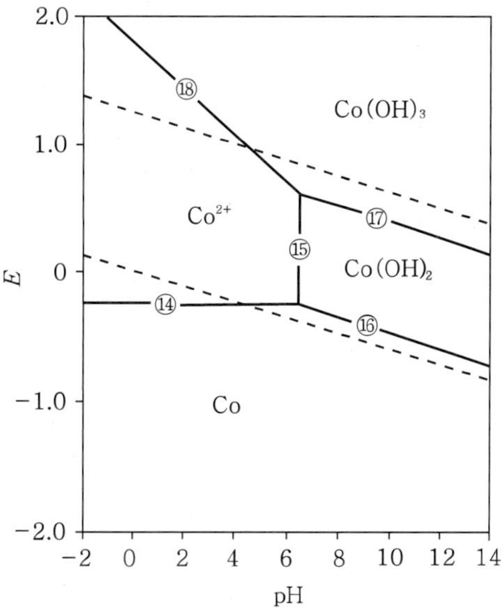

〈그림 4〉 $Co-H_2O$계의 전위-pH도

(18) $Co(OH)_3 + 3H^+ + e^- = Co^{2+} + 3H_2O$, $\Delta G^0 = -169.334$ (kJ)

$$E = \frac{169,334}{1 \times 96,485} - \frac{8.314 \times 298}{2 \times 96,485} \times 2.303 \log\left(\frac{a_{Co^{2+}} \cdot a_{H_2O}^3}{a_{Co(OH)_3} \cdot a_{H^+}^3}\right)$$

$$= 1.755 - 0.117pH - 0.059 \log a_{Co^{2+}} \ (V)$$

$$E = 1.755 - 0.177pH \ (V) \quad at \quad a_{Co^{2+}} = 1$$

(14)~(18)로부터 〈그림 4〉를 그릴 수 있다.

(v) $Cd - H_2O$ 계 전위−pH diagram

(19) $Cd^{2+} + 2e^- = Cd$, $\Delta G^0 = 77.580$ (kJ)

$$E = -\frac{77,580}{2 \times 96,485} + \frac{8.314 \times 298}{2 \times 96,485} \times 2.303 \log a_{Cd^{2+}}$$

$$= -0.402 + 0.0296 \log a_{Cd^{2+}}$$

$$E = -0.402 \ (V) \quad at \quad a_{Cd^{2+}} = 1$$

(20) $Cd(OH)_2 + 2H^+ = Cd^{2+} + 2H_2O$, $\Delta G^0 = -78.354$ (kJ)

$$\log K = \frac{78,354}{2.303 \times 8.314 \times 298} = \log\left(\frac{a_{Cd^{2+}} \cdot a_{H2O}^2}{a_{Cd(OH)2} \cdot a_{H^+}^2}\right)$$

$$2pH = 13.732 - \log a_{Cd^{2+}}$$

$$\therefore \ pH = 6.866 - 0.5 \log a_{Cd^{2+}}$$

$$pH = 6.866 \ (V) \quad at \quad a_{Cd^{2+}} = 1$$

(21) $Cd(OH)_2 + 2H^+ + 2e^- = Cd + 2H_2O$, $\Delta G^0 = -0.756$ (kJ)

$$E = \frac{756}{2 \times 96,485} - \frac{8.314 \times 298}{2 \times 96,485} \times 2.303 \log\left(\frac{a_{Cd} \cdot a_{H_2O}^2}{a_{Cd(OH)_2} \cdot a_{H^+}^2}\right)$$

$$= 0.0039 - 0.0591pH \ (V)$$

(19)~(21)로부터 〈그림 5〉를 그릴 수 있다.

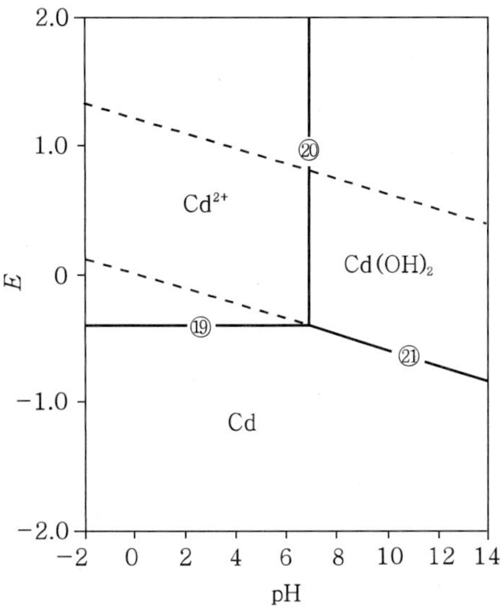

〈그림 5〉 Cd−H_2O계의 전위−pH도

[comment] 습식제련의 침출공정에서는 목적금속만 선택하여 완전히 침출시키는 것은 불가능하며, 양의 차이는 있지만 광석 중의 다른 함유성분도 침출되는 것이 일반적이다. 따라서 목적금속의 회수에 악영향을 미치는 불순물은 정액공정에서 용액으로부터 제거할 필요가 있다. 예를 들면, 전해에 의해 금속을 채취하는 경우, 목적금속보다 귀noble한 금속이온은 전해 시에 석출되므로 정액에서 제거할 필요가 있고, Zn과 같이 비base한 금속을 전해채취할 때는 제거하여야 하는 금속도 많다. 반면에 Cu를 전해채취할 때는 침출공정에서 용출되는 귀한 금속은 적으나, Fe나 그 외의 불순물이 있을 경우 전류효율을 저하시키거나, 제품순도에 악영향을 미치므로 정액에서 제거하여야 한다.

가수분해에 의해 수산화물의 침전을 만들어 금속 불순물을 제거하는 것은 정액에서 가장 널리 이용되는 방법으로, 그 반응은 다음과 같다.

$$M^{n+} + nH_2O = M(OH)_n = nH^+$$

용존 금속이온이 완전하게 침전제거되는 지수로서 그 금속이온의 활동도를 10^{-6}으로 생각하면 각종 금속이온을 제거하는 데 필요한 pH를 알 수 있다. 즉, 주요한 금속에서는 Fe^{3+}, Pb^{2+}, Cu^{2+}, Fe^{2+}, Zn^{2+}, Ni^{2+}, Co^{2+}, Cd^{2+}의 순으로 수산화물을 생성하는 pH가 높아진다. 그러나 pH를 높이면, ZnO처럼 $HZnO_2^-$와 같은 음이온이 되어 재용해되는 경우도 생기므로 주의하여야 한다.

또 Fe^{3+}는 비교적 낮은 pH에서 $Fe(OH)_3$(또는 FeOOH)의 침전물을 만들지만, Fe^{2+}를 $Fe(OH)_2$로 침전시키기 위해서는 pH 7 이상이 필요하다. 따라서 산화에 의해 침전제거를 하고 있다. 그러나 Fe^{2+}의 산화반응은 묽은 산 용액 중에서 공기 중의 O_2를 이용할 경우 매우 느리게 진행되므로 MnO_2나 $KMnO_4$와 같은 산화제를 이용하는 경우가 많다.

[참고문헌] ref. 2, pp. 159~163, p. 188.

98 복합광의 황산침출: E-pH도 작성, 선택침출의 해석

FeS, FeS_2, ZnS, CuS, CdS, NiS(i~vi) 등의 침출에 관한 전위−pH도를 문제 96과 마찬가지로 298 K(25 ℃)에서 그리고, 이것을 한 장의 그림으로 종합하여 복합 황화광의 황산용액에 의한 선택 황산화 침출의 골자를 설명하시오. 단, 각 이온의 활동도는 1.0으로 하며, $a_{H_2S} = 0.1$로 둔다.(열역학 데이터: ref. 2 참조)

풀이

(i) $FeS-H_2O$ 계

(1) $FeS + 2H^+ = Fe^{2+} + H_2S$

$$\Delta G^0 = (\Delta G^0_{Fe^{2+}} + \Delta G^0_{H_2S}) - (\Delta G^0_{FeS} + \Delta G^0_{H^+})$$

$$= (-78.87 - 27.86) - (-100.4) = -6.330 \ (kJ)$$

$$\log K = 1.109$$

$$\log K - 2pH - \log a_{Fe^{2+}} - \log a_{H_2S} = 0$$

$$\therefore \ pH = 1.055$$

(2) $Fe^{2+} + S^o + 2e^- = FeS: \quad \Delta G^0 = -21.53 \ (kJ)$

$$\log K = 3.773$$

$$E = \frac{0.0591}{2}(\log K + \log a_{Fe^{2+}}) \ (V)$$ [19]

$$\therefore \ E = 0.1116 \ (V)$$

---

19 [역주] 전위 E는 (2)와 (3) 중 어떤 방식으로도 계산할 수 있다. 기본은 (2)이며, (2)의 경우는 $\Delta G^0 = -RT\ln K = -nFE^o$, (3)은 $E = (0.0591/n)(x\log a_A - y\log a_B - mpH + \log K)$를 이용하였다.(문제 96의 식 (2) 참조)

(3) $Fe^{2+} + SO_4^{2-} + 8H^+ + 8e^- = FeS + 4H_2O$:　$\Delta G^0 = -225.612$ (kJ)

$\log K = 35.539$

$$E = \frac{0.0591}{8}(\log K - 8\text{pH} + \log a_{Fe^{2+}} + \log a_{SO_4^{2-}})$$

$$= 0.292 - 0.0591\text{pH} + 0.007(a_{Fe^{2+}} + \log a_{SO_4^{2-}})$$

$$\therefore\ E = 0.292 - 0.0591\text{pH}\ (\text{V})$$

(ii) $FeS_2 - H_2O$ 계

(4) $FeS_2 + 4H^+ + 2e^- = Fe^{2+} + 2H_2S(aq)$

$\Delta G^0 = 32.31$ (kJ),　$\therefore\ \log K = -5.631$

$$E = -0.167 - 0.118\text{pH} - 0.0591\log a_{H_2S} \qquad (a_{H_2S} = 0.1)$$

$$= -0.1079 - 0.118\text{pH}\ (\text{V})$$

(5) $Fe^{2+} + 2HSO_4^- + 14H^+ + 14e^- = FeS_2 + 8H_2O$:

$\Delta G^0 = -473.434$ (kJ),　$\log K = 82.988$

$$E = \frac{0.0591}{14}(\log K - 14\text{pH} + 2\log a_{HSO_4^-} - \log a_{FeS_2})$$

$$E = 0.350 - 0.0591\text{pH}\ (\text{V})$$

(6) $Fe^{2+} + 2SO_4^{2-} + 16H^+ + 14e^- = FeS_2 + 8H_2O$:

$\Delta G^0 = -496.194$ (kJ),　$\log K = 86.962$

$$E = \frac{0.0591}{14}(\log K + \log a_{Fe^{2+}} - 16\text{pH} + 2\log a_{SO_4^{2-}} - \log a_{FeS_2})$$

$$E = 0.367 - 0.068\text{pH}\ (\text{V})$$

(7) $Fe^{2+} + 2S^o + 2e^- = FeS_2$: $\Delta G^0 = -88.03$ (kJ),　$\log K = 15.482$

$$E = \frac{0.0591}{2}(\log K + \log a_{Fe^{2+}} + 2\log a_{S^o} - \log a_{FeS_2}) = 0.456\ (\text{V})$$

[comment] 실제 광석을 침출시킬 때는 FeS, FeS_2만이 아니라 $CuFeS_2$도 함유되어 있으므로 주의하여야 한다.

(iii) $ZnS-H_2O$ 계

(8) $ZnS+2H^+=Zn^{2+}+H_2S$: $\Delta G^0=-147.03-27.86+201.29=26.4$ (kJ)

$$\log K=\log\left(\frac{a_{Zn^{2+}}\cdot a_{H_2S}}{a_{ZnS}\cdot a_{H^+}^2}\right)=\frac{-26,400}{8.314\times 298\times 2.303}=-4.626$$

$$2pH=-4.626-\log a_{H_2S} \quad (a_{H2S}=0.1)$$

$$\therefore\ pH=-1.813$$

(9) $Zn^{2+}+2S^o+2e^-=ZnS$: $\Delta G^0=-201.29+147.03=-54.26$ (kJ)

$$E=\frac{54,260}{2\times 96,485}-\frac{8.314\times 298}{2\times 96,485}\times 2.303\log\left(\frac{a_{ZnS}}{a_{Zn^{2+}}\cdot a_{S^o}}\right)$$

$$=0.2812\ (V)$$

(10) $Zn^{2+}+HSO_4^-+7H^++8e^-=ZnS+4H_2O$: $\Delta G^0=-246.962$ (kJ)

$$E=\frac{246,962}{8\times 96,485}-\frac{8.314\times 298}{8\times 96,485}\times 2.303\log\left(\frac{a_{ZnS}\cdot a_{H_2O}^4}{a_{Zn^{2+}}\cdot a_{HSO_4^-}\cdot a_{H^+}^7}\right)$$

$$=0.320-0.0517pH\ (V)$$

(11) $Zn^{2+}+SO_4^{2-}+8H^++8e^-=ZnS+4H_2O$: $\Delta G^0=-258.342$ (kJ)

$$E=\frac{258,342}{8\times 96,485}-\frac{8.314\times 298}{8\times 96,485}\times 2.303\log\left(\frac{a_{ZnS}\cdot a_{H_2O}^4}{a_{Zn^{2+}}\cdot a_{SO_4^{2-}}\cdot a_{H^+}^8}\right)$$

$$=0.335-0.0591pH\ (V)$$

(iv) $CuS-H_2O$ 계

(12) $CuS+2H^+=Cu^{2+}+H_2S$: $\Delta G^0=65.52-27.86+53.6=91.26$ (kJ)

$$\log K=\log\left(\frac{a_{Cu^{2+}}\cdot a_{H_2S}}{a_{CuS}\cdot a_{H^+}^2}\right)=-\frac{91,260}{8.314\times 298\times 2.303}=-15.99$$

$$2pH=-15.99-\log a_{H_2S} \quad (a_{H2S}=1)$$

$$\therefore\ pH=-7.495$$

(13) $Cu^{2+}+S^o+2e^-=CuS$: $\Delta G^0=-53.6-65.52=-119.12$ (kJ)

$$E=\frac{119,120}{2\times 96,485}-\frac{8.314\times 298}{2\times 96,485}\times 2.303\log\left(\frac{a_{CuS}}{a_{Cu^{2+}}\cdot a_{S^{o}}}\right)=0.617\ (V)$$

(14) $Cu^{2+}+HSO_4^-+7H^++8e^-=CuS+4H_2O$

$$\Delta G^0=-53.6+4\times(-237.178)-65.52+756.01=-311.822\ (kJ)$$

$$E=\frac{311,822}{8\times 96,485}-\frac{8.314\times 298}{8\times 96,485}\times 2.303\log\left(\frac{a_{CuS}\cdot a_{H_2O}^4}{a_{Cu^{2+}}\cdot a_{HSO_4^-}\cdot a_{H^+}^7}\right)$$

$$=0.404-0.0517pH\ (V)$$

(15) $Cu^{2+}+SO_4^{2-}+8H^++8e^-=CuS+4H_2O$

$$\Delta G^0=-53.6+4\times(-237.178)-65.52+744.63=-323.202\ (kJ)$$

$$E=\frac{323,202}{8\times 96,485}-\frac{8.314\times 298}{8\times 96,485}\times 2.303\log\left(\frac{a_{CuS}\cdot a_{H_2O}^4}{a_{Cu^{2+}}\cdot a_{SO_4^{2-}}\cdot a_{H^+}^8}\right)$$

$$=0.418-0.0591pH\ (V)$$

(iv) $CdS-H_2O$ 계

(16) $CdS+2H^+=Cd^{2+}+H_2S$

$$\Delta G^0=-77.580-27.86+156.5=51.06\ (kJ)$$

$$\log K=\log\left(\frac{a_{Cd^{2+}}\cdot a_{H_2S}}{a_{CdS}\cdot a_{H^+}^2}\right)=-\frac{51,060}{8.314\times 298\times 2.303}=-8.949$$

$$2pH=-8.949-\log a_{H_2S},\quad \therefore\ pH=-3.974\qquad (at\ a_{H_2S}=0.1)$$

(17) $Cd^{2+}+S^o+2e^-=CdS$:　$\Delta G^0=-156.5+77.580=-78.92\ (kJ)$

$$E=\frac{78,920}{2\times 96,485}-\frac{8.314\times 298}{2\times 96,485}\times 2.303\log\left(\log\frac{a_{CdS}}{a_{Cd^{2+}}\cdot a_{S^o}}\right)$$

$$=0.409\ (V)$$

(18) $Cd^{2+}+HSO_4^-+7H^++8e^-=CdS+4H_2O$

$$\Delta G^0=-156.5+4\times(-237.178)-77.580+756.01=-271.622\ (kJ)$$

$$E=\frac{271,622}{8\times 96,485}-\frac{8.314\times 298}{8\times 96,485}\times 2.303\log\left(\frac{a_{CdS}\cdot a_{H_2O}^4}{a_{Cd^{2+}}\cdot a_{HSO_4^-}\cdot a_{H^+}^7}\right)$$

$$=0.352-0.0517pH\ (V)$$

(19) $Cd^{2+} + SO_4^{2-} + 8H^+ + 8e^- = CdS + 4H_2O$

$$\Delta G^0 = -156.5 + 4 \times (-237.178) - 77.580 + 744.63 = -283.002 \text{ (kJ)}$$

$$E = \frac{283,002}{8 \times 96,485} - \frac{8.314 \times 298}{8 \times 96,485} \times 2.303 \log\left(\frac{a_{CdS} \cdot a_{H_2O}^4}{a_{Cd^{2+}} \cdot a_{SO_4^{2-}} \cdot a_{H^+}^8}\right)$$

$$= 0.367 - 0.0591\text{pH (V)}$$

(vi) $NiS - H_2O$ 계

(20) $NiS + 2H^+ = Ni^{2+} + H_2S$: $\Delta G^0 = -45.6 - 27.86 + 79.5 = 6.04$ (kJ)

$$\therefore \log K = \log\left(\frac{a_{Ni^{2+}} \cdot a_{H_2S}}{a_{NiS} \cdot a_{H^+}^2}\right) = -\frac{6,040}{8.314 \times 298 \times 2.303} = -1.058$$

$$2\text{pH} = -1.058 - \log a_{H_2S} \quad (a_{H_2S} = 1) \quad \therefore \text{pH} = -0.029$$

(21) $Ni^{2+} + S^o + 2e^- = NiS$: $\Delta G^0 = -79.5 + 45.6 = -33.9$ (kJ)

$$E = \frac{33,900}{2 \times 96,485} - \frac{8.314 \times 298}{2 \times 96,485} \times 2.303 \log\left(\frac{a_{NiS}}{a_{Ni^{2+}}}\right) = 0.176 \text{ (V)}$$

(22) $Ni^{2+} + SO_4^{2-} + 8H^+ + 8e^- = NiS + 4H_2O$

$$\Delta G^0 = -79.5 + 4 \times (-237.178) - 45.6 + 744.63 = -237.982 \text{ (kJ)}$$

$$E = \frac{237,982}{8 \times 96,485} - \frac{8.314 \times 298}{8 \times 96,485} \times 2.303 \log\left(\frac{a_{NiS} \cdot a_{H_2O}^4}{a_{Ni^{2+}} \cdot a_{SO_4^{2-}} \cdot a_{H^+}^8}\right)$$

$$= 0.308 - 0.0591\text{pH (V)}$$

이상의 결과로부터 〈그림 1〉을 얻었다.

비철금속의 원료에서 황화광이 차지하는 비율이 매우 크므로, 황화광의 침출반응은 중요하며, 새로운 제련법을 고려할 때 기본이 된다. 황화광의 침출반응은 섬아연광(ZnS)을 예로 들면, 산화성, 산성도의 조건에 따라 다음 3가지 반응으로 나눈다.

$$ZnS + 2H^+ = Zn^{2+} + H_2S \tag{1}$$

$$ZnS + 2H^+ + \frac{1}{2}O_2 = Zn^{2+} + H_2O + S^o \tag{2}$$

$$ZnS + 2O_2 = Zn^{2+} + SO_4^{2-} \tag{3}$$

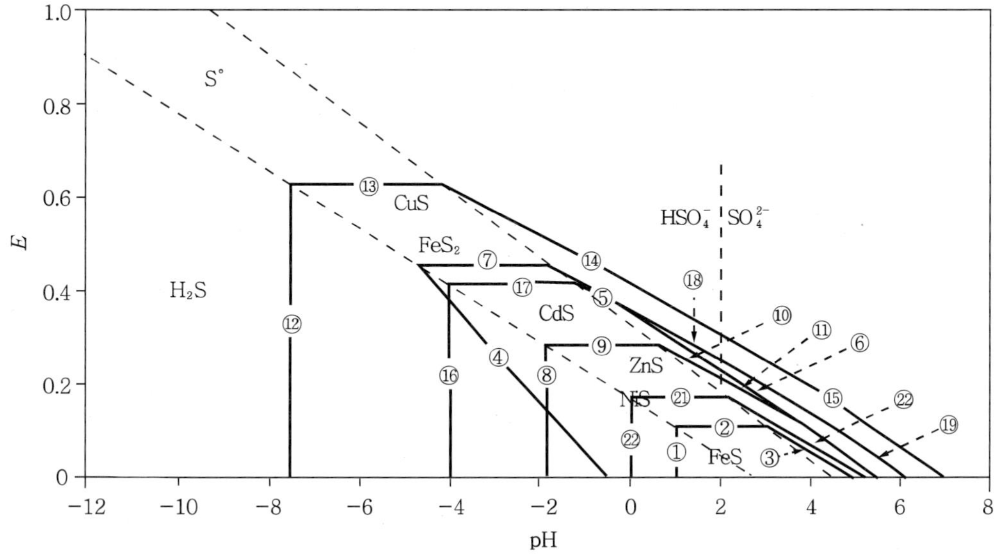

〈그림 1〉 M－S－H_2O 계의 전위－pH도

이러한 반응은 각각 H_2S 발생형, S^o 생성형, SO_4 생성형으로도 불린다. H_2S 발생형은 비산화성이며 산성도가 높을 때, S^o 생성형은 약산화성이며 산성도가 높을 때, SO_4 생성형은 산화성이 강하고 산성도가 낮을 때 반응이 일어나는 것을 알 수 있다. S^o 생성형, SO_4 생성형의 anode 반응은 다음과 같다.

$$ZnS = Zn^{2+} + S^o + 2e^- \quad (4)$$

$$ZnS + 4H_2O = Zn^{2+} + SO_4^{2-} + 8H^+ + 8e^- \quad (5)$$

그리고 cathode 반응은 다음과 같다.

$$2H^+ + \frac{1}{2}O_2 + 2e^- = H_2O \quad (6)$$

따라서 S^o 생성형, SO_4 생성형의 반응은 이러한 반응의 조합이라고도 생각할 수 있으므로 ZnS의 용해반응은 식 (1), (4), (5)에 의해 용해된다고 생각해도 무방하다. 이러한 사고방식을 각종 황화물에 적용하여, $a_{H_2S} = 0.1$, $a_{M^{2+}} = 1$, $a_{HSO_4^-} + a_{SO_4^{2-}} = 1$일 때 298 K에서 M－S－$H_2O$ 계의 전위－pH도를 만들면 〈그림 1〉과 같이 되어 이러한 황화광물의 용해의 용이도는 다음과 같은 순이 된다.

$$CuS < FeS_2 < CdS < ZnS < NiS < FeS$$

[참고문헌] ref. 2, pp. 172~173.

99 고온에서의 침출: 고온에서의 E-pH도 작성, 침출반응 해석

문제 97에서 구한 상온에서의 $M^{2+}-M(OH)_2$ 선이 473 K(200 ℃)에서는 어떻게 변하는지 계산하시오. 단, 해석을 용이하게 하기 위하여 473 K에서의 침전은 $Fe(OH)_3 \to Fe_2O_3$, $Zn(OH)_2 \to ZnO$와 같으며, 무수無水의 산화물이 된다고 가정한다. 또 얻어진 결과가 실제의 제련 프로세스에서 시사하는 점도 논하시오. 수용액 반응에 관여하는 성분의 온도 의존성을 포함한 열역학 데이터는 ref. 5를 참조하고, 각 이온의 활동도는 1.0으로 한다.

풀이

(i) $Zn-H_2O$계

(1) $Zn^{2+}+2e^{-}=Zn$: $\Delta G^0_{473}=144.6$ (kJ)

$$E=-\frac{144,600}{2\times 96,485}-\frac{8.314\times 473}{2\times 96,485}\times 2.303\log\left(\frac{a_{Zn}}{a_{Zn^{2+}}}\right)$$

$$=-0.749+0.047\log a_{Zn^{2+}}$$

$$E=-0.749\ (V)\quad \text{at}\quad a_{Zn^{2+}}=1$$

(2) $Zn^{2+}+H_2O=ZnO+2H^{+}$,

$$\Delta G^0_{473}=(\Delta G^0_{ZnO}+2\Delta G^0_{H^+})-(\Delta G^0_{Zn^{2+}}+\Delta G^0_{H_2O})$$

$$=-301.0+210.1+144.6=53.7\ (kJ)$$

$$\log K=-\frac{53,700}{8.314\times 473\times 2.303}=\log\left(\frac{a^2_{H^+}}{a_{Zn^{2+}}}\right)=-5.930$$

$$\therefore\ pH=2.96-0.5\log a_{Zn^{2+}}$$

$pH = 2.96$ (V) at $a_{Zn^{2+}} = 1$

(3) $ZnO + 2H^+ + 2e^- = Zn + H_2O$: $\Delta G^0_{473} = -210.1 + 301.0 = 90.9$ (kJ)

$$E = -\frac{90,900}{2 \times 96,485} - \frac{8.314 \times 473}{2 \times 96,485} \times 2.303 \log\left(\frac{a_{Zn} \cdot a_{H2O}}{a_{ZnO} \cdot a^2_{H^+}}\right)$$

$$= -0.471 - 0.094 pH \text{ (V)}$$

(ii) $Ni - H_2O$ 계

(4) $Ni^{2+} + 2e^- = Ni$: $\Delta G^0_{473} = 42.47$ (kJ)

$$E \equiv -\frac{42,470}{2 \times 96,485} - \frac{8.314 \times 473}{2 \times 96,485} \times 2.303 \log\left(\frac{a_{Ni}}{a_{Ni^{2+}}}\right)$$

$$= -0.220 + 0.047 \log a_{Ni^{2+}} \text{ (V)}$$

$E = -0.220$ (V) at $a_{Ni^{2+}} = 1$

(5) $Ni^{2+} + H_2O = NiO + 2H^+$: $\Delta G^0_{473} = -195.3 + 42.27 + 210.1 = 57.27$ (kJ)

$$\log K = -\frac{57,270}{2.303 \times 8.314 \times 473} = \log\left(\frac{a^2_{H^+}}{a_{Ni^{2+}}}\right) = -6.32$$

$\therefore\ 2pH = 6.32 - \log a_{Ni^{2+}}$

$pH = 3.16$ (V) at $a_{Ni^{2+}} = 1$

(6) $NiO + 2H^+ + 2e^- = Ni + H_2O$: $\Delta G^0_{473} = -210.1 + 195.3 = -14.8$ (kJ)

$$E = \frac{14,800}{2 \times 96,485} - \frac{8.314 \times 473}{2 \times 96,485} \times 2.303 \log\left(\frac{a_{Ni} \cdot a^2_{H_2O}}{a_{NiO} \cdot a^2_{H^+}}\right)$$

$$= 0.077 - 0.094 pH \text{ (V)}$$

(iii) $Co - H_2O$ 계

(7) $Co^{2+} + 2e^- = Co$: $\Delta G^0_{473} = 55.02$ (kJ)

$$E = -\frac{55,020}{2 \times 96,485} - \frac{8.314 \times 473}{2 \times 96,485} \times 2.303 \log\left(\frac{a_{Co}}{a_{Co^{2+}}}\right)$$

$$= -0.285 + 0.047 \log a_{Co^{2+}} \text{ (V)}$$

$E = -0.285 \text{ (V)} \quad \text{at} \quad a_{Co^{2+}} = 1$

(8) $Co^{2+} + H_2O = CoO + 2H^+ : \quad \Delta G^0_{473} = -201.92 + 55.02 + 210.12 = 63.22 \text{ (kJ)}$

$$\log K = -\frac{63,220}{2.303 \times 8.314 \times 473} = \log\left(\frac{a^2_{H^+}}{a_{Co^{2+}}}\right) = -6.98$$

$\therefore \; pH = 3.49 - 0.5 \log a_{Co^{2+}}$

$pH = 3.49 \text{ (V)} \quad \text{at} \quad a_{Co^{2+}} = 1$

(9) $CoO + 2H^+ + 2e^- = Co + H_2O : \quad \Delta G^0_{473} = -210.12 + 201.92 = -8.2 \text{ (kJ)}$

$$E = \frac{8,200}{2 \times 96,485} - \frac{8.314 \times 473}{2 \times 96,485} \times 2.303 \log\left(\frac{1}{a^2_{H^+}}\right) = 0.042 - 0.094\text{pH (V)}$$

(iv) $Cd - H_2O$ 계

(10) $Cd^{2+} + 2e^- = Cd : \quad \Delta G^0_{473} = 80.12 \text{ (kJ)}$

$$E = -\frac{80,120}{2 \times 96,485} + \frac{8.314 \times 473}{2 \times 96,485} \times 2.303 \log a_{Cd^{2+}} = -0.415 + 0.094 \log a_{Cd^{2+}}$$

$E = -0.415 \text{ (V)} \quad \text{at} \quad a_{Cd^{2+}} = 1$

(11) $Cd^{2+} + 2H_2O = Cd(OH)_2 + 2H^+ :$

$\Delta G^0_{473} = -202.92 + 80.12 + 210.12 = 87.32 \text{ (kJ)}$

$$\log K = -\frac{87,320}{8.314 \times 473 \times 2.303} = \log\left(\frac{a^2_{H^+}}{a_{Cd^{2+}}}\right) = -9.64$$

$\therefore \; pH = 4.82 - 0.5 \log a_{Cd^{2+}}$

$pH = 4.82 \text{ (V)} \quad \text{at} \quad a_{Cd^{2+}} = 1$

(12) $CdO + 2H^+ + 2e^- = Cd + H_2O : \quad \Delta G^0_{473} = -210.12 + 202.92 = -7.2 \text{ (kJ)}$

$$E = \frac{7,200}{2 \times 96,485} - \frac{8.314 \times 473}{2 \times 96,485} \times 2.303 \log \frac{1}{a^2_{H^+}}$$

$$= 0.037 - 0.094\text{pH (V)}$$

(1)~(12)로부터 〈그림 1〉을 얻을 수 있었다.

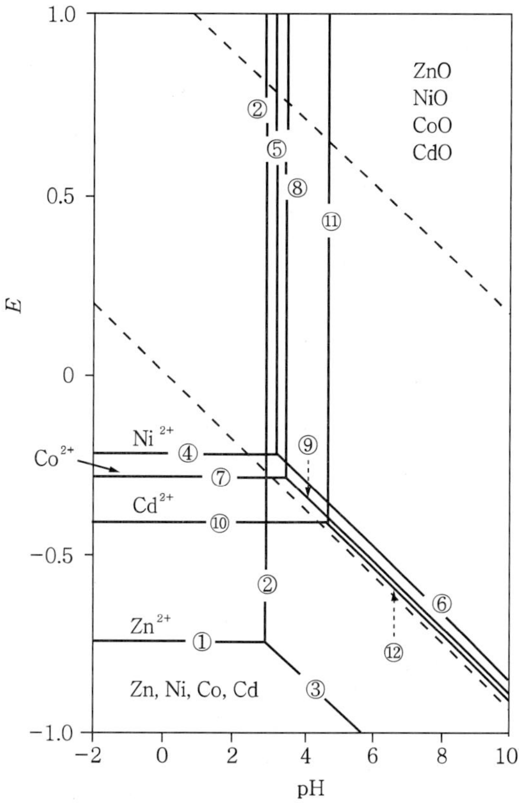

〈그림 1〉 473 K에서 $M^{2+}-H_2O$계 $E-$pH도

(v) $Cu-H_2O$계

(13) $Cu^{2+}+2e^{-}=Cu$:　$\Delta G^0_{473}=-64.89$ (kJ)

$$E=\frac{64,890}{2\times 96,485}+\frac{8.314\times 473}{2\times 96,485}\times 2.303\log a_{Cu^{2+}}=0.336+0.094\log a_{Cu^{2+}}$$

$$E=0.336\ (V)\quad \text{at}\quad a_{Cu^{2+}}=1$$

(14) $Cu_2O+2H^{+}+2e^{-}=2Cu+H_2O$:　$\Delta G^0_{473}=-210.12+134.56=-75.56$ (kJ)

$$E=\frac{75,560}{2\times 96,485}-\frac{8.314\times 473}{2\times 96,485}\times 2.303\log\left(\frac{1}{a^2_{H^+}}\right)=0.392-0.094\text{pH}\ (V)$$

(15) $2CuO+2H^{+}+2e^{-}=Cu_2O+H_2O$:

$$\Delta G^0_{473}=-134.56-210.12+2\times 112.17=-120.33\ (kJ)$$

$$E=\frac{120,330}{2\times 96,485}-\frac{8.314\times 473}{2\times 96,485}\times 2.303\log\left(\frac{1}{a^2_{H^+}}\right)=0.624-0.094\text{pH}\ (V)$$

(16) $2Cu^{2+} + H_2O + 2e^- = Cu_2O + 2H^+$:

$$\Delta G^0_{473} = -134.56 - 2\times 64.89 + 210.12 = -54.22\ (kJ)$$

$$E = \frac{54,220}{2\times 96,485} - \frac{8.314\times 473}{2\times 96,485}\times 2.303\log a^2_{H^+} = 0.281 + 0.094pH\ (V)$$

(17) $CuO + 2H^+ = Cu^{2+} + H_2O$: $\Delta G^0_{473} = 64.89 - 210.12 + 112.17 = -33.06\ (kJ)$

$$\log K = \frac{33,060}{2.303\times 8.314\times 473} = \log\left(\frac{a_{Cu^{2+}}}{a^2_{H^+}}\right) = 3.650$$

$$pH = 1.825\ (V)\quad \text{at}\quad a_{Cu^{2+}} = 1$$

(vi) $Fe - H_2O$ 계

(18) $Fe^{2+} + 2e^- = Fe$: $\Delta G^0_{473} = 83.85\ (kJ)$

$$E = -\frac{83,850}{2\times 96,485} = -0.435\ (V)$$

(19) $Fe^{3+} + e^- = Fe^{2+}$: $\Delta G^0_{473} = -83.85 - 10.92 = -94.77\ (kJ)$

$$E = \frac{94,770}{1\times 96,485} = 0.982\ (V)$$

(20) $Fe_3O_4 + 8H^+ + 8e^- = 3Fe + 4H_2O$:

$$\Delta G^0_{473} = 4\times(-210.12) + 957.93 = 117.45\ (kJ)$$

$$E = -\frac{117,450}{8\times 96,485} + \frac{8.314\times 473}{8\times 96,485}\times 2.303\log a^8_{H^+}$$

$$= -0.152 - 0.094pH$$

(21) $2Fe^{3+} + 3H_2O = Fe_2O_3 + 6H^+$:

$$\Delta G^0_{473} = -696.30 + 2\times(-10.92) + 3\times 210.12 = -87.78\ (kJ)$$

$$\log K = \frac{87,780}{8.314\times 473\times 2.303} = \log a^6_{H^+} = -6pH$$

$$\therefore\ pH = -1.615$$

(22) $Fe_3O_4 + 8H^+ + 2e^- = 3Fe^{2+} + 4H_2O$:

$$\Delta G^0_{473} = 3\times(-83.85) + 4\times(-210.12) + 957.93 = -134.1\ (kJ)$$

$$E = \frac{134,100}{2\times 96,485} + \frac{8.314\times 473}{2\times 96,485}\times 2.303\log a_{H^+}^{8} = 0.695 - 0.375\text{pH}$$

(23) $3Fe_2O_3 + 2H^+ + 2e^- = 2Fe_3O_4 + H_2O$:

$$\Delta G_{473}^{0} = 2\times(-957.93) - 210.12 + 3\times 696.30 = -37.08 \text{ (kJ)}$$

$$E = \frac{37,080}{2\times 96,485} + \frac{8.314\times 473}{2\times 96,485}\times 2.303\log a_{H^+}^{2} = 0.192 - 0.094\text{pH}$$

(24) $Fe_2O_3 + 6H^+ + 2e^- = 2Fe^{2+} + 3H_2O$:

$$\Delta G_{473}^{0} = 2\times(-83.85) + 3\times(-210.12) + 696.30 = -101.76 \text{ (kJ)}$$

$$E = \frac{101,760}{2\times 96,485} + \frac{8.314\times 473}{2\times 96,485}\times 2.303\log a_{H^+}^{6} = 0.527 - 0.282\text{pH (V)}$$

(13)~(24)로부터 〈그림 2〉를 얻을 수 있다.

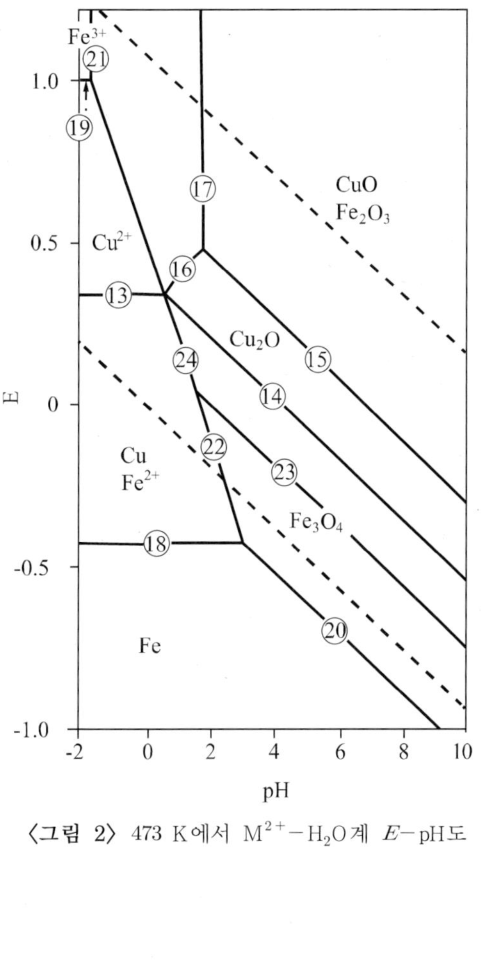

〈그림 2〉 473 K에서 $M^{2+}-H_2O$계 $E-$pH도

일반적으로 373 K(100 ℃) 정도라면 298 K(25 ℃)의 그림에서 고찰하여도 충분한 경우가 많다. 그러나 473 K(200 ℃) 정도가 되면 상온과의 차이를 무시할 수 없을 정도가 되고, 고온에서는 침전물의 형태가 변하는 경우도 있기 때문에 미리 검토하여야 한다. $Fe-H_2O$ 계에서도 침출을 고려할 때의 고상은 Fe_2O_3, Fe_3O_4와 같은 산화물을 검토하면 좋으나, 용액으로부터의 침전을 고려할 때는 403 K(130 ℃) 근처를 경계로 저온 영역에서는 FeOOH, 고온 영역에서는 Fe_2O_3가 되는 것으로 알려져 있다.

쿠바의 Moa Bay나 필리핀의 Coral Bay에서 나오는 라테라이트의 고온 황산침출도 습식제련의 가능성을 넓힌다는 점에서 시사하는 바가 매우 큰 유명한 예이다. 반응식은

$$NiO + H_2SO_4 = NiSO_4 + H_2O$$

즉, 산화니켈을 침출하는데 보통의 방법으로는 광석의 모체인 산화철이 다량으로 용출되어 선택적인 니켈 침출액을 얻을 수 없다. 그러나 473 K 이상이 되면 10 $\%H_2SO_4$ 중에서도 Fe_2O_3가 안정되므로 용해되지 않는 성질을 이용하여 선택적으로 비철 중금속만 용출하는 것에 성공한 것이다. 이 원리는 산화물이나 수산화물의 용해–석출의 선이 고온이 되면 저pH 측으로 이동하는 것으로 설명할 수 있다. 철 산화물은 473 K 이상이 되면 pH가 1 이하의 강산 중에서도 용해되지 않고, Cu, Ni, Zn 등의 용해–석출선은 저pH 측으로 이동하지만 pH값은 2 ~ 3 근처에서 멈추기 때문에 일반적인 침출에 이용 가능한 정도의 산으로도 충분히 용해시킬 수 있다. 이러한 방법으로 상온 부근에서는 선택적 침출을 기대할 수 없어도, 473 K 이상으로 되면 라테라이트의 대부분은 용해시키지 않고 Ni, Cu, Co 등을 침출하는 것이 가능하게 된다.

[참고문헌] ref. 5.

100 동의 전해정제: *E*-pH도에 의한 전해의 해석

〈그림 1〉에 나타내는 $Cu-H_2O$ 계의 pH－potential 평형도를 이용하여 동의 전해정제의 원리를 정성적으로 설명하시오.

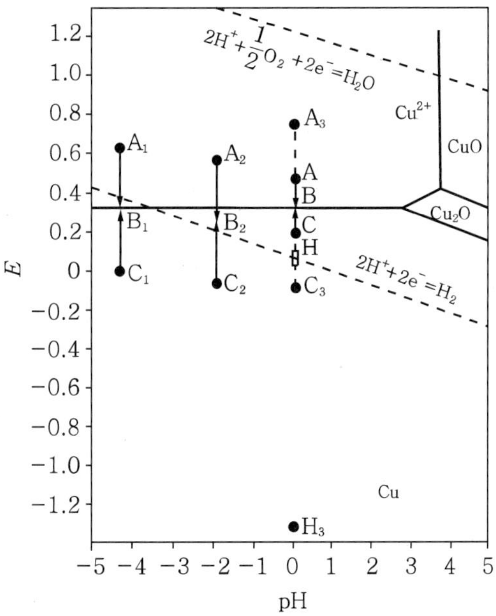

〈그림 1〉 $Cu-H_2O$계의 전위－pH도($a_{Cu^{2+}}=1$, 298 K)

풀이

지금 $a_{Cu^{2+}}=1$인 $Cu(OH)_2$의 염이 녹아 있는 수용액을 고려한다. 〈그림 1〉로부터 이 액에 Cu 금속판을 담그면 이때의 전위는 B점으로 나타내는 표준전극전위 E^0_{Cu}에 상당한다. Cu 판을 2장으로 하고, 이 두 장 사이를 도체로 연결하여 직류를 흘리면 분극이 일어나고, 그림에서 A

및 C와 같은 위치의 전위가 된다. A의 금속판은 이온 안정범위에 있으므로 $Cu \rightarrow Cu^{2+} + 2e^-$의 반응에 의해 동이 용출되고, 이 전자는 도체를 통하여 금속이 안정한 범위에 위치하는 금속판 C에 도달하며, $Cu^{2+} + 2e^- \rightarrow Cu$의 반응에 의해 석출반응이 일어난다. 따라서 A의 극판은 계속하여 용출되는 양극이 되고, C의 음극판 위에 금속이 이동하여 석출되게 된다. 이러한 용해와 석출을 일으키는 전위와 그 외의 조건은 금속 종류에 따라 다르므로 A 극판을 조금속crude metal으로 두고 용해시켜 C의 순금속 음극판 위로 이동시키는 소위 전해정제를 하는 것이 가능하다.

전해정제에서 pH, 액 농도, 전류밀도 등의 영향을 정성적으로 설명해 본다. 만일 pH를 내려 극판을 A_1, C_1과 같은 위치에 두면, C_1점에서는 평형론적으로 $2H^+ + 2e^- \rightarrow H_2$ 반응에 의해 수소가스 발생반응이 가능해지므로, 이때 극판의 수소과전압이 작다면 $Cu^{2+} + 2e^- \rightarrow Cu$의 반응에 선행하여 수소가스가 발생되고 만다. 또 전해채취를 계속하여 Cu^{2+}의 농도가 극단적으로 낮아지면 B점에 해당하는 위치가 저전위 측으로 옮겨 가면서 극판의 위치가 A_2, C_2와 같아지며, 이 경우에도 음극에서 수소가 발생될 우려가 있다. 또한 전해 전류밀도를 증가시킨 경우를 생각하면, 당연히 분극이 커지므로 극판의 위치는 A_3, C_3와 같아져 수소가스 발생으로 전류효율이 저하될 염려가 있지만, 이때는 수소가스 발생을 위한 분극이 훨씬 크고, 이 전류밀도에 상당하는 수소가스 발생의 전위는 H_3와 같이 저하하므로 오히려 전류효율은 향상되는 경우도 적지 않다.[주]

[comment] 전해채취와 전해정제의 근본적인 차이는 전해정제에서는 광석을 건식제련하여 얻은 조금속이나 스크랩을 가용성 양극으로 하고, 적당한 전해액 중에서 전해하여 목적금속을 음극에 석출시키는 반면 전해채취에서는 불용성 양극을 이용하고 침출액을 전기분해하여 목적금속을 석출시킨다는 점이다.

[주] ref. 5, p. 190 참조.

101 Na-Hg의 활동도: 증기압 데이터로부터 활동도 계산

Na－Hg 아말감이 들어 있는 보트를 1 기압, 373 K(100 ℃)로 유지하고, 그 위에 N_2가스를 Hg가스가 평형하기에 충분하도록 천천히 흘려 증기압을 측정하였다.

(i) 우선 순수은 위에 22 L(293 K(20 ℃), 760 mmHg에서 측정)의 N_2가스를 흘렸더니 가스가 0.0674 g의 Hg를 함유하고 있었다. 수은의 증기압을 계산하시오.

(ii) 다음으로 0.122 at%Na을 함유하는 아말감에 25 L(298 K(25 ℃), 770 mmHg)의 N_2를 흘렸더니 가스가 0.0533 g의 Hg를 함유하였다. 순수은을 표준으로, 이 아말감 중 Hg의 활동도와 활동도 계수를 구하시오. 단 수은의 원자량은 200.59 g/mol이며, 기체상수 R은 0.08206 L·atm·mol^{-1}·K^{-1}이다.

풀이

(i) $$p^0_{Hg} = \frac{n_{Hg}}{n_{N2}+n_{Hg}} \times P_T \quad (P_T = 1 \ (\text{atm}))$$

$$n_{Hg} = \frac{0.0674}{200.59} = 3.36\times 10^{-4} \ (\text{mol}) \qquad n_{N2} = \frac{(760/760)\times 22}{0.08206\times 293} = 0.9156 \ (\text{mol})$$

$$\therefore \ p^0_{Hg} = \frac{n_{Hg}}{n_{N2}+n_{Hg}} \times P_T = \frac{3.36\times 10^{-4}}{0.915+3.36\times 10^{-4}} = 3.671\times 10^{-4} \ (\text{atm}))$$
$$= 0.279 \ (\text{mmHg})$$

(ii) n_{Na}이 무시할 정도로 작은 것을 고려하면 같은 방법으로

$$p_{Hg} = \frac{n_{Hg}}{n_{N2} + n_{Hg} + n_{Na}} \times P_T \approx \frac{n_{Hg}}{n_{N2} + n_{Hg}} \times P_T$$

$$= \frac{0.0533/200.59}{\dfrac{0.0533}{200.59} + \dfrac{(770/760) \times 25}{0.08206 \times 298}} \times 1 = 2.564 \times 10^{-4} \text{ (atm)}$$

$$= 0.195 \text{ (mmHg)}$$

$$\therefore \ a_{Hg} = \frac{p_{Hg}}{p^0_{Hg}} = \frac{2.564 \times 10^{-4}}{3.671 \times 10^{-4}} = 0.698$$

$$\gamma_{Hg} = \frac{a_{Hg}}{x_{Hg}} = \frac{a_{Hg}}{1 - x_{Na}} = \frac{0.698}{1 - 0.122} = 0.795$$

102 Cu-Sn합금으로의 수소 용해: 용해도 데이터로부터 ΔG^0 산출

용융 Cu－Sn합금에 대하여 1 atm의 H_2 용해도(cm^3/100g)는 다음과 같다.

[표 1]

T (K)	1,273	1,373	1,473	1,573
100 %Cu	－	5.73	7.34	9.37
88.5 %Cu－11.5 %Sn	3.09	4.11	5.35	6.85
78.3 %Cu－21.7 %Sn	2.11	2.97	3.94	5.10

이 수소 용해에 대하여 K, ΔH^0, ΔG^0를 구하시오.

계산에 사용하는 데이터

H_2의 원자량: 2.016

기체상수 $R = 8.314$ (J/(mol·K)) $= 0.0821$ (L·atm/(mol·K))

풀이

기체반응의 평형상수 K의 온도 변화는 다음과 같이 나타낸다.

$$\frac{d\ln K}{dT} = \frac{\Delta H^0}{RT^2} \quad \text{(van't Hoff eq.)} \tag{1}$$

여기서 ΔH^0가 좁은 온도 영역에서 일정하다고 가정하면

$$\ln K = -\frac{\Delta H^0}{RT} + C \tag{2}$$

100 %Cu, 1,373 K일 때 용해하는 5.73 cm^3/100 g Cu의 수소를 기체의 상태방정식을 이용하여 질량으로 환산하면

$$\frac{1\times(5.73/1{,}000)\times2.016}{0.0821\times1{,}373}=1.02\times10^{-4}\ \ (\mathrm{g/100\,g\,Cu})$$

따라서 Cu 중 수소용해도는 1.02×10^{-4} (wt%)가 된다.

마찬가지로 수소의 용해도를 wt%로 고치면 다음 [표 2]와 같이 된다.

[표 2]

T (K)	1,273	1,373	1,473	1,573
100 %Cu	−	1.02×10^{-4}	1.22×10^{-4}	1.46×10^{-4}
88.5 %Cu−11.5 %Sn	5.96×10^{-5}	7.35×10^{-5}	8.92×10^{-5}	1.07×10^{-4}
78.3 %Cu−21.7 %Sn	4.07×10^{-5}	5.31×10^{-5}	6.57×10^{-5}	7.96×10^{-5}

한편 1 atm의 H_2에 대하여 $1/2H_2(g)=\mathrm{H}(\mathrm{wt\%\ in\ Cu})$의 반응으로부터

$$K=\frac{a_{\mathrm{H}}}{p_{\mathrm{H2}}^{1/2}}=\frac{\mathrm{H}(\mathrm{wt\%\ in\ Cu})}{1^{1/2}}=\mathrm{H}(\mathrm{wt\%\ in\ Cu})$$

따라서 평형상수 K는 [표 2]의 값과 같게 된다.

식 (2)로부터 100 %Cu일 때

$$\ln(1.02\times10^{-4})=-\frac{\Delta H^0}{1{,}373R}+C$$

$$-\ \ \ln(1.46\times10^{-4})=-\frac{\Delta H^0}{1{,}573R}+C$$

$$\ln\left(\frac{1.02\times10^{-4}}{1.46\times10^{-4}}\right)=-\frac{\Delta H^0}{R}\left(\frac{1}{1{,}373}-\frac{1}{1{,}573}\right)$$

$$\therefore\ \ \Delta H^0=32.20\ \ (\mathrm{kJ/mol})$$

1,573 K에서의 값을 식 (2)에 대입하면 $C=-6.37$이 된다.

$$\therefore\ \ \ln K=-\frac{\Delta H^0}{RT}-6.37$$

예를 들어 $T=1{,}373$ K일 때

$$\ln K_{1,373}=-\frac{32{,}200}{8.314\times1{,}373}-6.37=-9.19$$

$$\Delta G^0_{1,373}=-RT\ln K_{1,373}=-8.314\times1{,}373\times(-9.19)=104.9\ \ (\mathrm{kJ})$$

마찬가지로 88.5 %Cu−11.5 %Sn일 때

$$
\begin{array}{rl}
& \ln(5.96\times10^{-5}) = -\dfrac{\Delta H^0}{1,273R} + C \\
- & \ln(1.07\times10^{-4}) = -\dfrac{\Delta H^0}{1,573R} + C \\
\hline
& \ln\left(\dfrac{5.96\times10^{-5}}{1.07\times10^{-4}}\right) = -\dfrac{\Delta H^0}{R}\left(\dfrac{1}{1,273} - \dfrac{1}{1,573}\right)
\end{array}
$$

$\therefore\ \Delta H^0 = 32.48\ (\text{kJ/mol}),\quad C = -6.66$

78.3 %Cu−21.7 %Sn일 때

$$
\begin{array}{rl}
& \ln(4.07\times10^{-5}) = -\dfrac{\Delta H^0}{1,273R} + C \\
- & \ln(7.96\times10^{-5}) = -\dfrac{\Delta H^0}{1,573R} + C \\
\hline
& \ln\left(\dfrac{4.07\times10^{-5}}{7.96\times10^{-5}}\right) = -\dfrac{\Delta H^0}{R}\left(\dfrac{1}{1,273} - \dfrac{1}{1,573}\right)
\end{array}
$$

$\therefore\ \Delta H^0 = 37.22\ (\text{kJ/mol}),\quad C = -6.59$

이상의 결과로부터 각 온도에서의 ΔG^0를 계산하면 [표 3]을 얻는다.

[표 3]

T (K)	ΔG^0 (kJ/mol)				ΔH^0
	1,273	1,373	1,473	1,573	(kJ/mol)
100 %Cu		104.9	110.2	115.5	32.20
88.5 %Cu−11.5 %Sn	103.0	108.5	114.0	119.6	32.48
78.3 %Cu−21.7 %Sn	107.0	112.4	117.9	123.4	37.22

103 황화철의 분해: ΔG^0로부터 분해 S_2의 압력 산출

FeS_2, $Fe_{(1-x)}S(0 \le x \le 0.2)$의 분해반응의 ΔG^0값을 이용하여 773 K(500 ℃)에서 pyrite (FeS_2)의 분해반응에 관여하는 성분의 활동도를 논하시오. 또 FeS_2와 $Fe_{(1-x)}S$가 평형할 때 p_{S2}는 773 K에서 $p_{S2} = 1.44 \times 10^{-5}$ atm인 것으로 알려져 있다.(단, pyrite의 부정비성은 무시하는 것으로 한다.) 또 〈그림 1〉에 나타낸 문제 35의 상태도로부터 773 K에서 Fe와 평형할 때의 $Fe_{(1-x)}S$의 x는 x=0, FeS_2와 평형할 때는 $x = 0.08$이다.

$$2FeS_2 = 2Fe_{(1-x)}S + S_2,\ x = 0:\ \Delta G^0 = 307,942 - 284.5T\ (J) \quad (1)$$

$$2Fe_{(1-x)}S = 2Fe + S_2,\ x = 0:\ \Delta G^0 = 300,494 - 105.1T\ (J) \quad (2)$$

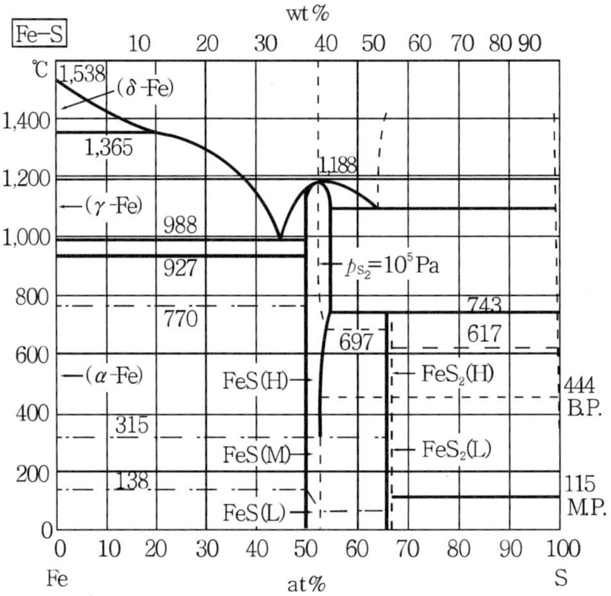

〈그림 1〉 Fe−S 상태도(二元合金状態図集(2001), アグネ技術センター)

풀이

Fe－S계의 상태도에 의하면 773 K(500 ℃)에서 pyrite의 분해반응은

$$FeS_2 \rightarrow Fe_{(1-x)}S(x=0.08 \rightarrow x=0) \rightarrow Fe$$

의 경로를 따른다고 생각된다. 개개의 반응은 다음과 같다.

$$2FeS_2 = 2Fe_{(1-x)}S + S_2 \ \ (x=0.08)$$

$$2Fe_{(1-x)}S = 2Fe + S_2 \ \ (x=0)$$

관여하는 성분의 활동도에 대해서는 3가지 범위로 나누어 생각할 수 있다.

III	II	I

Fe　　　　$Fe_{(1-x)}S$　　　　FeS_2

[I의 범위]

FeS_2와 $Fe_{(1-x)}S$의 2상 공존으로 $a_{FeS2}=1$이다.

식 (1)로부터

$$\Delta G^0_{(1),773} = 88,204 \ (J)$$

$$K_{(1)} = \frac{a^2_{FeS} \cdot p_{S2}}{a^2_{FeS2}} = \exp\left(-\frac{88,024}{8.314 \times 773}\right) = 1.13 \times 10^{-6}$$

$a_{FeS2}=1$, $p_{S2}=1.44 \times 10^{-5}$ atm으로부터

$$a_{FeS} = 0.28$$

식 [(1)+(2)]/2에 의해

$$FeS_2 = Fe + S_2 \qquad (3)$$

$$\Delta G^0_{(3),773} = 153,638 \ (J)$$

$$K_3 = \frac{a_{Fe} \cdot p_{S2}}{a_{FeS2}} = \exp\left(-\frac{153,638}{8.314 \times 773}\right) = 4.15 \times 10^{-11}$$

$a_{FeS2}=1$, $p_{S2}=1.44 \times 10^{-5}$ atm으로부터

$$a_{Fe} = 2.88 \times 10^{-6}$$

[II의 범위]

각 성분의 활동도의 대수는 직선적으로 변화한다고 가정한다.

[III의 범위]

Fe와 FeS의 2상 공존으로 $a_{Fe}=1$, $a_{FeS}=1$

식 (2)로부터

$$2FeS = 2Fe + S_2 \tag{4}$$

$$\Delta G^0_{(4),773} = 219,252 \ (J)$$

$$K_4 = \frac{a_{Fe}^2 \cdot p_{S2}}{a_{FeS}^2} = \exp\left(-\frac{219,252}{8.314\times 773}\right) = 1.53\times 10^{-15}$$

$a_{Fe}=1$, $a_{FeS}=1$로부터 $p_{S2}=1.53\times 10^{-15}$ atm으로부터

식 (1)로부터 $2FeS_2 = 2FeS + S_2$

$$K_{(1)} = 1.13\times 10^{-6}$$

$a_{FeS}=1$, $p_{S2}=1.53\times 10^{-15}$ atm으로부터

$$a_{FeS2} = 3.68\times 10^{-5}$$

이상을 종합하면

[I의 범위]

$p_{S2} = 1.44\times 10^{-5}$ atm $\quad \therefore \log p_{S2} = -4.84$

$a_{Fe} = 2.88\times 10^{-6}$ $\quad \therefore \log a_{Fe} = -5.54$

$a_{FeS} = 0.28$ $\quad \therefore \log a_{FeS} = -0.55$

$a_{FeS2} = 1$ $\quad \therefore \log a_{FeS2} = 0$

[III의 범위]

$p_{S2} = 1.53\times 10^{-15}$ atm $\quad \therefore \log p_{S2} = -14.82$

$a_{Fe} = 1$ $\quad \therefore \log a_{Fe} = 0$

$a_{FeS} = 1$ $\quad \therefore \log a_{FeS} = 0$

$a_{FeS2} = 3.68\times 10^{-5}$ $\quad \therefore \log a_{FeS2} = -4.43$

이상으로부터 성분의 활동도 변화를 〈그림 2〉에 나타내었다.

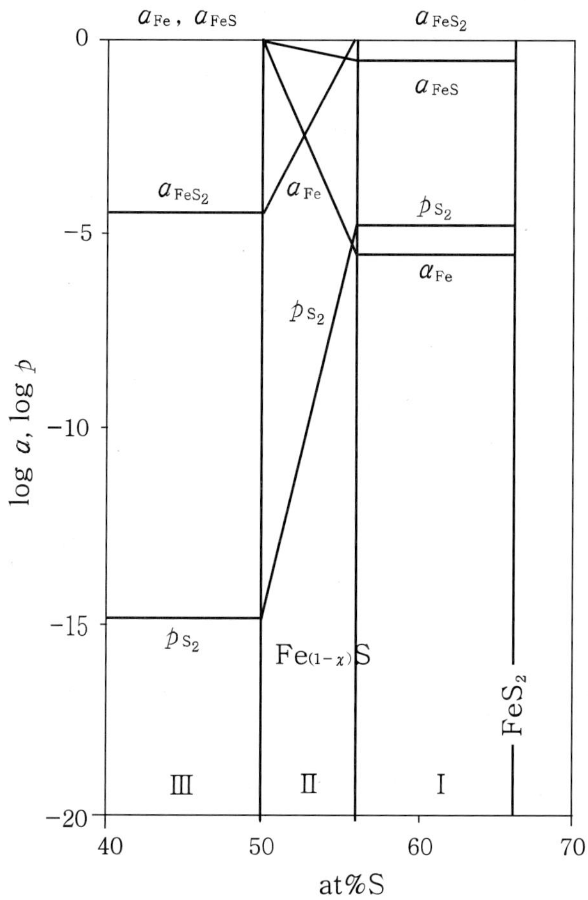

〈그림 2〉 773 K에서 활동도 변화

[주] ref. 2에서는 식 (2)의 ΔG^0로 다음 식이 주어져 있다.

$$2FeS(s) = 2Fe(s) + S_2(g): \quad \Delta G^0 = 311{,}200 - 118.96T \text{ (J)} \tag{5}$$

또 ref. 2에서는 FeS_2와 공존하는 $Fe_{(1-x)}S$를 'FeS'로 표시하여

$$2'FeS'(s) + S_2(g) = 2FeS_2(s): \quad \Delta G^0 = -362{,}750 + 376.56T \text{ (J)} \tag{6}$$

로 주어져 있고, 식 (6)으로부터

$$K_{(6)} = \frac{a_{FeS2}^2}{a_{'FeS'}^2 \cdot p_{S2}} = \exp\left(-\frac{-362{,}750 + 376.56 \times 773}{8.314 \times 773}\right) = 6.968 \times 10^4$$

$a_{FeS2} = 1$, $a_{'FeS'} = 1$로부터 $p_{S2} = 1.44 \times 10^{-15}$ atm이 얻어진다.

104 Cu-S-O계: Potential diagram 작성

1,473 K(1,200 ℃)에서 Cu－S－O계의 평형관계를 $\log p_{S2}$와 $\log p_{O2}$를 양 축으로 하는 그림 위에 나타내시오. 또 그림 중에 $p_{SO2}=0.2$의 등 p_{SO2}선을 그리시오. 그리고 p_{SO2}가 일정할 때 Cu 중의 S와 O의 관계를 각각의 농도를 축으로 한 그래프로 나타내시오.(전로 조동기 반응에 대해서는 문제 84를 참조)

$$4Cu(l)+O_2(g)=2Cu_2O(l):\ \Delta G^0=-235,200+78.20T\ (J)$$

$$4Cu(l)+S_2(g)=2Cu_2S(l):\ \Delta G^0=-282,000+74.52T\ (J)$$

$$2Cu_2O(l)+S_2(g)=2Cu_2S(l)+O_2(g):\ \Delta G^0=-46,800-3.68T\ (J)$$

$$\frac{1}{2}S_2(g)+O_2(g)=SO_2(g):\ \Delta G^0=-362,070+73.41T\ (J)$$

$$SO_2(mmHg)=[\%S]_{Cu}+2[\%O]_{Cu}:\ \Delta G^0=128,449+1.59T\ (J)$$ [20]

풀이

(1) $4Cu(l)+O_2(g)=2Cu_2O(l)$로부터

$$K=\frac{a_{Cu2O}^2}{a_{Cu}^4\cdot p_{O2}}=\frac{1}{p_{O2}}=\exp\left(-\frac{\Delta G_1^0}{RT}\right)=\exp\left(\frac{120,011}{8.314\times 1,473}\right)=1.80\times 10^4$$

$$\therefore\ p_{O2}=5.55\times 10^{-5}\qquad \log p_{O2}=-4.25$$

(2) $4Cu(l)+S_2(g)=2Cu_2S(l)$로부터

20 [i]는 금속상 중의 i성분. (j)는 슬래그상 중의 j성분을 나타냄.

$$K = \frac{a_{Cu2S}^2}{a_{Cu}^4 \cdot p_{S2}} = \frac{1}{p_{S2}} = \exp\left(\frac{172,232}{8.314 \times 1,473}\right) = 1.28 \times 10^6$$

$$\therefore \ p_{S2} = 7.81 \times 10^{-7} \qquad \log p_{S2} = -6.11$$

(3) $2Cu_2O(l) + S_2(g) = 2Cu_2S(l) + O_2(g)$으로부터

$$K = \frac{a_{Cu2S}^2 \cdot p_{O2}}{a_{Cu2O}^2 \cdot p_{S2}} = \frac{p_{O2}}{p_{S2}} = \exp\left(\frac{52,221}{8.314 \times 1,473}\right) = 71.10$$

$$\therefore \ \log p_{O2} = \log p_{S2} + 1.85$$

따라서 (1)~(3)으로부터 〈그림 1〉을 그릴 수 있다.

또 〈그림 1〉에 등 p_{SO2}선을 첨가한다.

$$K = \frac{p_{SO2}}{p_{S2}^{1/2} \cdot p_{O2}} = \exp\left(\frac{253,937}{8.314 \times 1,473}\right) = 1.01 \times 10^9$$

$$\therefore \ \log p_{O2} = -\frac{1}{2}\log p_{S2} + \log p_{SO2} - 9$$

$p_{SO2} = 0.2$일 때는

$$\log p_{O2} = -\frac{1}{2}\log p_{S2} - 9.7$$

이 결과를 〈그림 1〉에 나타내었다.

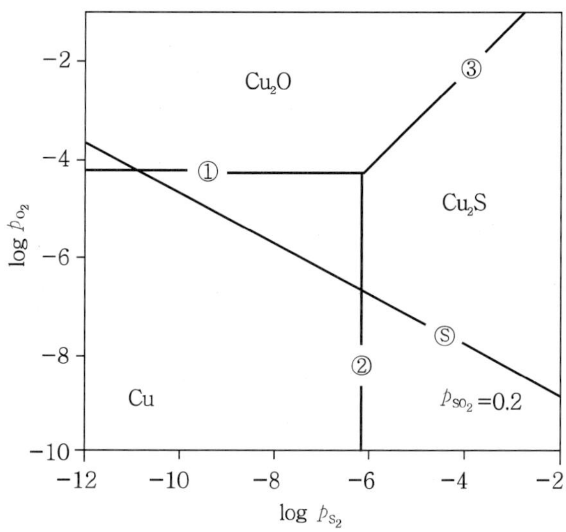

〈그림 1〉 Cu−S−O계 potential도

다음은 Cu 중의 S와 O의 관계를 구한다.

$$SO_2(\text{mmHg}) = [\%S]_{Cu} + 2[\%O]_{Cu} : \ \Delta G^0 = 128,449 + 1.59T \ (\text{J})$$

$$K = \frac{a_S \cdot a_O^2}{p_{SO_2}} = \frac{[\%S][\%O]^2}{p_{SO_2}} = \exp\left(-\frac{130,791}{8.314 \times 1,473}\right) = 2.30 \times 10^{-5}$$

$p_{SO_2} = 0.01$일 때

$$\therefore \ [\%S][\%O]^2 = 2.30 \times 10^{-5} \times 760 \times 0.01 = 1.75 \times 10^{-4}$$

$p_{SO_2} = 0.1$ (76 mmHg)일 때

$$\therefore \ [\%S][\%O]^2 = 2.30 \times 10^{-5} \times 760 \times 0.1 = 1.75 \times 10^{-3}$$

$p_{SO_2} = 1$일 때

$$\therefore \ [\%S][\%O]^2 = 2.30 \times 10^{-5} \times 760 \times 1 = 1.75 \times 10^{-2}$$

이상의 결과를 〈그림 2〉에 나타내었다.

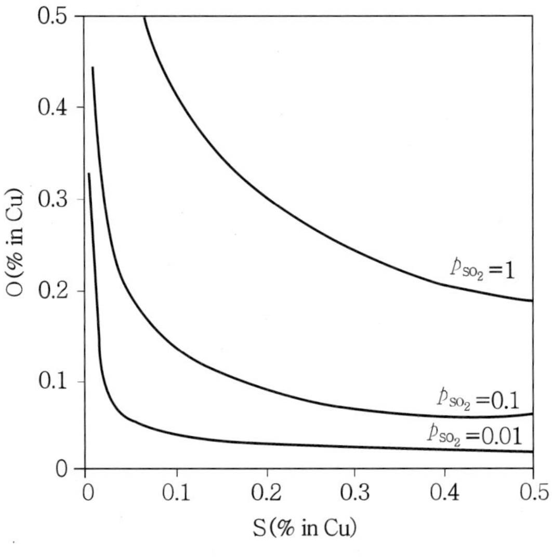

〈그림 2〉 용동 중 O와 S의 관계

[comment] 이 문제는 문제 84의 추가 문제이다. 문제 84의 상호작용계수 데이터와 본 문제에서 다음 식의 정합성을 검증한다.

$$SO_2(\text{mmHg}) = [\%S]_{Cu} + 2[\%O]_{Cu} : \ \Delta G^0 = 128,449 + 1.59T \ (\text{J})$$

1,473 K에서 $\Delta G^0 = 130{,}791$ (J)이므로

$$K = \frac{[\%S][\%O]^2}{p_{SO2}(mmHg)} = 2.30 \times 10^{-5}$$

SO_2가 Cu(l)에 용해되면 S(% in Cu) ≒ O(% in Cu)가 되므로

$$S(\% \text{ in Cu}) \text{ or } O(\% \text{ in Cu}) = (2.30 \times 10^{-5} \times p_{SO2}(mmHg))^{1/3}$$

[표 1]

p_{SO2} (atm)	1	0.1	0.01
S & O(% in Cu)	0.260	0.121	0.056

한편, 문제 84의 식 (3), (6)에 [%S]=[%O]로 두면

$$\log p_{O2} = 2\log[\%O] - 0.752[\%O] - 4.196$$

$$\log p_{S2} = 2\log[\%O] - 1.0412[\%O] - 5.756$$

그리고 $1/2S_2 + O_2 = SO_2$로부터 $K = 1.01 \times 10^9$, $\log K = 9.004$이므로

$$\log p_{SO2} = \log K + \frac{1}{2}\log p_{S2} + \log p_{O2}$$

$$= \log K - 1.273[\%O] + 3\log[\%O] - 7.074$$

$$\therefore \log p_{SO2} = 1.93 - 1.272[\%O] + 3\log[\%O]$$

[표 2]

p_{SO2} (atm)	1	0.1	0.01
S & O(% in Cu)	0.307	0.118	0.052

[표 1]과 [표 2]를 비교하면 거의 일치하지만 $p_{SO2} = 1$ atm에서의 차이는 큰 편이다. 이것은 본 문제에 나타낸 $SO_2 = \underline{S} + 2\underline{O}$의 데이터에서는 S와 O의 상호작용을 고려하지 않았기 때문이다.

105 Ti의 염화반응: ΔG^0로부터 평형관계를 고찰

타이타늄의 고급 염화물($TiCl_4$)과 저급 염화물($TiCl_2$) 사이에는 다음과 같은 평형반응이 있으며, 불균화반응으로 불린다.

$$2TiCl_2(s) = Ti(s) + TiCl_4(g): \quad \Delta G^0 = 121{,}336 - 91.21T \ (J)$$

몇 가지 온도에서 이 평형관계를 검토하여, 반응의 진행방향에 대해 논하시오.

풀이

상기한 반응에서

$$\Delta G = \Delta G^0 + RT\ln K = 121{,}336 - 91.21T + RT\ln\left(\frac{a_{Ti(s)} \cdot p_{TiCl4(g)}}{a^2_{TiCl_2(s)}}\right)$$

여기서 $a_{Ti(s)} = a_{TiCl2(s)} = 1$, $p_{TiCl4(g)} = 1$ atm의 경우에는

$$\Delta G = \Delta G^0$$

따라서 ΔG^0의 음양에 의해서 반응의 진행방향이 결정된다.

$\Delta G = 0$으로 두면

$T = 1{,}330.3$ K (1,057.3℃)

$T = 1{,}330.3$ K 이상이면 $\Delta G \leq 0$으로 되어 반응은 우측으로 진행된다.

$T = 1{,}330.3$ K 이하이면 $\Delta G \geq 0$으로 되어 반응은 좌측으로 진행된다.

또 $p_{TiCl4(g)} = 0.1$ atm이라 하면

$$\begin{aligned}\Delta G &= 121{,}336 - 91.21T + RT\ln(0.1) \\ &= 121{,}336 - 91.21T + 8.314T \times (-2.303) \\ &= 121{,}336 - 110.36T\end{aligned}$$

$\Delta G = 0$으로 두면

$T = 1{,}099.5$ K (826.5℃)

$T = 1{,}099.5$ K 이상이면 $\Delta G \leq 0$으로 되어 반응은 우측으로 진행된다.

106 용철 중의 산소: 상호작용 조계수로부터 산소용해량 계산

어떤 일정한 조건하에서 순철 중의 산소량은 0.01 wt%이다. 같은 조건하에서(즉, 같은 산소분압 하에서) 0.01 wt%Al, 4 wt%Cr, 0.1 wt%Si을 함유하는 강 중의 산소량을 계산하시오. 단,

$$e_O^{(Al)} = -0.94,\quad e_O^{(Cr)} = -0.041,\quad e_O^{(Si)} = -0.14$$

풀이

강 중의 산소에 대해서는 다음의 반응을 고려한다.

$$\frac{1}{2}O_2(g) = [O] \tag{1}$$

$$K = \frac{a_O}{p_{O_2}^{1/2}} = \frac{f_O \cdot [wt\%O]}{p_{O_2}^{1/2}}$$

$$\therefore\ \log[wt\%O] = \log K - \log f_O + \frac{1}{2}\log p_{O_2} \tag{2}$$

여기서 p_{O_2}와 K는 순철이 0.01 wt%O를 함유하는 평형조건에 대응하고, 순철 중 [O]가 Henry의 법칙을 따를 경우 순철에 대해 식 (1)의 반응에 따라

$$\log f_O = 0,\qquad [wt\%O] = 0.01$$

$$\therefore\ \log K + \frac{1}{2}\log p_{O_2} = -2 \tag{3}$$

또 구하고자 하는 강에 대하여 식 (1)의 반응을 고려하면 f_O는 주어진 데이터로부터

$$\log f_O = e_O^{(O)}[wt\%O] + e_O^{(Al)}[wt\%Al] + e_O^{(Cr)}[wt\%Cr] + e_O^{(Si)}[wt\%Si]$$

[O]가 미량이고 상호작용을 무시할 수 있는 것으로 가정하여 $e_O^{(O)} \approx 0$으로 두면

$$\log f_O = -0.94\times 0.01 + (-0.041)\times 4 + (-0.14)\times 0.1$$

$$= -0.1874$$

따라서 구하고자 하는 강 중의 [O]는 식 (2), (3)으로부터

$$\log[\mathrm{wt\%O}] = \log K + \frac{1}{2}\log p_{\mathrm{O}2} + \log f_{\mathrm{O}}$$

$$= -2 - (-0.1874) = -1.8126$$

$$\therefore\ [\mathrm{wt\%O}] = 0.015$$

[주] $e_{\mathrm{O}}^{(\mathrm{O})} = 0$으로 가정한 것은 [O]가 미량이고 [O]의 상호작용을 무시할 수 있는 경우이지만, $e_{\mathrm{O}}^{(\mathrm{O})} = -0.20$ (大谷正康, 鉄冶金熱力学(1971), 日刊工業新聞社)을 이용하면

$$\log f_{\mathrm{O}} = -0.1874 - 0.20 \times [\mathrm{wt\%O}]$$

$$\log[\mathrm{wt\%O}] = -2 - (-0.1874 - 0.20 \times [\mathrm{wt\%O}])$$

$$\therefore\ \log[\mathrm{wt\%O}] - 0.20 \times [\mathrm{wt\%O}] = -1.8126$$

$$\therefore\ [\mathrm{wt\%O}] = 0.015$$

로 되어 $e_{\mathrm{O}}^{(\mathrm{O})} = 0$로 둔 경우와 전혀 차이가 없다.

[comment] 계산상은 위와 같이 하여 산소량을 구할 수 있으나, 사실은 Al이 0.01 wt% 존재하면 산소분압이 더욱 더 낮아져 순철 중에 0.01 wt%<u>O</u>를 함유하는 조건과 평형될 수 없다. 즉, $2\mathrm{Al} + 3[\mathrm{O}] = \mathrm{Al_2O_3}$의 반응에 의해 탈산이 진행되기 때문에 Al 0.01 wt% 정도에서는 [O]는 $10^{-3} \sim 10^{-4}$ wt% 정도로 된다.

【별해(해법의 힌트)】

(1) 산소량을 구하는 것이므로 $1/2\mathrm{O}_2(\mathrm{g}) = [\mathrm{O}]$의 반응으로부터

$$K = \frac{a_{\mathrm{O}}}{p_{\mathrm{O}2}^{1/2}} = \frac{f_{\mathrm{O}} \cdot [\mathrm{wt\%O}]}{p_{\mathrm{O}2}^{1/2}}$$

$$\therefore\ \log[\mathrm{wt\%O}] = \log K - \log f_{\mathrm{O}} + \frac{1}{2}\log p_{\mathrm{O}2}$$

(2) 주어진 강 중의 f_{O}는

$$\log f_{\mathrm{O}} = e_{\mathrm{O}}^{(\mathrm{O})}[\mathrm{wt\%O}] + e_{\mathrm{O}}^{(\mathrm{Al})}[\mathrm{wt\%Al}] + e_{\mathrm{O}}^{(\mathrm{Cr})}[\mathrm{wt\%Cr}] + e_{\mathrm{O}}^{(\mathrm{Si})}[\mathrm{wt\%Si}]$$

(3) $p_{\mathrm{O}2}$는 순철이 0.01 wt%<u>O</u>를 함유하는 경우와 같은 조건으로부터

순철에서 $1/2\mathrm{O}_2(\mathrm{g}) = [\mathrm{O}]$를 고려하여

$$K = \frac{a_O}{p_{O_2}^{1/2}} = \frac{f_O \cdot [\text{wt\%O}]}{p_{O_2}^{1/2}}$$

$$\log K = \log f_O + \log[\text{wt\%O}] - \frac{1}{2}\log p_{O_2}$$

[O]가 Henry의 법칙을 따른다고 하면, $\log f_O = 0$, $[\text{wt\%O}] = 0.01$이 되어 다음 식이 얻어진다.

$$\log K + \frac{1}{2}\log p_{O_2} = -2$$

107 $MgCl_2$의 수소환원: 화학양론 계산의 기초

$MgCl_2$를 수소환원하여 금속 마그네슘을 얻고자 한다.

$$MgCl_2(g)+H_2(g)=Mg(g)+2HCl(g): \quad \Delta G^0_{1,900}=147.136 \text{ (kJ)} \tag{1}$$

$MgCl_2$와 H_2를 같은 몰 수가 되도록 공급하여 1,900 K(1,627℃)에서 전체압력 0.1, 1, 10 atm에서 각각 반응시킨 경우 얻어진 금속 마그네슘의 실수율을 산출하시오.(문제 22 참조)

풀이

생성된 Mg의 몰 수를 x (mol)이라 하면

$$\begin{array}{cccc} MgCl_2(g)+ & H_2(g)= & Mg(g)+ & 2HCl(g) \\ 1-x & 1-x & x & 2x \end{array}$$

전체 몰 수는 $(1-x)+(1-x)+x+2x=2+x$이므로 각각의 분압은

$$p_{MgCl2}=\frac{1-x}{2+x}P, \quad p_{H2}=\frac{1-x}{2+x}P, \quad p_{Mg}=\frac{x}{2+x}P, \quad p_{HCl}=\frac{2x}{2+x}P$$

여기서 P는 전체압력을 나타낸다.

평형상수 K는

$$K=\frac{p_{Mg}\cdot p_{HCl}^2}{p_{MgCl2}\cdot p_{H2}}=\frac{4x^3}{(1-x)^2(2+x)}P=\exp\left(-\frac{\Delta G^0_{1,900}}{RT}\right)$$

$$=\exp\left(-\frac{147,136}{8.314\times 1,900}\right)=9.01\times 10^{-5}$$

$P=0.1$ atm일 때

$$\frac{4x^3}{(1-x)^2(2+x)}\times 0.1=9.01\times 10^{-5}$$

$$\therefore \ 3.9991x^3 + 2.703 \times 10^{-3}x - 1.802 \times 10^{-3} = 0$$

$$\therefore \ x = 7.3727 \times 10^{-2}$$

따라서 실수율은 7.37 %

$P = 1$ atm일 때

$$\frac{4x^3}{(1-x)^2(2+x)} \times 1 = 9.01 \times 10^{-5}$$

$$\therefore \ 3.9999x^3 + 2.703 \times 10^{-4}x - 1.802 \times 10^{-4} = 0$$

$$\therefore \ x = 3.4949 \times 10^{-2}$$

따라서 실수율은 3.49 %

P=10 atm일 때

$$\frac{4x^3}{(1-x)^2(2+x)} \times 10 = 9.01 \times 10^{-5}$$

$$\therefore \ 3.99999x^3 + 2.703 \times 10^{-5}x - 1.802 \times 10^{-5} = 0$$

$$\therefore \ x = 1.6380 \times 10^{-2}$$

따라서 실수율은 1.64 %

108 용동으로부터 철의 산화제거: ΔG^0로부터 평형 고찰

용동 중 미량의 철을 산화제거하는 것에 대하여 검토하시오. 단, 생성하는 산화물은 순 Fe_3O_4로 가정한다.

(i) 열역학적으로 검토하여야 하는 반응식을 나열하고, 1,523 K(1,250 ℃)에서의 평형상수를 구하시오.

(ii) 용융동이 산소로 포화되어 있을 때 개략적인 철의 활동도 값을 구하시오.

(iii) 용융동 중 철의 희박용액에 대한 활동도 계수 $\gamma^0_{Fe} = 15$일 때 (ii)의 조건하에서 얻어진 철의 농도를 구하시오.

풀이

(i) $$3Fe(l) + 4Cu_2O(l) = Fe_3O_4(s) + 8Cu(l) \quad (1)$$

$$\frac{3}{2}Fe(l) + O_2(g) = \frac{1}{2}Fe_3O_4 : \quad \Delta G_2^0 = -547{,}830 + 151.17T\ (J)\ (ref.\ 2) \quad (2)$$

$$4Cu(l) + O_2(g) = 2Cu_2O(l) : \quad \Delta G_3^0 = -235{,}200 + 78.20T\ (J)\ (ref.\ 2) \quad (3)$$

$$\therefore \quad \Delta G_1^0 = 2\Delta G_2^0 - 2\Delta G_3^0 = -625{,}260 + 145.94T\ (J)$$

$$\therefore \quad K_{(1),1,523} = \exp\left(-\frac{\Delta G^0_{(1)}}{RT}\right) = 6.64 \times 10^{13}$$

(ii) $K_{(1),1,523} = \dfrac{a_{Fe3O4} \cdot a_{Cu}^8}{a_{Fe}^3 \cdot a_{Cu2O}^4}$, $a_{Fe3O4} = a_{Cu} = a_{Cu2O} = 1$

$\therefore\ a_{Fe} = 2.47 \times 10^{-5}$

(iii) $a_{Fe} = \gamma_{Fe}^0 \cdot x_{Fe}$, $\therefore\ x_{Fe} = \dfrac{a_{Fe}}{\gamma_{Fe}^0} = \dfrac{2.47 \times 10^{-5}}{15} = 1.65 \times 10^{-6}$

$$[wt\%Fe] = 100 \times \frac{55.85 \times 1.65 \times 10^{-6}}{55.85 \times 1.65 \times 10^{-6} + 63.54 \times (1 - 1.65 \times 10^{-6})} = 1.45 \times 10^{-4}$$

[comment] 본 문제에서는 생성하는 산화물을 순 Fe_3O_4로 가정하였으나, 실제로는 Fe_3O_4와 $CuFe_2O_4$의 고용체, 또는 $CuFeO_2$가 생성된다. 어떤 화합물이 생성되는가를 판단할 때, 금속제련 프로세스에 관한 기술자의 센스가 요구된다. 그리고 (ii), (iii)에서는 산소포화, $a_{Cu2O} = 1$로 두었으나 실제로는 $a_{Cu2O} = 0.2 \sim 0.3$이며 Fe는 0.01 wt% 정도가 된다.

109 Pb로부터 탈동: ΔG^0로부터 평형 고찰

용융 Pb의 가황탈동에 대하여 다음 물음에 답하시오. 단, 반응 생성물은 순$Cu_2S(\beta)$이다.

(i) 열역학적으로 검토하여야 하는 반응식을 쓰고, 문헌을 조사하여 600 K(327 ℃)와 800 K(527 ℃)에서의 평형상수를 구하시오.

(ii) 가령 생성 황화물이 순 고체 황화물일 때 600 K와 800 K에서의 Pb 중 동의 활동도를 구하시오.

(iii) 용융 Pb 중 Cu의 활동도가 wt%에 대하여 직선적으로 변할 때, 600 K와 800 K에서의 탈동 한계를 구하시오. (〈그림 1〉의 상태도를 참고하시오.)

풀이

(i) $Pb(l)+Cu_2S(s)=PbS(s)+2Cu(s)$:

$$\Delta G^0=-32{,}390+56.74T \text{ (J)} \qquad \text{(ref. 2, p. 136)}$$

$\Delta G^0=-RT\ln K$의 관계로부터

$$K_{600}=0.718,\ \ K_{800}=0.142$$

(ii) (i)의 반응식으로부터

$$K=\frac{a_{PbS}\cdot a_{Cu}^2}{a_{Pb}\cdot a_{Cu2S}}$$

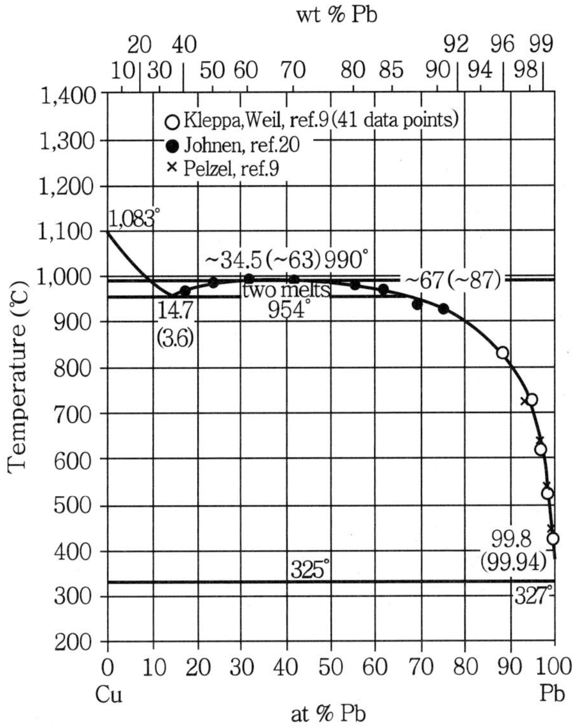

〈그림 1〉 Cu－Pb계 상태도

생성 황화물이 순수한 고체이므로

$$a_{\mathrm{PbS}} = 1, \quad a_{\mathrm{Cu2S}} = 1$$

또 $a_{\mathrm{Pb}} = 1$로 둘 수 있으므로

$$K = a_{\mathrm{Cu}}^2, \quad \therefore \quad 600\ \mathrm{K}: \ a_{\mathrm{Cu}} = 0.847$$

$$800\ \mathrm{K}: \ a_{\mathrm{Cu}} = 0.377$$

(iii) Cu－Pb 상태도로부터

600 K에서 Pb로의 Cu 용해도는 0.06 wt%

800 K에서 Pb로의 Cu 용해도는 0.5 wt%

용해도 이상의 농도에서는 고체 Cu가 별도의 상으로 공존하므로 $a_{\mathrm{Cu}} = 1$로 생각하여도 무방하다. 주어진 조건에 의해서 a_{Cu}는 wt%에 대하여 직선적으로 변화하여 용해도 한계에서 $a_{\mathrm{Cu}} = 1$이 된다. 따라서 Pb 중의 Cu 잔존량을 w_{Cu}라 하면

600 K에서 $w_{Cu} = 0.847 \times 0.06 = 0.051$ wt%

800 K에서 $w_{Cu} = 0.376 \times 0.5 = 0.188$ wt%

[comment] S를 첨가하는 가황탈동법을 이용하면 때로는 Cu를 0.001 wt% 이하까지 제거 가능하다. 그 원인에는 여러 가지 설이 있으나, 그중 한 가지는 Cu와 S, Pb와 S의 반응속도 차이에 기인하는 것이다. 즉, 첨가한 S는 우선 Cu와 반응하여 Cu_2S를 형성한다. 이때 Cu/Cu_2S 평형에서는 S가 존재하는 것에 의해 해답보다 S의 활동도가 크고, a_{Cu}가 작아진다고 생각된다. Pb와 S의 반응은 느리기 때문에 시간이 경과하고부터 Pb와 S, 또는 Pb와 Cu_2S로부터 PbS가 형성되는 것을 생각할 수 있다. 실제로 〈그림 2〉와 같은 데이터도 있다.(ref. 2, p. 136 참조)

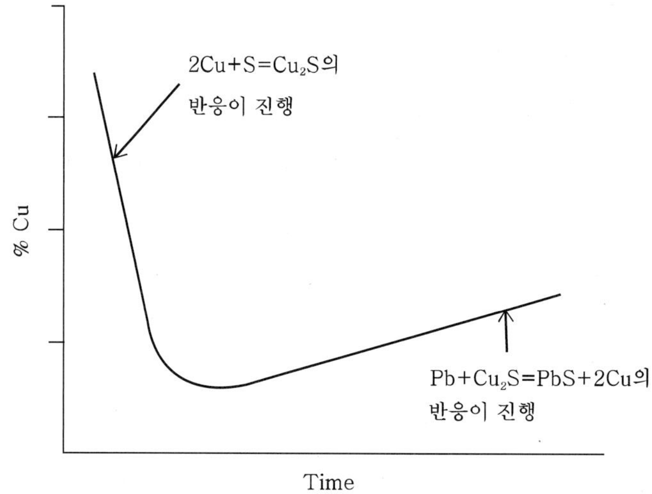

〈그림 2〉 Pb 중 Cu 농도의 변화

110 Sn의 건식환원: ΔG^0로부터 제련 프로세스의 고찰

주석의 건식환원제련을 단순화하여 $SnO_2(s)$와 $FeO(l)$의 선택환원으로 간주하고 다음 물음에 답하시오.

(i) 열역학적으로 검토하여야 하는 반응식을 쓰고, 문헌으로부터 1,473 K(1,200 ℃)에서 평형상수를 구하시오.

(ii) Sn－Fe계 상태도를 이용해 1,473 K 에서 Sn, Fe의 활동도 곡선의 개략을 그리시오. 단, 활동도 계수 등은 小池[1]의 1,623 K(1,350 ℃)에서의 데이터로부터

$$\log\gamma_{Fe} = 0.88(x_{Sn})^2 :\ 0 \le x_{Sn}^2 \le 1 \tag{1}$$

$$\log\gamma_{Sn} = 0.89(x_{Fe})^2 :\ 0 \le x_{Fe}^2 \le 0.6 \tag{2}$$

$$\log\gamma_{Sn} = 0.17 + 0.61(x_{Fe})^2 :\ 0.6 \le x_{Fe}^2 \le 1 \tag{3}$$

(iii) Fe의 활동도가 각각 0.1과 0.8일 때 SnO_2의 활동도를 구하시오. 단, FeO의 활동도는 항상 0.4로 한다. 또 얻어진 결과를 실제의 제련과정과 연계하여 설명하시오.

풀이

(i) ref. 2, p. 70으로부터 Sn과 Fe의 산화반응은 아래와 같다.

$$Sn(l) + O_2(g) = SnO_2(s) :\ \Delta G^0 = -584,090 + 212.55T\ (J) \tag{4}$$

$$2Fe(s) + O_2(g) = 2FeO(l) :\ \Delta G^0 = -477,560 + 97.06T\ (J) \tag{5}$$

식 (4)－(5)에 의해

$$Sn(l) + 2FeO(l) = SnO_2(s) + 2Fe(s) :\ \Delta G^0 = -106,530 + 115.49T\ (J) \tag{6}$$

$T = 1{,}473$ K에서 식 (6)의 평형상수는

$$K_{(6),1,473} = \frac{a_{Fe}^2 \cdot a_{SnO2}}{a_{Sn} \cdot a_{FeO}^2} = 5.56 \times 10^{-3} \tag{7}$$

(ii) Fe－Sn계 상태도로부터 1,473 K에서

$0 \leq x_{Sn} \leq 0.073$: α－Fe phase

$0.073 \leq x_{Sn} \leq 0.243$: α－Fe＋Liquid(2 phases)

$0.243 \leq x_{Sn} \leq 0.311$: Liquid phase

$0.311 \leq x_{Sn} \leq 0.78$: Liquid(1)＋Liquid(2) (2 liquid phases)

$0.78 \leq x_{Sn} \leq 1$: Liquid phase

이상으로부터 식 (1)~(3)을 이용하여 활동도 곡선의 개략을 구하여 〈그림 1〉에 나타내었다.

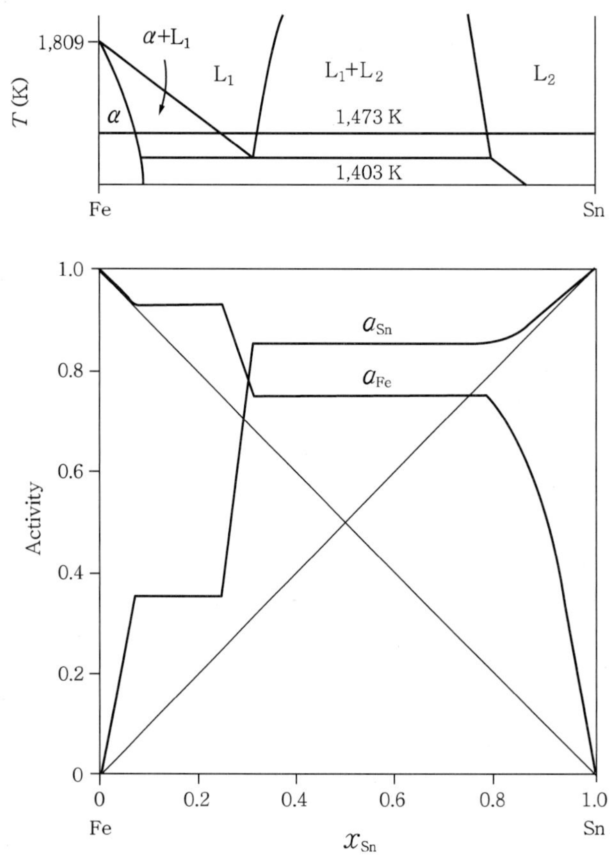

〈그림 1〉 상태도와 활동도의 관계

(iii) (ii)로부터 $a_{Fe}=0.1$, $a_{Fe}=0.8$일 때의 a_{Sn}을 구하여 (i)의 평형상수로부터 a_{SnO2}를 구한다.

(a) $a_{Fe}=0.1$일 때 (ii)로부터 $a_{Sn}=0.98$이다. $a_{FeO}=0.4$이므로 식 (7)로부터

$$a_{SnO2}=5.56\times10^{-3}\times\frac{0.98\times(0.4)^2}{(0.1)^2}=0.087$$

(b) $a_{Fe}=0.8$일 때 (ii)로부터 $a_{Sn}=0.71$이고, $a_{FeO}=0.4$이므로 식 (7)로부터

$$a_{SnO2}=5.56\times10^{-3}\times\frac{0.71\times(0.4)^2}{(0.8)^2}=0.00099$$

(a), (b)로부터 Sn 제련의 제1단계에서는 슬래그 중으로의 Sn 손실이 크고, 제2단계의 '카라미 취련'에서 Fe도 환원될 정도의 강환원으로 하면 슬래그 손실이 적게 되는 것을 알 수 있다.

[주] 본 문제 작성 시에는 SnO의 열역학 데이터가 없어 SnO_2로 하였다. ref. 2, p. 70에서는 SnO로 계산하고 있다.

[comment] Sn－Fe의 활동도에 대하여 다음과 같은 보고가 있다.

(1)~(4)의 모든 데이터는 활동도가 양으로 크게 편기하고 있다. 이 문제에서는 1,473 K(1,200 ℃)에서의 검토이므로 小池의 실험온도와 가깝기 때문에 小池의 데이터를 참고하였다.

(1) 小池一男, 錫製錬に関連する融体の熱力学的研究(1983), 東北大学博士論文.(1,623 K)

(2) 丸山信俊, 萬谷志朗, 日本金属学会誌 **44**(1980), p. 1422.(1,873 K)

(3) ref. 4(1,820 K)

(4) C. Wagner and G. R. St. Pierre, *Met. Trans.* **3**(1972), p. 2873.(1,810 K)

111 ZnS의 환원휘발: 화학양론 계산에 의한 생성물의 양 계산

ZnS의 환원휘발을 단순하게 생각하여 다량의 ZnS가 고체탄소와 함께 일정 온도로 유지되고 있을 때, 중성의 캐리어가스(I)를 흘려 생성가스를 1 atm하에서 배출한다. 탄소 1 mol이 반응하여 CS_2로 소비되는 경우에 반응한 ZnS의 양, 각종 가스의 몰 수를 1,473 K(1,200 ℃)와 1,573 K(1,300 ℃)에서 계산하시오.

계산에 사용하는 데이터

$$ZnS(s) = Zn(g) + \frac{1}{2}S_2(g): \ \Delta G_1^0 = 397{,}350 + 33.7T\log T - 313.5T \ (J) \tag{1}$$

$$C(s) + S_2(g) = CS_2(g): \ \Delta G_2^0 = -10{,}390 - 7.36T \ (J) \tag{2}$$

풀이

ZnS(s)가 C로 환원되는 반응은 식 (1)과 (2)로부터

$$2ZnS(s) + C(s) = 2Zn(g) + CS_2(g):$$

$$\Delta G_3^0 = 784{,}310 + 67.4T\log T - 634.36T \ (J) \tag{3}$$

$$\Delta G_{(3),1,473} = 164{,}438 \ (J), \quad \Delta G_{(3),1,573} = 125{,}380 \ (J)$$

$\Delta G^0 = -RT\ln K$이므로

$$K_{(3),1,473} = p_{Zn}^2 \cdot p_{CS2} = 1.474 \times 10^{-6} \tag{4}$$

$$K_{(3),1,573} = p_{Zn}^2 \cdot p_{CS2} = 6.865 \times 10^{-5} \tag{5}$$

그리고 p_{Zn}, p_{CS2} 사이에는 다음과 같은 당량 관계가 있다.

$$p_{Zn} = 2p_{CS2} \tag{6}$$

또 흘린 중성 캐리어가스의 양을 n_I라 하면, 전체가스량 n_T는

$$n_T = n_{Zn} + n_{CS2} + n_I \tag{7}$$

또 생성가스의 압력은 1 atm이므로

$$\frac{n_{Zn}}{n_T} = p_{Zn} \tag{8}$$

$$\frac{n_{CS2}}{n_T} = p_{CS2} \tag{9}$$

$$\frac{n_I}{n_T} = p_I \tag{10}$$

여기서 초기의 탄소가 1 mol이므로 $n_{CS2} = 1$ mol로 되어, 식 (4)~(10)으로부터 각각의 몰수와 분압을 각 온도에서 구하면 [표 1]과 같이 된다. 반응 ZnS는 어떠한 경우에도 2 mol이다.

[표 1]

T(K)	p_{CS2}	n_{CS2}	p_{Zn}	n_{Zn}	p_I	n_I	p_T	n_T
1,473	7.170×10^{-3}	1	1.434×10^{-2}	2	0.9785	136.47	1	139.47
1,573	2.579×10^{-2}	1	5.158×10^{-2}	2	0.9226	35.78	1	38.78

[comment] 이상의 결과는 반응 생성물로서 CS를 무시하고 계산한 결과이지만, 고온이 되면 CS가 무시할 수 없게 되므로 CS를 고려하여 계산해 본다. 반응식은 다음과 같다.

$$ZnS(s) = Zn(g) + \frac{1}{2}S_2(g): \ \Delta G_{11}^0 = 397{,}350 + 33.7T\log T - 313.5T \ (J) \tag{11}$$

$$C(s) + S_2(g) = CS_2(g): \ \Delta G_2^0 = -10{,}390 - 7.36T \ (J) \tag{2}$$

$$C(s) + \frac{1}{2}S_2(g) = CS(g): \ \Delta G_{12}^0 = 246{,}856 - 95.186T \ (J) \tag{12}$$

위 반응의 평형상수를 1,473 K, 1,573 K에서 구하면 다음과 같다.

$$K_{(11)} = p_{Zn}^2 \cdot p_{S2}^{1/2}, \ K_{(11),1,473} = 5.103 \times 10^{-4}, \ K_{(11),1,573} = 3.580 \times 10^{-3} \tag{13}$$

$$K_{(2)} = p_{CS2}^2 / p_{S2}, \ K_{(2),1,473} = 5.661, \ K_{(2),1,573} = 5.364 \tag{14}$$

$$K_{(12)} = p_{CS} / p_{S2}^{1/2}, \ K_{(12),1,473} = 1.652 \times 10^{-4}, \ K_{(12),1,573} = 5.950 \times 10^{-4} \tag{15}$$

또 물질(몰) 수지를 고려하면

$$Zn: \ n_{ZnS} = n_{Zn} \tag{16}$$

$$C: \ 1 = n_{CS} + n_{CS2} \tag{17}$$

$$S: \ n_{ZnS} = n_{CS} + 2n_{CS2} + 2n_{S2} \tag{18}$$

$$n_T = n_{Zn} + n_{S2} + n_{CS} + n_{CS2} + n_I \tag{19}$$

그리고 전체압력은 1 atm이므로 성분 i의 몰 수를 n_i라 하면

$$n_i / n_T = p_i \tag{20}$$

식 (13)~(15)와 식 (16), (18), (20)으로부터

$$p_{Zn}^3 - K_{(11)} K_{(12)} p_{Zn} - 2(K_{(12)})^2 (K_{(2)} + 1) = 0 \tag{21}$$

식 (21)로부터 p_{Zn}을 구하고, 이것을 식 (13)~(20)에 대입하여 각각의 가스 및 ZnS의 양을 구하면 [표 2]의 결과를 얻는다.

[표 2]

atm	1,473 K	1,573 K	mol	1,473 K	1,573 K
p_{Zn}	0.01526	0.05484	n_{Zn}	2.4081	2.3999
p_{S2}	1.1184×10^{-3}	4.2528×10^{-3}	n_{S2}	0.1765	0.1861
p_{CS2}	6.3313×10^{-3}	2.2813×10^{-2}	n_{CS2}	0.9991	0.9983
p_{CS}	5.5246×10^{-6}	3.8804×10^{-5}	n_{CS}	8.7182×10^{-4}	1.6981×10^{-3}
p_I	0.97728	0.91806	n_I	154.22	40.175
			n_T	157.81	43.761
			n_{ZnS}	2.4081	2.3999

이상의 결과에 따르면 p_{Zn}은 CS를 고려한 경우와 그렇지 않은 경우에 거의 차이가 나지 않으며, 양쪽 모두 p_{Zn}은 작은 값이 된다. 참고로 ZnS의 해리반응에 의한 p_{Zn}의 결과를 나타낸다.

$$2Zn(g) + S_2(g) = 2ZnS(s): \quad \Delta G^0 = -733{,}880 + 378.24 \ (J) \tag{22}$$

이 반응식으로부터 $p_{Zn} = 2p_{S2}$로서 [표 3]의 결과를 얻는다. 이상으로 C를 사용한 경우는 단순 해리반응보다는 p_{Zn}이 커지지만 그리 기대할 정도는 아니라는 것을 알 수 있다.

[표 3]

	1,473 K	1,573 K
p_{Zn}	0.01026 atm	0.03653 atm

112 ZnS의 CO 환원: 화학양론 계산에 의한 생성물의 양 계산

ZnS의 CO가스 1 mol에 의한 환원에서 COS가 생성된다는 가정하에, 1 atm의 1,473 K (1,200 ℃), 1,573 K(1,300 ℃)에서 생성가스 중 각 성분의 몰 수를 구하시오. 또 CO 1 mol과 N_2 9 mol의 혼합가스로 1,573 K에서 환원되는 경우는 어떻게 되는지 계산하시오.

계산에 사용하는 데이터(ref. 2)

$$2CO(g)+S_2(g)=2COS(g):\quad \Delta G_1^0=-190,320+159.24T\ (J) \tag{1}$$

$$2Zn(g)+S_2(g)=2ZnS(g):\quad \Delta G_2^0=-733,880+378.24T\ (J) \tag{2}$$

풀이

[식(1)−(2)]/2에 의해

$$ZnS(s)+CO(g)=Zn(g)+COS(g):\quad \Delta G_3^0=271,780-109.5T\ (J) \tag{3}$$

반응한 ZnS의 양을 x mol이라 하면, 가스의 생성은 다음과 같이 주어진다.

CO(g):	$(1-x)$	mol
Zn(g):	x	mol
COS(g):	x	mol
total gas:	$(1+x)$	mol

따라서 가스의 분압은 전체압력이 1 atm이므로

$$p_{CO}=\frac{1-x}{1+x},\quad p_{Zn}=\frac{x}{1+x},\quad p_{COS}=\frac{x}{1+x}\ (atm) \tag{4}$$

식 (3)의 평형상수는

$$K_{(3)}=\frac{p_{Zn}\cdot p_{COS}}{p_{CO}}=\exp\left(-\frac{32,687.9}{T}+13.170\right) \tag{5}$$

식 (4)를 식 (5)에 대입하면

$$K_{(3)} = \frac{x^2}{(1+x)(1-x)}$$

$$\therefore \ x = \sqrt{\frac{K_{(3)}}{1+K_{(3)}}} \tag{6}$$

1,473 K에서 식 (5)로부터

$$K_{(3)} = 1.208 \times 10^{-4}$$

따라서 식 (6)으로부터

$$x = 1.099 \times 10^{-2} \ (\mathrm{mol})$$

따라서 각 가스의 몰 수는

CO(g): 0.989 mol

Zn(g): 0.011 mol

COS(g): 0.011 mol

1,573 K에서도 마찬가지로 $K_{(3),1,573} = 4.951 \times 10^{-4}$, $x = 2.225 \times 10^{-2}$ (mol)이므로

CO(g): 0.978 mol

Zn(g): 0.022 mol

COS(g): 0.022 mol

CO 1 mol과 N_2 9 mol의 혼합가스를 사용한 경우, 위와 마찬가지로 반응한 ZnS의 양을 x mol이라 하면, 각 가스의 성분은 다음과 같다.

CO(g):	$(1-x)$	mol
Zn(g):	x	mol
COS(g):	x	mol
N_2(g):	9	mol
total gas:	$(10+x)$	mol

따라서 각 가스의 분압은

$$p_{CO} = \frac{1-x}{10+x}, \quad p_{Zn} = \frac{x}{10+x}, \quad p_{COS} = \frac{x}{10+x} \quad p_{N2} = \frac{9}{10+x} \ (\mathrm{atm})$$

위의 식을 식 (5)에 대입하면

$$K_{(3)} = \frac{x^2}{(10+x)(1-x)}$$

위의 식을 x에 대하여 정리하면 다음 식과 같다.

$$(1+K)x^2 + 9Kx - 10K = 0$$

1,573 K에서의 평형상수 $K_{(3),1,573} = 4.951 \times 10^{-4}$를 대입하면

$$x = 0.068 \ (\mathrm{mol})$$

따라서 각 가스의 성분은

CO(g): 0.932 mol

Zn(g): 0.068 mol

COS(g): 0.068 mol

N_2(g): 9 mol